高职高专电子专业"十三五"规划教材

GAOZHI GAOZHUAN DIANZI ZHUANYE SHISANWU GUIHUA JIAOCAI

基于C语言的单片机应用技术与Proteus仿真

主 编 杨 黎 葛建新

副主编 吴宗泰 龙 斌

U0719732

中南大学出版社
www.csupress.com.cn

前　言

　　随着嵌入式产业的飞速发展,嵌入式系统产品正在不断渗透到各个行业之中,任何一个人都可以拥有从小到大的各种运用嵌入式技术开发的电子产品,小到电饭煲、手机等,大到智能家电、车载电子设备等。任何嵌入式技术的电子产品都是以微处理器(CPU)为核心的,常见的微处理器有 ARM、DSP、FPGA/CPLD、SOC、MCU 等。本书以 8051 内核单片机(MCU)作为核心内容,介绍其在控制领域中的应用,希望各位读者能在本书的引领下跨入神奇的单片机控制世界,逐步掌握嵌入式控制技术。

　　编者结合自己十余年的单片机教学和指导学生技能竞赛的经验,花费了两年多的时间编写本书,从项目引领、任务驱动等多方面体现了高职“教、学、做”一体化教学特色。本书的特点包括以下几个方面。

　　1. 选取典型的、完整的、难度适中的产品作为贯穿项目,理论与实践有机结合。

　　以“电子时钟的设计与制作”作为贯穿项目,并根据这个电子产品的构成和功能,分成显示、键盘、传感、通信四个学习情境和总学习情境(即学习情境五),前面四个学习情境的综合就是总学习情境;各个学习情境中又有多个由易到难的训练项目,大部分训练项目又是由能力递进的训练任务组成的。并将各学习情境所需要的单片机知识、C 语言知识、芯片应用、编程方法等内容融入到训练项目和训练任务之中。所以在内容设计上,编者既考虑了知识体系的系统性,又考虑了训练项目由简到繁的综合性,以及理论与实践之间相互渗透性。

　　2. 融入 C 语言内容,采用多文件、多任务的编程思路与方法。

　　C 语言具有易阅读、移植等优点,现已成为嵌入式产品开发的主流语言。本书结合训练项目和训练任务讲解 C 语言知识,让学生在训练中逐渐掌握和理解这些枯燥的理论知识,并运用到实际的训练任务之中,达到学以致用、举一反三的效果。在实际工作中,项目一般是一个大的工程,需要按照功能进行分解,一般每个功能为一个任务,对应一个源程序文件,所以编者在本书中逐步引入多文件、多任务的编程思路与方法,如学习情境五中的训练项目就是一个较大的工程,包含多个源文件和头文件。这样使读者能快速学会多任务分时调度、多文件程序结构的综合系统设计方法。

　　3. 为本书配套了“单片机实训板”和 Proteus 仿真图,方便“虚实相结合”的教与学。

　　俗话说“工欲善其事,必先利其器”,学习单片机技术也应准备好快速学习单片机的工具,根据编者多年的教学经验,采用 Proteus 软件进行虚拟仿真,容易让读者明白程序执行过程。但是对时序要求较高的电路,仿真效果不是很好,所以把“单片机实训板”和 Proteus仿真软件结合起来使用,可以达到很好的训练效果。“单片机实训板”使用非常简单,只要1 根 USB 线把实训板与电脑相连,就可以实现程序下载,完成本书中的训练项目。

　　编者建议:为提高学生的学习兴趣,有条件的学校可以为每位学生配一套“单片机实训电路板”(河源职业技术学院就是这样做的),学生可以利用“单片机实训电路板”在宿舍、实验/实训室、图书馆等任何地方学习单片机技术。若读者需要本书配套的"单片机实训板"和 Proteus 仿真图,可以与编者联系,邮箱: hoveryangli@126.com。

本书通过 5 个学习情境,共计 15 个训练项目,主要介绍 8051 内核单片机内部结构、定时与中断系统、串行接口通信技术、数码管/点阵屏/液晶模块显示原理、独立/矩阵键盘接口、红外/温度/热敏传感器原理、A/D 与 D/A 转换接口、C 语言知识,以及显示系统、键盘系统、通信系统、传感系统等单片机应用系统设计内容。参考学时约为 90 学时,在使用时可根据具体教学情况酌情增减课时。

杨黎、葛建新对本书的编写思路与大纲进行了总体策划,对全书统稿。杨黎编写了学习情境一和学习情境五,葛建新编写了学习情境二和学习情境三,吴宗泰编写了学习情境四。

广东雅达电子股份有限公司的龙斌、孙耀工程师为本书实训项目提出了很多修改意见,为本书的编写提供了很大的帮助,在此表示衷心的感谢。

由于时间仓促和编者水平有限,书中难免有错误和不妥之处,恳请读者对本书提出批评和建议。

编　者

2016 年 7 月

目　录

学习情境一　显示系统设计与制作 ……………………………………………… (1)

【训练项目 1－1】　跑马灯的设计与制作 ……………………………………… (2)

一、项目要求 …………………………………………………………………… (2)

二、项目实训仪器、设备及实训材料 ………………………………………… (2)

三、项目实施过程及其步骤 …………………………………………………… (2)

　　任务 1　控制一个 LED 闪烁 ……………………………………………… (2)

　　任务 2　制作 8 位 LED 跑马灯 ………………………………………… (15)

四、思考与分析 ……………………………………………………………… (19)

五、知识链接 ………………………………………………………………… (19)

　1.1　什么是单片机 ……………………………………………………… (19)

　　1.1.1　基本概念与特点 ……………………………………………… (19)

　　1.1.2　8051 内核单片机 …………………………………………… (20)

　1.2　8051 内核单片机的引脚及内部结构 …………………………… (21)

　　1.2.1　单片机的引脚 ………………………………………………… (21)

　　1.2.2　单片机的内部结构 …………………………………………… (23)

　1.3　8051 内核单片机的存储器结构 ………………………………… (25)

　　1.3.1　片内数据存储器 ……………………………………………… (26)

　　1.3.2　片外数据存储器 ……………………………………………… (29)

　　1.3.3　程序存储器 …………………………………………………… (29)

　1.4　单片机开发环境 …………………………………………………… (30)

　　1.4.1　单片机开发工具 ……………………………………………… (30)

　　1.4.2　Keil 与 Proteus 软件介绍 ………………………………… (30)

　　1.4.3　单片机实训板介绍 …………………………………………… (31)

【训练项目 1－2】　数码管静态显示系统设计与制作 ……………………… (32)

一、项目要求 ………………………………………………………………… (32)

二、项目实训仪器、设备及实训材料 ……………………………………… (32)

三、项目实施过程及其步骤 ………………………………………………… (33)

　　任务 1　实现 0～F 任意字符显示 ……………………………………… (33)

　　任务 2　实现 0～F 字符循环显示 ……………………………………… (35)

四、思考与分析 ………………………………………………………… (37)

五、知识链接 …………………………………………………………… (37)

  1.5　数码管的结构与原理 ……………………………………………… (37)

    1.5.1　数码管的种类 ……………………………………………… (37)

    1.5.2　数码管的工作原理 ………………………………………… (37)

  1.6　C 语言数据类型、运算符与表达式 …………………………… (39)

    1.6.1　数据与数据类型 …………………………………………… (39)

    1.6.2　常量与变量 ………………………………………………… (40)

    1.6.3　运算符和表达式 …………………………………………… (43)

  1.7　基本语句及结构化程序设计 …………………………………… (49)

    1.7.1　表达式语句和复合语句 …………………………………… (49)

    1.7.2　选择语句 …………………………………………………… (51)

    1.7.3　循环语句 …………………………………………………… (57)

  1.8　单片机 I/O 端口及其应用 ……………………………………… (62)

    1.8.1　单片机 I/O 端口结构 ……………………………………… (63)

    1.8.2　单片机 I/O 端口负载能力 ………………………………… (63)

【训练项目 1－3】　数码管动态显示系统设计与制作 ………………… (65)

一、项目要求 …………………………………………………………… (65)

二、项目实训仪器、设备及实训材料 ………………………………… (65)

三、项目实施过程及其步骤 …………………………………………… (65)

  任务 1　实现任意数字显示 …………………………………………… (65)

  任务 2　实现简易时钟显示 …………………………………………… (70)

四、思考与分析 ………………………………………………………… (74)

五、知识链接 …………………………………………………………… (74)

  1.9　数组 ………………………………………………………………… (74)

    1.9.1　数组及数组元素的概念 …………………………………… (75)

    1.9.2　一维数组 …………………………………………………… (75)

    1.9.3　二维数组 …………………………………………………… (77)

    1.9.4　字符数组 …………………………………………………… (77)

    1.9.5　数组与内存空间 …………………………………………… (79)

  1.10　函数 ………………………………………………………………… (79)

    1.10.1　函数的分类 ………………………………………………… (79)

    1.10.2　函数的定义 ………………………………………………… (80)

    1.10.3　函数的调用 ………………………………………………… (82)

    1.10.4　数组作为函数的参数 ……………………………………… (83)

　　　　1.10.5　局部变量和全局变量 ……………………………………………（85）

　　　　1.10.6　内部函数和外部函数 ……………………………………………（88）

【训练项目1-4】　LED点阵显示屏设计与制作 …………………………………（91）

　　一、项目要求 ………………………………………………………………（91）

　　二、项目实训仪器、设备及实训材料 ……………………………………（91）

　　三、项目实施过程及其步骤 ………………………………………………（91）

　　　　任务1　单色LED点阵显示屏设计与制作 …………………………（91）

　　　　任务2　双色LED点阵显示屏设计与制作 …………………………（94）

　　四、思考与分析 ……………………………………………………………（98）

　　五、知识链接 ………………………………………………………………（98）

　　　1.11　LED点阵模块结构及原理 ………………………………………（98）

　　　　1.11.1　LED点阵模块的种类及结构 ………………………………（98）

　　　　1.11.2　LED点阵模块原理 …………………………………………（99）

【训练项目1-5】　字符型LCD显示系统设计与制作 …………………………（100）

　　一、项目要求 ………………………………………………………………（100）

　　二、项目实训仪器、设备及实训材料 ……………………………………（100）

　　三、项目实施过程及其步骤 ………………………………………………（100）

　　　　任务1　实现任意字符显示 …………………………………………（100）

　　　　任务2　制作简易电子钟 ……………………………………………（105）

　　四、思考与分析 ……………………………………………………………（111）

　　五、知识链接 ………………………………………………………………（111）

　　　1.12　字符型LCD屏的种类及工作原理 ……………………………（111）

　　　　1.12.1　字符型LCD屏的种类 ……………………………………（112）

　　　　1.12.2　字符型LCD屏工作原理 …………………………………（112）

　　　1.13　指针 ………………………………………………………………（117）

　　　　1.13.1　指针的基本概念 ……………………………………………（117）

　　　　1.13.2　数组指针和指向数组的指针变量 …………………………（119）

　　　　1.13.3　指向多维数组的指针和指针变量 …………………………（121）

【训练项目1-6】　点阵型LCD显示系统设计与制作 …………………………（121）

　　一、项目要求 ………………………………………………………………（121）

　　二、项目实训仪器、设备及实训材料 ……………………………………（121）

　　三、项目实施过程及其步骤 ………………………………………………（121）

　　　　任务1　带字库的LCD显示系统设计与制作 ……………………（121）

　　　　任务2　不带字库的LCD显示系统设计与制作 …………………（129）

　　四、思考与分析 ……………………………………………………………（138）

五、知识链接 ………………………………………………………………………… (138)

1.14 点阵型 LCD 屏的工作原理 ……………………………………………………… (138)

1.14.1 带字库的 128×64 点阵型 LCD 屏 …………………………………… (138)

1.14.2 不带字库的 128×64 点阵型 LCD 屏 ………………………………… (143)

知识梳理与小结 ………………………………………………………………………… (146)

习题一 ………………………………………………………………………………… (147)

学习情境二　键盘系统设计与制作 ……………………………………………… (150)

【训练项目 2 - 1】 独立键盘系统设计与制作 …………………………………… (151)

一、项目要求 …………………………………………………………………………… (151)

二、项目实训仪器、设备及实训材料 ……………………………………………… (151)

三、项目实施过程及其步骤 ………………………………………………………… (151)

任务 1 实现键盘循环"＋"或"－"功能 ……………………………………… (151)

任务 2 实现键盘循环左、右移循环选择"＋"或"－"功能 ………………… (154)

四、思考与分析 ……………………………………………………………………… (159)

五、知识链接 ………………………………………………………………………… (160)

2.1 中断 ……………………………………………………………………………… (160)

2.1.1 中断系统的结构 ………………………………………………………… (160)

2.1.2 中断相关寄存器 ………………………………………………………… (160)

2.1.3 中断处理 ………………………………………………………………… (163)

2.2 定时/计数器 ……………………………………………………………………… (165)

2.2.1 定时/计数器的相关寄存器 …………………………………………… (166)

2.2.2 定时/计数器的工作方式 ……………………………………………… (167)

2.2.3 定时/计数器的初始化 ………………………………………………… (171)

2.3 单片机与键盘接口 ……………………………………………………………… (172)

2.3.1 键盘去抖动 ……………………………………………………………… (172)

2.3.2 独立键盘 ………………………………………………………………… (172)

2.3.3 矩阵键盘 ………………………………………………………………… (172)

【训练项目 2 - 2】 矩阵键盘系统设计与制作 …………………………………… (174)

一、项目要求 …………………………………………………………………………… (174)

二、项目实训仪器、设备及实训材料 ……………………………………………… (174)

三、项目实施过程及其步骤 ………………………………………………………… (174)

任务 1 实现任意数字输入 …………………………………………………… (174)

任务 2 实现简易计算器 ……………………………………………………… (177)

四、思考与分析 ……………………………………………………………………… (185)

知识梳理与小结 ……………………………………………………………（185）

习题二 ………………………………………………………………………（185）

学习情境三　通信系统设计与制作 ………………………………………（187）

【训练项目 3 - 1】　串口通信系统设计与制作 ……………………………（188）

一、项目要求 ………………………………………………………………（188）

二、项目实训仪器、设备及实训材料 ……………………………………（188）

三、项目实施过程及其步骤 ………………………………………………（188）

　　任务 1　实现单片机之间的双机通信 …………………………………（188）

　　任务 2　实现单片机之间的多机通信 …………………………………（192）

　　任务 3　实现单片机与 PC 机之间的通信 ……………………………（198）

四、思考与分析 ……………………………………………………………（202）

五、知识链接 ………………………………………………………………（202）

　　3.1　串行通信 …………………………………………………………（203）

　　　　3.1.1　串行通信基础 ……………………………………………（203）

　　　　3.1.2　8051 内核单片机的串行口 ………………………………（206）

【训练项目 3 - 2】　I^2C 通信系统设计与制作 …………………………（212）

一、项目要求 ………………………………………………………………（212）

二、项目实训仪器、设备及实训材料 ……………………………………（212）

三、项目实施过程及其步骤 ………………………………………………（212）

四、思考与分析 ……………………………………………………………（217）

五、知识链接 ………………………………………………………………（217）

　　3.2　I^2C 串行接口的 EEPROM ……………………………………（217）

　　　　3.2.1　I^2C 总线工作原理 ……………………………………（217）

　　　　3.2.2　AT24C02 器件介绍 ………………………………………（219）

　　　　3.2.3　AT24C02 寻址及读写操作 ………………………………（219）

知识梳理与小结 ……………………………………………………………（221）

习题三 ………………………………………………………………………（222）

学习情境四　传感系统设计与制作 ………………………………………（223）

【训练项目 4 - 1】　红外传感系统设计与制作 ……………………………（224）

一、项目要求 ………………………………………………………………（224）

二、项目实训仪器、设备及实训材料 ……………………………………（224）

三、项目实施过程及其步骤 ………………………………………………（224）

　　任务 1　红外遥控器测试仪设计与制作 ………………………………（224）

　　任务2　红外遥控接收解码系统设计与制作 …………………………………（225）

　一、思考与分析 ……………………………………………………………………（228）

　五、知识链接 ………………………………………………………………………（228）

　　4.1　红外传感器 ………………………………………………………………（228）

　　　4.1.1　红外遥控发射电路 …………………………………………………（228）

　　　4.1.2　红外遥控接收电路 …………………………………………………（230）

【训练项目4-2】　温度传感系统设计与制作 …………………………………（231）

　一、项目要求 ………………………………………………………………………（231）

　二、项目实训仪器、设备及实训材料 ……………………………………………（231）

　三、项目实施过程及其步骤 ………………………………………………………（231）

　　任务1　单点温度传感系统设计与制作 ………………………………………（231）

　　任务2　多点温度传感系统设计与制作 ………………………………………（239）

　四、思考与分析 ……………………………………………………………………（243）

　五、知识链接 ………………………………………………………………………（243）

　　4.2　DS18B20 数字传感器 ……………………………………………………（243）

　　　4.2.1　DS18B20 测温原理 …………………………………………………（244）

　　　4.2.2　DS18B20 的控制命令 ………………………………………………（245）

　　　4.2.3　单总线操作 …………………………………………………………（246）

【训练项目4-3】　光热敏传感系统设计与制作 ………………………………（247）

　一、项目要求 ………………………………………………………………………（247）

　二、项目实训仪器、设备及实训材料 ……………………………………………（247）

　三、项目实施过程及其步骤 ………………………………………………………（247）

　　任务1　模拟路灯控制系统 ……………………………………………………（247）

　　任务2　热敏传感系统设计与制作 ……………………………………………（248）

　四、思考与分析 ……………………………………………………………………（253）

　五、知识链接 ………………………………………………………………………（253）

　　4.3　光热敏传感器 ……………………………………………………………（253）

　　　4.3.1　光敏电阻工作原理 …………………………………………………（253）

　　　4.3.2　热敏电阻工作原理 …………………………………………………（254）

　　4.4　PCF8591 介绍 ……………………………………………………………（254）

　　　4.4.1　通信格式与功能 ……………………………………………………（255）

　　　4.4.2　A/D 转换 ……………………………………………………………（256）

　　　4.4.3　D/A 转换 ……………………………………………………………（256）

知识梳理与小结 ………………………………………………………………………（257）

习题四 …………………………………………………………………………………（258）

学习情境五　电子时钟设计与制作 ……………………………………………（259）

【训练项目5－1】　简易万年历设计与制作 ……………………………（260）
一、项目要求 ………………………………………………………………（260）
二、项目实训仪器、设备及实训材料 ……………………………………（260）
三、项目实施过程及其步骤 ………………………………………………（260）
四、思考与分析 ……………………………………………………………（276）
五、知识链接 ………………………………………………………………（276）
5.1　DS1302芯片工作原理及应用 ………………………………………（276）
5.1.1　DS1302芯片引脚 ………………………………………………（276）
5.1.2　DS1302寄存器和读写操作 ……………………………………（277）
5.2　结构 …………………………………………………………………（279）
5.2.1　结构的定义和引用 ……………………………………………（279）
5.2.2　结构数组 …………………………………………………………（282）
5.2.3　指向结构类型数据的指针 ……………………………………（283）
5.3　共用体 ………………………………………………………………（286）
5.4　枚举 …………………………………………………………………（287）
5.5　typedef的用法 ………………………………………………………（288）
【训练项目5－2】　带远程监控的万年历设计与制作 ………………（289）
一、项目要求 ………………………………………………………………（289）
二、项目实训仪器、设备及实训材料 ……………………………………（289）
三、项目实施过程及其步骤 ………………………………………………（290）
四、思考与分析 ……………………………………………………………（293）
知识梳理与小结 ……………………………………………………………（293）
习题五 ………………………………………………………………………（294）

附录　单片机实训板原理图 ……………………………………………（296）

参考文献 …………………………………………………………………（305）

学习情境一　显示系统设计与制作

　　本章从最简单的单片机应用项目入手，让读者对单片机有一个感性的认识，借助 Proteus 仿真软件、单片机实训板和多个趣味性训练项目，把读者带到神奇的单片机控制世界，在轻松、快乐的学习情境中，快速学习单片机的内部结构、C 语言编程、单片机软硬件仿真与调试。

教学目标

知识目标	1. 掌握单片机的基本概念、内部结构、外部引脚及功能、片内外存储器结构；
	2. 掌握 C51 的数据类型、运算符与表达式、基本语句、数组、函数等；
	3. 初步理解结构化程序设计、指针等；
	4. 掌握数码管、点阵模块内部结构和工作原理，以及字符型 LCD 工作时序；
	5. 了解点阵型 LCD 液晶屏的读、写时序；
	6. 初步掌握程序流程图的绘制方法
能力目标	1. 能熟练使用 Keil、Proteus 软件，及其联机单步、断点等仿真；
	2. 能熟练使用单片机实训板、程序下载、软硬件仿真等；
	3. 会使用共阴和共阳极数码管、LED 点阵模块及字符型 LCD 设计显示系统；
	4. 能分析多文件项目程序；
	5. 能初步分析点阵型 LCD 液晶屏的显示程序；
	6. 能初步绘制程序流程图

【训练项目 1 – 1】　跑马灯的设计与制作

一、项目要求

在 Proteus 仿真软件和单片机实训板上实现 8 位 LED 的跑马灯效果，跑马方式可以采用"自上到下的循环""自下到上的循环""两头到中间再中间到两头的循环"等。学生能采用单片机的 P0、P1、P2、P3 任意端口控制 8 位 LED，实现单灯闪烁和跑马效果，并能控制它们的速度。

二、项目实训仪器、设备及实训材料

表 1 – 1 – 1　主要实训仪器和实训材料一览表

工具、设备和耗材	数量	工具、设备和耗材	数量	工具、设备和耗材	数量
电脑	1 台	51 单片机下载线/USB 线	1 根	杜邦导线	若干
Keil μVision4	1 套	晶振 12M	1 只	AT89S51/STC12C5A60S2	1 片
Proteus7.5 软件	1 套	单片机实训板	1 块	稳压电源	1 台

三、项目实施过程及其步骤

任务 1　控制一个 LED 闪烁

任务描述：采用单片机的 P0. x、P1. x、P2. x、P3. x 任意端口控制一个 LED，在 Proteus 软件和单片机实训板上，实现 LED 闪烁，并控制其闪烁速度。

第一步，在 Proteus 仿真软件上，绘制一个 LED 闪烁电路。

选择【程序】→【Proteus 7 Professional】→【ISIS 7 Professional】命令，启动 Proteus 仿真软件，在 ISIS 7 professional 图形编辑窗口，绘制如图 1 – 1 – 1 所示的电路，因 Proteus 软件仿真元件库没有 AT89S51/52 模型，所以用 AT89C51 代替。

第二步，在 Keil μVision4 集成开发环境中，新建工程和文件，编写 LED 闪烁程序。

(1)新建工程文件。选择【程序】→【Keil μVision4】命令，启动 Keil μVision4 软件；选择菜单栏中的【Project】→【New μVision Project…】命令，弹出创建新工程的对话框，如图 1 – 1 – 2 所示，选择工程的保存路径，输入工程名："控制一个 LED 闪烁"(一般一个工程为一个独立的文件夹，工程名及其保存路径中、英文兼容)，再点击【保存】；弹出"Select Device for Target 'Target1'"对话框，如图 1 – 1 – 3 所示，在该对话框中的【Data base】栏可以看到该软件支持的 CPU 型号有很多。在这里，我们选择 Atmel 公司的 AT89S51，单击"Atmel"前面的"＋"号，展开该层，再单击选择其中的"AT89S51"，然后单击【OK】；弹出一个提示对话框，单击【是】，完成新建工程，回到主界面。

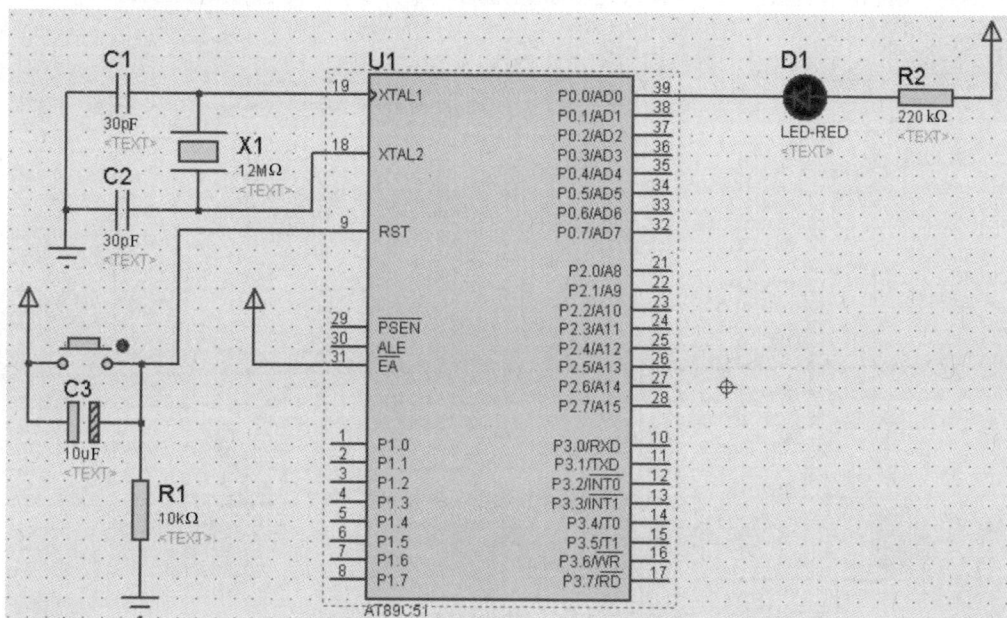

图 1 - 1 - 1　一个 LED 闪烁电路

图 1 - 1 - 2　新建工程对话框

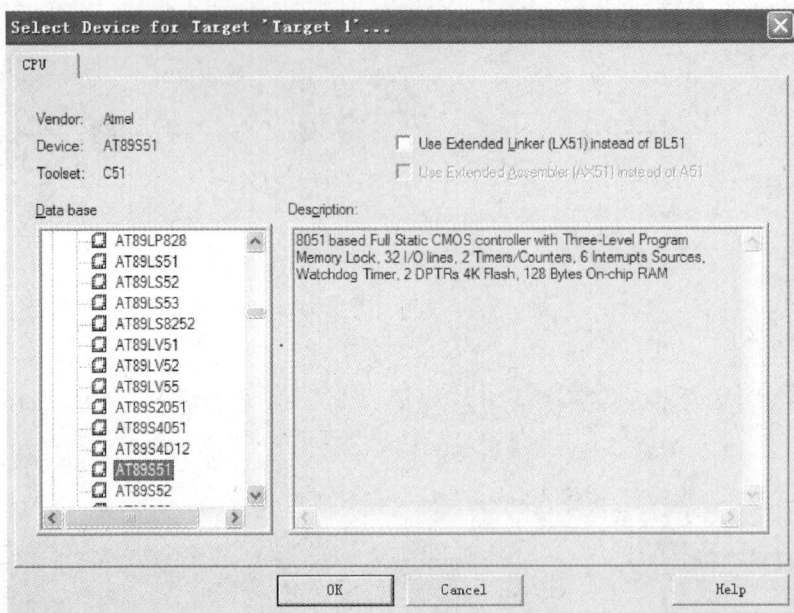

图 1 - 1 - 3　芯片选择对话框

（2）新建程序源文件。选择菜单栏中的【File】→【New】命令或者单击工具栏的"新建文件 □"图标，为工程新建一个程序源文件，并命名为："控制一个 LED 闪烁. c"（一定要在源文件名的后面加后缀". c"）；选择菜单栏中的【File】→【Save】命令或者单击工具栏的"保存文件 🖫"图标，将该源文件保存到与工程文件相同的文件夹之中（为避免文件管理混乱，请学员把工程文件与程序源文件放在同一文件夹中）。

（3）编辑源程序文件。在源程序文件的编辑窗口，输入如图 1 - 1 - 4 所示的程序代码。

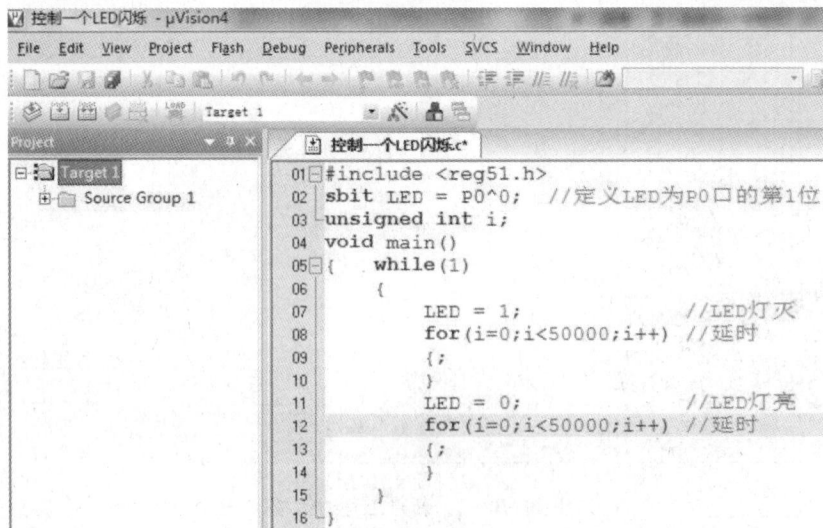

```
01 #include <reg51.h>
02 sbit LED = P0^0;   //定义LED为P0口的第1位
03 unsigned int i;
04 void main()
05 {   while(1)
06     {
07         LED = 1;           //LED灯灭
08         for(i=0;i<50000;i++) //延时
09         {;
10         }
11         LED = 0;           //LED灯亮
12         for(i=0;i<50000;i++) //延时
13         {;
14         }
15     }
16 }
```

图 1 - 1 - 4　源程序文件的编辑窗口

（4）在工程中添加源程序文件。将 Keil μVision4 主界面的左边"Target 1"前面的"+"号展开，在"Source Group 1"上单击鼠标右键，打开菜单，如图1-1-5所示。再单击"Add Files to Group 'Source Group 1'"选项，会弹出如图1-1-6所示的选择文件类型对话框。

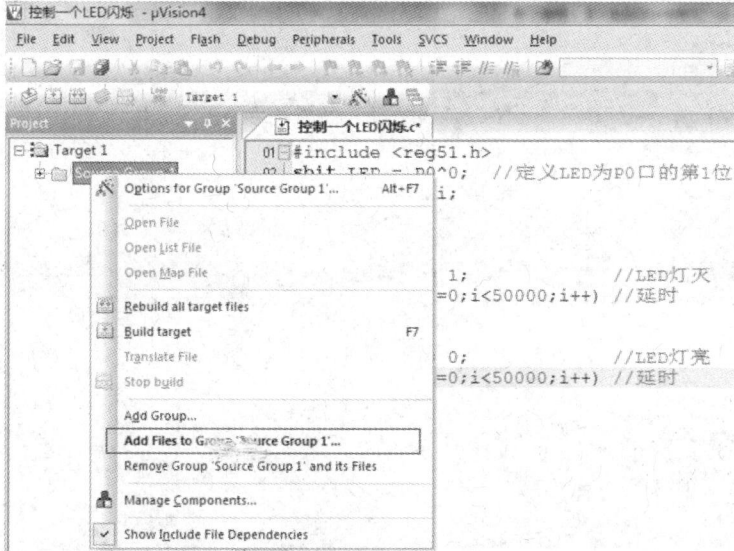

图1-1-5　添加源程序文件到工程

在图1-1-6所示的选择文件类型对话框中，找到源程序文件的保存路径，然后再选中"控制一个 LED 闪烁.c"文件，单击【Add】按钮，把源程序文件添加到工程中。此时，在左边文件夹"Source Group 1"中就出现了被添加的文件，如图1-1-7所示。在"Source Group 1"文件夹中除了被添加的源程序文件，还有 STARTUP.A51 和 reg51.h 两个文件，分别是程序的启动文件和程序的头文件。

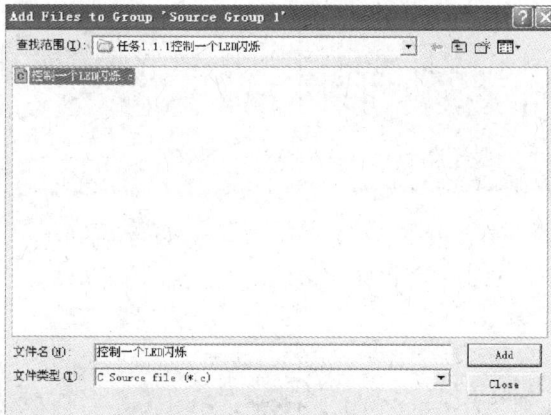

图1-1-6　选择文件类型对话框

图1-1-7　完成文件添加

第三步，配置工程，编译程序。

（1）配置工程属性。选择菜单栏中的【Project】→【Options for Target 'Target 1'…】命令，或者单击工具栏中的"　"图标，会弹出"Options for Target 'Target 1'"对话框，如图 1-1-8 所示。

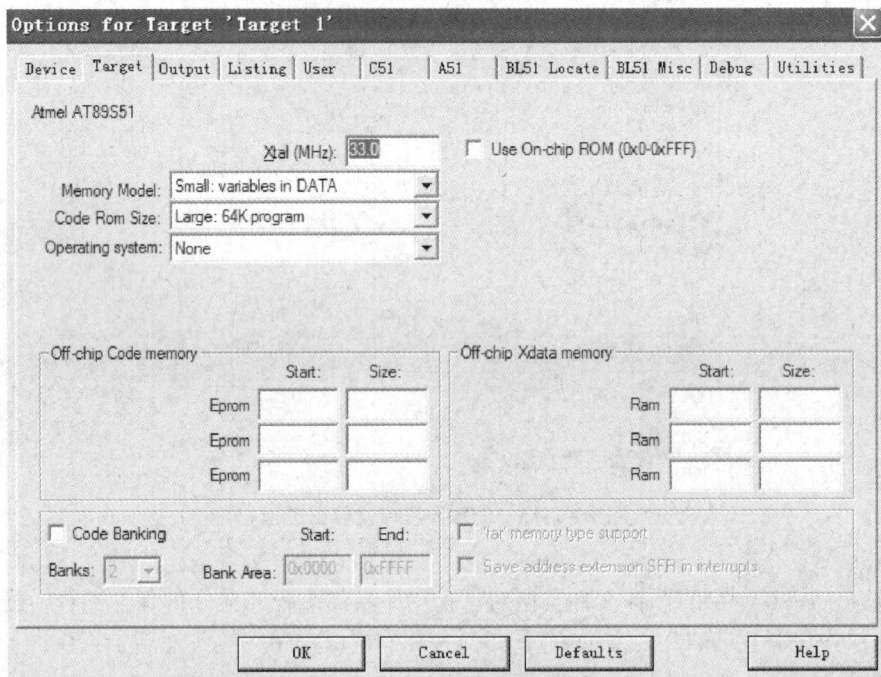

图 1-1-8 "Options for Target 'Target 1'"对话框

①选择系统晶振。在"Target"选项卡中，把 Xtal(MHz)改为 12，表示采用 12 MHz 的晶振频率。

②生成可执行文件。选中"Output"选项卡，弹出如图 1-1-9 所示的界面，在"Create HEX File"选项前面的方框中打钩，再单击【OK】按钮，在程序编译时，产生单片机可以执行的文件(控制一个 LED 闪烁. HEX)。

2. 编译程序。选择菜单栏中的【Project】→【Build target】或【Build all target files】命令，或者单击工具栏中的"　"或"　"图标，对程序进行编译，若编译结果如图 1-1-10 所示，表示 0 个错误(Error)、0 个警告(Warning)，说明程序编译成功，并生成了 HEX 文件。

第四步，软件调试程序。

（1）单击工具栏中的"　"图标，会弹出"Options for Target 'Target 1'"对话框，如图 1-1-8 所示。选中"Debug"选项卡，弹出如图 1-1-11 所示的界面，选择"Use Simulator"单选项，单击【OK】按钮。

（2）选择菜单栏中的【Debug】→【Start/Stop Debug Session】命令，或者点击工具栏中的

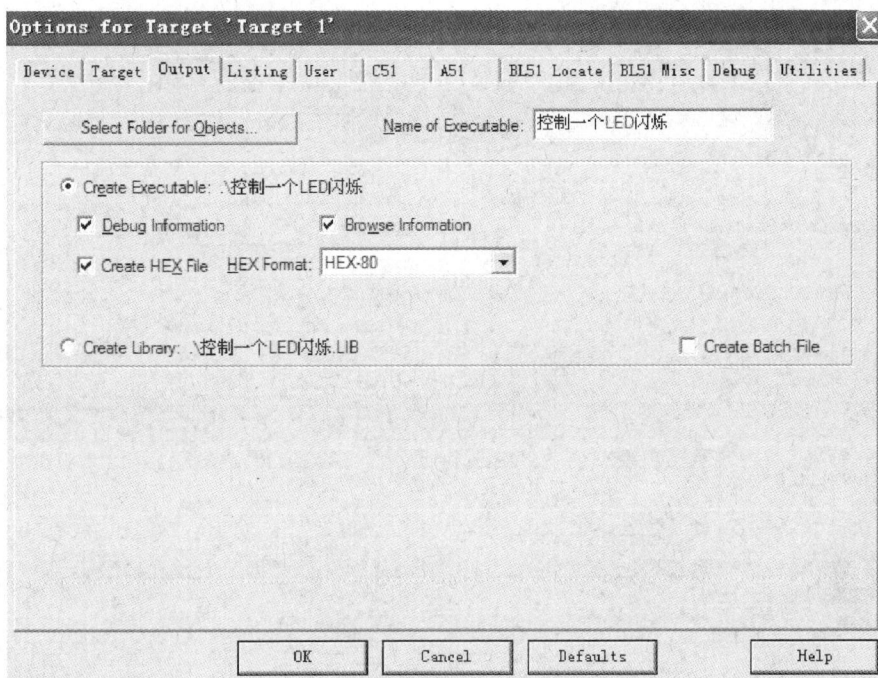

图 1 – 1 – 9　Output 选项卡界面

图 1 – 1 – 10　编译输出结果

"🔍"图标,进入程序调试状态,如图 1 – 1 – 12 所示。

(3)选择菜单栏中的【Peripherals】→【I/O – Ports】→【Port 0】命令,弹出如图 1 – 1 – 13 所示的"Parallel Port 0"小窗口,当前的 P0 = 0xFF。

(4)用调试工具来调试程序。单击调试工具栏中的"单步执行"图标"⬛"按钮(图 1 – 1 – 13 左上角的框内),此时,黄色箭头走到程序的第 8 行,如图 1 – 1 – 13(a)所示。

(5)在第 11 行"LED = 0;"处设置一个断点(程序被中断的地方)。用鼠标双击该行;或者把鼠标的光标放在该行,点击工具栏"⬤"断点图标(即程序运行到此处时停下来),如图 1 – 1 – 13(b)所示。

(6)点击工具栏"全速运行"图标("⬛"),黄色箭头立刻走到程序的第 11 行,如图 1 – 1 – 13(c)所示。除了采用"断点"与"全速"相结合的方法实现跳过程序的第 8 ~ 10

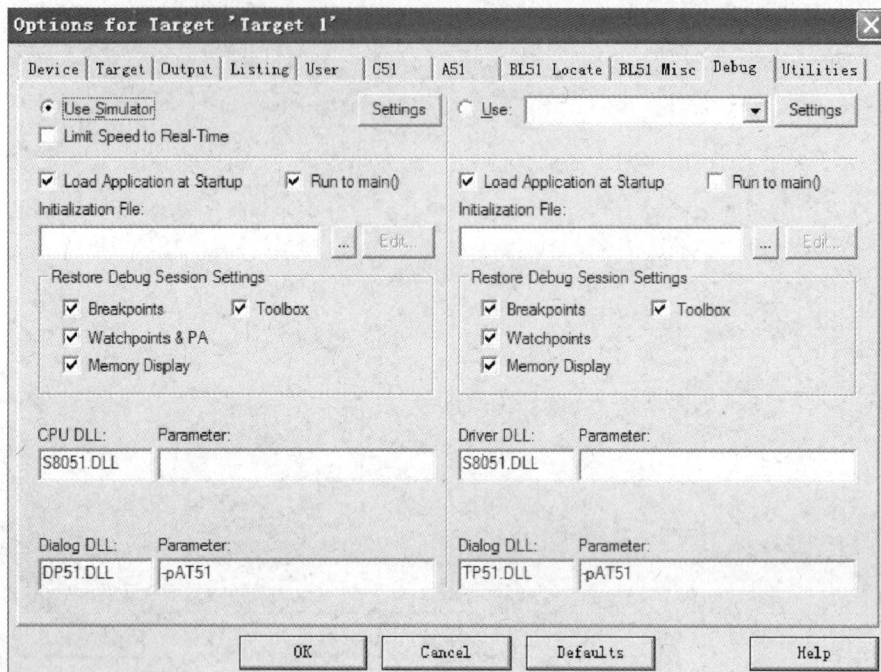

图 1 – 1 – 11　Debug 选项卡界面

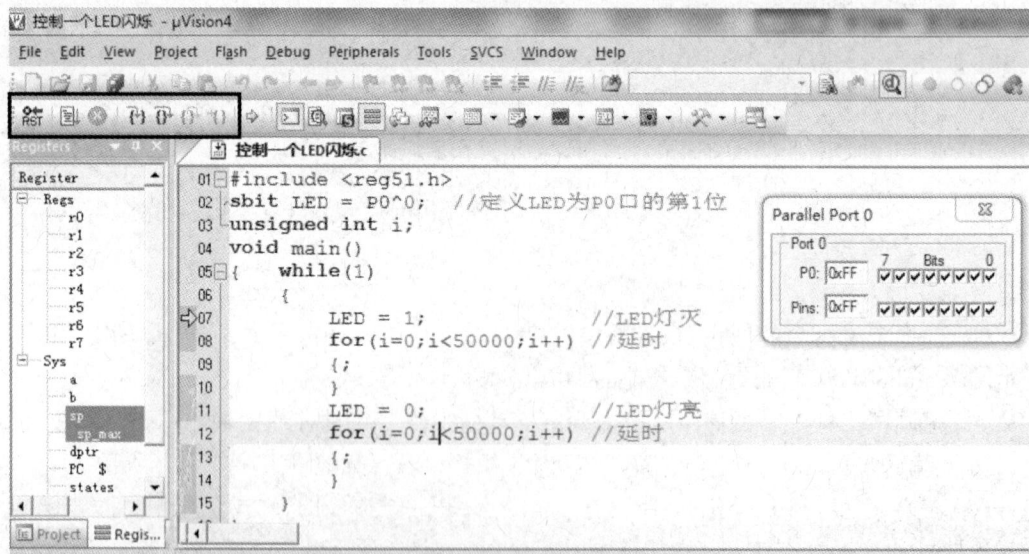

图 1 – 1 – 12　调试状态界面

行外，还可采用"运行到光标处"的方法来实现跳过程序的第 8～10 行。操作方法：先将鼠标的光标放在第 11 行，然后单击"运行到光标处"的图标""，即可达到图 1 - 1 - 13(c)所示的效果。

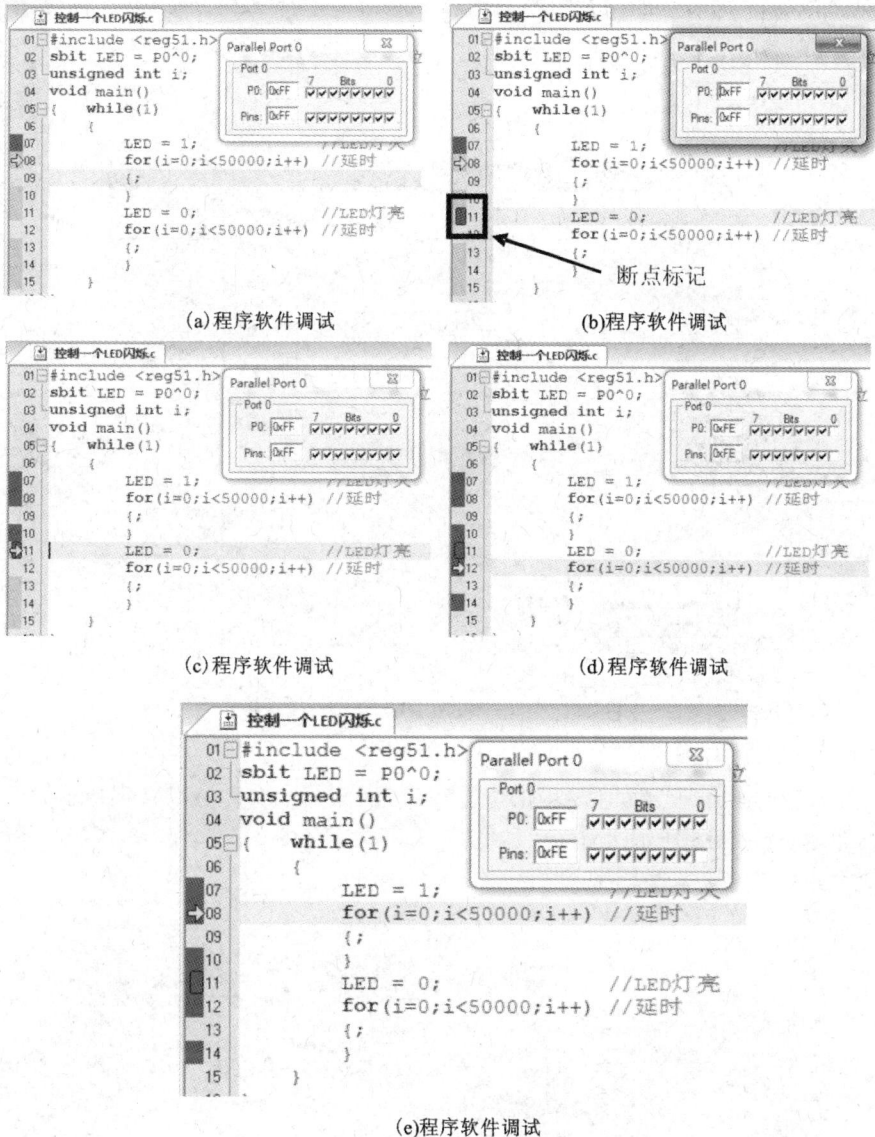

(a)程序软件调试　　　　(b)程序软件调试

(c)程序软件调试　　　　(d)程序软件调试

(e)程序软件调试

图 1 - 1 - 13　程序软件调试过程

(7)再单击调试工具栏中的"单步执行"图标""按钮，此时，黄色箭头走到程序的第 12 行，并且 P0 端口的值变为 0xFE；在"Parallel Port 0"小窗口中，最右边方框内没有钩了（即 P0.0 引脚为低电平），如图 1 - 1 - 13(d)所示。

(8)将鼠标的光标放在第 8 行，再单击"运行到光标处"的按钮""，黄色箭头走到第 8 行。此时，P0 端口的值变为 0xFF；在"Parallel Port 0"小窗口中，最右边方框内有钩了（即 P0.0 引脚为高电平），如图 1 - 1 - 13(e)所示。依此类推，P0.0 引脚的电平不断变化，从而实现了指示灯闪烁。

第五步，在 Proteus 软件中仿真程序。

(1)在图 1 - 1 - 1 所示的单片机上单击鼠标右键，选择"Edit Properties"，弹出如图 1 - 1 - 14 所示的对话框；在"Program File"栏中，单击"🖳"按钮，添加"控制一个 LED 闪烁. hex"文件，再单击【OK】按钮。

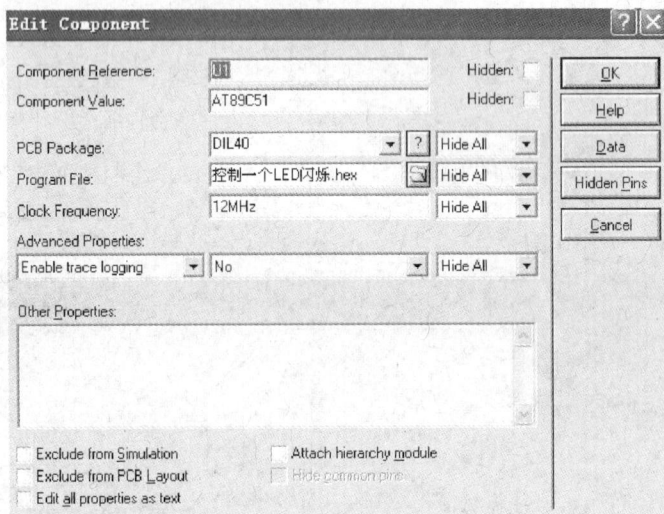

图 1 - 1 - 14　添加 HEX 文件对话框

(2)在 Proteus 软件主界面上，单击仿真按钮" ▶ "，立刻可以看到指示灯闪烁现象，仿真效果如图 1 - 1 - 15 所示。

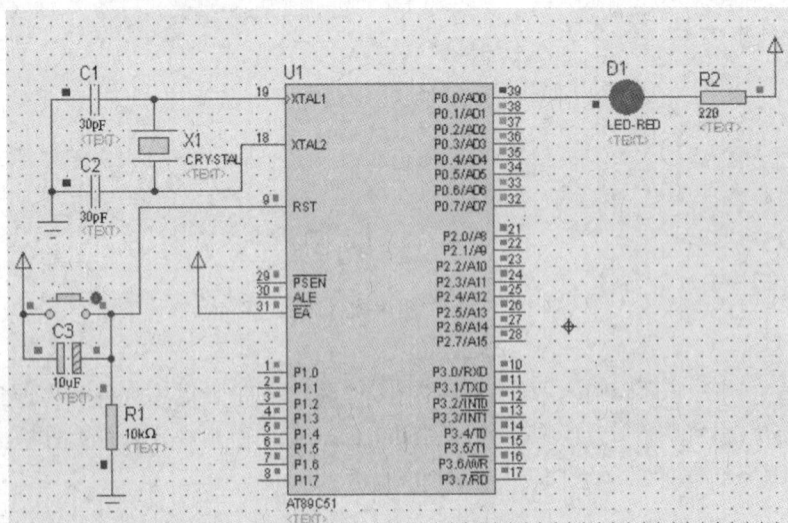

图 1 - 1 - 15　仿真效果

第六步，Keil 与 Proteus 联机仿真程序。

（1）单击工具栏中的"　"图标，会弹出"Options for Target 'Target 1'对话框，如图1 - 1 - 8 所示。选中"Debug"选项卡，弹出如图1 - 1 - 11 所示的界面，选择右边的"Use"单选项，再单击下拉按钮，选择"Proteus VSM Monitor - 51 Driver"仿真工具，单击【OK】按钮，如图 1 - 1 - 16 所示。

注意：默认情况下 Keil 无"Proteus VSM Monitor - 51 Driver"仿真工具选项，需重新安装，安装方法见光盘资料中名为 Keil μ4 与 Proteus 联机仿真文件夹中的使用说明。

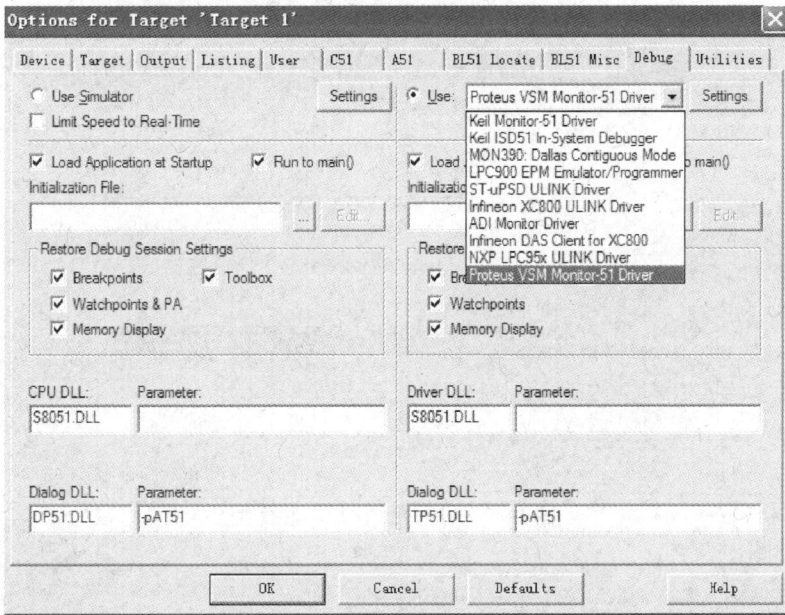

图 1 - 1 - 16　选择 Proteus 仿真工具

（2）在 Proteus 软件的主界面上，选择【Debug】→【Use Remote Debug Monitor】命令，如图 1 - 1 - 17 所示。

（3）在 Keil 软件主界面上，选择菜单栏中的【Debug】→【Start/Stop Debug Session】命令，或者点击工具栏中的"　"图标，进入程序调试状态。此时，可以看到 Proteus 软件中的电路已经被控制了，单片机的各引脚都有电平指示。

（4）将鼠标的光标放在程序的第 12 行，再单击"运行到光标处"的图标"　"，黄色箭头走到程序的第 12 行，此时，Proteus 软件中的指示灯被点亮，如图 1 - 1 - 18 所示。

（5）继续采用调试工具进行单步调试，则可以看到 Proteus 软件中的指示灯反复亮和灭。

第七步，在实训板上实现指示灯闪烁。

1. 采用 AT89S51/52 单片机实现

（1）把该单片机放入 40P 的 IC 锁紧座中，并卡住；将复位电路的"跳线冒"跳至 51 端。

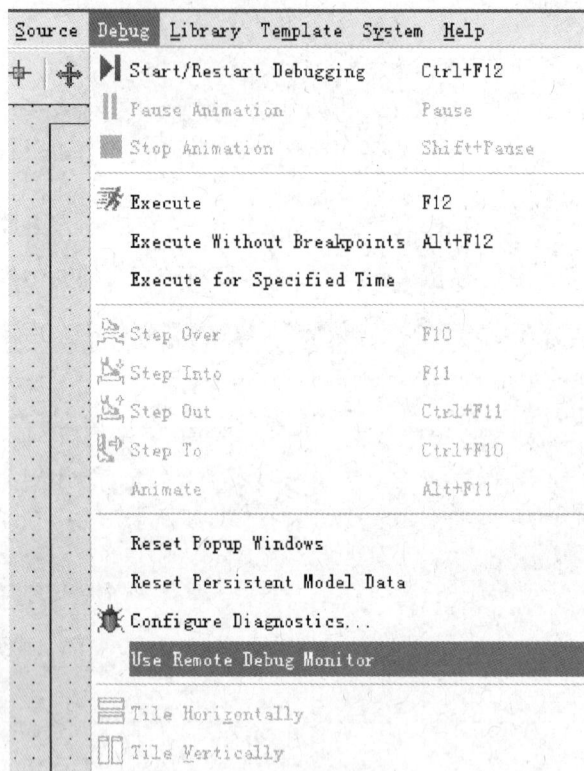

图 1 – 1 – 17　在 Proteus 中设置

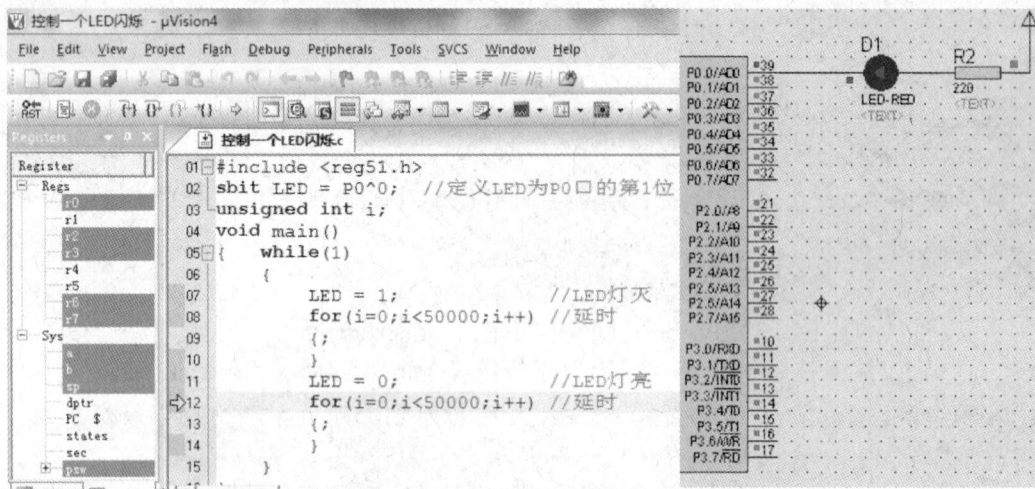

图 1 – 1 – 18　Keil 与 Proteus 联机仿真界面

然后用一根杜邦线把单片机的 P0.0 脚与发光二极管 D1 相连；再把"ISP 下载线"一端插在实训板 ISP 牛角座接口中，另一端插在 PC 机 USB 接口中。

（2）双击 ISP 下载软件，主界面如图 1 - 1 - 19 所示。单击主界面上的【擦除】按钮，再单击【调入 Flash】按钮，添加"控制一个 LED 闪烁. hex"文件，然后点击【自动】按钮，把程序下载到单片机中，立刻可以看到发光二极管 D1 闪烁。

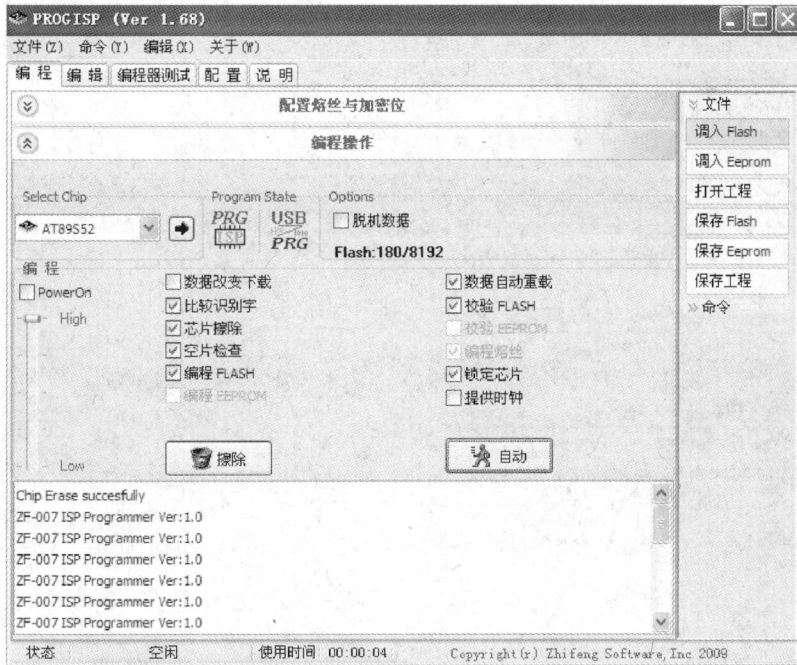

图 1 - 1 - 19　ISP 下载软件主界面

（3）改用单片机的其他引脚与发光二极管 Dx 相连。其他引脚可以为 P0.1 ~ P0.7、P1.0 ~ P1.7、P2.0 ~ P2.7、P3.0 ~ P3.7 中的任意一个；发光二极管可以为 D0 ~ D7 中的任意一只。再重复上述步骤，观察发光二极管的状态。

2. 采用 STC12C5A60S2 单片机实现

（1）把该单片机放入 40P 的 IC 锁紧座中，并卡住；将复位电路的"跳线冒"跳至 51 端。然后用一根杜邦线把单片机的 P0.0 脚与发光二极管 D1 相连；再用 USB 线把实训板和 PC 机连接在一起，按下电源开关，观察电源指示灯是否亮，若亮表示实训板与 PC 机连接正常、实训板工作正常。

（2）双击"STC_ISP_V483"图标，启动 STC 单片机程序下载软件，如图 1 - 1 - 20 所示。下载软件必须进行以下四步操作：

① 在"STC_ISP"软件界面的"MCU Type"方框中选择 STC12C5A60S2 单片机。

② 点击【OpenFile/打开文件】按钮，添加"控制一个 LED 闪烁. hex"文件。

③ 选择对应的 COM 口。打开电脑设备管理器，查看系统为实训板分配的 COM 口，如图 1 - 1 - 21 所示。不同的电脑分配的 COM 口不一样，所以读者一定要先查看，再选择。本书实例电脑分配的是 COM3 口。

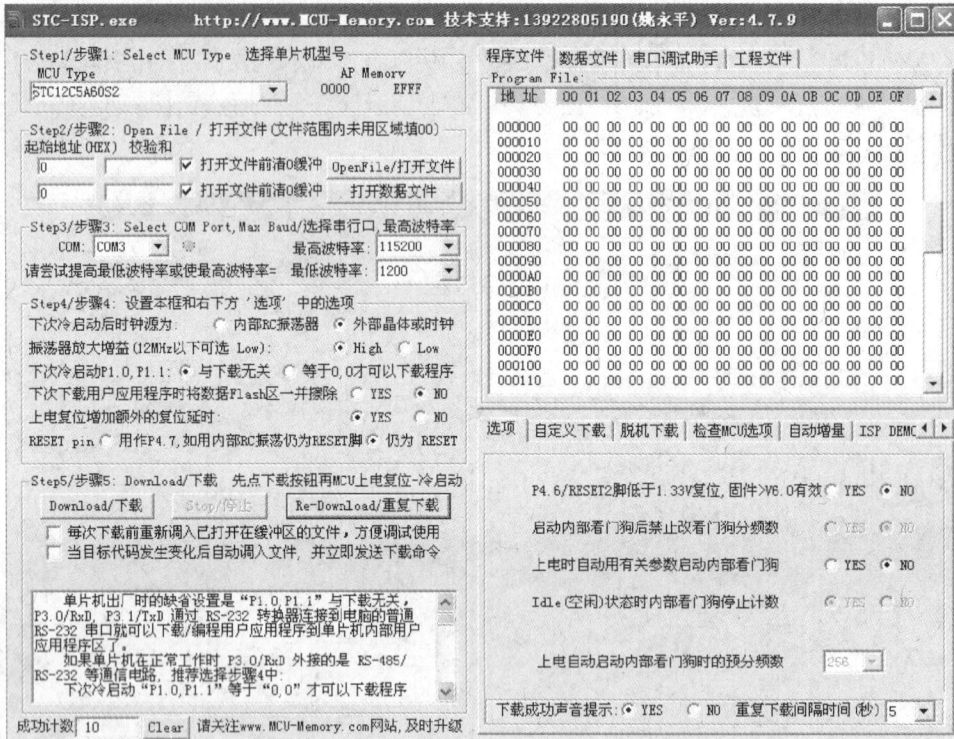

图 1 - 1 - 20　STC 单片机程序下载软件界面

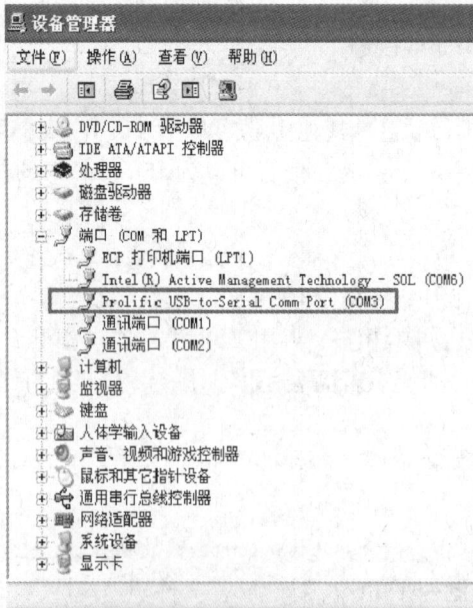

图 1 - 1 - 21　查看实训板的 COM 口

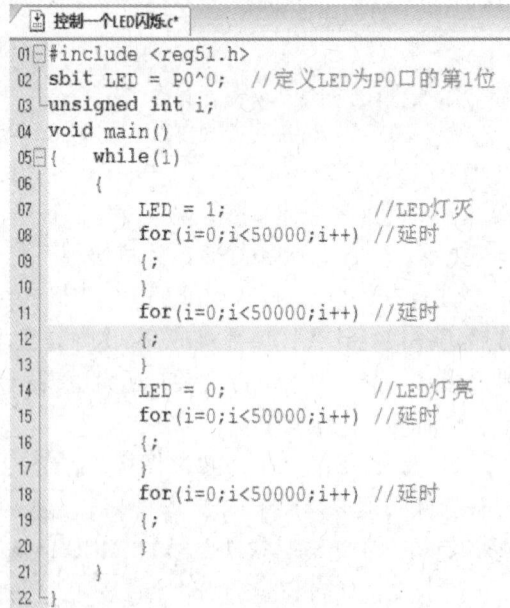

图 1 - 1 - 22　LED 闪烁程序

```
01  #include <reg51.h>
02  sbit LED = P0^0;    //定义LED为P0口的第1位
03  unsigned int i;
04  void main()
05  {    while(1)
06       {
07            LED = 1;                    //LED灯灭
08            for(i=0;i<50000;i++) //延时
09            {;
10            }
11            for(i=0;i<50000;i++) //延时
12            {;
13            }
14            LED = 0;                    //LED灯亮
15            for(i=0;i<50000;i++) //延时
16            {;
17            }
18            for(i=0;i<50000;i++) //延时
19            {;
20            }
21       }
22  }
```

④ 关闭实训板电源(弹起电源按钮)，点击【Download/下载】按钮，然后稍等片刻，按下电源按钮，等待下载完成，可以看到"STC_ISP"软件信息栏中程序的烧录过程。

(3)下载完成之后，立刻可以看到实训板上的发光二极管 D1 常亮，而不是闪烁。有些读者可能会质疑，同一段程序代码在 Proteus 仿真和 AT89S51/52 单片机上，都可以实现闪烁。为什么在 STC 单片机中就不行呢？其原因是 STC12C5A60S2 单片机的运行速度比 AT89S51/52 单片机要快 8 ~ 12 倍，所以 D1 闪烁太快，人眼无法识别。为了在单片机实训板上实现发光二极管闪烁，只需要修改延时程序，如图 1 - 1 - 22 所示；再点击"▦"图标，编译程序，重复上述②和④操作，即可看到发光二极管 D1 闪烁。

(4)改用单片机的其他引脚与发光二极管 Dx 相连。其他引脚可以为 P0.1 ~ P0.7、P1.0 ~ P1.7、P2.0 ~ P2.7、P3.0 ~ P3.7 中的任意一个；发光二极管可以为 D0 ~ D7 中的任意一只。再重复上述步骤，观察发光二极管的状态。

任务2　制作 8 位 LED 跑马灯

任务描述：采用单片机的 P0、P1、P2、P3 的任意端口控制 8 位 LED，在 Proteus 软件和单片机实训板上，制作 8 位 LED 的跑马灯，并能控制 LED 跑马速度。

第一步，在 Proteus 仿真软件上，绘制 8 位 LED 跑马灯仿真电路。

在 ISIS 7 Professional 图形编辑窗口，绘制如图 1 - 1 - 23 所示的 8 位 LED 跑马灯仿真电路。切记绘图过程中随时保存。

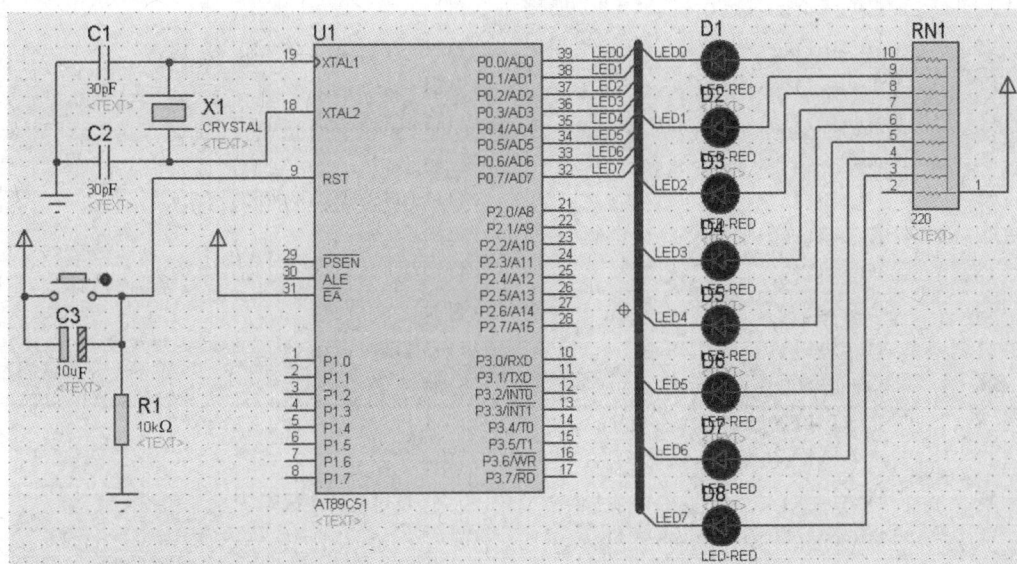

图 1 - 1 - 23　8 位 LED 跑马灯仿真电路

　　第二步，在 Keil μVision4 集成开发环境中，新建工程和文件，编写程序。

　　（1）新建工程文件。选择【程序】→【Keil μVision4】命令，启动 Keil μVision4 软件；选择菜单栏中的【Project】→【New μVision Project…】命令，在弹出创建新工程的对话框中选择工程的保存路径，输入工程名："制作 8 位 LED 跑马灯"（一般一个工程为一个独立的文件夹，工程名及其保存路径中、英文兼容），再点击【保存】；在弹出的"Select Device for Target'Target1'"对话框【Data Base】栏中，单击"Atmel"前面的"＋"号，展开该层，再单击选择其中的"AT89S51"，然后单击【OK】；弹出一个提示对话框，单击【是】，完成新建工程，回到主界面。

　　（2）新建程序源文件。选择菜单栏中的【File】→【New】命令或者单击工具栏的"新建文件"图标，为工程新建一个程序源文件，并命名为"制作 8 位 LED 跑马灯.c"（一定要在源文件名的后面加后缀".c"）；选择菜单栏中的【File】→【Save】命令或者单击工具栏的"保存文件"图标，将该源文件保存到与工程文件相同的文件夹中（这点很重要，请学员一定要把工程文件与程序源文件放在同一路径下的文件夹中）。

　　（3）编辑源程序文件。在源程序文件的编辑窗口，输入程序代码。

```
1. #include <reg51.h>
2. unsigned int a;                    //定义无符号整型变量 a，a 的取值范围 0~65535
3. void main( )
4. {    while(1)                       //死循环
5.      {   P0 = 0xFE;                 //1111 1110，第 1 位 LED 亮
6.          for(a = 5000; a > 0; a--); //延时
7.          P0 = 0xFD;                 //1111 1101，第 2 位 LED 亮
8.          for(a = 5000; a > 0; a--); //延时
9.          P0 = 0xFB;                 //1111 1011，第 3 位 LED 亮
10.         for(a = 5000; a > 0; a--); //延时
11.         P0 = 0xF7;                 //1111 0111，第 4 位 LED 亮
12.         for(a = 5000; a > 0; a--); //延时
13.         P0 = 0xEF;                 //1110 1111，第 5 位 LED 亮
14.         for(a = 5000; a > 0; a--); //延时
15.         P0 = 0xDF;                 //1101 1111，第 6 位 LED 亮
16.         for(a = 5000; a > 0; a--); //延时
17.         P0 = 0xBF;                 //1011 1111，第 7 位 LED 亮
18.         for(a = 5000; a > 0; a--); //延时
19.         P0 = 0x7F;                 //0111 1111，第 8 位 LED 亮
20.         for(a = 1000; a > 0; a--); //延时
21.      }
22. }
```

　　第三步，配置工程，编译程序。

　　按照任务 1 中列出的步骤，设置系统晶振频率，输出 HEX 文件以及编译程序文件，直

到编译输出窗口没有错误提示为止。

第四步，用软件调试程序。

（1）单击工具栏中的"🔧"图标，在"Options for Target'Target1'"对话框的"Debug"选项卡中，选择"Use Simulator"单选项，单击【OK】按钮。

（2）选择菜单栏中的【Debug】→【Start/Stop Debug Session】命令，或者点击工具栏中的"🔍"图标，进入程序调试状态，如图1-1-24所示。选择菜单栏中的【Peripherals】→【I/O-Ports】→【Port 0】命令，弹出"Parallel Port 0"小窗口，当前的P0＝0xFF。

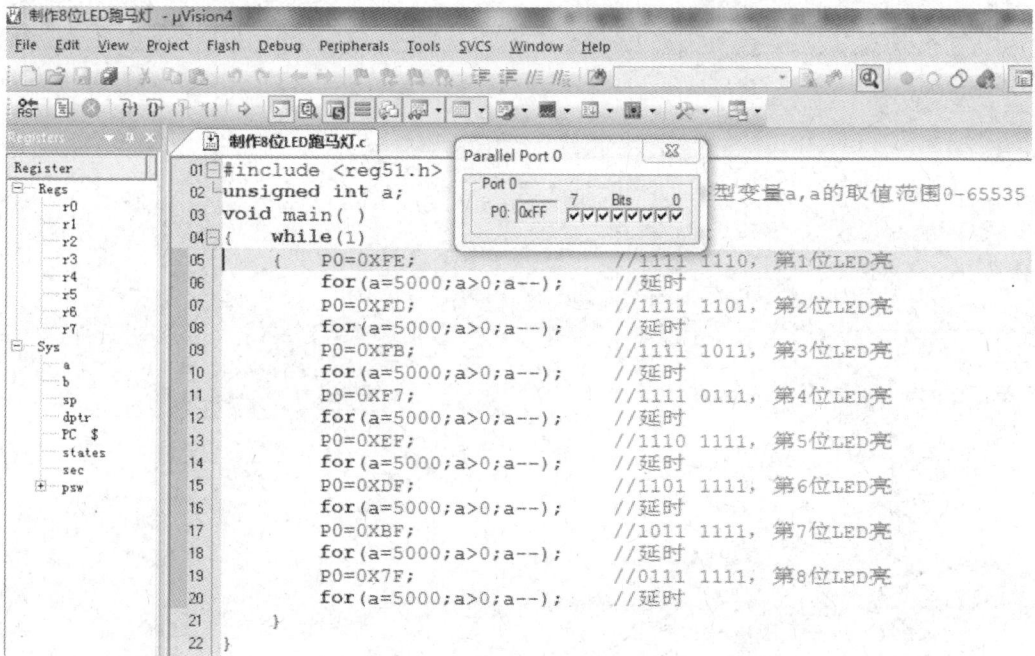

图1-1-24　程序调试状态

（3）用调试工具来调试程序。将鼠标的光标定在第5行，然后单击调试工具栏中的"运行到光标处"图标"🔾"，此时，黄色箭头走到程序的第5行，如图1-1-25所示。再单击调试工具栏中的"单步执行"图标"🔾"，黄色箭头走到程序的第6行，P0端口的值变为0xFE。

（4）在第9行处设置一个断点，用鼠标双击该行或点击工具栏"🔴"断点图标，再点击"全速运行"图标"📄"。还可以采用"运行到光标处"方法，即把鼠标的光标放在第9行，然后点击"运行到光标处"图标"🔾"。运行之后，黄色箭头走到程序的第9行，因第9行程序还未执行，故P0端口的值变为0xFD，如图1-1-26所示。依此方法完成其他代码的调试。

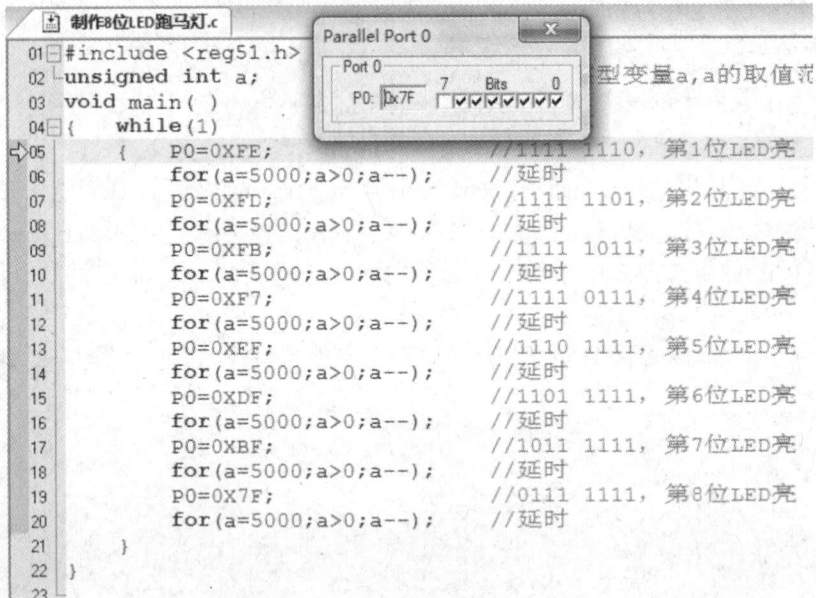

图 1-1-25 光标运行至第 5 行

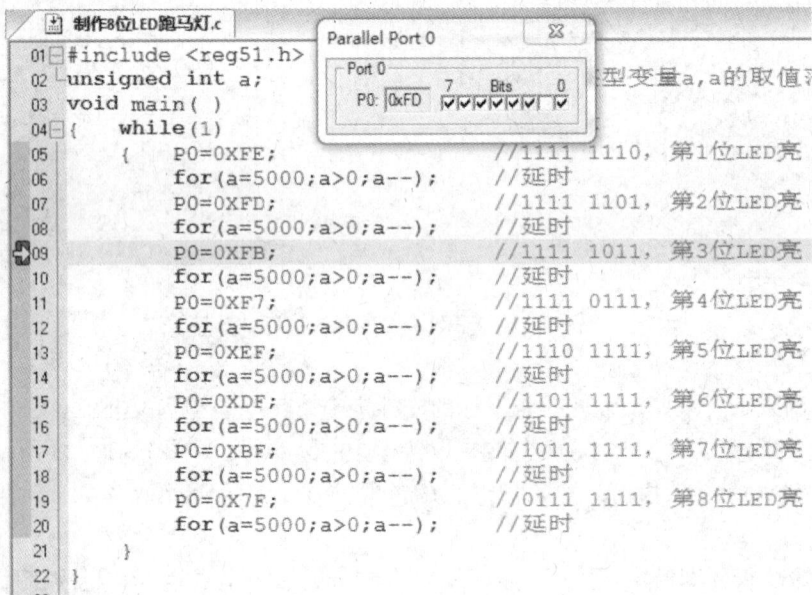

图 1-1-26 设置断点

第五步，在 Proteus 软件中仿真程序。

(1)在图 1-1-23 所示的单片机上单击鼠标右键，选择"Edit Properties"，在弹出对话框的"Program File"栏中，单击"▣"图标，添加"制作 8 位 LED 跑马灯. hex"文件，再单击

【OK】按钮。

（2）在 Proteus 软件主界面上，单击仿真按钮"▶"，立刻可以看到 LED 跑马灯效果。

第六步，Keil 与 Proteus 联机仿真程序。

（1）单击工具栏中的"🔧"图标，在弹出的"Options for Target 'Target1'"对话框中选中"Debug"选项卡，再选择该选项卡右边的"Use"单选项，选择"Proteus VSM Monitor – 51 Driver"仿真工具，单击【OK】按钮。

（2）在 Proteus 软件的主界面上，选择【Debug】→【Use Remote Debug Monitor】命令。

（3）在 Keil 软件主界面上，选择菜单栏中的【Debug】→【Start/Stop Debug Session】命令，或者点击工具栏中的"🔍"图标，进入程序调试状态。此时，可以看到 Proteus 软件中的电路已经被控制了，单片机的各引脚都有电平指示。

（4）把鼠标光标放在程序的第 7 行，再单击"运行到光标处"（🔟）图标，黄色箭头会走到第 7 行，同时 Proteus 中的第 1 个 LED 灯被点亮；然后再把光标放在程序的第 9 行，单击"运行到光标处"（🔟）图标，黄色箭头会走到第 9 行，同时 Proteus 中的第 2 个 LED 灯被点亮。依次把光标放在第 11、13、15、17 和 19 行，并单击"运行到光标处"（🔟）图标，则可以看到第 3~8 个 LED 灯被点亮。

（5）点击全速运行图标（"📖"），则在 Proteus 中可以看到 8 位 LED 灯循环闪烁。

第七步，在实训板上实现指示灯闪烁。

采用 AT89S51/52 单片机或 STC12C5A60S2 单片机实现，具体操作方法见任务 1。

（1）把该单片机放入 40P 的 IC 锁紧座中，并卡住；然后用 8 根杜邦线把单片机的 P0 脚与发光二极管 D1~D8 相连；再用"ISP 下载线"或 USB 线把程序下载到单片机中，立刻可以看到 8 位 LED 灯循环闪烁。

（2）改用单片机的 P1、P2、P3 与 8 位发光二极管相连；再重复上述步骤，观察发光二极管的状态。

四、思考与分析

（1）调试程序时，黄色箭头指向的当前行代码有没有执行？

（2）绘制训练项目 1 – 1 中任务 1 和 2 的程序运行轨迹，即黄色箭头在程序代码前行走的轨迹。

（3）改变跑马灯循环闪烁方式，如：自下向上循环、自两头向中间再向两头循环等。

五、知识链接

1.1 什么是单片机

通过训练项目 1 – 1"跑马灯的设计与制作"训练，想必大家已感受到单片机神秘的力量，那么单片机是什么东西呢？种类、型号、应用领域有哪些？下面将为大家一一揭晓。

1.1.1 基本概念与特点

单片机（Microcontroller 或 Single Chip Microcomputer）是指集成在一块硅片上的微型计

算机,包含各种功能部件,如中央处理器 CPU、数据存储器 RAM、程序存储器 ROM、定时/计数器、输入/输出接口 I/O、中断系统等。单片机的内部基本结构如图 1 - 1 - 27 所示。

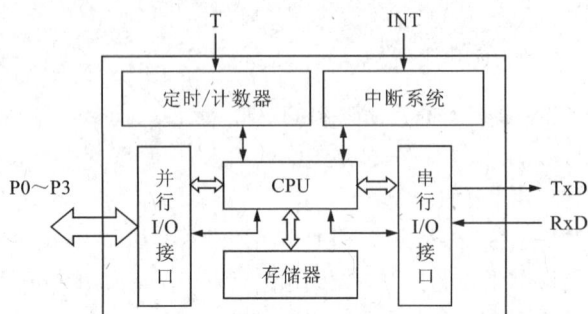

图 1 - 1 - 27　单片机的基本结构

单片机具有结构简单、控制功能强、可靠性高、性价比高等特点,被广泛应用于工业控制、智能仪器仪表、家用电器、电子玩具等领域。

1.1.2　8051 内核单片机

8051 内核单片机生产厂商多、型号种类多,但是它们都以传统的 8051 单片机作为内核。

1. Intel 公司的单片机

20 世纪 80 年代,Intel 公司推出了 MCS - 51 系列单片机,它的基本型芯片是 8031、8051 和 8751;后来,又推出了低功耗型单片机,如 80C31、80C51、80C52、87C51 等,虽然型号不同,但都是 8051 单片机的派生产品。现在,这些单片机都成古董了,虽然 Intel 公司生产的 8051 单片机现在很少有人用了,但它是 8051 内核单片机的"祖母",为后继单片机的发展提供了良好的技术平台。

2. Atmel 公司的单片机

Atmel 公司推出的 MCS - 51 单片机在市场上占有一定比例,它提供了丰富的外围接口和内部资源,常用型号有 AT89C51、AT89C52、AT89S51、AT89S52 等,它们也是 8051 单片机的派生产品,其中 AT89Sxx 单片机具有系统编程 ISP 功能,无需专用的仿真器或编程器,只要通过 ISP 下载线,不需要从电路板上取下单片机,就可以把程序下载到单片机中,在众多嵌入式控制应用系统中得到了广泛应用。

3. STC 公司的单片机

STC(宏晶)公司是中国本土 MCU 领航者,生产了 STC10、STC11、STC12C5A 等系列单片机,是高速/低功耗/超强抗干扰的单时钟/机器周期(1T)的新一代 8051 单片机,其指令代码完全兼容传统 8051 单片机,而且速度要快 8 ~ 12 倍。采用串口下载程序,下载非常方便。

目前,Atmel 和 STC 单片机在市场上都是主流芯片,部分芯片资源比较如表 1 - 1 - 2 所示。

随着电子技术的飞速发展,单片机正朝着高集成度、高速度、低功耗方向发展。近年来 16 位、32 位单片机已得到了广泛应用,但是由于 8 位单片机在控制能力、性价比上占有一定优势,并且 8 位增强型单片机在速度和功能上与 16 位单片机相当。因此,8 位单片机在一些中低端电子产品中成为了工程师首选控制芯片。

表 1 – 1 – 2 Atmel 和 STC 单片机选型比较

型号	Flash (KB)	RAM (B)	EEPROM (KB)	I/O 引脚	UART 个数	定时器 个数	WDT	A/D 路/位	f_{max} (MHz)
AT89C2051	2	128	—	15	1	2	—	—	24
AT89S51	4	128	—	32	1	2	Yes	—	33
AT89S52	8	256	—	32	1	3	Yes	—	33
AT89S8253	12	256	2	32	1	3	Yes	—	33
STC11F01	1	256	—	16	2	2	Yes	—	35
STC10F04	4	256	—	40	2	2	Yes	—	35
STC12C5A60S2	60	1280	1	40	3	4	Yes	8/10	35
STC12LE5A16S2	16	1280	45	40	3	4	Yes	8/10	35

本书主要以目前使用最为广泛的 AT89S51 和 STC12C5A60S2 两款单片机作为研究对象,介绍单片机的结构、接口资源、工作原理及应用系统的设计。

1.2 8051 内核单片机的引脚及内部结构

1.2.1 单片机的引脚

由于具有 8051 内核的单片机有很多,本节以 AT89S51 单片机为例来介绍,其实物及引脚如图 1 – 1 – 28 所示,引脚主要功能如表 1 – 1 – 3 所示。

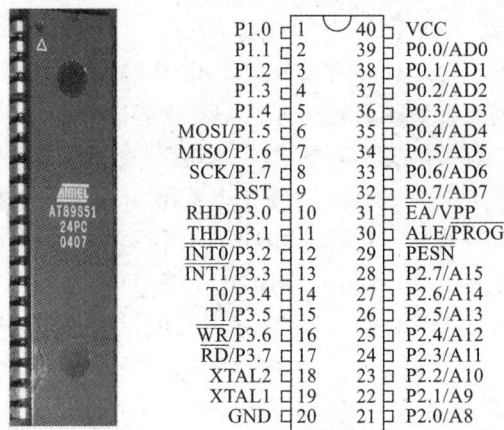

图 1 – 1 – 28 实物及引脚图

1. 引脚基本功能

(1) P0 端口(P0.0 ~ P0.7)和 P2 端口(P2.0 ~ P2.7)：都是 8 位双向 I/O 端口，既可作为地址/数据总线，也可作为普通 I/O 端口。

(2) P1 端口(P1.0 ~ P1.7)：8 位双向 I/O 端口。

(3) P3 端口(P3.0 ~ P3.7)：多功能端口，既可作为普通 I/O 端口，又可作为第二功能使用。

表 1 - 1 - 3　AT89S51 单片机引脚功能

引脚序号	引脚名称	引脚功能描述
32 ~ 39	P0.0 ~ P0.7	P0 口 8 位双向端口
1 ~ 8	P1.0 ~ P1.7	P1 口 8 位双向端口
21 ~ 28	P2.0 ~ P2.7	P2 口 8 位双向端口
10 ~ 17	P3.0 ~ P3.7	P3 口 8 位双向端口
9	RST	芯片复位端口
31	$\overline{EA}$	内外 ROM 选通端口
29	$\overline{PSEN}$	外部 ROM 选通端口
30	ALE	地址锁存端口
18 ~ 19	XTAL1 ~ XTAL2	外接晶振端口
第 40 脚	VCC	电源
第 20 脚	GND	地

(4) ALE：系统扩展时，P0 为数据与地址复用端口，ALE 用于把 P0 端口输出的低 8 位地址锁存起来，以实现低 8 位地址和数据分时使用 P0 端口，由于现在的单片机功能强大、价格便宜，所以一般不需要扩展。另外，由于 ALE 引脚以外部晶振 1/6 的固定频率输出正脉冲，因此它可作为一个时钟源送给外部电路，或者作为检测单片机是否工作的检测点。

(5) $\overline{PSEN}$：当$\overline{PSEN}$为低电平时，可实现对外部 ROM 单元的读操作。

(6) $\overline{EA}$：当$\overline{EA}$为低电平时，采用外部 ROM 作为程序存储器；当为高电平时，采用单片机内部 ROM 作为程序存储器，并且当内部 ROM 不够用时，还可延至外部 ROM。由于现在的单片机内部都有 ROM，且容量够大，所以$\overline{EA}$引脚可直接接高电平，采用内部 ROM 作为程序存储器。

(7) RST：当输入的复位信号延续两个机器周期(24 个振荡周期)以上的高电平时，可使单片机内部复位。

(8) XTAL1 和 XTAL2：外接晶振端口，当使用芯片内部时钟时，两端口必须外接石英晶体和电容；当使用外部时钟时，只要把时钟信号接入 XTAL2 引脚，XTAL1 引脚悬空或接地即可。

2. 引脚第二功能

P3 端口除了具有基本功能外,还具有第二功能,如表 1 - 1 - 4 所示。现在很多单片机都具有第二、第三功能,甚至第四功能,例如 PIC18F452 单片机某些引脚就有四种功能。

表 1 - 1 - 4　P3 端口的第二功能

引脚名称(序号)	第二功能	第二功能描述
P3.0(10)	RXD	串行数据接收端口
P3.1(11)	TXD	串行数据发送端口
P3.2(12)	$\overline{INT0}$	外部中断 0 输入端口
P3.3(13)	$\overline{INT1}$	外部中断 1 输入端口
P3.4(14)	T0	定时/计数器 0 的输入端口
P3.5(15)	T1	定时/计数器 1 的输入端口
P3.6(16)	$\overline{WR}$	外部 RAM 或外部 I/O 写选通端口
P3.7(17)	$\overline{RD}$	外部 RAM 或外部 I/O 读选通端口

1.2.2　单片机的内部结构

AT89S51 单片机内部结构如图 1 - 1 - 29 所示,其他 8051 内核的单片机除了存储器结构、接口资源外,其内部结构与 AT89S51 非常相似。

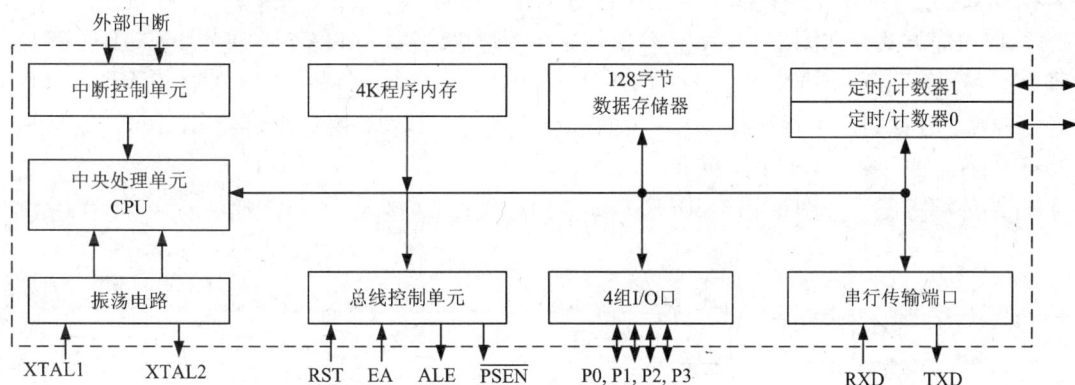

图 1 - 1 - 29　AT89S51 单片机内部结构

1. 中央处理器(CPU)

单片机中央处理器 CPU 由运算器和控制器组成,完成数据运算和控制功能。其中运算器包括一个 8 位算术逻辑单元(ALU)、8 位累加器(ACC)、8 位暂存器、寄存器 B 和程序状态寄存器;控制器包括指令寄存器(IR)、程序计数器(PC)、指令译码器(ID)等。

2. 内部存储器

AT89S51 单片机内部存储器主要包括数据存储器 RAM 和程序存储器 ROM。有些单片机内部还有 EEPROM，如 AT89S8253、STC12C5A60S2 等芯片。

(1)内部数据存储器 RAM。AT89S51 单片机内部 RAM 为 256B，其中高 128B 是单片机的特殊功能寄存器；低 128B 用户可以使用，可读/写，掉电后数据会消失。如果在产品开发前需求分析时，觉得 128B 的 RAM 存储器小的话，就可采用其他 RAM 大的 8051 内核单片机，如 STC12C5A60S2 单片机的 RAM 为 1280B，是 AT89S51 单片机的 10 倍。

(2)内部数据存储器 ROM。AT89S51 单片机内部 ROM 为 4KB，只能读不能写，掉电后数据不会消失。用于存放程序代码或者不能改变的数据，如数码管的显示代码等。如果开发产品时，4KB 的 ROM 不够，就可以选用其他足够大的 8051 内核单片机，如 STC12C5A60S2 单片机的 ROM 为 60KB，是 AT89S51 单片机的 15 倍。

3. 外部接口

AT89S51 单片机拥有 4 个 8 位双向 I/O 端口，且每个端口的引脚都是可以进行位操作，例如：在训练项目 1 - 1 的任务 1 中，采用 P0.0 控制发光二极管亮和灭。

该单片机内部集成了一个全双工串行通信接口，可以实现单片机与单片机之间，或者单片机与电脑之间的数据通信。

4. 定时/计数器与中断

AT89S51 单片机内部有两个 16 位定时/计数器(T0 和 T1)，可实现定时或计数功能。还有 5 个中断源，并且可以进行中断源高、低优先级设置。

5. 振荡电路

如果说 CPU 是单片机的"大脑"，那么振荡电路就是单片机的"心脏"，负责产生一定频率的时钟信号，故也称时钟电路。

(1)时钟产生方式。时钟产生方式有内部和外部两种方式，如图 1 - 1 - 30 所示。

① 内部方式。如图 1 - 1 - 30(a)所示，在单片机的 XTAL1(第 19 脚)和 XTAL2(第 18 脚)两端外接石英晶体元件，对于 AT89S51/52 单片机而言，最高晶振频率是 33 MHz，晶振频率越高，时钟频率也就越高，单片机的运行速度也就越快；两个小电容 C1 和 C2 一般取 30pF 左右。

② 外部方式。如图 1 - 1 - 30(b)所示，通过 XTAL2 接入外部时钟信号。

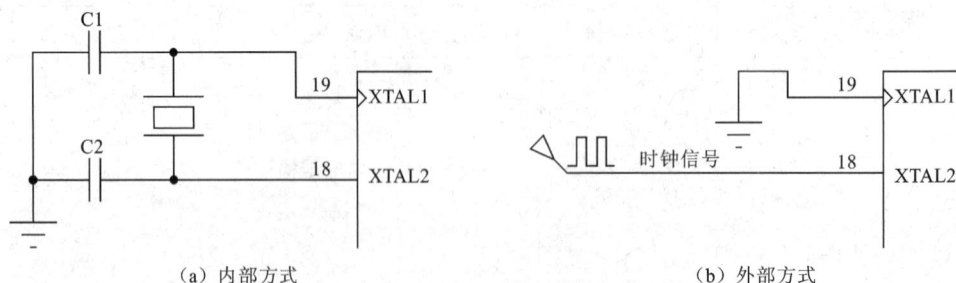

(a) 内部方式   (b) 外部方式

图 1 - 1 - 30 时钟产生电路

（2）基本时序周期。单片机的程序是自上向下执行的，每条语句（指令）的运行速度都是由时序周期信号来控制的。以 AT89S51/52 单片机和外接 12 MHz 晶振为例，介绍基本时序周期。

① 时钟周期：也称振荡频率，时钟周期就是单片机外接晶振频率的倒数，则时钟周期为 $1/12$ μs。

② 机器周期：在计算机中，为了便于管理，常把一条指令的执行过程划分为若干个阶段，每一阶段完成一项工作。例如，取指令、存储器读等，这每一项工作称为一个基本操作。完成一个基本操作所需要的时间称为机器周期，8051 单片机的 1 个机器周期为 12 个时钟周期，则机器周期为 1 μs。

③ 指令周期：执行一条指令所需要的时间，一般由若干个机器周期组成。指令周期为 1~4 个机器周期，对于 C 语言来说，每条语句要花费多少个指令周期是比较难计算的，而且也没有计算的意义，所以一般只要大家记住振荡周期越小（或振荡频率越高），执行 C 语言语句的时间就越短。

另外，对于 STC12C5A60S2 单片机来说，其是单时钟/机器周期单片机，所以它比 AT89S51/52 单片机要快 8~12 倍。

6. 复位电路

复位电路的作用就是使单片机程序从程序存储器的 0000H 单元开始运行，一般分为上电复位和手动复位两种。如：上电源、断电后再上电时单片机会自动复位；发生故障时，单片机程序跑飞或死机，就要进行手动复位。常见复位电路如图 1 - 1 - 31 所示。

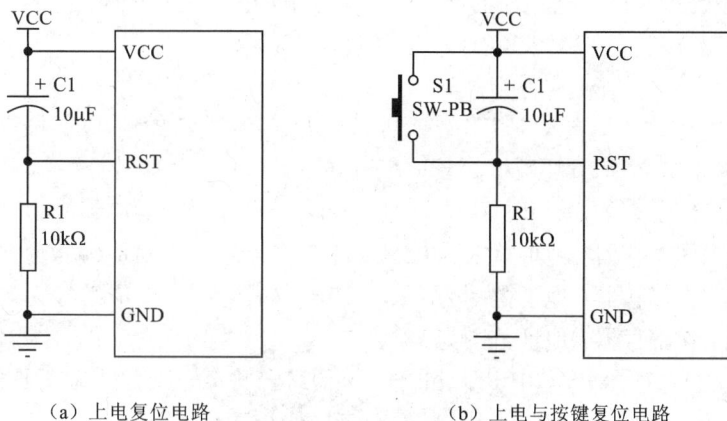

（a）上电复位电路　　　　　（b）上电与按键复位电路

图 1 - 1 - 31　单片机常见复位电路

1.3　8051 内核单片机的存储器结构

单片机存储器主要包括片内数据存储器（IDATA RAM）、片外数据存储器（XDATA RAM）、片内程序存储器和片外程序存储器（ROM）。其中程序存储器和数据存储器是独立编址的，不同单片机的片内存储器大小不太相同，但它们的结构较为相似，AT89S51 单片机存储器结构如图 1 - 1 - 32 所示。

存储器就是用来存放东西的，相当于家庭的橱柜。如何更好地理解单片机的存储器，

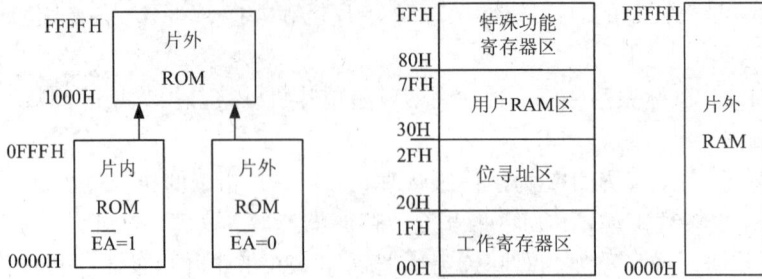

图 1 – 1 – 32   **AT89S51 单片机存储器结构**

那就必须弄清楚"地址"和"地址内容"两个概念,以学生集体宿舍楼为例,来说明它们之间的关系。

假设每间宿舍住 8 位学生,则宿舍的门号就是地址,宿舍内住的 8 位学生就是地址内容。因此,对于单片机存储器来说,0000H ~ FFFFH 就相当于 64K 间宿舍的门号,即为存储单元的地址,每个存储单元内可以存放 8 位二进制数,相当于宿舍内的 8 位学生,即为地址内容。想必读者已明白了"地址"与"地址内容"的关系,一般把"地址"也叫存储单元、编号等,"地址内容"也叫内容、数据等。对于 8 位单片机来说,每个地址(存储单元)只能存储 8 位二进制数据,即 1 个字节。

1.3.1   片内数据存储器

AT89S51 单片机片内数据存储器共有 256 个字节(单元),分成两个部分:低 128 字节(地址为 00H ~ 7FH)和高 128 字节(地址为 80H ~ FFH)。

1. 工作寄存器区

一般 8051 内核单片机有 4 个工作寄存器区,占据片内 RAM 的 00H ~ 1FH,共计 32 个存储单元,可存放 32 个字节的数据。具体配置如下:

① 第 0 组工作寄存器:地址范围为 00H ~ 07H,8 个字节,对应编号为 R0 ~ R7。

② 第 1 组工作寄存器:地址范围为 08H ~ 0FH,8 个字节,对应编号为 R0 ~ R7。

③ 第 2 组工作寄存器:地址范围为 10H ~ 17H,8 个字节,对应编号为 R0 ~ R7。

④ 第 3 组工作寄存器:地址范围为 18H ~ 1FH,8 个字节,对应编号为 R0 ~ R7。

通过程序状态寄存器 PSW 中 RS1 和 RS0 位的组合状态来决定当前工作寄存器为 4 组中的哪一组,一般在 C 语言编程过程中,不会直接使用工作寄存器组,但是在汇编语言和 C 语言混合编程时,工作寄存器组是汇编子程序和 C 语言函数之间重要的数据传递工具。

2. 位寻址区

片内 RAM 的 20H ~ 2FH 单元为位寻址区,共 16 个字节,128 位,位寻址区既可进行字节操作,又可以对字节中每一位进行位操作。具体地址如表 1 – 1 – 5 所示。

表1-1-5　片内 RAM 位寻址区的位地址

单位地址	位地址（从高位到低位）							
2FH	7FH	7EH	7DH	7CH	7BH	7AH	79H	78H
2EH	77H	76H	75H	74H	73H	72H	71H	70H
2DH	6FH	6EH	6DH	6CH	6BH	6AH	69H	68H
2CH	67H	66H	65H	64H	63H	62H	61H	60H
2BH	5FH	5EH	5DH	5CH	5BH	5AH	59H	58H
2AH	57H	56H	55H	54H	53H	52H	51H	50H
29H	4FH	4EH	4DH	4CH	4BH	4AH	49H	48H
28H	47H	46H	45H	44H	43H	42H	41H	40H
27H	3FH	3EH	3DH	3CH	3BH	3AH	39H	38H
26H	37H	36H	35H	34H	33H	32H	31H	30H
25H	2FH	2EH	2DH	2CH	2BH	2AH	29H	28H
24H	27H	26H	25H	24H	23H	22H	21H	20H
23H	1FH	1EH	1DH	1CH	1BH	1AH	19H	18H
22H	17H	16H	15H	14H	13H	12H	11H	10H
21H	0FH	0EH	0DH	0CH	0BH	0AH	09H	08H
20H	07H	06H	05H	04H	03H	02H	01H	00H

单位地址与位地址之间的区别：

还是以学生宿舍为例，单位地址相当于宿舍门牌号，位地址相当于床铺号，例如位地址 08H、09H 和 37H，可以理解为：21H 宿舍中的第 0 号、第 1 号床铺和 26H 宿舍中的第 7 号床铺。每个单位地址有 8 个位地址，每个位地址可存放 1 个二进制数；相当于每间宿舍有 8 个床铺号，每个床铺可睡 1 个人。

3. 用户 RAM 区

片内 RAM 的 30H ~ 7FH 单元为用户 RAM 区，共 80 个单元，编程者可以用它来存放数据，一般应用中常把堆栈开辟在此区中。

4. 特殊功能寄存器区

片内 RAM 的高 128 单元地址 80H ~ FFH 为特殊功能寄存器区（special function register，简称 SFR），表 1-1-6 给出了片内特殊功能寄存器区分配情况，尽管表中还有许多空闲地址没有被分配，但是编程者不能使用。

表 1 - 1 - 6　AT89S51 片内专用寄存器(SFR)

SFR 符号及名称	字节地址	位地址/位标志							
		D7	D6	D5	D4	D3	D2	D1	D0
B：B 寄存器	F0H	F7H	F6H	F5H	F4H	F3H	F2H	F1H	F0H
ACC：累加器	E0H	E7H	E6H	E5H	E4H	E3H	E2H	E1H	E0H
PSW：程序状态字	D0H	CY	AC	F0	RS1	RS0	OV	—	P
IP：中断优先级寄存器	B8H	—	—	—	PS	PT1	PX1	PT0	PX0
P3：I/O 端口 P3	B0H	P3.7	P3.6	P3.5	P3.4	P3.3	P3.2	P3.1	P3.0
IE：中断允许寄存器	A8H	EA	—	—	ES	ET1	EX1	ET0	EX0
P2：I/O 端口 P2	A0H	P2.7	P2.6	P2.5	P2.4	P2.3	P2.2	P2.1	P2.0
SBUF：串口数据缓冲寄存器	99H	不可位寻址							
SCON：串口控制寄存器	98H	SM0	SM1	SM2	REN	TB8	RB8	TI	RI
P1：I/O 端口 P1	90H	P1.7	P1.6	P1.5	P1.4	P1.3	P1.2	P1.1	P1.0
TH1：T1 寄存器高 8 位	8DH	不可位寻址							
TH0：T0 寄存器高 8 位	8CH	不可位寻址							
TL1：T1 寄存器低 8 位	8BH	不可位寻址							
TL0：T0 寄存器低 8 位	8AH	不可位寻址							
TMOD：定时/计数器方式寄存器	89H	GATE	C/T	M1	M0	GATE	C/T	M1	M0
TCON：定时/计数器控制寄存器	88H	TF1	TR1	TF0	TR0	IE1	IT1	IE0	IT0
PCON：电源控制寄存器	87H	SMOD	—	—	—	GF1	GF0	PD	IDL
DPH：数据指针高 8 位	83H	不可位寻址							
DPL：数据指针低 8 位	82H	不可位寻址							
SP：栈指针寄存器	81H	不可位寻址							
P0：I/O 端口 P0	80H	P0.7	P0.6	P0.5	P0.4	P0.3	P0.2	P0.1	P0.0

(1)累加器 ACC(accumulator)。累加器 ACC 为 8 位寄存器,是最常用的特殊功能寄存器,既可用于存放操作数,又可用于存放运算的中间数据。

(2)通用寄存器 B(general purpose register)。乘除法指令中要用到通用寄存器,也可以将其作一般寄存器。

(3)程序状态字 PSW(program status word)。程序状态字是一个 8 位寄存器,用于存放指令运行后的有关状态,其中有些状态位是由硬件自动设置的,有些状态位是由软件设定的,PSW 的各位定义如表 1 - 1 - 6 所示。

① CY(PSW.7):进位标志位,存放算术运算的进位标志,在加法或减法运算时,若操作结果最高位有进位或借位,则 CY 由硬件置"1",否则被置"0"。

② AC(PSW.6):辅助进位标志位,在加法或减法运算时,若低 4 位向高 4 位进位或借

位，则 AC 由硬件置"1"，否则被置"0"。

③ F0(PSW.5)：用户标志位。供用户定义的标志位，需要用软件设置"1"或"0"。

④ RS1 和 RS0(PSW.4 和 PSW.3)：工作寄存器组选择位。它们被用于选择 CPU 当前使用的工作寄存器组，具体选择方式如表 1 – 1 – 7 所示。单片机复位时 RS1 和 RS0 的值为"0"。

表 1 – 1 – 7　工作寄存器组选择方式

RS1	RS0	R0 ~ R7 对应的工作组	片内 RAM 地址
0	0	第 0 组工作寄存器	00H ~ 07H
0	1	第 1 组工作寄存器	08H ~ 0FH
1	0	第 2 组工作寄存器	10H ~ 17H
1	1	第 3 组工作寄存器	18H ~ 1FH

⑤ OV(PSW.2)：溢出标志位。在带符号数加减运算时，若 OV 为"1"表示加减运算超出了累加器 ACC 所能表示的带符号数的有效范围(– 128 ~ + 127)，即产生了溢出，因此运算结果是错误的；反之，OV 为"0"表示没有溢出，结果是正确的。

⑥ P(PSW.0)：奇偶标志位。若累加器 ACC 中的内容为奇数时，则 P 被硬件置"1"，若为偶数时，则 P 被硬件置"0"。

(4)程序计数器 PC(program counter)。PC 是一个 16 位寄存器，它不占用 RAM 单元，但物理上是独立的。用于存放程序运行下一条将要执行指令的地址，寻址范围为 0000H ~ FFFFH，共 64KB。PC 有自动加 1 功能，从而控制程序执行。

P0、P1、P2、P3、TCON、TMOD、IE、IP、SCON、PCON、SBUF 等专用寄存器将在后面章节介绍。

> AT89S51 与 STC12C5A60S2 片内数据存储器的区别：
> STC12C5A60S2 单片机片内集成了 1280 字节 RAM，分成内部 RAM(256 字节)和内部扩展 RAM(1024 字节)。其中内部 RAM 与传统 8051 内核单片机兼容；扩展 RAM 的地址范围是 0000H ~ 03FFH，访问扩展 RAM 的方法与传统 8051 单片机访问外部扩展 RAM 的方法相同，在汇编语言中，采用"MOVX @ DPTR"或者"MOVX @ Ri"指令访问；在 C 语言中，采用"unsigned char xdata i = 0 ;"语句来访问。

1.3.2　片外数据存储器

编程者可以根据需要在片外扩展 64KB 的数据存储器，地址范围是 0000H ~ FFFFH，称为 XDATA 区。在 XDATA 空间内进行分页寻址操作时，称为 PDATA 区。为了减少电子产品开发成本，一般不会扩展外部 RAM，若内部 RAM 不够，则可以选择较大的片内 RAM 芯片，如 STC12C5A60S2 中有 1280 字节 RAM。DATA、XDATA、CODE 等存储类型将放在后面章节介绍。

1.3.3　程序存储器

单片机程序存储器用于存放编译器编译出的二进制程序代码和程序执行过程中不会改

变的原始数据，8051 内核单片机的片内 ROM 大小不相同，如 AT89S51 片内有 4KB 的 ROM，AT89S52 片内有 8KB 的 ROM，STC12C5A60S2 片内有 60KB 的 ROM。由于当前单片机的内部 ROM 容量很大，一般不需要外扩 ROM。

如图 1 - 1 - 32 所示，AT89S51 单片机片外最多能扩展 64KB 程序存储器，片内外的 ROM 是统一编址的，若单片机$\overline{EA}$引脚为高电平，则执行片内 ROM 中的程序（地址范围 0000H ~ 0FFFH，即 4KB 地址），如果片外加有 ROM（地址范围 1000H ~ FFFFH），则 CPU 执行完内部的 ROM 指令，就会自动执行片外的 ROM 指令；若$\overline{EA}$引脚为低电平，则只能从片外 ROM 开始执行。

程序存储器中有 6 个特殊的地址，如表 1 - 1 - 8 所示。相邻中断源入口地址间的间隔为 8 个单元。在汇编语言中，当程序中断时，一般在这些入口地址处编写一条跳转指令，而相应的中断服务程序存放在转移地址中；如果中断服务子程序小于或等于 8 个单元，则可将其存储在相应入口地址开始的 8 个单元中；如果没有用到相应的中断功能，这些特殊地址单元也可作为一般程序存储器用于存放程序代码。在 C 语言中，Cx51 编译器会自动添加跳转指令，用户只要编写好中断服务程序，其他事情由编译器完成。

表 1 - 1 - 8　　程序存储器中特殊地址

入口地址	用　途　说　明
0000H	系统复位，PC = 0000H，表示单片机从 0000H 单元开始执行程序
0003H	外部中断 0 中断时，PC = 0003H，进入外部中断 0 中断服务程序
000BH	定时/计数器 0 中断时，PC = 000BH，进入定时/计数器 0 中断服务程序
0013H	外部中断 1 中断时，PC = 0013H，进入外部中断 1 中断服务程序
001BH	定时/计数器 1 中断时，PC = 001BH，进入定时/计数器 1 中断服务程序
0023H	串口中断时，PC = 0023H，进入串口中断服务程序

1.4　单片机开发环境

从事单片机技术开发工作，必须先搭建一个单片机开发环境，包括软件和硬件两个方面，其中软件包括集成开发环境（Keil）、仿真软件（Proteus）等，硬件包括计算机、单片机实训板、编程器、仿真器等。

1.4.1　单片机开发工具

常用的单片机开发工具主要包括软件和硬件工具，软件工具主要包括 Keil、Cx51 编译器、Proteus 等，用于编写程序与软件调试程序；硬件工具主要包括仿真器、编程器、实训板等，用于硬件仿真程序、下载程序等。AT89S51/52 单片机支持在线烧录功能，使用 ISP 下载线就可以下载程序，STC 单片机使用串口线就可以下载程序等。一般 ISP 下载线 15 元左右，仿真器几百元到几千元不等，常用的 ISP 下载线和仿真器如图 1 - 1 - 33 所示。

1.4.2　Keil 与 Proteus 软件介绍

Keil 与 Proteus 是目前最流行的开发 8051 内核单片机的软件，本书采用 Keil μVision4 集成开发环境，该软件集成 C 编译器、宏汇编、链接器、库管理和一个功能强大的仿真调

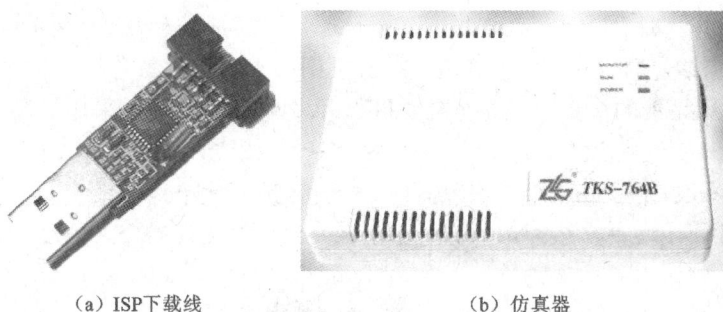

(a) ISP下载线　　　　　　　　　　(b) 仿真器

图 1 - 1 - 33　下载线与仿真器实物

试器等功能于一体,为用户提供了完整的开发方案。

　　本书采用 Proteus7.5 版本,该软件不仅具有其他 EDA 工具软件的仿真功能,还能仿真单片机及外围器件。它是目前最好的单片机及外围器件的仿真工具,而且它还能与 Keil 软件进行联机实时仿真、调试,从而大大缩短了单片机系统开发周期。因此,Keil 与 Proteus 软件已受到单片机爱好者的青睐。

　　Keil 与 Proteus 的具体使用方法,作者会在训练项目中介绍,这样读者更容易明白,可以达到学以致用。

1.4.3　单片机实训板介绍

　　为了让读者快速学习单片机技术,作者开发了一块与本书配套的单片机实训板,可以满足书中的所有训练项目的实训,如图 1 - 1 - 34 所示。

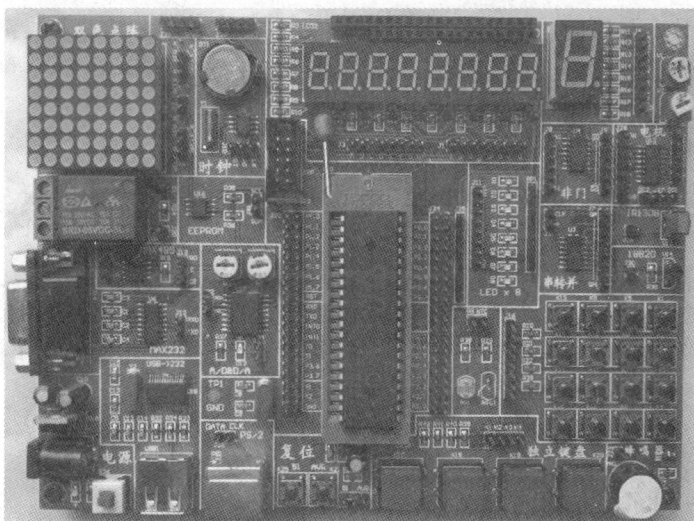

图 1 - 1 - 34　单片机实训板实物

该实训板的特点如下:

　　◇ 由相对独立的模块组成,读者可以将所有模块进行自由组合,构建不同功能的单片机系统。

◇ 不仅提供了实训板硬件电路程序，而且还提供了所有模块的 Proteus 仿真电路，读者可以通过虚实结合的方式，快速掌握单片机应用技术。

◇ 勿须使用昂贵的仿真器、编程器就可以开发单片机系统。采用一条 USB 线就可以把程序下载到 STC 单片机之中，或者采用一条 ISP 下载线把程序下载到 AT89S51/52 单片机中，既省了购买昂贵的仿真器、编程器，又能方便地开发单片机系统。

◇ 该实训板可以兼容多种单片机，如 AT89S51/52、STC12C5A60S2，以及 AVR、PIC 单片机(需要加转接板)。

◇ 采用 USB 线供电，不需要外接电源。

该实训板由以下模块构成。

1. 显示电路模块

显示电路模块包括 LED、数码管、液晶和点阵显示电路，其中 LED 显示电路是由 8 个发光二极管构成，数码管显示电路包括 1 个共阳极数码管显示电路和 2 个 4 位共阳极数码管显示电路；液晶显示电路包括 LCD1602 字符型显示电路和 LCD12864 点阵型显示电路；点阵模块是一个 8×8 双色点阵屏显示电路。

2. 键盘电路模块

键盘电路模块包括 4×4 矩阵键盘模块和 4 个独立按键模块。

3. 传感器电路模块

传感器电路模块包括红外一体化接收、温度采集、光/热感应等模块。

4. 通信电路模块

通信电路模块包括 RS232 通信、RS485 通信、EEPROM 通信等模块。

5. 其他电路模块

其他电路模块主要有时钟电路、串行信号转并行信号电路、非门电路、蜂鸣器电路、继电器电路、步进/直流电机驱动电路、ISP 下载接口、模数转换电路、USB 转串口电路、CPU 接口等模块。

【训练项目 1 - 2】　数码管静态显示系统设计与制作

一、项目要求

在 Proteus 仿真软件和单片机实训板上，采用单片机的 P0、P1、P2、P3 的任意端口控制 1 位共阳极数码管，实现 0~F 字符循环显示，并控制循环显示的速度。

二、项目实训仪器、设备及实训材料

表 1 - 2 - 1　主要实训仪器和实训材料一览表

工具、设备和耗材	数量	工具、设备和耗材	数量	工具、设备和耗材	数量
电脑	1 台	51 单片机下载线/USB 线	1 根	杜邦导线	若干
Keil μVision4	1 套	晶振 12M	1 只	AT89S51/STC12C5A60S2	1 片
Proteus 7.5 软件	1 套	单片机实训板	1 块	稳压电源	1 台

三、项目实施过程及其步骤

任务1 实现0~F任意字符显示

任务描述：采用单片机的 P3 端口控制 1 位数码管，在 Proteus 软件和单片机实训板上，使数码管显示 0~F 任意字符。然后再改用其他端口控制数码管，实现同样功能。

第一步，在 Proteus 仿真软件上，绘制一个共阳极数码管静态显示电路。

采用单片机 P3 端口与数码管 8 位数据线相连，如图 1-2-1 所示，其中数码管在 Proteus 库中的名称为 7SEG-MPX1-CA（CA 代表共阳极、CC 代表共阴极），排阻的名称为 RX8。

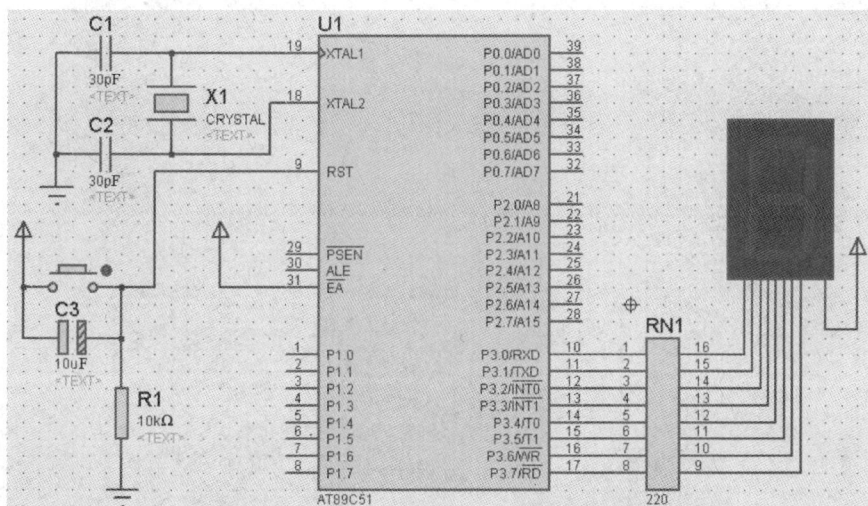

图 1-2-1　一个共阳极数码管静态显示电路

第二步，在 Keil μVision4 集成开发环境中，新建工程和文件，编写程序。

按照项目 1-1 中列出的步骤，在 Keil 软件中新建工程和文件，并编写如下程序：

```
1. #include <reg51.h>
2. void main( )
3. {    P3 = 0xC0;                    //显示"0"
4.      while(1);
5. }
```

第三步，配置工程，编译程序。

按照项目 1-1 中列出的步骤，设置系统晶振频率、输出 HEX 文件，以及编译程序文件，直到编译输出窗口没有错误为止。

第四步，调试、仿真、修改程序。

(1)在 Proteus 软件中仿真程序。把 HEX 文件加入到单片机之中，单击仿真按钮"▶"，立刻可以看到"0"字符在数码管上显示，如图 1 - 2 - 2 所示。

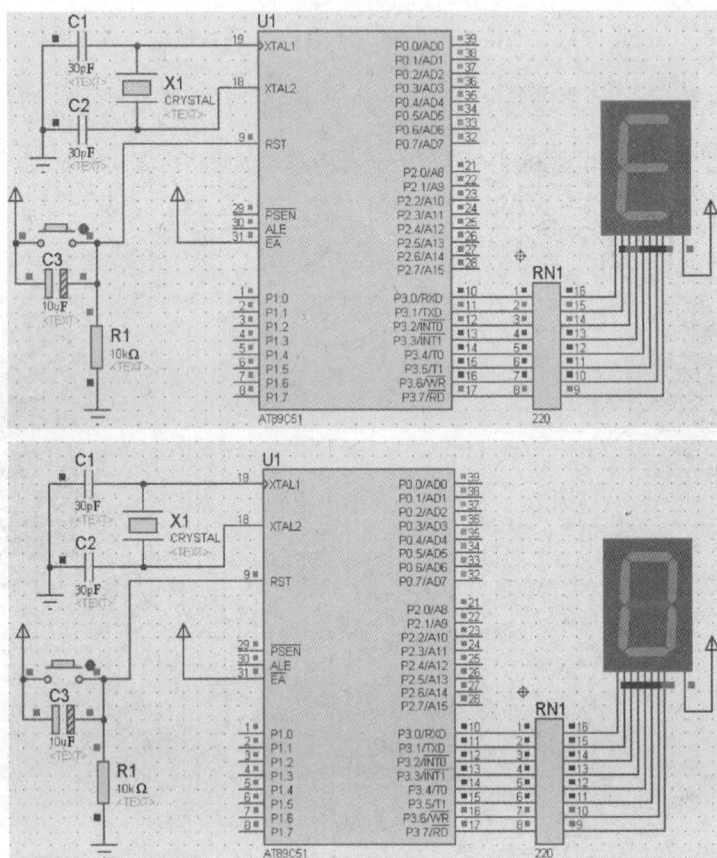

图 1 - 2 - 2   在数码管上显示"E"和"0"字符效果

(2)改变 P3 端口的赋值，可以显示 0 ~ F 任意字符，共阳极数码管显示代码如表 1 - 2 - 2 所示。

表 1 - 2 - 2   数码管代码一览表

显示字符	对应代码	显示字符	对应代码	显示字符	对应代码	显示字符	对应代码
0	0xC0	4	0x99	8	0x80	C	0xC6
1	0xF9	5	0x92	9	0x90	D	0xA1
2	0xA4	6	0x82	A	0x88	E	0x86
3	0xB0	7	0xF8	B	0x83	F	0x8E

例如：把程序修改为 P3 = 0x86；重新编译程序。再仿真时，则在数码管上显示"E"字符，如图 1 - 2 - 2 所示。读者可以按照这种方法进行修改程序，在数码管上显示其他字符。

第五步，在实训板上实现 0～F 任意字符显示。

这一步采用 AT89S51/52 单片机或 STC12C5A60S2 单片机实现，具体操作方法见项目 1 - 1。

（1）把该单片机放入 40P 的 IC 锁紧座中，并卡住；然后用 8 根杜邦线把单片机的 P3 脚与数码管的 J4 排针相连（注意：a→dp 分别对应 P3.0→P3.7，不要接反了）；再把"ISP 下载线"或 USB 线把程序下载到单片机之中，立刻可以看到数码管上显示相应字符。

（2）改用单片机的 P0、P1、P2 与数码管相连，再重复上述步骤，观察数码管的状态。

任务 2　实现 0～F 字符循环显示

任务描述： 在任务 1 的基础上，实现 0～F 字符循环显示，然后再改用其他端口控制数码管，实现同样功能。

第一步，修改程序。

```
1. #include  <reg51.h>
2. unsigned int a = 600000;        //定义无符号整型变量 a，取值范围 0～65535
3. void main()
4. {  while(1)
5.    {  P3 = 0xC0;        //显示"0"
6.       while(a--);       //延时，当 a 减到 0 时，结束循环，向下运行
7.       P3 = 0xF9;        //显示"1"
8.       while(a--);       //延时，当 a 减到 0 时，结束循环，向下运行
9.       P3 = 0xA4;        //显示"2"
10.      while(a--);       //延时，当 a 减到 0 时，向下运行
11.      P3 = 0xB0;        //显示"3"
12.      while(a--);       //延时，当 a 减到 0 时，向下运行
13.      P3 = 0x99;        //显示"4"
14.      while(a--);       //延时，当 a 减到 0 时，向下运行
15.      P3 = 0x92;        //显示"5"
16.      while(a--);       //延时，当 a 减到 0 时，向下运行
17.      P3 = 0x82;        //显示"6"
18.      while(a--);       //延时，当 a 减到 0 时，向下运行
19.      P3 = 0xF8;        //显示"7"
20.      while(a--);       //延时，当 a 减到 0 时，向下运行
21.      P3 = 0x80;        //显示"8"
22.      while(a--);       //延时，当 a 减到 0 时，向下运行
23.      P3 = 0x90;        //显示"9"
24.      while(a--);       //延时，当 a 减到 0 时，向下运行
```

```
25.        P3 = 0x88;              //显示"A"
26.        while(a - -);           //延时,当a减到0时,向下运行
27.        P3 = 0x83;              //显示"B"
28.        while(a - -);           //延时,当a减到0时,向下运行
29.        P3 = 0xC6;              //显示"C"
30.        while(a - -);           //延时,当a减到0时,向下运行
31.        P3 = 0xA1;              //显示"D"
32.        while(a - -);           //延时,当a减到0时,向下运行
33.        P3 = 0x86;              //显示"E"
34.        while(a - -);           //延时,当a减到0时,向下运行
35.        P3 = 0x8E;              //显示"F"
36.        while(a - -);           //延时,当a减到0时,向下运行
37.        }
38. }
```

第二步,配置工程,编译程序。

按照项目 1 - 1 中列出的步骤,设置系统晶振频率、输出 HEX 文件,以及编译程序文件,直到编译输出窗口没有错误为止。

第三步,调试、仿真程序。

1. 在 Proteus 软件中仿真程序

把 HEX 文件下载到单片机之中,单击仿真按钮" ▶ ",立刻可以看到 0 ~ F 字符在数码管上循环显示。

2. Keil 与 Proteus 联机仿真程序

(1)在 Keil μVision4 集成开发环境中,单击工具栏中的" "图标,在弹出的"Options for Target 'Target1'"对话框中选中"Debug"选项卡,再选择该选项卡右边的"Use"单选项,选择"Proteus VSM Monitor - 51 Driver"仿真工具,单击【OK】按钮。

(2)在 Proteus 软件的主界面上,选择【Debug】→【Use Remote Debug Monitor】命令。

(3)在 Keil 软件主界面上,选择菜单栏中的【Debug】→【Start/Stop Debug Session】命令,或者点击工具栏中的" "图标,进入程序调试状态。此时,可以看到 Proteus 软件中的电路已经被控制了,单片机的各引脚都有电平指示。

(4)把鼠标光标放在程序的第 6 行,再单击"运行到光标处"( )图标,黄色箭头会走到第 6 行,同时数码管上显示"0"字符;然后再把光标放在程序的第 7 行,再单击"运行到光标处"( )图标,黄色箭头会走到第 7 行,再单击"单步运行"( )图标,黄色箭头会走到第 8 行,同时数码管上显示"1"字符。依次进行,就可以在数码管上显示 0 ~ F 字符。

(5)点击全速运行按钮(" "),则在 Proteus 中可以看到 0 ~ F 字符循环显示。

第四步,在实训板上实现 0 ~ F 字符循环显示。

该步采用 AT89S51/52 单片机或 STC12C5A60S2 单片机实现,具体操作方法见项目 1 - 1。

（1）把该单片机放入 40P 的 IC 锁紧座中，并卡住；然后用 8 根杜邦线把单片机的 P3 脚与数码管的 J4 排针相连（注意：a→dp 分别对应 P3.0→P3.7，不要接反了）；再用"ISP 下载线或 USB 线把程序下载到单片机之中，立刻可以看到数码管上显示相应的字符。

（2）改用单片机的 P0、P1、P2 与数码管相连，再重复上述步骤，观察数码管的状态。

（3）调整字符循环显示速度，若采用两个"while(a − −)；while(a − −)；"作为延时，则可以减慢字符循环显示速度。读者不妨试一试。

四、思考与分析

（1）绘制任务 1 和任务 2 的程序运行轨迹，即黄色箭头在程序代码前行走的轨迹。

（2）采用共阴极数码管，实现 0 ~ F 字符循环显示。

（3）采用延时函数、循环语句、数组实现 0 ~ F 字符循环显示。

五、知识链接

1.5　数码管的结构与原理

1.5.1　数码管的种类

在单片机应用系统中，数码管常用来显示系统的工作状态、运算结果等信息，实现人机交互。一般数码管有 1 位、2 位、3 位、4 位等组合方式，外形如图 1 − 2 − 3 所示。颜色主要有红色和绿色两种，每只数码管由 8 个发光二极管组成，通过不同的发光字段组合，可以显示 0 ~ F 字符，以及 H、L、P、U、"—"、"."等。

图 1 − 2 − 3　数码管实物

1.5.2　数码管的工作原理

数码管可分为共阳极和共阴极两种结构，如图 1 − 2 − 4 所示。共阳极数码管是由 8 个发光二极管的"正极"连在一起，如图 1 − 2 − 4(c)和图 1 − 2 − 4(e)所示。共阴极数码管是由 8 个发光二极管的"负极"连在一起，如图 1 − 2 − 4(b)和图 1 − 2 − 4(d)所示。

从训练项目 1 − 2 可知，若要在共阳极数码管上显示"0"字符，则给 P3 端口赋上 0xC0。这是为什么呢？

如图 1 − 2 − 4(a)所示，显示"0"字符，必须使数码管的 a、b、c、d、e 和 f 六个发光二极管点亮（使对应引脚为低电平），其他 g 和 dp 两个发光二极管熄灭（使对应引脚为高电平）。因此，dp、g、f、e、d、c、b、a 脚的电平分别是 1 1 0 0 0 0 0 0b，即 0xC0，分别对应 P3.7 P3.6 … P3.0。表 1 − 2 − 3 列出了共阳极和共阴极数码管的字型码。

从表 1 − 2 − 3 可知，同一个字符的共阳极和共阴极字型码是相反关系。例如，字符"0"的共阳极字型码为 0xC0，而其共阴极数码管字型码为 0x3F，刚好是按位取反关系。

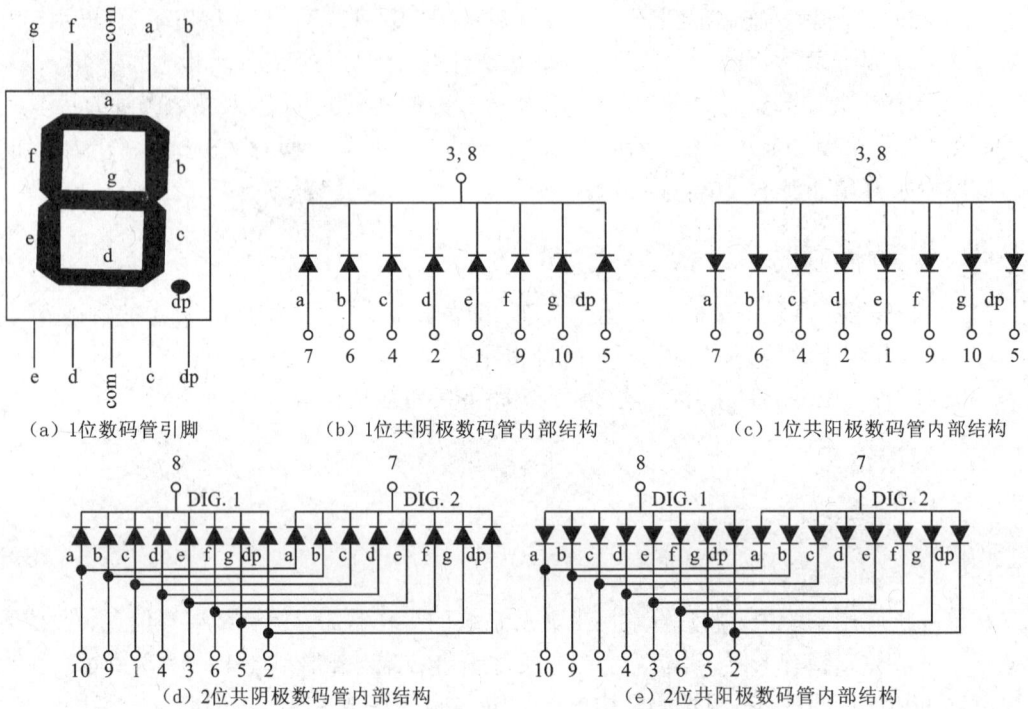

(a) 1位数码管引脚 (b) 1位共阴极数码管内部结构 (c) 1位共阳极数码管内部结构

(d) 2位共阴极数码管内部结构 (e) 2位共阳极数码管内部结构

图 1-2-4 数码管内部结构

表 1-2-3 共阳极和共阴极数码管的字型码

显示字符	共阳极数码管								共阴极数码管							
	dp	g	f	e	d	c	b	a	字码	dp	g	f	e	d	c	b	a	字码
0	1	1	0	0	0	0	0	0	0xC0	0	0	1	1	1	1	1	1	0x3F
1	1	1	1	1	1	0	0	1	0xF9	0	0	0	0	0	1	1	0	0x06
2	1	0	1	0	0	1	0	0	0xA4	0	1	0	1	1	0	1	1	0x5B
3	1	0	1	1	0	0	0	0	0xB0	0	1	0	0	1	1	1	1	0x4F
4	1	0	0	1	1	0	0	1	0x99	0	1	1	0	0	1	1	0	0x66
5	1	0	0	1	0	0	1	0	0x92	0	1	1	0	1	1	0	1	0x6D
6	1	0	0	0	0	0	1	0	0x82	0	1	1	1	1	1	0	1	0x7D
7	1	1	1	1	1	0	0	0	0xF8	0	0	0	0	0	1	1	1	0x07
8	1	0	0	0	0	0	0	0	0x80	0	1	1	1	1	1	1	1	0x7F
9	1	0	0	1	0	0	0	0	0x90	0	1	1	0	1	1	1	1	0x6F
A	1	0	0	0	1	0	0	0	0x88	0	1	1	1	0	1	1	1	0x77
B	1	0	0	0	0	0	1	1	0x83	0	1	1	1	1	1	0	0	0x7C
C	1	1	0	0	0	1	1	0	0xC6	0	0	1	1	1	0	0	1	0x39

续表 1 - 2 - 3

显示字符	共阳极数码管									共阴极数码管								
	dp	g	f	e	d	c	b	a	字码	dp	g	f	e	d	c	b	a	字码
D	1	0	1	0	0	0	0	1	0xA1	0	1	0	1	1	1	1	0	0x5E
E	1	0	0	0	0	1	1	0	0x86	0	1	1	1	1	0	0	1	0x79
F	1	0	0	0	1	1	1	0	0x8E	0	1	1	1	0	0	0	1	0x71
灭	1	1	1	1	1	1	1	1	0xFF	0	0	0	0	0	0	0	0	0x00

1.6　C 语言数据类型、运算符与表达式

1.6.1　数据与数据类型

数据是计算机处理的对象，任何程序设计都要进行数据处理。具有一定格式的数字或数值称为数据，数据的不同格式称为数据类型。在 C 语言中，数据类型可分为基本类型、构造类型、指针类型、空类型四大类，如图 1 - 2 - 5 所示。

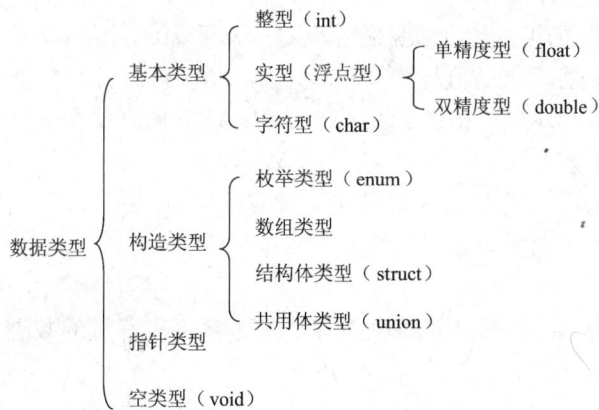

图 1 - 2 - 5　C 语言的数据类型

在进行 C51 单片机程序设计时，支持的数据类型与编译器相关。C51 编译器所支持的数据类型如表 1 - 2 - 4 所示，其中整型(int)与短整型(short)的数据类型相同。

表 1 - 2 - 4　C51 编译器所支持的数据类型

序号	名称	数据类型	长度(位数)	值域
1	有符号字符型	[signed] char	8b	- 128 ~ + 127
2	无符号字符型	unsigned char	8b	0 ~ 255
3	有符号整型	[signed] short	16b	- 32768 ~ + 32767
4	无符号整型	unsigned short	16b	0 ~ 65535

续表 1 - 2 - 4

序号	名称	数据类型	长度(位数)	值域
5	有符号整型	[signed] int	16b	- 32768 ~ + 32767
6	无符号整型	unsigned int	16b	0 ~ 65535
7	有符号长整型	[signed] long	32b	- 2147483648 ~ + 2147483647
8	无符号长整型	unsigned long	32B	0 ~ 4294967295
9	单精度浮点型	float	32b	± 1.175494E - 38 ~ ± 3.4022823E + 38
10	双精度浮点型	double	64b	± 1.175494E - 38 ~ ± 3.4022823E + 38
11	指针型	*	1 ~ 24b	存储器地址
12	位类型	bit	1b	0 或 1
13	可寻址位	sbit	1b	0 或 1
14	特殊功能寄存器	sfr	1b	0 ~ 255

sbit 是 C51 扩展的变量类型，用于定义特殊功能寄存器的位变量，例如：sbit LED = P1^0，表示定义 LED 为 P1 的第 1 位，也就是用 LED 表示 P1.0 引脚。sfr 也是一种 C51 扩展的变量类型，占用一个内存单元，值域为 0 ~ 255。利用它可以访问 51 单片机内部的所有特殊功能寄存器。例如：sfr P1 = 0x90，表示定义 P1 为 P1 端口在片内的寄存器。

1.6.2 常量与变量

单片机程序中处理的数据可分为常量和变量两种形式，在程序运行过程中，常量的值是不能发生变化的，而变量的值是可以变化的。

1. 常量

在程序运行的过程中，其值不能改变的量，称为常量。常量的数据类型有整型、浮点型、字符型、位类型和字符串型。常量的特点如下：

(1)整型常量可以表示为十进制数、十六进制数和八进制数等，例如：十进制数 10、- 40 等；十六进制数以 0x 开头，如 0x13、0xAB 等；八进制数以字母 O 开头，如 O13、O27 等。若要表示长整型，就在数字后面加字母 L，如 123L、o46L、0xfe45L 等。

(2)浮点型常量可以分为十进制和指数两种表示形式，如 0.456、5895.568、234e4、- 3.6e - 3 等。

(3)字符型常量是用单引号括起来的单一字符，如'A'、'5'等。

(4)字符串型常量是用双引号括起来的一串字符，如"c51"、"hello"等。在 C 语言中，字符串是由多个字符加上'\0'转义字符组成的。例如：字符串"c51"是由'c''5''1''\0' 4 个字符组成的，其中'\0'转义字符作为字符串的结束标志。

(5)位类型的值是一个二进制数，即 0 或 1。

在 C 语言中，可以用一个标识符来表示一个常量，称之为符号常量。数值常量可以在程序中直接被引用，例如：a = 15；a = 2.65；a = 'c'等；但是符号常量不能直接使用，在使用之前必须用编译预处理命令"#define"先进行定义，例如：

#define　PI　3.1415926535898

其功能是把该标识符 PI 定义为其后的常量值，以后在程序中所有出现该标识符 PI 的地方均用该常量值代之，即用 3.1415926535898 代替 PI。一般把程序中多处出现的同一常量用一个字符常量来代替，若要修改常量的值就在预定义的时候修改，这样便于程序修改。

2. 变量

在程序运行中，其值可以改变的量称为变量。一个变量主要由两部分构成，一个是变量名，另个是变量值。每个变量都在内存中占据一定的存储单元，并在该内存单元中存放该变量的值。

下例为对符号常量和变量进行说明：

```
1. #define CONST 60
2. void main( )
3. {    int variable, result;
4.      variable = 20;
5.      result = variable * CONST;
6. }
```

第 1 行：#define CONST 60。这一行定义了一个符号常量 CONST，这样在后面的程序中，凡是出现 CONST 的地方，都代表常量 60。

第 3 行：variable 和 result 就是变量。它们的数据类型为整型(int)。

注意：符号常量与变量的区别在于，符号变量的值在作用域(本例中为主函数)中，不能改变，也不能用等号赋值，习惯上，总将符号常量名用大写字母表示，变量名用小写字母表示，以示区别。

(1) 变量的定义。变量必须先定义后使用，用标识符作为变量名，并指出所用的数据类型和存储模式，这样编译系统才能为变量分配相应的存储空间。变量的定义格式如下：

[存储种类] 数据类型 **[存储器类型]** 变量名列表；

其中，数据类型和变量名列表是必需的，存储种类和存储器类型是可选项。

存储种类有四种：auto(自动变量)、extern(外部变量)、static(静态变量)和 register(寄存器变量)。它们的区别和作用将在函数章节介绍。默认类型为 auto(自动变量)。例如：

```
1. int a ;              // 定义 a 为整型变量
2. int m, n;            // 定义 m 和 n 为整型变量
3. float x, y, z;       // 定义 x、y、z 为单精度实型变量
4. char ch;             // 定义 ch 为字符变量
5. long int t;          // 定义 t 为长整型变量
6. static int r;        // 定义 r 为静态的整型变量
```

进行变量定义时，应注意以下几点：

① 允许在一个数据类型标识符后，说明多个相同类型的变量，各变量名之间用逗号隔开；

② 数据类型标识符与变量名之间至少用一个空格隔开；

③ 最后一个变量名后必须以分号"；"结尾；

④ 变量定义必须放在变量使用之前，一般放在函数体的开头部分；

⑤ 在同一个程序中变量不允许重复定义为不同类型。

例如：

```
1. unsigned int x, y, z;
2. int a, b, x;            // 变量 x 被重复定义为不同类型
```

（2）变量的初始化。在定义变量的同时可以给变量赋初值，称为变量的初始化。变量初始化的一般格式为：

数据类型　变量名 1 = 常量 1〔，变量名 2 = 常量 2，…，变量名 n = 常量 n〕；

例如：

```
1. int m = 3, n = 5；       // 定义 m 和 n 为整型变量，同时 m、n 分别赋初值 3、5
2. float x = 0, y = 0, z = 0；// 定义 x、y、z 为单精度实型变量，同时 x、y、z 都赋初值为 0
3. char ch = 'a'；          // 定义 ch 为字符型变量，同时赋初值字符 'a'
4. long int a = 1000, b；   // 定义 a、b 为长整型变量，同时 a 赋初值 1000
```

3．变量存储类型

8051 内核单片机的存储器可以分为程序存储器（ROM）和数据存储器（RAM），它们又可以分为片内 ROM、片外 ROM、片内 RAM 和片外 RAM 四种物理存储空间。C51 编译器能支持这四种物理存储空间，如表 1 - 2 - 5 所示。

表 1 - 2 - 5　　C51 编译器支持的存储器类型

存储类型	描　　述
data	直接寻址片内 RAM，允许最快访问（128B）
bdata	可位寻址片内 RAM，允许位与字节混合访问（16B）
idata	只能间接访问片内 RAM，允许访问整个片内 RAM（256B）
pdata	"分页"片外 RAM（256B）
xdata	片外 RAM（64KB）
code	片内或片外 ROM（64KB）

data、bdata 和 idata 存储类型的变量存放在片内数据存储区，而 pdata 和 xdata 存储类型的变量放在外部数据存储区；code 存储类型的变量则固化在片内或片外程序存储区。经常使用的变量放在片内数据存储器中，而较大的数据块或不常用的数据则放在片外数据存储器中。变量的存储类型可以和数据类型一起使用，例如：

```
1. int data i;            // 定义整型变量 i，而放在片内 RAM 中
2. int xdata j;           // 定义整型变量 j，而放在片外 RAM 中
```

在定义变量时，一般可以省略存储器类型，采用默认的存储器类型，而默认的存储器类型与存储模式有关。C51 编译器支持的存储器模式如表 1 - 2 - 6 所示。

表 1 – 2 – 6　C51 编译器支持的存储模式

存储模式	功能描述
small	参数及局部变量放入可直接寻址的片内 RAM 中(最大 128B,默认存储器类型为 data)。 优点:访问速度快;缺点:空间有限,不能存放大量数据
compact	参数及局部变量放入分页片外 RAM(最大 256B,默认存储器类型为 pdata)。 优点:变量定义空间比 small 大;缺点:速度比 small 慢
large	参数及局部变量放入片外 RAM 中(最大 64KB,默认存储器类型为 xdata)。 优点:存储空间大;缺点:访问速度慢

　　除非有特殊说明,本书中的程序均运行在 small 模式下,下面给出一段程序,来说明变量定义方式,例如:

```
1. int data var;                           // 定义字符变量 var,存放在片内 RAM 中
2. unsigned char code tab[ ] = "Hello!";   // 定义无符号字符串变量 tab,存放在 ROM 中
3. float idata x;                          // 定义实型变量 x,存放在片内 RAM 中,并只能间接访问
4. unsigned int pdata sum;                 // 定义无符号整型变量 sum,存放在片外 RAM
5. int xdata j;                            // 定义整型变量 j,存放在片外 RAM 中
6. sfr P0 = 0x80;                          // 定义特殊功能寄存器 P0,地址为 80H
7. sbit P0.1 = P0^1;                       // 定义 P0.1 为 P0 口的第 2 位
```

1.6.3　运算符和表达式

　　C 语言不仅有丰富的数据类型,而且也有丰富的运算符,几乎所有的操作都可以用运算符来处理。常用 C 语言的运算符如表 1 – 2 – 7 所示。

表 1 – 2 – 7　C 语言的运算符

运算符名	运算符
算术运算符	+ － * / % ++ －－
关系运算符	> < = = > = < = ! =
逻辑运算符	! && ||
位运算符	< < > > ~ & | ^
赋值运算符	=
条件运算符	? :
逗号运算符	,
指针运算符	*
取地址运算符	&
求字节数运算符	sizeof
强制类型转换运算符	(类型)
下标运算符	[ ]
函数调用运算符	( )

在 C 语言中，表达式是由运算符和运算对象(常量、变量、函数等)构成的，表达式后面加上分号";"就构成了表达式语句。本书主要介绍在 C51 编程中经常用到的算术、赋值、关系、逻辑、位、逗号等运算符及其表达式。

1. 运算符的优先级和结合性

在介绍运算符及其表达式之前，必须弄明白运算符的优先级和结合性。

对于每一个运算符，要注意从两个方面去把握：运算符的优先级和运算符的结合性。运算符的优先级指多个运算符用在同一个表达式中时先进行什么运算，后进行什么运算；而运算符的结合性是指运算符所需要的数据是从左边开始取还是从右边开始取，因而有所谓"左结合性"和"右结合性"之说。运算符的优先级从高到低可分为 15 个等级，如表 1 - 2 - 8 所示。

表 1 - 2 - 8　运算符的优先级和结合性

优先级	运算符	含义	运算量个数	结合性
1	( ) [ ] - > .	括号运算符 下标运算符 指向结构体成员运算符 成员运算符		自左至右
2	! ~ + + - - - (类型) * & sizeof	逻辑非运算符 按位取反运算符 自加、自减运算符 负号运算符 强制类型转换运算符 指针和地址运算符 取长度运算符	单目运算符	右结合
3	* / %	乘、除、求余运算符	双目运算符	自左至右
4	+ -	算术加、减运算符	双目运算符	自左至右
5	< < > >	位左移、位右移运算符	双目运算符	自左至右
6	< < = > > =	关系运算符	双目运算符	自左至右
7	= = ! =	关系运算符	双目运算符	自左至右
8	&	按位与运算符	双目运算符	自左至右
9	∧	位异或运算符	双目运算符	自左至右
10	│	位或运算符	双目运算符	自左至右
11	&&	逻辑与运算符	双目运算符	自左至右
12	‖	逻辑或运算符	双目运算符	自左至右
13	?:	条件运算符	三目运算符	右结合
14	= + = - = * = / = % = < < = > > = & = │ = ^=	赋值运算符	双目运算符	右结合
15	,	逗号运算符		自左至右

（1）优先级。优先级是用来决定运算符在表达式中的运算顺序的。求解表达式时，总是先按运算符的优先次序由高到低进行操作。

（2）结合性。当一个运算对象两侧的运算符优先级相同时，则按运算符的结合性确定表达式的运算顺序。它分为两类：一类是运算符的结合性为"从左到右"（大多数运算符是这样的），另一类运算符的结合性为"从右到左"。例如：$3-5*2$，按运算符的优先级先乘后减，表达式的值为 -7；$3*5/2$，5 的两侧是"$*$"和"$/$"，优先级相同，则按结合性处理，算术运算符的结合性为"从左到右"，则先乘后除，表达式的值为 7。C 语言规定了各种运算符的结合方向（结合性），关于结合性的概念在其他高级语言中是没有的，这是 C 语言的特点之一。

2. 算术运算符与算术表达式

C51 编译器中的算术运算符如表 1 - 2 - 9 所示。

表 1 - 2 - 9 算术运算符

运算符	名称	功能
+	加法	求两个数的和，例如 $8+9=17$
-	减法	求两个数的差，例如 $20-7=13$
*	乘法	求两个数的积，例如 $20*5=100$
/	除法	求两个数的商，例如 $20/5=4$
%	取余	求两个数的余数，例如 $20\%9=2$
++	自增1	变量自身加1
--	自减1	变量自身减1

在使用上述运算符时，应注意以下几点：

① 除法运算符在进行浮点数相除时，其结果为浮点数，如 20.0/5 所得值为 4.0；而进行两个整数相除时，结果仍是整数，如 7/3，值为 2。

② 取余运算符（模运算符）"%"要求参与运算的量均为整型，其结果等于两数相除后的余数。

③ C51 提供的自增运算符"++"和自减运算符"--"，作用是使变量自身加 1 或减 1。自增运算符和自减运算符只能用于变量而不能用于常量表达式，运算符放在变量前和变量后是不同的。

后置运算：$i++$（或 $i--$）是先使用 i 的值，再执行 $i=i+1$（或 $i=i-1$）。

前置运算：$++i$（或 $--i$）是先执行 $i=i+1$（或 $i=i-1$），再使用 i 的值。

对自增、自减运算的理解和使用是比较容易出错的，应仔细地分析，例如：

```
1.    int i = 100, j;        // 定义整型变量i和j，并且给i赋值为100
2.    j = ++i;               // j=101，i=101，i先加1，然后将值给j
3.    j = i++;               // j=101，i=102，先将i的值给j，然后i自身加1
4.    j = --i;               // j=101，i=101，i先减1，然后将值给j
5.    j = i--;               // j=101，i=100，先将i的值给j，然后i自身减1
```

编程时常将"＋＋""－－"这两个运算符用于循环语句中，使循环变量自身加 1 或减 1；也常用于指针变量，使指针自身加 1 指向下一个地址。

3. 赋值运算符与赋值表达式

赋值运算符为"＝"，赋值表达式是由赋值运算符和操作数构成，赋值语句是由赋值表达式和其后的"；"构成。赋值语句的格式如下：

变量 ＝ 表达式；

例如：

1.	k = 0xff;	// 将十六进制数 FF 赋予变量 k
2.	b = c = 33;	// 将 33 同时赋予变量 b 和 c
3.	d = e;	// 将变量 e 的值赋予变量 d
4.	f = a + b;	// 将表达式 a + b 的值赋予变量 f

赋值表达式的功能是把"＝"右边的值(表达式的值)赋给左边的变量，赋值运算符具有"右结合性"，因此对如下语句可以理解为：

| | a = b = c = 5; | // 等价于 a = (b = (c = 5))； |

按照 C 语言的规定，任何表达式在其末尾加上分号就构成语句。因此"x = 8；"和"a = b = c = 5；"都是赋值语句。

如果赋值运算符两边的数据类型不相同，系统将自动进行类型转换，即把赋值右边的类型换成左边的类型。具体规定如下：

① 实型赋给整型，舍去小数部分。

② 整型赋给实型，数值不变，但将以浮点方式存放，即增加小数部分(小数部分的值为 0)。

③ 字符型赋给整型，由于字符型为 1 字节，而整型 2 字节，故将字符 ASCⅡ码值放到整型量的低 8 位中，高 8 位为 0。

④ 整型赋给字符型，只把低 8 位赋给字符量。

在 C 语言程序设计中，经常使用复合赋值运算符对变量进行赋值。复合赋值运算符就是在赋值符"＝"之前加上其他运算符，表 1 - 2 - 8 中优先级 14 就是复合赋值运算符。

构成复合赋值表达式的一般形式为：

变量 双目运算符 ＝ 表达式；

它等效于：

变量 ＝ 变量 运算符 表达式；

例如：

1.	a + = 5;	//相当于 a = a + 5；
2.	x * = y + 7;	//相当于 x = x * (y + 7)；
3.	r% = p;	//相当于 r = r%p；

为了简化程序，提高编译效率，产生较高质量的目标代码，可以在程序中使用复合赋值运算符。

4. 关系运算符与关系运算表达式

在编程过程中，经常需要比较两个变量的大小关系，以决定程序下一步的操作。比较两个数据量的运算符称为关系运算符。C 语言提供了 6 种关系运算符：

① 大于运算符： 　　　　 >
② 大于或等于运算符： 　 > =
③ 小于运算符： 　　　　 <
④ 小于或等于运算符： 　 < =
⑤ 等于运算符： 　　　　 = =
⑥ 不等于运算符： 　　　 ! =

在关系运算符中，<、< =、>、> = 的优先级相同，= = 和! = 优先级相同；前者优先级高于后者。

例如："a = = b > c；"应理解为"a = = (b > c)；"。

关系运算符优先级低于算术运算符，高于赋值运算符。

例如："a + b > c + d；"应理解为"(a + b) > (c + d)；"。

关系表达式是用关系运算符连接的两个表达式。它的一般形式为：

表达式　关系运算符　表达式

关系表达式的值只有 0 和 1 两种，即逻辑的"真"与"假"。当指定的条件满足时，结果为 1，不满足时结果为 0。例如表达式"5 > 0；"的值为"真"，即结果为 1；而表达式"(a = 3) > (b = 5)；"由于 3 > 5 不成立，故其值为"假"，即结果为 0。

```
1.      a + b > c           // 若 a = 1, b = 2, c = 3, 则表达式的值为 0(假)
2.      a > 3/2             // 若 a = 2, 则表达式的值为 1(真)
3.      c = = 5            // 若 c = 1, 则表达式的值为 0(假)
```

5. 逻辑运算符与逻辑运算表达式

C 语言中提供了三种逻辑运算符，一般形式有以下三种。

① 逻辑与运算符：&&
② 逻辑或运算符：||
③ 逻辑非运算符：!

逻辑表达式的一般形式有以下三种：

逻辑与：条件式 1　&&　条件式 2

逻辑或：条件式 1　||　条件式 2

逻辑非：! 条件式

"&&"和"||"是双目运算符，要求有两个运算对象，结合方向是从左到右。"!"是单目运算符，只要求一个运算对象，结合方向是从右至左。

(1) 逻辑与：a&&b，当且仅当两个运算量的值都为"真"时，运算结果为"真"，否则为"假"。

(2) 逻辑或：a||b，当且仅当两个运算量的值都为"假"时，运算结果为"假"，否则为"真"。

(3) 逻辑非：! a，当运算量的值为"真"时，运算结果为"假"；当运算量的值为"假"

时，运算结果为"真"。

例如：设 x = 3，则(x > 0)&&(x < 6)的值为"真"（即为"1"），而(x < 0)&&(x > 6)的值为"假"（即为"0"），! x 的值为"假"。

逻辑运算符"!"的优先级最高，其次为"&&"，最低为"||"。具体请读者见表 1 – 2 – 8 所示运算符的优先级和结合性。

6. 位运算符与位运算表达式

在单片机程序中，对 I/O 端口的操作是非常频繁的，因此往往要求程序能对单片机某一引脚进行操作，汇编语言具有强大灵活的位处理能力，C51 语言也具有位处理能力，能直接与单片机硬件打交道，C51 提供了 6 种位运算符：

① 按位与运算符：&

② 按位或运算符：|

③ 按位异或运算符：^

④ 按位取反运算符：~

⑤ 右移运算符：> >

⑥ 左移运算符：< <

位运算符的作用是按二进制位对变量进行运算的，表 1 – 2 – 10 所示是位运算符的真值表。

表 1 – 2 – 10　位运算符的真值表

位变量 1	位变量 2	位运算				
a	b	~ a	~ b	a&b	a|b	a^b
0	0	1	1	0	0	0
0	1	1	0	0	1	1
1	0	0	1	0	1	1
1	1	0	0	1	1	0

注意位运算表达式与逻辑运算表达式的区别：

(1)位变量的位运算表达式的结果是二进制数"0"或"1"；字符型或整型变量的位运算表达式结果是数值。例如：a = P0&0x0F，作用是使 P0 端口高 4 位为 0，低 4 位不变。

(2)逻辑运算表达式的结果只有"真"和"假"，不存在其他情况。

左移运算符"< <"的功能，是把"< <"左边的操作数的各二进制位全部左移若干位，高位丢弃，低位补 0，移动的位数由"< <"右边的常数指定。例如："a < <4"是指把 a 的各二进制位向左移动 4 位。如 a = 00000011b(十进制数 3)，左移 4 位后为 00110000b(十进制数 48)，如图 1 – 2 – 6 所示。

图 1 − 2 − 6　左移运算符运行示意图

右移运算符"＞＞"的功能，恰好与左移运算符相反，它是把"＞＞"左边操作数的各二进制位全部右移若干位，移动的位数由"＞＞"右边的常数指定。进行右移运算时，如果是无符号数，则总是在其左端补"0"；对于有符号数，在右移时，符号位将随同移动。当为正数时，最高位补 0，而为负数时，符号位为 1，最高位是补 0 还是补 1 取决于编译系统的规定。例如：设 a = 0x98，如果 a 为无符号数，则"a ＞＞2"表示把 10011000b 右移为 00100110b；如果 a 为有符号数，则"a ＞＞2"表示把 10011000b 右移为 11100110b。

7. 逗号运算符与逗号运算表达式

在 C 语言中，逗号"，"也是一种运算符，称为逗号运算符，其功能是把两个表达式连接起来组成一个表达式，称为逗号表达式，其一般形式为：

表达式 1，表达式 2，…，表达式 n

逗号表达式的求值过程是：从左至右分别求出各个表达式的值，并以最右边的表达式 n 的值作为整个逗号表达式的值。

程序中使用逗号表达式的目的，通常是要分别求逗号表达式内各表达式的值，并不一定要求整个逗号表达式的值。例如：x = (y = 10，y + 5)；

上面括号内的逗号表达式，逗号左边的表达式是将 10 赋给 y，逗号右边的表达式进行 y + 5 的计算，逗号表达式的结果是最右边的表达式"y + 5"的结果 15 赋给 x。

并不是在所有出现逗号的地方都组成逗号表达式，如在变量说明、函数参数表中的逗号只是用作各变量之间的间隔符。例如：unsigned int i，j；

1.7　基本语句及结构化程序设计

C 语言基本结构可分为：顺序结构、选择结构和循环结构。这些结构语句主要包括表达式语句、复合语句、选择语句和循环语句等。

1.7.1　表达式语句和复合语句

1. 表达式语句

表达式语句是最基本的 C 语言语句。表达式语句由表达式加上分号"；"组成，其一般形式如下：

表达式；

执行表达式语句就是计算表达式的值。例如：

```
1.     P1 = 0xFD；          // 赋值语句，给端口 P1 赋值为 0xFD
2.     x = y + z；          // y 和 z 进行加法运算后赋值给变量 x
3.     i + +；              // 自增 1 语句，i 增加 1 后，再赋给变量 i
```

在 C 语言中有一个特殊的表达式语句，称为空语句。空语句中只有一个分号"；"，程序执行空语句时需要占用一条指令的执行时间，但是什么也不做。在程序中常常把空语句作为循环体，用于消耗 CPU 时间、等待事件发生的场合。例如，在训练项目 1 - 2 中的任务 2 程序中，有下面语句：

```
    while(a - -)；          // while 的循环体就是一个空语句
```

上面的 while 语句后面的"；"是一条空语句，作为循环体出现。

使用"；"时的小技巧：

（1）表达式是由运算符及运算对象所组成的、具有特定含义的式子，例如"y + z"。C 语言是一种表达式语言，表达式后面加上分号"；"就构成了表达式语句，例如"y + z；"。C 语言中的表达式与表达式语句的区别就是有无"；"。

（2）在 while 或 for 构成的循环语句后面加一个分号，构成一个不执行其他操作的空循环体。例如："while(1)；"，该语句循环条件永远为真，是无限循环；循环体为空，什么也不做。

2.复合语句

把多个语句用大括号{}括起来，组合在一起形成具有一定功能的模块，这种由若干条语句组合而成的语句称为复合语句。

复合语句在程序运行时，{}中的各行单语句是依次顺序执行的。在 C 语言的函数中，函数体是一个复合语句，例如训练项目 1 - 2 中的任务 2 程序中的主函数中包含两个复合语句：

```
1. ……
2. void main( )
3. {   unsigned int a = 60000；        //定义无符号整形变量 a，初值为 60000
4.     while(1)
5.     {  P3 = 0xC0；        //显示"0"
6.        while(a - -)；     //延时，当 a 减到 0 时，向下运行
7.        ……
8.        ……
9.        P3 = 0x8E；        //显示"F"
10.       while(a - -)；     //延时，当 a 减到 0 时，向下运行
11.    }
12. }
```

在上面的程序中，组成函数体的复合语句内还嵌套了组成 while( )循环体的复合语句。复合语句允许嵌套，也就是在{}中的{}也是复合语句。

复合语句内的各条语句都必须以分号"；"结尾，复合语句之间用{}分隔，在括号"}"外，不能加分号。

复合语句不仅可由可执行语句组成，还可由变量定义语句组成。在复合语句中所定义的变量，称为局部变量，它的有效范围只在复合语句中。函数体是复合语句，所以函数体内定义的变量有效范围也只在函数内部。

1.7.2　选择语句

在 C 语言中，选择结构程序设计一般用 if 语句或 switch 语句来实现。if 语句又有 if、if - else和 if - else - if 三种不同的形式，下面分别进行介绍。

1. 基本 if 语句

基本 if 语句的格式如下：

if（表达式）
{　语句组1；
}
语句组2；

基本 if 语句的执行过程，如图 1 - 2 - 7 所示。当表达式的结果为"真"（即非零值）时，执行语句组1，否则跳过该语句组1，继续执行下面的语句组2。例如：

1. if(x = =3) {a = b；b = c；}
2. if(x = =7) {b = c；c = a；}

如果"x = =3"不成立，则跳过"{a = b；b = c；}"语句，执行下条语句。

在使用基本 if 语句时，一定要注意以下几项：

（1）在 if 语句中，"表达式"必须用括号括起来；

（2）在 if 语句中，大括号"{}"里面的语句组如果只有一条语句，可以省略大括号，例如："if(temp = =0x00) temp =0x01；"语句。但是为了提高程序的可读性和防止程序书写错误，建议大家在任何情境下，都加上大括号。

2. if - else 语句

if - else 语句的一般格式如下：

if(表达式）
{　语句组1；
}
else
{　语句组2；
}
语句组3；

if - else 语句的执行过程：当"表达式"的结果为"真"时，执行其后的"语句组1"，否则执行"语句组 2",执行过程如图 1-2-8 所示。

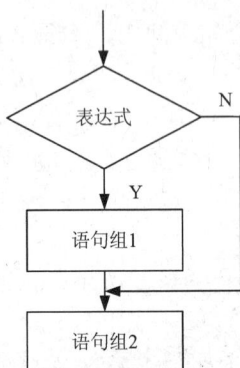

图 1-2-7 基本 if 语句的执行流程

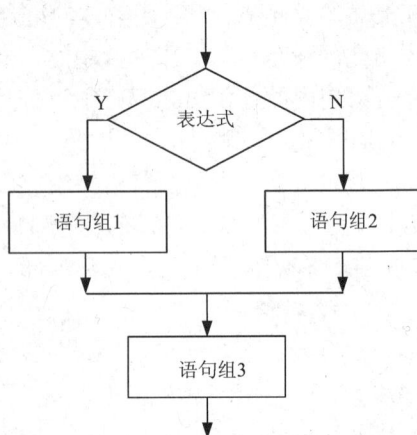

图 1-2-8 if-else 语句的执行流程

[例 1-1] 采用 if-else 语句和移位运算符,对训练项目 1-1 的任务 2 程序进行简化。

```
1. #include <reg51.h>
2. unsigned int a;                        //定义整型变量 a
3. unsigned char temp = 0x01;             //定义一个中间变量 temp
4. void main()
5. {   while(1)                           //while 循环语句
6.     {  P0 = ~ temp;                    //按位取反
7.        for(a = 5000; a > 0; a - -);    //for 循环语句,延时
8.        if(temp = = 0x00)               //判断变量 temp 是否等 0x00
9.           temp = 0x01;                 //if 语句成立,给变量 temp 赋 0x01
10.       else                            //if 语句不成立
11.          temp = temp < <1;            //变量 temp 左移 1 位
12.    }
13. }
```

与训练项目 1-1 的任务 2 程序相比,修改后的程序简化了很多,程序流程图如图 1-2-9所示。

① 先定义两个变量 a 和 temp。

② 第 6 行,将变量 temp 按位取反,再赋给 P0 寄存器,第一次运行到该行时,P0 的值是 0xFE,因此只点亮与 P0.0 端口相连的发光二极管,其他端口的发光二极管不会亮。

③ 第 7 行,用 for 语句产生延时,让第 6 行点亮的发光二极管亮一段时间。

④ 第 8 行,判断"temp = =0x00"是否成立,如果成立,则执行第 9 行"temp =0x01;",否则执行第 11 行"temp = temp < <1;";然后再回到第 6 行进行下一次循环。

⑤ 第 11 行"temp = temp < <1;",将变量 temp 的值左移一位再赋给变量本身,假设当时 temp =0x02(即 00000010b),左移之后变成 0x04(即 00000100b)。

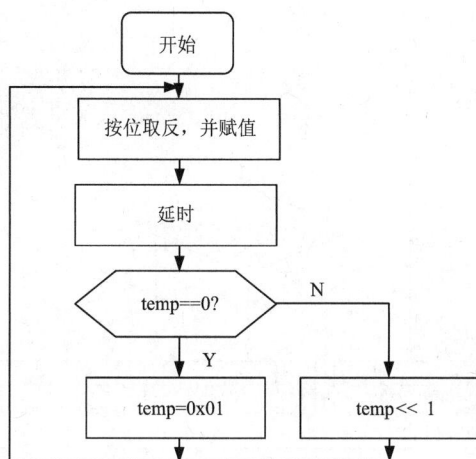

图1-2-9　程序流程图

> if - else 语句使用过程中的注意事项:
> (1)else 语句是 if 语句的子句,它是 if 语句的一部分,不能单独使用。
> (2)else 语句总是与它上面最近的 if 语句相配对。

3. if - else - if 语句

if - else - if 语句是由 if else 语句组成的嵌套,用于实现多个条件分支的选择,其一般格式如下:

if(表达式 1)
｛　　语句组 1;
｝
else if(表达式 2)
｛　　语句组 2;
｝
……
else if(表达式 n)
｛　　语句组 n;
｝
else
｛　　语句组 n + 1;
｝

执行该语句时,依次判断"表达式 i"的值(i 的值为 1~n),当"表达式 i"值为"真"时,执行其对应的"语句组 i",并跳过剩余的 if 语句组,继续执行下面的一个语句。如果所有表达式的值均为"假",则执行最后一个 else 后的"语句组 n + 1",然后再继续执行下面的一个语句,执行过程如图 1 - 2 - 10 所示。

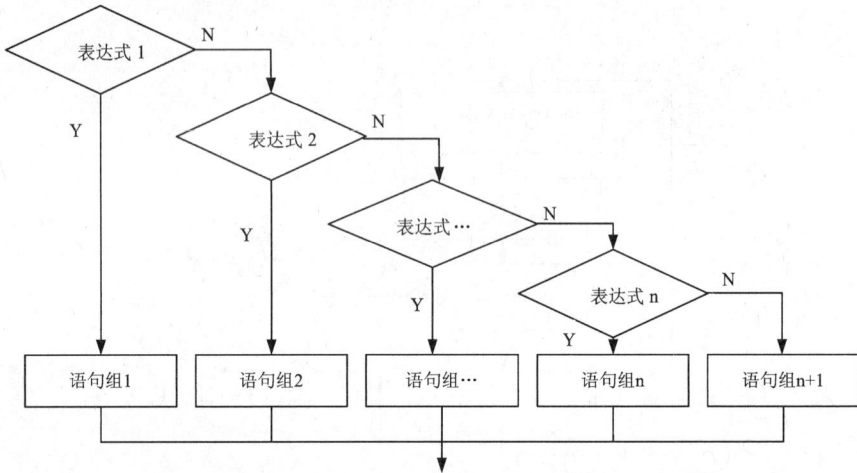

图 1 – 2 – 10　if – else – if 语句的执行流程

[例 1 – 2]　采用 if – else – if 语句实现汽车转向灯控制系统。

首先，在 Proteus 软件中绘制如图 1 – 2 – 11 所示的汽车转向灯电路图，再编写程序。

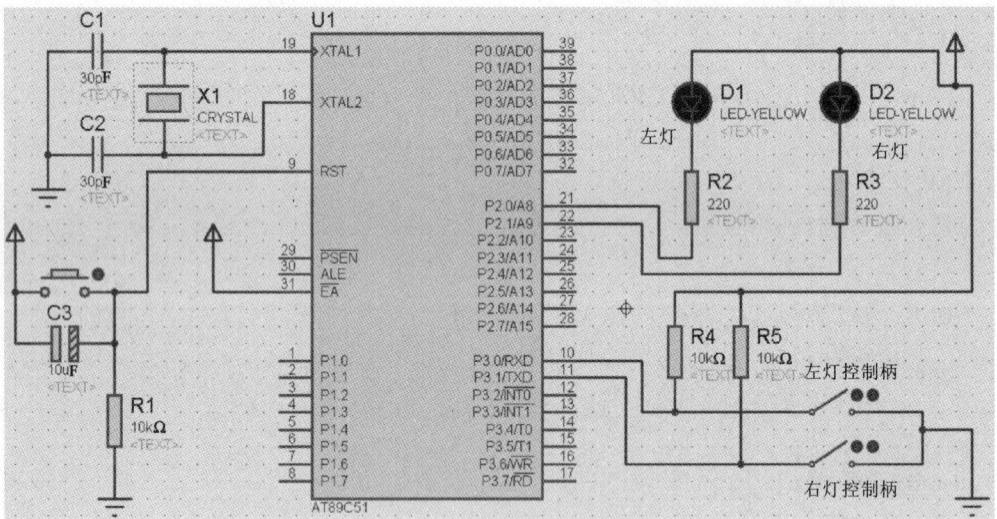

图 1 – 2 – 11　汽车转向灯电路

```
1.  #include  < reg51. h >
2.  unsigned int a;
3.  sbit   P2_0 = P2^0;              //定义 P2.0 为引脚 P2_0
4.  sbit   P2_1 = P2^1;              //定义 P2.1 为引脚 P2_1
5.  sbit   P3_0 = P3^0;              //定义 P3.0 为引脚 P3_0
6.  sbit   P3_1 = P3^1;              //定义 P3.1 为引脚 P3_1
```

```
7.  #define  LEFT_LED       P2_0        //用符号常量 LEFT_LED 表示 P2_0
8.  #define  RIGHT_LED      P2_1
9.  #define  LEFT_BAR       P3_0
10. #define  RIGHT_BAR      P3_1
11. void main( )
12. {   P2 = 0xFF;                           //使 P2 端口为高电平
13.     while(1)                             //while 循环
14.     {   if(LEFT_BAR = =0&&RIGHT_BAR = =0)//如果左灯控制柄与右灯控制柄同时为低电平
15.         {   LEFT_LED = 0;                //则同时点亮左转灯和右转灯
16.             RIGHT_LED = 0;
17.             for(a =5000; a >0; a - - );  //for 循环语句,起延时作用
18.         }
19.         else if(LEFT_BAR = =0)           //如果左灯控制柄为低电平状态
20.         {   LEFT_LED = 0;                //则点亮左转灯
21.             for(a =5000; a >0; a - - );  //for 循环语句,起延时作用
22.         }
23.         else if(RIGHT_BAR = =0)          //如果右灯控制柄为低电平状态
24.         {   RIGHT_LED = 0;               //则点亮右转灯
25.             for(a =5000; a >0; a - - );  //for 循环语句,起延时作用
26.         }
27.         else                             //左右灯控制柄都为高电平状态时
28.         {   LEFT_LED = 1;                //熄灭左转灯
29.             RIGHT_LED = 1;               //熄灭右转灯
30.             for(a =5000;a >0;a - - );    //for 循环语句,起延时作用
31.         }
32.     }
33. }
```

再次,进行程序编译和仿真,即可实现左转向灯闪烁、右转向灯闪烁、左右两灯同时闪烁和两灯同时灭 4 种状态。

4. switch 语句

if 语句一般用做单一条件或分支数目较少的场合,如果使用 if 语句来编写超过 3 个以上分支的程序,就会降低程序的可读性。C 语言提供了一种用于多分支选择的 switch 语句,一般形式如下:

switch(表达式)
{   case 常量表达式 1:语句组 1; break;
**   case 常量表达式 2:语句组 2; break;**
**   ……**
**   case 常量表达式 n:语句组 n; break;**
**   default   :语句组 n +1;**
}

该语句的执行过程是:首先计算表达式的值,并逐个与 case 后的常量表达式的值相比

较，当表达式的值与某个常量表达式的值相等时，则执行对应常量表达式后的语句组，再执行 break 语句，跳出 switch 语句的执行，继续执行下面的语句。如果表达式的值与所有 case 后的常量表达式均不相同，则执行 default 后的语句组。

[例 1 - 3] 用 switch 语句改写汽车转向灯控制的程序。

```
1. #include  <reg51.h>
2. unsigned int a;
3. unsigned char ctr_led;                //定义转向灯控制变量
4. sbit P2_0 = P2^0;                      //定义 P2_0 为引脚 P2.0
5. sbit P2_1 = P2^1;                      //定义 P2_1 为引脚 P2.1
6. #define   LEFT_LED    P2_0             //用符号常量 LEFT_LED 表示 P2_0
7. #define   RIGHT_LED   P2_1
8. void main( )
9. {  P2 = 0xFF;                          //使 P2 端口为高电平
10.    while(1)                           //while 循环
11.    {  ctr_led = P3;                   //读 P3 的状态送到 ctr_led 变量
12.       ctr_led = ctr_led&0x03;         //与操作，屏蔽掉高 6 位无关位，保留 P3.1 和 P3.0 位
13.       switch(ctr_led)
14.       {  case 0: LEFT_LED = 0; RIGHT_LED = 0;break;    //同时点亮左、右灯
15.          case 1: RIGHT_LED = 0;break;                  //则点亮右转灯
16.          case 2: LEFT_LED = 0;break;                   //则点亮左转灯
17.          case 3: LEFT_LED = 1; RIGHT_LED = 1;break;    //同时熄灭左、右灯
18.          default:       ;                              //空语句,什么都不做
19.       }
20.       for(a = 5000;a > 0;a - - );     //for 循环语句,起延时作用
21.    }
22. }
```

在上述程序中，定义了一个无符号字符变量 ctr_led，长度为 1 个字节，其最低两位用来存储 P3.0 和 P3.1 引脚状态。

第 11 行语句"ctr_led = P3;"是将 P3 口的 8 个引脚状态保存到变量 ctr_led 中，再执行"与"操作语句"ctr_led = ctr_led&0x03;"，把无关位清零，一般称之为屏蔽。然后，采用 switch(ctr_led)语句来判断变量 ctr_led 的值与哪个 case 语句中的常量表达式的值相等，与哪个相等，则点亮相应的转向灯；如果都不相等，则执行 default 后的语句。

case 语句使用过程中的注意事项：

（1）在 case 后的各常量表达式的值不能相同，否则会出现同一个条件有多种执行方案的矛盾。

（2）在 case 语句后，允许有多个语句，可以不用｛｝括起来，如上例所示。

（3）case 和 default 语句的先后顺序可以改变，不会影响程序的执行结果。

（4）"case 常量表达式"只相当于一个语句标号，表达式的值和某标号相等则转向该标号执行，但在执行完该标号的语句后，不会自动跳出整个 switch 语句，加 break 语句，使得执行完该 case 语句后可以跳出整个 switch 语句的执行。

（5）default 语句是在不满足 case 语句情况下的一个默认执行语句。如 default 语句后面是空语句，表示不做任何处理，可以省略。

1.7.3　循环语句

在结构化程序设计中，循环程序结构是一种很重要的程序结构，几乎所有的应用程序都包含循环结构。循环程序的作用是：对给定的条件进行判断，当给定的条件成立时，重复执行给定的程序段，直到条件不成立时为止。给定的条件称为循环条件，需要重复执行的程序段称为循环体。

前面介绍的函数中使用了 for 循环语句，其循环体为空语句，用来消耗 CPU 时间来产生延时效果，这种延时方法称为软件延时。软件延时的缺点是占用 CPU 时间，使得 CPU 在延时过程中不能做其他事情，故需尽量少用。

在 C 语言中，可以用下面三个语句来实现循环程序结构：while 语句、do – while 语句和 for 语句。下面分别对它们进行介绍。

1. while 语句

while 语句的一般形式为：

while(表达式)
｛　语句组；　　　　　//循环体
｝

while 语句执行过程："表达式"通常是逻辑表达式或关系表达式，为循环条件；"语句组"是循环体，即被重复执行的程序段。该语句的执行过程是：首先计算"表达式"的值，当值为"真"（即非 0）时，执行循环体"语句组"；否则，就不执行循环体中"语句组"，流程图如图 1 – 2 – 12 所示。

在循环程序设计中，要特别注意循环的边界和循环次数，即循环的"初值""终值"和"循环次数"。例如：下面的程序段是求整数 1 ~ 100 的累加和，变量 i 的取值范围为 1 ~ 100。所以，"初值"为 1，while 语句的条件为"i < = 100；"，"终值"为 100，"循环次数"为 100。

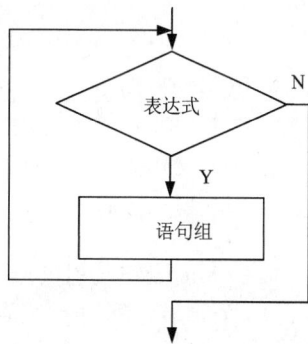

图 1 – 2 – 12　while 语句流程

```
1. main( )
2. {   int i, sum;
3.     i = 1;                              //循环控制变量 i 初始值为 1
4.     sum = 0;                            //累加和变量 sum 初始值为 0
5.     while( i < = 100 )
6.     {   sum = sum + i;                  //累加和
7.         i + +;                          //自增 1，修改循环控制变量
8.     }
9. }
```

第 6、7 行是 while 语句循环体中的两个语句，在本段程序中运行 100 次。

> while 语句使用过程中的注意事项：
>
> （1）使用 while 语句时要注意，当表达式的值为"真"时，执行循环体，循环体执行一次完成后，再次回到 while，进行循环条件判断，如果仍然为"真"，则重复执行循环体程序；为"假"则退出整个 while 循环语句。
>
> （2）如果循环条件一开始就为"假"，那么 while 后面的循环体一次都不会执行。
>
> （3）如果循环条件总为真，例如：while(1)，表达式为常量"1"，非"0"即为"真"，循环条件永远成立，则为无限循环，即死循环。
>
> （4）除非特殊应用的情况，否则在使用 while 语句进行循环程序设计时，通常循环体包含修改循环条件的语句，以使循环逐渐趋于结束，避免出现死循环。

2. do – while 语句

while 语句是在执行循环体之前进行循环条件判断，如条件不成立，则该循环语句组不被执行。但是有时候需要先执行一次循环体后，再进行循环条件的判断，则 do – while 语句可以满足这种要求。do – while 语句的一般格式如下：

do

{   语句组；   //循环体

} while(表达式)；

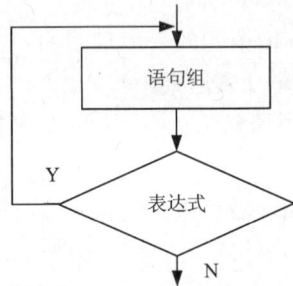

图 1 – 2 – 13　do – while 语句流程

do – while 语句执行过程：先执行循环体"语句组"一次，再计算"表达式"的值，如果"表达式"为"真"（非 0），继续执行循环体"语句组"，直到表达式为"假"（0）为止。do – while 语句流程图如图 1 – 2 – 13 所示。

> do – while 语句使用过程中的注意事项：
>
> （1）在使用 if 语句、while 语句时，表达式括号后面都不能加分号"；"，但在 do – while 语句的表达式括号后必须加分号"；"。
>
> （2）do – while 语句与 while 语句相比，更适合于处理不论条件是否成立，都需先执行一次循环体的情况。

3. for 语句

在 C 语言中, 当循环次数明确时, 使用 for 语句比使用 while 和 do – while 语句更加方便。for 语句一般格式如下:

for(循环变量赋值; 循环条件; 修改循环变量)
｛　　语句组;　　　　　　　　　//循环体
｝

关键字 for 后面的圆括号内通常包括三个表达式: 循环变量赋值、循环条件和修改循环变量, 三个表达式之间用";"隔开。大括号内是循环体"语句组"。for 语句流程图如图 1 – 2 – 14 所示。

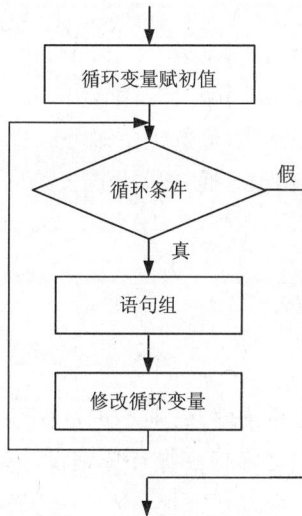

图 1 – 2 – 14　for 语句流程

for 语句执行过程:

① 先执行第一个表达式, 给循环变量赋值, 通常这里是一个赋值表达式。

② 第二个表达式判断循环条件是否满足, 通常是关系表达式或逻辑表达式, 若其值为"真"(非 0), 则执行循环体"语句组"一次, 再执行下面第③步; 若其值为"假"(0), 则转到第⑤步循环结束。

③ 计算第三个表达式, 修改循环控制变量的值, 一般也是赋值语句。

④ 跳到上面第②步继续执行。

⑤ 循环结束, 执行 for 语句下面的语句。

［例 1 – 4］　用 for 语句求 1 ~ 100 累加和。

```
1. #include  < reg51. h >
2. void main( )
3.     ｛int i;
4.     int sum = 0;     // 定义累加和变量
5.     for( i = 1; i < = 100; i + + )
```

```
6.      |    sum = sum + i;
7.      |
8.   |
```

上述 for 语句的执行过程：先给 i 赋值为 1，判断 i 是否小于或等于 100，若是，则执行循环体"sum = sum + i;"语句一次，然后 i 增 1，再重新判断，直到 i = 101 时，条件 i < = 100 不成立，循环结束。

for 语句使用过程中的注意事项：

(1)for 语句括号中第一个";"之前可以进行多个表达式赋初值，各赋值表达式之间用逗号隔开。例如：

```
int sum = 0;
for( i = 1; i < = 100; i + + ) | ··· |
```

等价于：　　for(sum = 0, i = 1; i < = 100; i + +) | ··· |

(2)for 语句中的三个表达式都是可选项，即可以省略，但必须保留";"。如果在 for 语句外已经给循环变量赋了初值，通常可以省去第一个表达式"循环变量赋初值"。例如：

```
int i = 1, sum = 0;
for(  ; i < = 100; i + + )
|    sum = sum + i;
|
```

如果省略第二个表达式"循环条件"，则不进行循环结束条件的判断，循环将无休止执行下去而成为死循环，这时通常应在循环体中设法结束循环。例如：

```
int i, sum = 0;
for( i = 1; ; i + + )
|    if( i > 100 ) break;
     sum = sum + i;
|
```

如果省略第三个表达式"修改循环变量"，可在循环体语句组中加入修改循环控制变量的语句，保证程序能够正常结束。例如：

```
int   i,   sum = 0;
for( i = 1; i < = 100; )
|    sum = sum + i;
     i + + ;
|
```

(3)while、do - while 和 for 语句都可以用来处理相同的问题，一般可以互相代替。for 语句主要用于给定循环变量初值、循环次数明确的循环结构，而要在循环过程中才能确定循环次数及循环控制条件的问题用 while、do - while 语句更加方便。

4. 循环嵌套

循环嵌套是指一个循环体内(外循环)还包含另一个循环(内循环)。内循环的循环体内还可以包含循环，形成多重循环。while、do - while 和 for 三种循环结构可以互相嵌套。

例如在汽车转向灯程序中，while 循环体中含有 for 循环语句，构成双重循环嵌套。多重结构的程序在后续训练项目中非常多见。

5. 在循环体中使用 break 和 continue 语句

（1）break 语句。

break 语句通常用在 switch 和循环语句中。在 switch 语句中，当运行 break 语句时，则跳出 switch 语句，继续执行其后的语句，具体见 switch 内容。

当 break 语句用于 while、do – while 和 for 循环语句时，不论循环条件是否满足，都可以使程序立即终止整个循环而执行后面的语句。通常 break 语句总是与 if 语句一起使用，即满足 if 语句条件时便跳出循环。例如：

```
1. main( )
2. {    int i = 0,    sum1,    sum;
3.        sum = 0;
4.        for(i = 0; ; i + + )          //设置 for 循环
5.        { if(i > 10)    break;      //判断条件是否满足，如果满足则退出循环
6.            sum = sum + i;
7.        }
8.        sum1 = sum;
9. }
```

在上述程序中，当第 5 行 if 语句的条件成立时，则运行 break 语句，程序就跳出 for 循环体，运行第 8 行语句。

（2）continue 语句。

continue 语句的作用是结束本次循环，强行执行下一次循环。它与 break 语句的不同之处是：

① break 语句是直接结束整个循环语句，而 continue 则是结束当前循环体的执行，再次进入循环条件判断，准备开始下一次循环体的执行。

② continue 语句只能用在 for、while、do – while 等循环体中，通常与 if 条件语句一起使用，用来加速循环结束。

continue 语句与 break 语句的一般使用格式如下：

循环变量赋值； **while**(循环条件) {　… 　　语句组 1； 　　修改循环变量； 　　**if**(表达式) **break**； 　　语句组 2； }	循环变量赋值； **while**(循环条件) {　… 　　语句组 1； 　　修改循环变量； 　　**if**(表达式) **continue**； 　　语句组 2； }

它们的执行过程如图 1 - 2 - 15 所示。

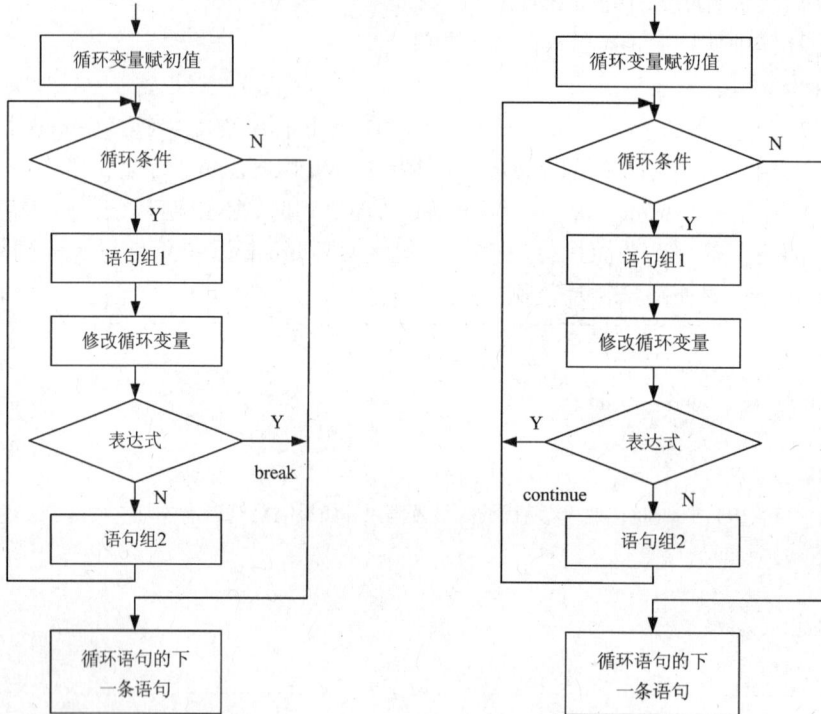

图 1 - 2 - 15　**continue** 和 **break** 语句执行过程的比较

[**例 1 - 5**]　求出 1 ~ 100 之间所有不能被 5 整除的整数之和。

```
1. main( )
2. {   int i, sum;
3.     sum = 0;
4.     for(i = 1; i < = 100; i + + )        // for 循环
5.     {  if(i % 5 = = 0) continue;        // 条件成立,执行 continue 语句
6.         sum = sum + i;
7.     }
8. }
```

程序分析:第 4 行设置了一个 for 循环语句;第 5 行进行 if 语句判断,若 i 对 5 求余运算结果为 0,即 i 能被 5 整除,则执行 continue 语句;若不成立,则跳过 continue 语句,执行第 6 行语句。再到第 4 行进行 for 循环条件判断。

1.8　单片机 I/O 端口及其应用

AT89S51 和 STC12C5A60S2 单片机都有 4 个 8 位输入/输出 I/O 端口,分别用 P0、P1、P2、P3 表示,每个 I/O 端口既可以按位操作,也可以按字节(8 个位)操作。例如:在汽车转向灯程序中,语句"sbit P2_0 = P2^0;"就是将 P2 端口的第 0 个引脚等价于位变量 P2_0,然后又将位变量 P2_0 等价于字符常量 LEFT_LED,从而使得 P2 端口的第 0 个引脚、位

变量 P2_0 和字符常量 LEFT_LED 三者是等价关系,在程序中对字符常量 LEFT_LED 操作(如:LEFT_LED = 0;或 LEFT_LED =1;),即对 P2 端口的第 0 个引脚操作,使该引脚为低电平或高电平。另外,语句"P2 =0xFF;"就是对 P2 的 8 个引脚进行操作,使 P2.7、P2.6、…、P2.0 引脚为高电平。

1.8.1 单片机 I/O 端口结构

4 个端口内部结构如图 1 − 2 − 16 所示,每个端口主要由端口锁存器、输入锁存器、输入缓冲器、输出驱动器等部分组成,它们都是双向通道的。作为输出时,数据可以被锁存;作为输入时,数据可以被缓冲。但是它们的功能还是存在很多的异同点。

1.各端口相同特性

4 个端口进行 I/O 操作时,特性基本相同。

(1)作为输出用时,内部带有锁存器,可以直接与外设相连,不必外加锁存器。

(2)作为输入用时,有两种工作方式,一种是"读引脚",另一种是"读端口"。所谓"读引脚"就是读芯片引脚的状态,真正地把外部引脚的高、低电平读入到内部总线。但是"读端口"并不是把外部引脚的高、低电平读入总线,而是把端口锁存器中的内容读到内部总线。为了实现 I/O 端口"读—修改—写"操作语句的需要,例如:

```
P0 = P0&0x0F;        // 将 P0 端口高 4 位引脚清零
```

运行该语句时,分"读—修改—写"三步执行,第一步读入 P0 口锁存器中的数据;第二步与 0x0F 进行"按位与"操作;第三步将所读入数据的高 4 位清零,再把结果送回 P0 端口。对于这类"读—修改—写"语句,不直接读引脚而读锁存器是为了避免可能出现的错误。因为在端口已处于输出状态的情况下,如果端口的负载恰好是一个晶体的基极,则导通了的 PN 结会把端口引脚的高电平拉低,这样直接读引脚就会把本来的"1"误读为"0"。但是若从锁存器读出数据,则可避免这种错误。

2.各端口不同特性

(1)P0 端口进行一般的 I/O 输出时,由于 Q1[图 1 − 2 − 16(a)]截止,输出电路是漏极开路电路,必须外接上拉电阻才能有高电平输出,所以本书配套的单片机实训板 P0 端口接了 10kΩ 的上拉电阻。

(2)在进行单片机系统扩展时,P0 端口既作为单片机系统的低 8 位地址线(A7 ~ A0),又作为单片机系统的 8 位数据线(D7 ~ D0),即采用了总线复用技术;P2 端口作为单片机系统的高 8 位地址线(A15 ~ A8)。

(3)P3 端口 8 个引脚都有第二功能,见表 1 − 1 − 4。

1.8.2 单片机 I/O 端口负载能力

P1、P2 和 P3 端口每个引脚以吸收电流(灌电流)或提供电流(拉电流)方式,可以驱动 3 个 LS TTL 门。P0 端口的每一个引脚若以吸收电流方式,可以驱动 8 个 LS TTL 输入,若以提供电流方式,则需要外接上拉电阻才可以驱动 MOS 电路;若作为地址/总线使用时,P0 端口不需外接上拉电阻,直接驱动 MOS 电路。

1.在稳定状态下,I_{OH}(引脚拉电流)限制

(1)P0 端口作为普通 I/O 端口时,不能提供拉电流。

(2)P1、P2 和 P3 端口每个引脚的 I_{OH} 大概为 20 μA。

（a）P0端口内部位结构

（b）P1端口内部位结构

（c）P2端口内部位结构

（d）P3端口内部位结构

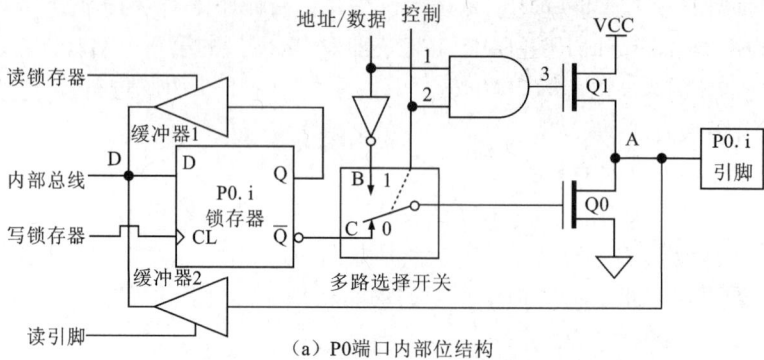

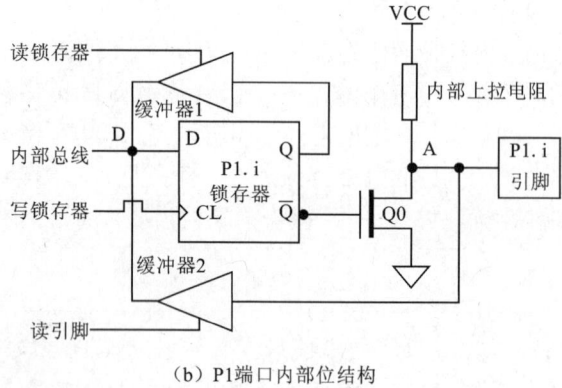

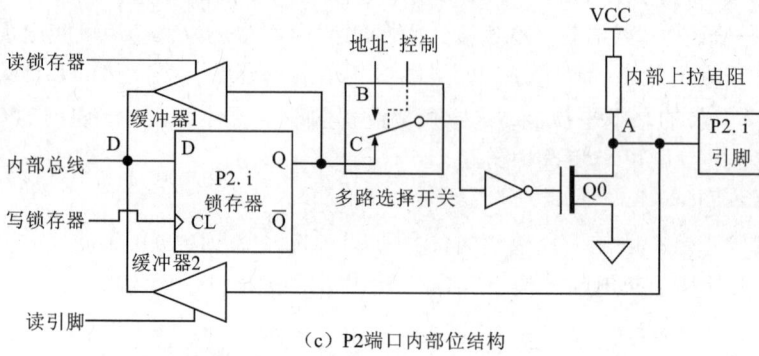

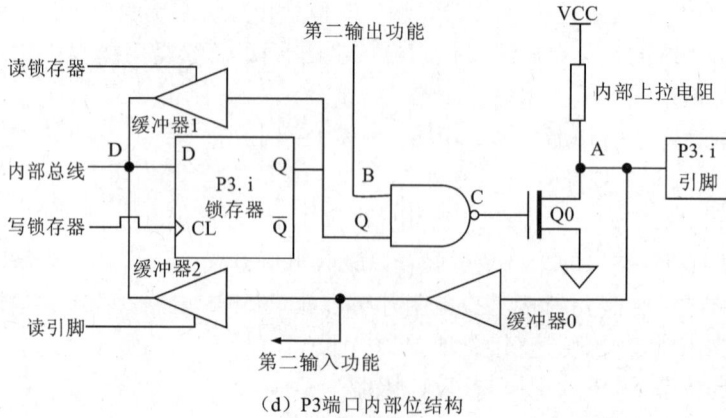

图 1-2-16　各端口内部位结构

2. 在稳定状态下，I_{OL}（引脚灌电流）限制

（1）每个引脚的最大 $I_{OL} = 10$ mA。

（2）P0 端口 8 个引脚的最大 $\sum I_{OL} = 26$ mA。

（3）P1、P2 和 P3 端口 8 个引脚的最大 $\sum I_{OL} = 15$ mA。

（4）所有输出引脚的 I_{OL} 总和最大 $\sum I_{OL} = 71$ mA。

因此，在进行端口的驱动电路设计时，以上数据可以作为设计的依据。一般采用低电平驱动负载，如用蜂鸣器驱动电路（图 1 - 2 - 17）。J17 与单片机 P2.0 相连，当 P2.0 为低电平时，三极管 Q1 导通，流进 P2.0 引脚的电流为 4.7 mA[（5V - 0.7V）/1 kΩ = 4.7 mA]，符合 I_{OL} 限制要求。请大家思考一下，是否能把蜂鸣器接在电源与三极管 Q1 的发射极之间，集电极接地？答案是不行。

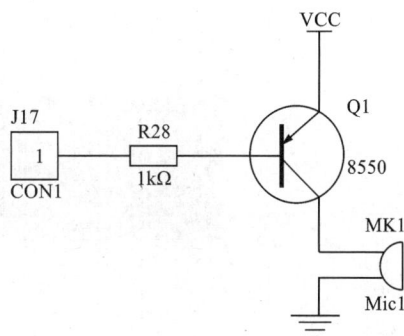

图 1 - 2 - 17　蜂鸣器控制电路

【训练项目 1 - 3】　数码管动态显示系统设计与制作

一、项目要求

在 Proteus 仿真软件和单片机实训板上，采用单片机的 P0、P1、P2、P3 的任意端口控制 2 个 4 位一体的共阳极数码管，实现任意数字显示，然后再修改程序实现简易时钟显示，显示格式为：□□ - □□ - □□，即"时" - "分" - "秒"。

二、项目实训仪器、设备及实训材料

表 1 - 3 - 1　主要实训仪器和实训材料一览表

工具、设备和耗材	数量	工具、设备和耗材	数量	工具、设备和耗材	数量
电脑	1 台	51 单片机下载线/USB 线	1 根	杜邦导线	若干
Keil μVision4	1 套	晶振 12M	1 只	AT89S51/STC12C5A60S2	1 片
Proteus 7.5 软件	1 套	单片机实训板	1 块	稳压电源	1 台

三、项目实施过程及其步骤

任务 1　实现任意数字显示

任务描述：采用单片机的 P0 和 P2 端口分别作为数码管的数据和驱动端口，在 Proteus 软件和单片机实训板上，使数码管显示任意数字。然后再改用其他端口控制数码管，实现同样功能。

第一步，在 Proteus 仿真软件上，绘制 8 个数码管动态显示电路。

采用单片机 P0 端口连接 8 位共阳极数码管的数据线，数据线上采用 220Ω 电阻作为限流电阻；P2 端口作为数码管的驱动端口，采用 PNP 三极管做驱动器，如图 1 - 3 - 1 所示。另外，请注意，在 Proteus 仿真电路中，数码管驱动端口（或控制端口）要接下拉电阻，但是在实际电路中不需要接。

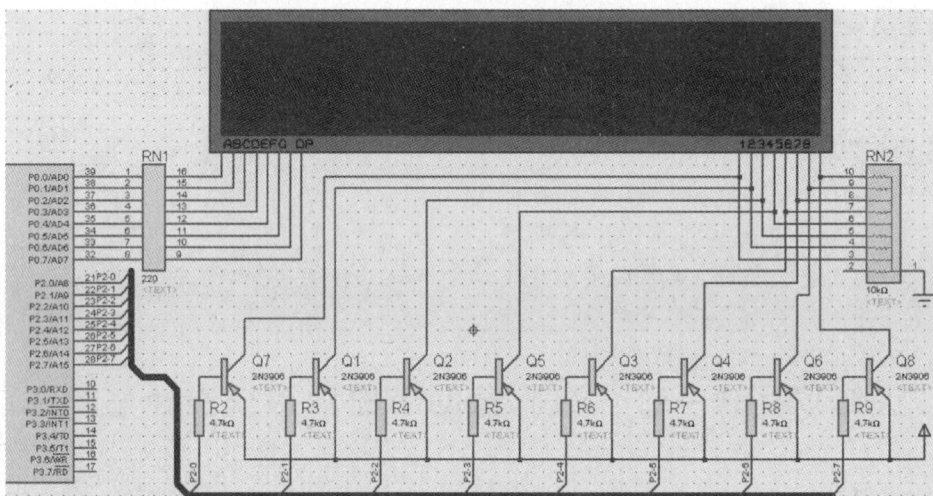

图 1 - 3 - 1　8 个数码管动态显示电路

第二步，进行程序流程图设计，并编写程序。

按照项目 1 - 1 中列出的步骤，在 Keil 软件中新建工程和文件，根据图 1 - 3 - 2 所示程

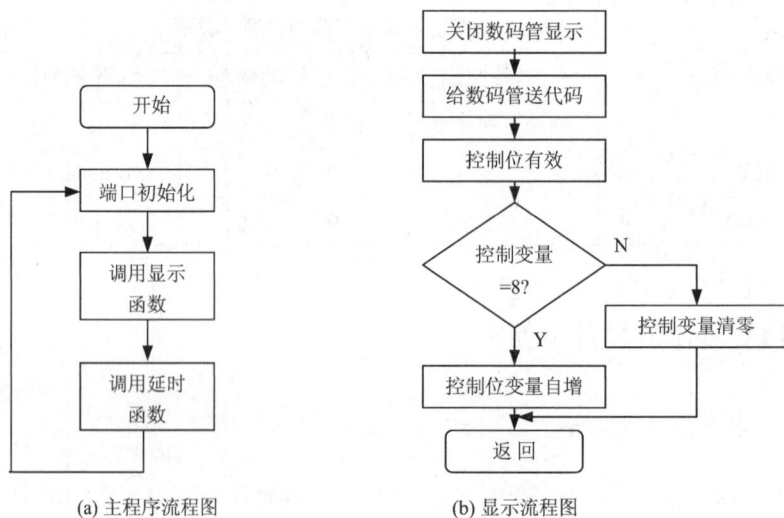

(a) 主程序流程图　　　　　　(b) 显示流程图

图 1 - 3 - 2　程序流程图

序流程图,编写如下程序:

```
1. #include <reg51.h>
2. sbit P2_0 = P2^0;                     // 引脚位定义
3. sbit P2_1 = P2^1;
4. sbit P2_2 = P2^2;
5. sbit P2_3 = P2^3;
6. sbit P2_4 = P2^4;
7. sbit P2_5 = P2^5;
8. sbit P2_6 = P2^6;
9. sbit P2_7 = P2^7;
10./*************************************************/
11. unsigned char code led_code[20] = {0xC0,0xF9,0xA4,0xB0,0x99,0x92,0x82,0xD8,0x80,0x90,
12.                       0x40,0x79,0x24,0x30,0x19,0x12,0x02,0x58,0x00,0x10};
13.                       //前10个为0~9不带小数点的显示码,后10个为带小数点的
                          显示码
14. unsigned char led_reg[8] = {0x01, 0x02, 0x03, 0x04, 0x05, 0x06, 0x07, 0x8};
                          //定义显示数据缓存器
15./*************************************************/
16. **函数名:delay(unsigned char i)
17. **功能:延时程序
18. *************************************************/
19. void delay(unsigned char i)
20. {   unsigned char j, k;
21.       for(k=0; k<i; k++)
22.       {   for(j=0; j<255; j++);
23.       }
24. }
25./*************************************************
26. **函数名:led_show()
27. **功能:显示数码管函数,每次显示1位数码管
28. *************************************************/
29. void led_show()
30. {   static unsigned char led_shift = 0x00;     //定义静态局部变量
31.       P2 = 0xFF;                               //关闭数码管控制端口
32.       P0 = led_code[led_reg[led_shift]];       //把字符代码送到P0端口
33.       switch(led_shift)                        //选择数码管控制位
34.       {   case 0: P2_0=0; break;               //控制左1数码管
35.           case 1: P2_1=0; break;               //控制左2数码管
36.           case 2: P2_2=0; break;               //控制左3数码管
37.           case 3: P2_3=0; break;               //控制左4数码管
38.           case 4: P2_4=0; break;               //控制左5数码管
39.           case 5: P2_5=0; break;               //控制左6数码管
```

```
40.        case 6: P2_6 = 0; break;           //控制左 7 数码管
41.        case 7: P2_7 = 0; break;           //控制左 8 数码管
42.        default: break;
43.        }
44.    led_shift + +;                         //数码管控制变量自加 1
45.    if( led_shift = = 0x08)                //判断是否扫描完所有数码管
46.        led_shift = 0x00;                  //归零进行下一轮扫描
47. }
48. /***************************************************
49.                          main( )
50.  ***************************************************/
51. void main( )
52. {   P0 = 0xFF;                            //P0 端口输出高电平
53.     P2 = 0xFF;                            //P2 端口输出高电平，关闭所有的数码管
54.     while(1)
55.     {   led_show( );                      //调用显示函数
56.         delay(5);                         //调用延时函数
57.     }
58. }
```

第三步，配置工程，编译程序。

按照项目 1 - 1 中列出的步骤，设置系统晶振频率、输出 HEX 文件，以及编译程序文件，直到编译输出窗口没有错误为止。

第四步，调试、仿真、修改程序。

(1)在 Proteus 软件中仿真程序。把 HEX 文件下载到单片机之中，单击仿真按钮" ▶ "，立刻可以看到"1～8"的数字在数码管上显示，如图 1 - 3 - 3(a)所示。

(2)若要在数码管上显示如图 1 - 3 - 3(b)所示的数字，8 个数字即 0、1、2、9、0.、2.、3. 和 9.，则只需要把第 14 行代码按照如下方式修改，再进行编译和仿真，即可看到。

```
14. unsigned char led_reg[8] = {0, 1, 2, 9, 10, 12, 13, 19};   //定义显示数据缓存器
```

第五步，分析程序。

(1)程序结构。本任务的程序主要由主函数 main( )、显示函数 led_show( )和延时函数 delay(unsigned char i)组成。在程序前面对 P2 端口的 8 个引脚进行了位定义，可以直接在程序中使用 P2_x 符号；并定义了 led_code[20] 和 led_reg[8] 两个无符号型字符数组，其中数组 led_code[20] 定义时加了 code，表示存放在 ROM 之中，占用 20 个字节，数组元素表示共阳极数码管的显示码(0→9 和 0.→9. 共 20 个显示码)；数组 led_reg[8] 用于存放要在数码管上显示的数字，8 个数组元素对应 8 个数码管。

(2)函数 main( )运行过程。程序总是从主函数开始运行，所以本段程序是从第 52 行

(a)

(b)

图 1-3-3　在数码管上显示任意数字效果

开始运行,第 52 和第 53 行用于关闭数码管显示;第 54~57 行是一个无限次循环的 while 语句,即循环调用显示函数和延时函数。

（3）显示函数 led_show( ) 运行过程。当程序运行到第 55 行时,就进入显示函数的第一行代码,即第 30 行,定义了一个静态变量 led_shift（仅赋值一次,与其他局部变量不一样）;第 32 行 P0 = led_code[led_reg[led_shift]] 是一个双重数组,内层是数组 led_reg[ ],外层是数组 led_code[ ],赋给 P0 的值是外层数组的元素,即显示代码。动态显示原理,如表 1-3-2 所示,请读者补填空项。第 33~43 行的 switch 语句就是控制某一位数码管显示的,例如:当 led_shift 的值为 0 时,第 34 行被执行,P2_0 = 0,三极管 Q7 导通,使得左边第 1 个数码管被点亮,其他数码管不显示。第 45 行判断 led_shift 是否等于 8,如果是则使 led_shift 为 0,再重新扫描;否则进行下一位数码管显示。因此,led_shift 是从 0~7 之间循环,它的值为 8 并没有实际意义。

表 1-3-2　8 位数码管动态显示对照表

led_shift 值	led_reg[led_shift] 值	led_code[led_reg[led_shift]] 值	P0 端口值	显示位置	显示数字
0	0X01	0XF9	0XF9	左 1 位	1
1	0X02	0XA4	0XA4	左 2 位	2
2	0X03	0XB0	0XB0	左 3 位	3
3	0X04	0X99	0X99	左 4 位	4
4	0X05	0X92	0X92	左 5 位	5
5	0X06	0X82	0X82	左 6 位	6
6	0X07	0XD8	0XD8	左 7 位	7
7	0X08	0X80	0X80	左 8 位	8
8	无	无			
0	0				
1	9				
2	10				
3	15				
4	12				
5	18				
6	19				
7	20				

(4)延时函数 delay(unsigned char i) 运行过程。当程序运行到第 56 行时,就调用了延时函数,将实参"5"赋给形参 i,再执行第 20 行代码,定义无符号字符变量 j 和 k;第 21~23 行是双重 for 嵌套,即要运行 5 次第 22 行代码,第 22 行 for 语句是一个空体循环语句。

(5)Keil 与 Proteus 联机仿真程序,理解数码管动态显示原理。将断点设置在第 44 行,点击全速运行图标("🖳"),第一次到断点时,仅有左边第 1 位数码管亮,并显示数字 1;再点击全速运行图标,第二次到断点时,仅有左边第 2 位数码管亮,并显示数字 2⋯⋯

第六步,在实训板上实现任意数字显示。

该步采用 AT89S51/52 单片机或 STC12C5A60S2 单片机实现,具体操作方法见项目 1-1。

(1)把该单片机放入 40P 的 IC 锁紧座中,并卡住;然后用 8 根杜邦线把单片机的 P0 脚与数码管的 J1 排针相连(注意:a→dp 分别对应 P0.0→P0.7,不要接反了),再用 8 根杜邦线把单片机的 P2 脚与数码管的 J3 排针相连(注意:1→8 分别对应 P2.0→P2.7,不要接反了);再把"ISP 下载线"或 USB 线把程序下载到单片机之中,立刻可以看到 8 位数码管上显示相应数字,修改程序,实现任意数字的显示。

(2)改用单片机的 P1、P3 端口与数码管相连;再重复上述步骤,观察数码管的状态。

任务 2　实现简易时钟显示

任务描述:在任务 1 的基础上,实现简易时钟功能,然后再改用其他端口控制数码管,实现同样功能。

第一步,设计时钟流程图,如图 1-3-4 所示,再修改程序。

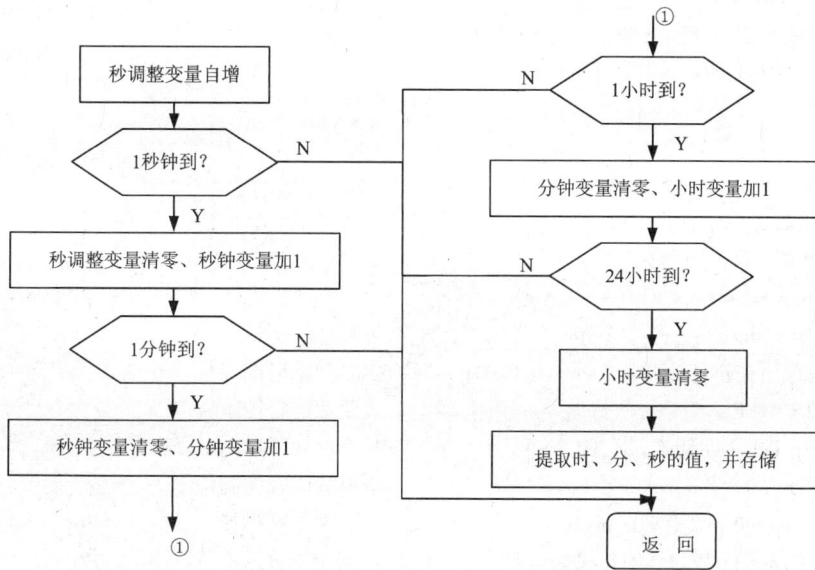

图 1-3-4 时钟程序流程图

1. #include ＜reg51.h＞
2. sbit P2_0 = P2^0;
3. sbit P2_1 = P2^1;
4. sbit P2_2 = P2^2;
5. sbit P2_3 = P2^3;
6. sbit P2_4 = P2^4;
7. sbit P2_5 = P2^5;
8. sbit P2_6 = P2^6;
9. sbit P2_7 = P2^7;
10. /＊＊/
11. unsigned char code led_code[21] = {0xC0,0xF9,0xA4,0xB0,0x99,0x92,0x82,0xD8,0x80,0x90,
12.   0x40,0x79,0x24,0x30,0x19,0x12,0x02,0x58,0x00,0x10,0xBF};
13.   //定义 0~9 及其带小数点和"-"的显示码
14. unsigned char led_reg[8] = {0, 0, 20, 0, 0, 20, 0, 0}; //定义显示数码缓存器
15. unsigned char hour;   //定义时钟变量
16. unsigned char min;   //定义分钟变量
17. unsigned char sec;   //定义秒钟变量
18. unsigned int adj_sec = 0;   //定义秒钟调整变量
19. #define SECOND 100   //定义 1 秒钟的字符常量
20. /＊＊＊＊＊＊＊＊＊＊＊＊＊＊＊＊＊＊＊＊＊＊＊＊＊＊＊＊＊＊＊＊＊＊＊＊＊＊＊
21. ＊＊函数名: delay(unsigned char i)
22. ＊＊功能: 延时程序
23. ＊＊/
24. void delay (unsigned char i)

```
25. {   unsigned char j, k;
26.     for( k = 0; k < i; k + + )
27.     {   for( j = 0; j < 255; j + + );
28.     }
29. }
```

30. /* *

31. * * 函数名: led_show( )

32. * * 功能: 显示函数

33. */

```
34. void    led_show( )
35. {   static unsigned char led_shift = 0x00;        //定义静态局部变量
36.     P2 = 0xFF;                                     //关闭数码管控制端口
37.     P0 = led_code[ led_reg[ led_shift ] ];        //把字符代码送到 P0 端口
38.     switch( led_shift )                            //选择数码管控制位
39.     {   case 0: P2_0 = 0; break;                   //控制左 1 数码管
40.         case 1: P2_1 = 0; break;                   //控制左 2 数码管
41.         case 2: P2_2 = 0; break;                   //控制左 3 数码管
42.         case 3: P2_3 = 0; break;                   //控制左 4 数码管
43.         case 4: P2_4 = 0; break;                   //控制左 5 数码管
44.         case 5: P2_5 = 0; break;                   //控制左 6 数码管
45.         case 6: P2_6 = 0; break;                   //控制左 7 数码管
46.         case 7: P2_7 = 0; break;                   //控制左 8 数码管
47.         default: break;
48.     }
49.     led_shift + + ;                                //数码管控制变量自加
50.     if( led_shift = = 0x08 )                       //判断是否扫描完一轮
51.         led_shift = 0x00;                          //归零进行下一轮扫描
52. }
```

53. /* *

54. * * 函数名: clock( )

55. * * 功能: 时钟函数

56. */

```
57. void clock( )
58. {   adj_sec + + ;                                  //秒调整变量自增
59.     if( adj_sec > SECOND )                         //判断 1 秒钟是否到
60.     {   adj_sec = 0;                               //到了 1 秒钟, 秒调整变量清零
61.         sec + + ;                                  //秒钟变量加 1
62.         if( sec > 59 )                             //判断 1 分钟是否到
63.         {   sec = 0;                               //到了 1 分钟, 秒钟变量清零
64.             min + + ;                              //分钟变量加 1
65.             if( min > 59 )                         //判断 1 小时是否到
66.             {   min = 0;                           //到了 1 小时, 分钟变量清零
67.                 hour + + ;                         //时钟变量加 1
```

```
68.          if( hour > 23 )                  //判断 24 小时是否到
69.            {   hour = 0;                   //24 小时到了，时钟变量清零
70.            }
71.          }
72.       }
73.       led_reg[ 0 ] = hour/10;            //提取时钟的十位
74.       led_reg[ 1 ] = hour%10;            //提取时钟的个位
75.       led_reg[ 3 ] = min/10;             //提取分钟的十位
76.       led_reg[ 4 ] = min%10;             //提取分钟的个位
77.       led_reg[ 6 ] = sec/10;             //提取秒钟的十位
78.       led_reg[ 7 ] = sec%10;             //提取秒钟的个位
79.   }
80. }
81. /* * * * * * * * * * * * * * * * * * * * * * * * * * * * * * * * * * * * * * * * *
82.                              main( )
83.    * * * * * * * * * * * * * * * * * * * * * * * * * * * * * * * * * * * * * * * */
84. void main( )
85. {   P0 = 0xFF;                           //P0 端口输出高电平
86.     P2 = 0xFF;                           //P2 端口输出高电平
87.     while( 1 )
88.     {   clock( );                        //调用时钟函数
89.         led_show( );                     //调用显示函数
90.         delay(5);                        //调用延时函数
91.     }
92. }
```

第二步，配置工程，编译程序。

按照项目 1 – 1 中列出的步骤，设置系统晶振频率，输出 HEX 文件，以及编译程序文件，直到编译输出窗口没有错误为止。

第三步，调试、仿真程序。

(1)在 Proteus 软件中仿真程序。把 HEX 文件下载到单片机之中，单击仿真按钮"▶"，立刻可以看到如图 1 – 3 – 5 所示的效果。

(2)修整时间，尽量与标准时间相近。修改字符常量 SECOND 的值，例如：设置为 50、200、500 等，再观看仿真效果。

第四步，分析程序。

(1)时钟函数 clock( )运行过程。当程序运行到第 88 行时，就进入时钟函数的第一行代码，即第 58 行，第 59 行代码用于判断 1 秒钟是否到来。当时钟函数被调用 101 次时，adj_sec 的值为 101，第 59 行 if 语句的条件就成立，即认为 1 秒钟的间隔到了；再运行 60

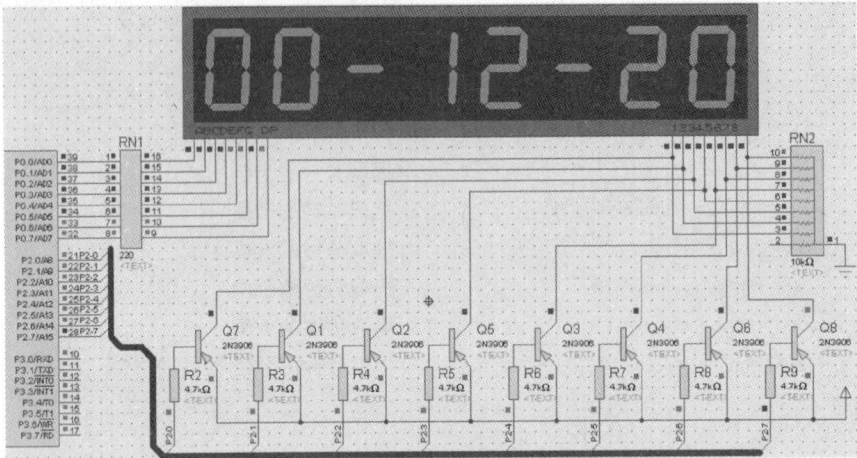

图 1 – 3 – 5　简易时钟仿真效果

行把 adj_sec 变量清零,为下 1 秒钟到来作准备;再运行第 61 行秒钟变量 sec 加 1。分钟和时钟的运行类似于秒钟,请大家试着去分析。

(2)时、分、秒显示。每个秒钟到了之后,都要运行第 73 ~ 78 行代码,用于更新时、分、秒的数据。在该 5 行代码中,采用了取余数和商来拆分两位数的十位和个位。

(3)第 3 和 6 位数码管上显示横杠("—")原理。在第 11 行定义数组 led_code[ ]时,把横杠("—")的显示代码存放在该数组之中,即为该数组的第 21 个元素 led_code[20],其值为 0xBF。数组 led_reg[ ]中的第 2 个、第 5 个元素的值固定为 20,就是为了在第 3 和 6 位数码管上显示横杠("—")。注意任务 2 中的数组 led_code[ ]比任务 1 中的要多一个字节。

第五步,在实训板上实现简易时钟显示。

该步操作方法与本训练项目的任务 1 相同,观看显示效果,修改字符常量 SECOND 的值,调准时间。

四、思考与分析

(1)绘制本训练项目任务 1 和任务 2 的程序运行轨迹,即黄色箭头在程序代码前行走的轨迹。

(2)采用共阴极数码管,实现任意数字的显示。

五、知识链接

1.9　数组

前面介绍的位(bit)、字符型(char)、整型(int)和浮点型(float)等数据类型都是简单类型,每个变量只能存放一个值。然而,在处理实际问题时,经常需要处理大批量的数据,并且这些数据有相同的类型。针对这样的情况,C 语言中引入了数组这一数据类型。

1.9.1　数组及数组元素的概念

数组是一组具有相同数据类型变量的集合，例如多个整型变量组成的集合称为整型数组，多个字符型变量组成的集合称为字符数组，这些整型或字符型变量是各自数组的元素。

数组元素是通过同一个名字的不同下标访问的，数组的下标放在方括号中，是从 0 开始(0, 1, 2, …, n)的一组有序整数，如数组 a[i]，当 i = 0, 1, 2, …, n 时，对应的数据元素分别是 a[0]，a[1]，a[2]，…，a[n]。数组一般有一维、二维、三维和多维。在单片机 C 语言编程中，常见的数组有一维、二维和字符数组。

> 数组元素类型注意事项：
> 构成一个数组的所有元素必须是同一类型数据，而不允许在同一数组中出现不同类型的数据。

1.9.2　一维数组

1. 一维数组的定义

一维数组的定义方式如下：

类型说明符　　数组名[整型表达式]

例如：

unsigned int led_code[16];

该例定义了一个拥有 16 个元素的一维无符号整型变量数组，每个元素都是一个整型变量，分别用 led_code[0]，led_code[1]，led_code[2]，…，led_code[15]来表示。每个元素占 2 个字节，因此该数组在单片机内存单元中占 32 个存储单元。

> 数组定义注意事项：
> (1)数组的第 1 个元素的下标是 0 而不是 1。
> (2)数组名的命名规则与变量名的命名规则相同，遵循标识符命名规则。

2. 一维数组的初始化

所谓数组初始化，就是在定义数组的同时，给数组赋初值。这项工作是在程序的编译中完成的。对数组的初始化可用以下方法实现。

(1)在定义数组时对数组元素赋以初值。

```
1. unsigned char code led_code[16] = {0xC0, 0xF9, 0xA4, 0xB0, 0x99, 0x92, 0x82, 0xD8,
2.                                     0x80, 0x90, 0x88, 0x83, 0xC6, 0xA1, 0x86, 0x8E};
```

将数组元素的初值依次放在一对大括号内，经过上面的定义和初始化之后，led_code[0] = 0xC0，led_code[1] = 0xF9，led_code[2] = 0xA4，…，led_code[15] = 0x8E。其中关键字 code 表示数组存在程序存储器中，如果数组类型后面没有该关键字(code)，则数组存放在数据存储器中。

(2)可以只给一部分元素赋值。

```
int a[9] = {0, 1, 2, 3, 4, 5};
```

定义数组 a，内有 9 个整型变量元素，但大括号内只给前 6 个元素赋了初值，即 a[0]
=0，a[1]=1，…，a[5]=5，后面 3 个元素的值均为 0。

（3）在对全部数组元素赋值时，可以不指定数组的长度

```
1. unsigned char code led_code[16] = {0xC0, 0xF9, 0xA4, 0xB0, 0x99, 0x92, 0x82,
2.                              0xD8, 0x80, 0x90, 0x88, 0x83, 0xC6, 0xA1, 0x86, 0x8E};
```

可以改写成：

```
1. unsigned char code led_code[ ] = {0xC0, 0xF9, 0xA4, 0xB0, 0x99, 0x92, 0x82, 0xD8,
2.                              0x80, 0x90, 0x88, 0x83, 0xC6, 0xA1, 0x86, 0x8E};
```

在这种赋值方式中，由于大括号内有 16 个数，系统自动定义 led_code 的数组长度为
16，并将这 16 个数分配给 16 个元素。如果只对一部分元素赋值，就不能省略数组的长度
（即方括号内的表达式），否则将会与预期不符。

3. 一维数组的应用

一维数组在基于 C 语言的单片机编程中使用频率相当高，尤其是程序需要利用查表的
方式选择一组常量中某一位。如：数码管显示码就是利用一个数组来存储，并存在单片机
的程序存储器中。还有一些同数据类型的变量，经常用一维数组来定义，方便程序的编
写。下面以训练项目 1 - 3 的任务 2 为例，来介绍一维数组的应用，任务 2 的部分程序代码
如下所示。

```
1. ……
2. unsigned char code led_code[21] = {0xC0,0xF9,0xA4,0xB0,0x99,0x92,0x82,0xD8,0x80,0x90,
3.                          0x40,0x79,0x24,0x30,0x19,0x12,0x02,0x58,0x00,0x10,0xBF};
4.                          //定义 0~9 及其带小数点和" - "的显示码
5. unsigned char led_reg[8] = {0, 0, 20, 0, 0, 20, 0, 0};  //定义显示数据缓存器
6. ……
7.      P0 = led_code[led_reg[led_shift]];            //把字符代码送到 P0 端口
8. ……
9.          led_reg[0] = hour/10;                     //提取时钟的十位
10.         led_reg[1] = hour%10;                     //提取时钟的个位
11.         led_reg[3] = min/10;                      //提取分钟的十位
12.         led_reg[4] = min%10;                      //提取分钟的个位
13.         led_reg[6] = sec/10;                      //提取秒钟的十位
14.         led_reg[7] = sec%10;                      //提取秒钟的个位
15.     }
16. }
17. ……
```

程序分析：

（1）第 2 行定义了一个无符号数组，用来存储 21 个数码管显示码，包括无小数点 0 ~
9、有小数点 0 ~ 9 和 1 个横杠"—"显示码，并且该数组的存储类型为 code，即 21 个数组元

素的值被存放在单片机的 ROM 中。

（2）第 5 行定义了一个无符号数组，用来作为显示数据缓存器，即要在数码管显示的数字放在该数组中；并且该数组的 8 个元素的值被存放在单片机的 RAM 中。

（3）第 7 行"P0 = led_code[led_reg[led_shift]]"代码是数组中嵌套数组，即双重数组嵌套，目的是将 led_reg[led_shift]变量对应的数码管代码送到 P0 端口。例如当 led_shift 的值为"0"时，led_reg[0]为 0x00，则 led_code[led_reg[led_shift]]的值就为"0xC0"，即 PORTB = 0xC0，把"0"的代码送到 P0 端口。

（4）第 9～14 行是改变数组元素的值。注意：在程序运行过程中，只有存放在 RAM 中的数组元素的值才可以被修改；而存放在 ROM 中的数组元素的值是不能被修改的。

1.9.3　二维数组

1. 二维数组的定义

二维数组的定义方式如下：

类型说明符　　数组名[常量表达式][常量表达式]

例如：

int a[2][3];

该例定义了 2 行 3 列共 6 个元素的二维整型变量数组，每个元素都是一个整型变量。二维数组的存取顺序是：按行存取，先存取第一行元素的第 0 列，1 列，2 列，…，直到第一行最后一列，然后返回到第二行开始，再取第 0 列，1 列，2 列，…，直到第二行最后一列。依此递推，直到最后一行的最后一列。

按照上述规律，数组 a[2][3]中 6 个元素的顺序为：a[0][0]、a[0][1]、a[0][2]、a[1][0]、a[1][1]、a[1][2]。有了二维数组的基础，理解掌握多维数组就并不困难了。

2. 二维数组的初始化

（1）对数组的全部元素赋初值。

可以用下面两种方法对数组的全部元素赋初值：

第一种：分行给二维数组的全部元素赋初值，例如：

int a[2][3] = {{1, 2, 3}, {4, 5, 6}};

这种赋值方法很直观，把第一个大括号内的数据赋给第一行元素，第二个大括号内的数据赋给第二行元素，…，即按行赋初值。

第二种：将所有数据写在一个大括号内，按数组的排列顺序对各元素赋初值。例如：

int a[2][3] = {1, 2, 3, 4, 5, 6};

（2）对数组中部分元素赋初值。

int a[2][3] = {{1}, {4, 5, 6}}; int b[2][3] = {{ }, {4, 5}};

赋值之后，数组元素的值为：

a[0][0] = 1、a[0][1] = 0、a[0][2] = 0, a[1][0] = 4、a[1][1] = 5、a[1][2] = 6, b[0][0] = 0、b[0][1] = 0、b[0][2] = 0, b[1][0] = 4、b[1][1] = 5、b[1][2] = 0

1.9.4　字符数组

数组元素为字符类型的数组称为字符数组，在字符数组中，每一个元素都存放一个字符，所以可以用字符数组来存储长度不同的字符串。

1. 字符数组的定义

字符数组定义与前面介绍的一维数组定义类似。例如 char a[6]，定义 a 为具有 6 个元素的字符数组（也称一维字符数组）。

2. 字符数组的初始化

字符数组初始化最直接方法是将各字符逐个赋给数组中的各个元素。例如：

char a[7] = {'d', 'I', 'a', 'n', 'z', 'i'}；

定义了一个字符数组 a[7]，共有 7 个元素，a[0] ~ a[5] 都赋给了相应的值，a[6] 没有赋值，但系统会自动赋予一个空格字符。

C 语言还允许用字符串直接给字符数组赋值，其方法有以下两种形式：

char a[ ] = {"dianzi"}；

char a[ ] = "dianzi"；

用双引号""括起来的一串字符，称为字符串常量，比如"china"。C 编译器会自动地在字符串末尾加上结束符'\0'。

若干个字符串可以装入一个二维字符组中，称为字符串数组，数组的第 1 个下标表示字符串的个数，第 2 个下标表示字符串数组的长度，但是第 2 个下标的数字应当比该数组字符串中最长的字符串要多一个字符，目的是为了装入字符串的结束符'\0'。例如 char code a[3][15]，定义了一个二维字符串数组 a。从该字符串数组的下标可知：它可以容纳 3 个字符串，而且每个字符串长度不能超过 14 个字符。

char code a[3][15] = {{"Welcome To"}, {"HeYuan"}, {"Polytechnic"}}；

在定义二维字符串数组时要注意，第 2 个下标必须给定，第 1 个下标可以省略，如下所示。

char code a[ ][15] = {{"Welcome To"}, {"HeYuan"}, {"Polytechnic"}}；

3. 字符数组的应用

（1）单片机程序中常见字符数组定义形式。

在单片机编程中，字符数组一般以下面两种形式出现：

① 采用 1 个字节的十六进制数作为数组的值

```
1. unsigned char code led_code[21] = {0xC0,0xF9,0xA4,0xB0,0x99,0x92,0x82,0xD8,0x80,0x90,
2.                      0x40,0x79,0x24,0x30,0x19,0x12,0x02,0x58,0x00,0x10,0xBF};
```

从上述一维数组 led_code[21] 的定义可知：大括号中并不是用双引号括起来的字符，而是十六进制数，数组的每个元素占一个存储单元（8 位），跟单片机的数据总线相等，使得编程较为方便。

② 采用字符串作为数组的值

```
1. unsigned char   string1[] = {"it's time…"};
2. unsigned char   string2[] = {"AM 08：08：08"};
```

（2）以字符串定义的数组元素的运算。

例如：

```
1. if( string2[10] > '9')              //秒钟的个位数是否大于 9
2. {    string2[9] + + ;
3.     if( string2[9] > '6')
4.              string2[9] = '0';
5.     else
6.              string2[9] + + ;
7. }
```

由上述程序可知：为了编程方便建议大家在进行关系、逻辑、赋值等运算时，与字符进行运算，例如"string2[10] > '9'" "string2[9] = '0'"等。当然，也可以写成"string2[10] >57" "string2[9] =48"或者写成"string2[10] >0x39" "string2[9] =0x30"都可以实现同样的功能，但是这样转成 ASCII 码来编程，有点不方便。

1.9.5　数组与内存空间

当程序中定义了一个数组时，C 编译器就会在存储空间中开辟一个区域，用于存放该数组元素的值。字符数组的每个元素占用 1 字节的内存空间；整型数组的每个元素占用 2 字节的内存空间；长整型数组的每个元素占用 4 字节的内存空间；浮点型数组的每个元素占用 4 个字节的内存空间。单片机的数据存储器（RAM）空间非常有限，使用时，要特别注意不要随意在数据存储器（RAM）内定义大容量的数组；如果是固定不变的数据，就定义到程序存储器（ROM）内，即在数组的数据类型后加一个关键字"code"，但要注意定义的数据不能超过程序存储器（ROM）的容量。

对于单片机来说，片内 RAM 的资源是极为有限的，如：AT89S51 的用户 RAM 为 128 字节、STC12C5A60S2 的用户 RAM 为 1280 字节。因此在进行单片机开发时，要根据需要来选择数组的存储类型和大小。

1.10　函数

C 语言程序是由多个函数组成的，至少有一个主函数 main( )，函数是 C 语言程序的基本模块，通过对函数的调用来实现程序的功能。C 语言不仅提供了丰富的库函数，而且还允许定义自己的函数，所以 C 语言程序由各种不同功能的函数组成。

1.10.1　函数的分类

从用户使用的角度来划分，函数可分为标准库函数和用户自定义函数两种。

1. 标准库函数

C51 编译器提供了丰富的库函数，每个库函数都是一段完成特定功能的程序，由于这些功能都是程序设计人员共同需求，所以这些函数就被设计成标准的程序模块，经过编译后，以目标代码的形式存放在库文件中。库函数包括了常用的数学函数（如：绝对值函数 fabs( )，平方根函数 sqrt( )等）、字符和字符串处理函数等，这些库函数由系统定义，在 C 语言程序可以直接调用，但调用之前必须进行函数声明。另外，对每一类库函数，系统都提供了相应的头文件，该头文件中包含了这一类库函数声明，如 sin( )、sqrt( )等数学函数的说明包含在"math. h"文件中。所以程序中如果要用到这些库函数，就需要在程序开头使用#include 包含相应的头文件。一般不同的 C 语言系统提供的库函数的数量和功能不太相同，但是一些基本函数是相同的。

2. 用户自定义函数

用户根据自己的需要编写的函数称为用户自定义函数。

(1)从函数是否具有返回值的角度分类

可以把函数分为"有返回值函数"和"无返回值函数"两种。

①有返回值函数

此类函数被调用完之后将向调用者返回一个执行结果,成为函数的返回值,例如:

```
a = sin(b);
```

②无返回值函数

此类函数被调用完之后不向调用者返回执行结果,类似于其他语句的执行过程。由于函数无需返回值,因此,在函数名之前加上"void"关键字,如 clock( )、led_show( )和 delay (unsigned char i)函数。

(2)从函数是否带有参数角度分类

可把函数分为无参函数和有参函数两种。

①无参函数

在函数定义、函数声明及函数调用中均不带参数。主调函数和被调函数之间不进行参数传送。此类函数通常可以带返回值或不带返回值。如:clock( )和 led_show( )函数。

②有参函数

在函数定义和函数声明时都有参数,此时的参数称为形参。在函数调用时也必须给出参数,此时的参数称为实参。进行函数调用时,主调函数把实参的值传递给形参,供被调用函数使用。如:延时函数定义时,void delay (unsigned char i)中的 i 就是形参;延时函数被调用时,delay(5)中的 5 就是实参,即将 5 赋给变量 i。

值得注意的是,在 C 语言中,包括主函数 main( )在内的所有函数定义都是平行的,即在一个函数内不能再定义另一个函数,不支持嵌套定义。但在函数之间允许相互调用,也允许嵌套调用,习惯上把调用者称为主调函数。主函数 main( )可以调用其他函数,但不允许其他函数调用它。因此,C 语言程序总是从主函数 main( )开始执行,完成对其他函数的调用后再返回到主函数 main( ),最后由主函数 main( )结束整个程序。程序之中有且仅有一个主函数 main( )。

1.10.2　函数的定义

C 语言函数定义形式:

[数据类型说明符]　　函数名([形参定义表])

{　执行语句;　　　　　　　//"{ }"中的内容称为函数体

}

例如:

```
1. float    max ( float x, float y )
2. {    float z;
3.    if ( x > y )
4.      z = x;
```

```
5.      else
6.        z = y;
7.      return( z );
8. }
```

说明:

①函数数据类型确定函数返回值的数据类型,缺省时系统认为是整型。

②用户自定义函数的函数名由用户自己定,但要符合 C 语言标识符的命名规则。

③定义形参时要确定形参的数据类型,标识符要符合 C 语言标识符的命名规则,多个形参之间用逗号隔开;函数也可以没有形参,但函数名后面的一对圆括号不能省。

例如:训练项目 1 - 3 中的延时函数是不带返回值的,但有形参。

```
1. void delay( unsigned char i)
2. {   unsigned char j, k;
3.      for( k = 0; k < i; k + + )
4.      {   for( j = 0; j < 255; j + + );
5.      }
6. }
```

例如:训练项目 1 - 3 中的时钟函数没有形参,也没有返回值。

```
1. void clock( )
2. {   adj_sec + + ;              //秒调整变量自增
3.      ……
4. }
```

[例 1 - 6]　已知三角形三边长 a、b、c,编写函数,求三角形面积,函数有 3 个形参,形参的数据类型为单精度型实数,函数返回一个单精度型实数值。

```
1. float area( float a, float b, float c)
2. {   float p, s;
3.      p = (a + b + c)/2;
4.      s = sqrt ( p * (p - a) * (p - b) * (p - c));
5.      return s;
6. }
```

④函数定义的位置很重要,如果定义在主函数 main( )之后,则需要在被调用之前声明;如果定义在主函数 main( )之前,则在被调用之前不需要声明,例如:训练项目 1 - 3 的任务中 clock( )、led_show( )和 delay (unsigned char i)3 个函数就定义在主函数 main( )之前,所以在调用之前不需要进行函数声明。如果把这 3 个函数的定义放在主函数 main( )之后,则需要按照如下方式进行函数声明:

```
1. ……
2. void delay (unsigned char i);          //函数声明
3. void led_show( );                       //函数声明
4. void clock( );                          //函数声明
5. void main( )
6. {  ……
7. }
8. void delay (unsigned char i)
9. {  ……
10. }
11. void   led_show( )
12. {  ……
13. }
14. void clock( )
15. {  ……
16. }
```

1.10.3　函数的调用

1. 函数调用方式

函数调用的一般形式为：

［变量 = ］函数名（［实参表］）

例如，训练项目 1 - 3 中的任务 2，调用时钟函数、显示函数和延时函数的形式如下：

```
1. void main( )
2. {  P0 = 0xFF;                    //P0 端口输出高电平
3.    P2 = 0xFF;                    //P2 端口输出高电平
4.    while(1)
5.    {  clock( );                  //调用时钟函数
6.       led_show( );               //调用显示函数
7.       delay(5);                  //调用延时函数
8.    }
9. }
```

其中 clock( )函数和 led_show( )函数是没有表达式和实参的，delay(5)函数是有实参的。

再例如，求三边长为 3、4、5 的三角形面积函数的调用形式为：

```
S = area ( 3 , 4 , 5);
```

调用函数的一般执行过程如下：

①首先计算实参表达式的值，分别传递给对应的形参。

②将控制权传给被调用函数，开始执行被调用函数。

③执行被调函数体，遇到调用其他函数，重复执行步骤①调用其他函数。

④遇到 return 语句或函数体的结束括号"}"，函数执行结束。控制权返回调用函数，从调用语句的下一条语句开始继续执行其他程序。

2. 对被调函数的声明

C 语言程序中一个函数调用另一个函数需要具备以下条件：

①被调用的函数必须是已经存在的函数，是库函数或用户自定义的函数。

②如果调用库函数，一般要在程序文件的开头用#include 包含库函数所在的头文件。

③如果调用用户自定义的函数，并且该函数与调用它的函数在同一个程序文件中，一般还应该在主调函数中对被调函数作声明，即向编译系统声明将要调用此函数，并将有关信息通知编译。

> 函数定义、函数声明和函数调用之间的关系：
>
> （1）函数定义是编制函数的具体功能，包括指定函数名、函数值的类型、形参及其类型、函数体等，例如：训练项目 1 – 3 中的 voidclock( )、void led_show( )和 void delay (unsigned char i)函数都有定义代码。
>
> （2）函数声明不是总需要的，如果把被调函数写在主调函数之前就不需要对被调函数进行声明，反之需要对被调函数进行声明。声明的作用是把函数的名字、函数的类型及参数的类型、个数、顺序通知给编译系统。声明时注意：
>
> ①声明时，函数名、函数类型、形参的个数、参数的顺序要与函数定义时一样。
>
> ②声明时，形参可以省略，只要保留形参类型。
>
> （3）函数调用是指主调函数调用被调函数，目的就是为了模块化程序结构，把某一功能的程序编写成一个函数，例如训练项目 1 – 3 中的 voidclock( )、void led_show( )和 void delay (unsigned char i)函数都具有独立的功能，然后在主函数中调用它们。

1.10.4　数组作为函数的参数

当程序中需要处理一批数据时，就会想到用数组来实现。如果函数的功能是处理一批数据，就应考虑采用数组作为函数参数。下面介绍数组作为函数参数的方法。

1. 数组元素作为函数的参数

数组元素可以作为函数的实参，这时对应的形参是变量，与变量作实参一样，把数组元素的值传递到形参变量所在存储单元中，是单向的值传递。

[例1 – 7]　一个班学生的成绩已存入一个一维数组中，调用函数统计及格的人数。

```
1. #include  < reg51. h >
2. #define N 10
3. int fun( int x)
4. {    if ( x > = 60)          //判断是否及格
5.        return(1);          //及格返回 1
6.     else
7.        return(0);          //不及格返回 0
8. }
9. void main( )
```

```
10. {   int   cj[N] = {76,80,65,60,58,91,47,63,70,85};
11.     int   count = 0, k;
12.     for( k = 0; k < N; k + + )
13.     {   if(fun(cj[k]))          //返回 1 则进行统计, 否则不统计
14.         count + + ;
15.     }
16. }
```

程序运行结果：count 的值为 8。

2. 数组名作为函数的参数

可以用数组名作为函数的实参, 对应的形参也应该是数组名。

[例 1 - 8]　用选择排序法对 n 个数进行降序排列。

```
1. #include  < reg51. h >
2. void sort( int x[ ], int n)
3. {   int i, j, t, k;
4.     for(i = 0; i < n - 1; i + + )       //选择排序法对 n 个数进行降序排列
5.     {   k = i;
6.         for(j = i + 1; j < n; j + + )    //找出最大的元素
7.         if(x[k] < x[j])
8.             k = j;
9.         if(k! = i)
10.        {   t = x[i]; x[i] = x[k]; x[k] = t;    }
11.     }
12. }
13. void main( )
14. {   int cj[10] = {76,80,65,60,58,91,47,63,70,85};
15.     sort( cj, 10);
16. }
```

说明：

①用数组名作函数的参数, 应该在主调函数和被调函数中都定义数组, 不能只在一方定义。例如上例中的 cj 是实参数组, x 是形参数组。

②实参数组应与对应的形参数组类型一致, 如不一致则会出错。上例中实参数组 cj、形参数组 x 都是整数。

③在被调函数中可以说明形参数组的大小, 也可以不说明形参数组的大小。如上例可以写成 sort(int x[ ], int n)。实际上指定形参数组的大小不起任何作用, 因为 C 编译系统对形参数组的大小不做检查, 只是将实参数组的起始地址传递给对应的形参数组。

④数组名作为函数的参数时, 不是值传递, 而是实参数组的起始地址传递给对应的形参数组, 这样实参数组和对应的形参数组共用同一段内存单元, 函数中形参数组元素的值发生了变化, 那么实参数组将得到变化之后的结果。

1.10.5　局部变量和全局变量

在 C 语言中,所有的变量都有自己的作用域,变量定义位置不同,则它的作用域也不同,变量作用域的划分如图 1 – 3 – 6 所示。

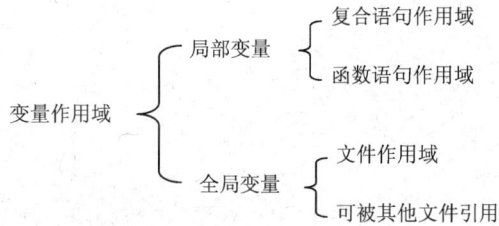

变量作用域
- 局部变量
  - 复合语句作用域
  - 函数语句作用域
- 全局变量
  - 文件作用域
  - 可被其他文件引用

图 1 – 3 – 6　变量的作用域

1. 局部变量

在函数体内部定义的变量称为局部变量,这些变量只在定义它的函数内部有效,也就是说,局部变量只能在定义它的函数内部使用,其他函数内不能使用它。

```
1.    float f1(float x, int n)
2.    {     int j, k;
3.          float y, z;              ⎫  x, n, j, k, y, z在此范围内有效
4.          ……                      ⎬
5.    }                              ⎭

6.    int f2(float a, float b)
7.    {     static int j, k;
8.          float  d;
9.          ……
10.         {     float c;           ⎫
11.               c=a+b;             ⎬  c只在此复合语句范围内有效
12.               ……                ⎭
13.         }
14.   }

            a, b, j, k, d在此范围内有效;
            其中j, k为静态局部变量

15.   void main()
16.   {     int m, n;                ⎫  m, n, a在此范围内有效
17.         float a;                 ⎬
18.         ……                      ⎭
19.   }
```

局部变量注意事项：

（1）主函数中定义的变量也是局部变量，只能在主函数中有效。

（2）不同的函数中可以定义相同名字的局部变量，它们代表不同的对象，不会相互干扰。

（3）形参也是局部变量，其他函数不能引用。

（4）在函数体内的复合语句内可以定义变量，这些变量只能在复合语句内有效。

（5）静态变量在程序的整个执行过程中始终存在，但是在其作用域之外不能使用，即它还是一个局部变量。

（6）函数体内如果在定义静态变量的同时进行了初始化，则以后程序不再进行初始化，这一点是局部静态变量和其他局部变量之间的本质区别。

2. 全局变量

（1）同一文件中的全局变量。

在所有函数体外定义的变量，称为全局变量。其作用范围是从定义变量的位置开始到本程序文件结束，即全局变量可以被在其定义位置之后的其他函数所共享。

```
1.    int a=1, b=2
2.    float f1(int x)
3.    {
4.    ……
5.    }
6.    float c，d=5.0
7.    int f2(int p，int)q
8.    {
9.         ……
10.   }
11.   void main()
12.   {     int m，n;
13.   }
```

全局变量c、d的有效范围

全局变量a、b的有效范围

a、b、c、d 都是全局变量，但它们的作用范围不同。在函数 f2( )和主函数 main( )中可以使用变量 a、b、c、d，在函数 f1( )中只能使用变量 a、b，而不能使用变量 c、d。所以全局变量的定义位置决定它们的有效范围。

全局变量主要用于函数之间的数据传递，具体表现如下：

（1）函数可以将结果保存在全局变量中，这样函数得到多个执行结果，而不局限于一个返回值。

（2）函数可以直接使用全局变量的数据，从而减少了函数调用的参数。

（2）不同文件中的全局变量。

整个项目的程序可以放在一个源程序文件中，也可以放在几个不同的源程序文件中。

如果组成这个项目程序的几个文件需要用到同一个全局变量,只需在引用该全局变量的源程序文件中声明该全局变量为 extern 即可,例如:

```
extern   int   n;
```

则说明全局变量 n 在其他源程序文件中已定义。

反之,如果希望一个源程序文件中的全局变量仅限于该文件使用,只要在该全局变量定义时,在类型说明前加一个关键字 static 即可。例如:

```
static   int   m;      //声明为静态全局变量
```

则说明 m 为静态全局变量,只能在该源程序文件内有效,其他文件不能使用。

[例 1-9] 有一个程序由 file1.c 和 file2.c 两个源程序文件组成,分析下面程序的运行结果。

file1.c 文件:

```
1. int n;                 //定义全局变量 n
2. extern void fun( );    //外部函数声明
3. void main( )
4. {    int a;
5.      n = 1;
6.      fun( );
7.      a = n;
8. }
```

file2.c 文件:

```
1. extern int n;          //全局变量 n 的声明
2. void fun( )
3. {    int b;
4.      b = n + + ;
5. }
```

程序运行之后,a、b 的值分别为 2 和 1。

在 file1.c 文件中定义了全局变量 n,此时系统给它分配存储单元,在 file2.c 文件中只是对该变量进行了声明。在 main( ) 函数中先给 n 赋值 1,后调用 fun( ) 函数,n 先对 b 进行赋值,再加 1,返回主函数 main( ),再把 n 的值赋给 a,即为 2。

使用 extern 的注意事项：

(1) 要非常小心使用这种全局变量，因为在运行不同文件的函数时，可能会改变全局变量的值。

(2) extern 既可用来扩展全局变量在本程序文件的作用域，也可使全局变量的作用域从一个文件扩展到程序中的其他文件。在编译过程中，如果系统遇到 extern，先在本文件中找全局变量的定义，若在本文件中找到，就在本文件中扩展作用域。若在本文件中找不到，就在连接时从其他文件中找全局变量的定义，如果在其他文件中找到，就将作用域扩展到该文件；如果在其他文件中找不到，就按照错误处理。

1.10.6　内部函数和外部函数

函数在本质上是全局的，因为一个函数需要被其他函数调用。那么，当一个程序是由多个文件组成时，在一个文件中定义的函数，是否可以被其他文件中的函数调用呢？C 语言根据函数能否被其他源程序文件中的函数调用，将函数分为内部函数和外部函数。

1. 内部函数

如果在一个源程序中定义的函数，只能被本文件中的函数调用，而不能被其他文件中的函数调用，这种函数就称为内部函数。内部函数的作用域局限于定义它的源程序文件内部，定义内部函数时在函数类型前面加上关键字 static，例如：

static 类型标识符　函数名　（[形参定义]）

{

　　函数体

}

如果不加 static，则说明该函数可以是内部函数或外部函数，如果加了 static，则说明该函数只能作为内部函数。

2. 外部函数

如果在一个源程序文件中定义的函数，除了可以被本文件中的函数调用外，还可以被其他文件中的函数调用，这种函数就称为外部函数。外部函数的作用域是整个程序，定义外部函数时，要在函数类型前面加上关键字 extern，例如：

[extern] 类型标识符　函数名　（[形参定义]）

{

　　函数体

}

定义外部函数时，关键字 extern 可以省略，在上面的例子中可以看到，定义外部函数时就省略了 extern。但要在需要调用外部函数的文件中，用 extern 对被调用的外部函数进行如下声明：

extern 类型标识符　函数名　（[形参定义]）；

[例 1 - 10]　以外部函数和 extern 声明全局变量的方式，编写训练项目 1 - 3 任务 1 的程序。

首先，新建工程和 3 个源程序文件，分别编写主函数 main( )、显示函数 led_show( ) 和延时函数 delay( )，如图 1 - 3 - 7 所示。工程窗口中的 Source Group1 中含有"显示函数.

c""延时函数.c"和"主函数.c"3个源程序文件。

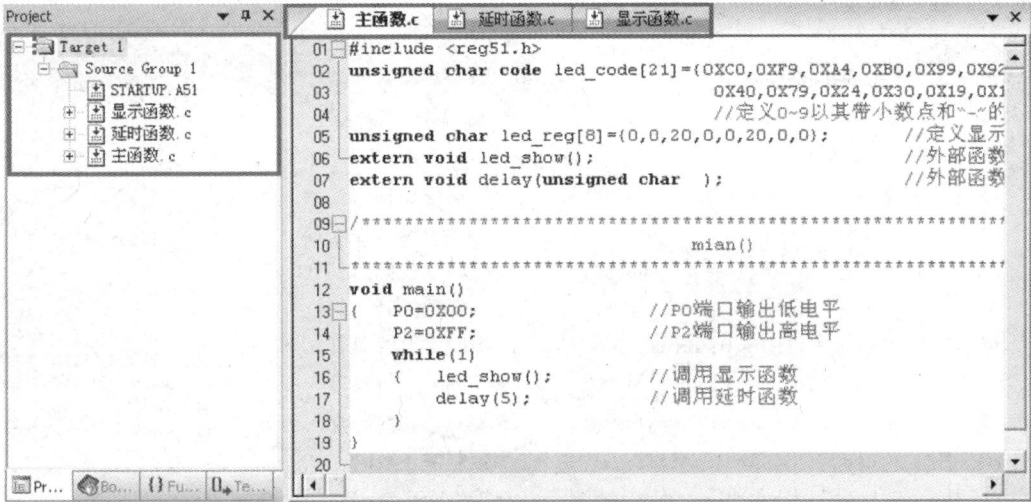

图1-3-7　多文件编辑窗口

主函数.c文件：

------

1. #include ＜reg51.h＞

2. unsigned char code led_code[21] = {0xC0,0xF9,0xA4,0xB0,0x99,0x92,0x82,0xD8,0x80,0x90,

3. 　　　　　　　　　　　　　　　　0x40,0x79,0x24,0x30,0x19,0x12,0x02,0x58,0x00,0x10,0xBF};

4. 　　　　　　　　　　　　　　　　//定义0~9及其带小数点和"-"的显示码

5. unsigned char led_reg[8] = {0, 0, 20, 0, 0, 20, 0, 0};　//定义显示数据缓存器

6. extern void led_show();　　　　　　　　　　//外部函数声明

7. extern void delay(unsigned char);　　　　　//外部函数声明

8. void main()

9. {　　　P0 = 0x00;　　　　　　　　　　//P0端口输出低电平

10. 　　　P2 = 0xFF;　　　　　　　　　　//P2端口输出高电平

11. 　　　while(1)

12. 　　　{　led_show();　　　　　　　　//调用显示函数

13. 　　　　delay(5);　　　　　　　　　//调用延时函数

14. 　　　}

15. }

显示函数.c文件：

------

1. #include ＜reg51.h＞

2. sbit P2_0 = P2^0;

3. sbit P2_1 = P2^1;

4. sbit P2_2 = P2^2;

5. sbit P2_3 = P2^3;

```
6. sbit P2_4 = P2^4;
7. sbit P2_5 = P2^5;
8. sbit P2_6 = P2^6;
9. sbit P2_7 = P2^7;
10. extern unsigned char led_reg[ ];              //对全局变量声明
11. extern unsigned char code led_code[ ];        // 对全局变量声明
12. void led_show( )
13. {    static unsigned char led_shift = 0x00;    //定义静态局部变量
14.      P2 = 0xFF;                                //关闭数码管控制端口
15.      P0 = led_code[led_reg[led_shift]];        //把显示代码送到 P0 端口
16.      switch(led_shift)                         //选择数码管控制位
17.      {    case 0：P2_0 = 0; break;             //控制左 1 数码管
18.           case 1：P2_1 = 0; break;             //控制左 2 数码管
19.           case 2：P2_2 = 0; break;             //控制左 3 数码管
20.           case 3：P2_3 = 0; break;             //控制左 4 数码管
21.           case 4：P2_4 = 0; break;             //控制左 5 数码管
22.           case 5：P2_5 = 0; break;             //控制左 6 数码管
23.           case 6：P2_6 = 0; break;             //控制左 7 数码管
24.           case 7：P2_7 = 0; break;             //控制左 8 数码管
25.           default：break;
26.      }
27.      led_shift + +;                            //数码管控制变量自加
28.      if(led_shift = = 0x08)                    //判断是否扫描完一轮
29.           led_shift = 0x00;                    //归零进行下一轮扫描
30. }
```

延时函数. c 文件：

```
1. void delay(unsigned char i)
2. {    unsigned char j, k;
3.      for(k = 0; k < i; k + +)
4.      {    for(j = 0; j < 255; j + +);
5.      }
6. }
```

程序分析：

(1)按照这种方式修改后的程序含有 3 个源程序文件,其中主函数 main( )中需要调用显示函数. c 文件中的显示函数 led_show( )和延时函数. c 文件中的延时函数 delay( ),所以在主函数. c 文件中对 led_show( )函数和 delay( )函数加关键字 extern 声明了。

(2)在 led_show( )函数中用到了 main. c 文件中的全局变量 unsigned char led_reg[ ]和 unsigned char code led_code[ ],所以在显示函数. c 文件中对这两个全局变量加关键字 extern 声明了。值得注意的是,这两个全局变量在主函数. c 文件中只定义了,但未使用。所以主函数. c 文件可以不定义这两个全局变量,但要在 led_show. c 文件中定义。

（3）变量与函数声明时，注意以下省略写法。

①对数组变量的声明。如果是一维数组，则"[　]"中的常数可以省略，如：extern unsigned char led_reg[　]；如果是二维数组，"[　][　]"中的常数只可以省略前面中括号中的常数，如：extern unsigned char led_reg[　][3]。要注意的是：变量的存储类型说明符和类型说明符不能省略，还要与定义时一样。

②对函数的声明。无形参函数声明很简单；有形参函数声明时，可以省略形参变量，但要保留变量的数据类型说明符，如：extern void delay（unsigned char）、extern void max（int，int）等。要注意的是：函数的存储类型和类型标识符不能省略，还要与定义时一样。

> 采用多文件编程的好处：
>
> （1）在编写大项目程序时，多文件编程的优势会更加明显，按功能分成不同的.c文件，可以由多人合作开发，可读性好，程序的移植性也好。
>
> （2）还可以将外部函数和全局变量的extern声明放到用户自定义的头文件之中，然后在对应的源文件中调用该头文件，从而使得程序更加模块化、简洁。

【训练项目1-4】　LED点阵显示屏设计与制作

一、项目要求

在Proteus仿真软件和实训板上，采用单片机的P0、P1、P2、P3的任意端口控制单色和双色两种8×8点阵屏模块，实现一些特定的文字或图形显示。

二、项目实训仪器、设备及实训材料

表1-4-1　主要实训仪器和实训材料一览表

工具、设备和耗材	数量	工具、设备和耗材	数量	工具、设备和耗材	数量
电脑	1台	51单片机下载线/USB线	1根	杜邦导线	若干
Keil μVision4	1套	晶振12M	1只	AT89S51/STC12C5A60S2	1片
Proteus 7.5软件	1套	单片机实训板	1块	单、双色8×8点阵屏	各1块

三、项目实施过程及其步骤

任务1　单色LED点阵显示屏设计与制作

任务描述：要求在8×8 LED点阵屏上循环显示▲、◇、◆、□、▨5个图形。

第一步，在Proteus仿真软件上，绘制1个8×8 LED点阵屏显示电路。

每一块8×8 LED点阵屏都有8行8列共16个引脚，用单片机P0端口作为点阵屏的数据端口，采用74LS245作为驱动（高电平有效），P3端口作为点阵屏的行线扫描端，如图

1 - 4 - 1 所示。

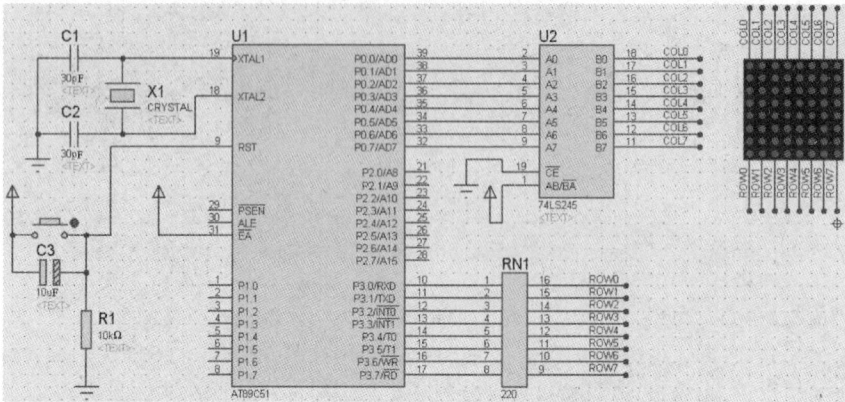

图 1 - 4 - 1   1 个 8 × 8LED 点阵屏显示电路图

第二步，根据程序流程图，编写程序。

按照项目 1 - 1 中列出的步骤，在 Keil 软件中新建工程和文件；根据图 1 - 4 - 2 所示程序流程图编写如下程序：

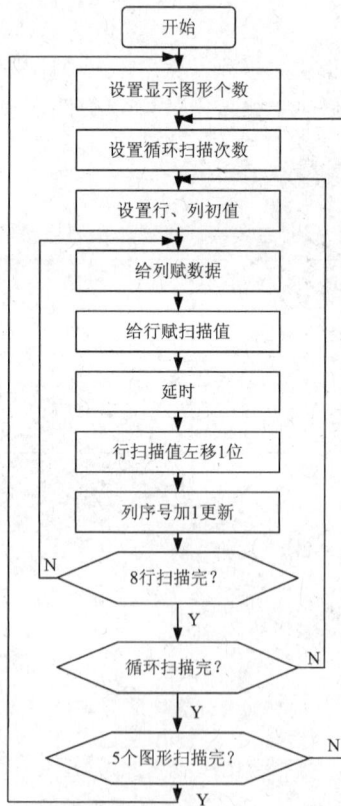

图 1 - 4 - 2   程序流程图

```c
1. #include <reg51.h>
2. unsigned char code led_code[] = {0x10,0x38,0x7C,0xFE,0x00,0x00,0x00,0x00,    //"▲"的显示码
3.    0x10, 0x28, 0x44, 0x82, 0x44, 0x28, 0x10, 0x00,                          //"◇"的显示码
4.    0x10, 0x38, 0x7C, 0xFE, 0x7C, 0x38, 0x10, 0x00,                          //"◆"的显示码
5.    0x00, 0x7E, 0x42, 0x42, 0x42, 0x42, 0x7E, 0x00,                          //"□"的显示码
6.    0x00, 0x7E, 0x7E, 0x7E, 0x7E, 0x7E, 0x7E, 0x00,                          //"■"的显示码
7.    };
8. /*************************************************
9.  **函数名: delay(unsigned char i)
10. **功能: 延时程序
11. *************************************************/
12. void delay(unsigned char i)
13. {   unsigned char j, k;
14.     for(k=0; k<i; k++)
15.     {   for(j=0; j<255; j++);
16.     }
17. }
18. /*************************************************
19.                       main()
20. *************************************************/
21. void main()
22. {   unsigned char i, j, k, m, row;          //定义变量
23.     while(1)
24.     {   for(k=0; k<5; k++)                   //k 表示显示图形的个数
25.         {   for(m=0; m<200; m++)             //表示每个图形扫描的次数, 相当于延时显示
26.             {   row=0x01;                    //设置行初值
27.                 j=k*8;                        //设置列初值序号
28.                 for(i=0; i<8; i++)           //表示每个图形由8行组成, 需要动态扫描8行
29.                 {   P0 = led_code[j];        //给列线赋数据
30.                     P3 = ~row;               //给行线赋扫描值(只有1位是低电平)
31.                     delay(5);                //每行扫描间隔, 使当前点亮行显示一段时间
32.                     row<<=1;                 //行扫描值左移1位, 为扫描下行做准备
33.                     j++;                     //列序号更新, 为下行送数据做准备
34.                 }
35.             }
36.         }
37.     }
38. }
```

第三步, 配置工程, 编译程序。

按照项目 1-1 中列出的步骤, 设置系统晶振频率、输出 HEX 文件, 以及编译程序文

件,直到编译输出窗口没有错误为止。

第四步,调试、仿真、修改程序。

在 Proteus 软件中仿真程序。把 HEX 文件下载到单片机之中,单击仿真按钮"　▶　",立刻可以看到▲、◇、◆、□、■5 个图形循环显示,如图 1 - 4 - 3 所示。

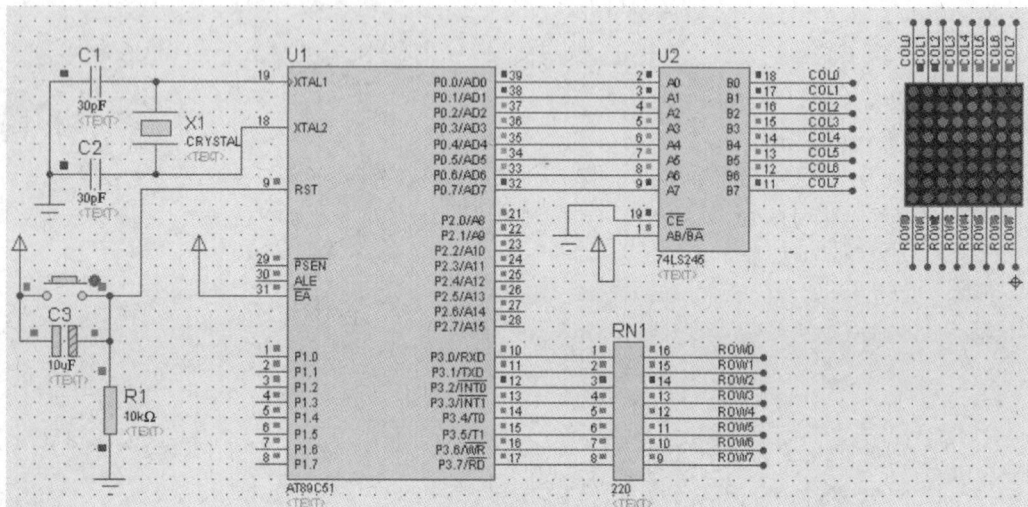

· 图 1 - 4 - 3 　点阵屏显示效果

第五步,分析程序。

(1)第 2~7 行定义了 5 个图形的显示代码,可以通过字模软件来获取。

(2)第 28~35 行 for 语句是一次 8 行扫描代码,其中第 29 行给列线送显示码;第 30 行开设某一行显示,变量 row 先按位取反,保证只有 1 位是低电平;其他 7 位是高电平,从而使得运行第 30 行后,点阵屏只有 1 行显示,其他 7 行不显示。

任务 2 　双色 LED 点阵显示屏设计与制作

任务描述: 要求在 8 × 8 LED 双色点阵屏上显示绿色、红色、橙色的"心"图形。

第一步,组成 8 × 8 LED 双色点阵屏显示电路。

由于 Proteus 软件中没有双色点阵屏,所以本任务不用 Proteus 仿真,直接采用实训板来实训。按照附录的电路图,用杜邦线将单片机的 P1.0、P1.1 和 P1.2 引脚接到 J5 的 1 ~ 3 引脚(RCLK、SRCLK 、SER);再将单片机的 P2.0、P2.1 和 P2.2 引脚接到 J18 的 1~3 引脚(RCLK、SRCLK 、SER)。

第二步,根据程序流程图,编写程序。

按照项目 1 - 1 中列出的步骤,在 Keil 软件中新建工程和文件;根据图 1 - 4 - 4 所示程序流程图编写如下程序：

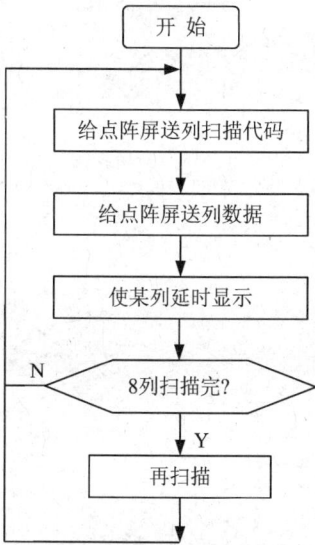

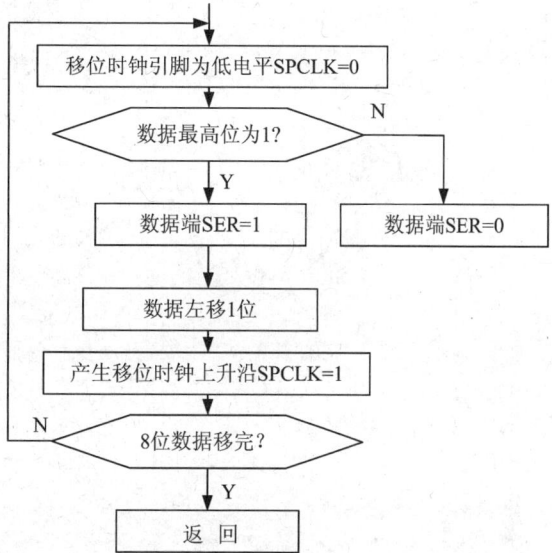

（a）主函数流程图　　　　　　　　　　（b）595发送1个字节数据函数流程图

图 1 - 4 - 4　程序流程图

1. #include < reg51. h >

2. #include < intrins. h >

3. unsigned char code segout[8] = {0x01, 0x02, 0x04, 0x08, 0x10, 0x20, 0x40, 0x80}; //8 列扫描代码

4. unsigned char code tab[ ] = {0xFF, 0xCF, 0xB7, 0xBB, 0xDD, 0xBB, 0xB7, 0xCF}; //数据代码，低电平有效

5. sbit LATCH = P1^0;　　//点阵屏的数据端口定义

6. sbit SRCLK = P1^1;

7. sbit SER = P1^2;

8. sbit LATCH_B = P2^0;　　//点阵屏的公共端口定义

9. sbit SRCLK_B = P2^1;

10. sbit SER_B = P2^2;

11. /* *

12. * * 函数名：delay(unsigned char i)

13. * * 功能：延时程序

14. */

15. void delay(unsigned char i)

16. { unsigned char j, k;

17. 　　for(k = 0; k < i; k + +)

18. 　　{ for(j = 0; j < 255; j + +);

19. 　　}

20. }

```
21./* * * * * * * * * * * * * * * * * * * * * * * * * * * * * * * * * * * * * * * * * *
22. * * 函数名：send byte( unsigned char dat)
23. * * 功能：发送字节程序
24. * * * * * * * * * * * * * * * * * * * * * * * * * * * * * * * * * * * * * * * * * */
25. void send byte( unsigned char dat)
26. {   unsigned char i;
27.     for( i = 0; i < 8; i + + )          //发送 8 位数据
28.     {   SRCLK = 0;                   //为数据移位做准备
29.         if( dat&0x80)                //判断 dat 最高位是 1 还是 0
30.             SER  = 1;               //最高位是 1，发送 1
31.         else
32.             SER  = 0;               //最高位是 0，发送 0
33.         dat < < = 1;                 //左移 1 位数据，为发送下 1 位数据做好准备
34.         SRCLK = 1;                   //产生上升沿
35.     }
36. }
37./* * * * * * * * * * * * * * * * * * * * * * * * * * * * * * * * * * * * * * * * * *
38. * * 函数名：send byte2( unsigned char dat1, unsigned char dat2)
39. * * 功能：发送 2 个字节程序，595 级联，n 个 595，就需要发送 n 字节后锁存
40. * * * * * * * * * * * * * * * * * * * * * * * * * * * * * * * * * * * * * * * * * */
41. void send byte2( unsigned char dat1, unsigned char dat2)
42. {   send byte( dat1);
43.     send byte( dat2);
44. }
45./* * * * * * * * * * * * * * * * * * * * * * * * * * * * * * * * * * * * * * * * * *
46. * * 函数名：out595( void)
47. * * 功能：595 级联发送数据后，锁存有效
48. * * * * * * * * * * * * * * * * * * * * * * * * * * * * * * * * * * * * * * * * * */
49. void out595( void)
50. {   LATCH = 0;                      //锁存输出
51.     _nop_( );                       //空语句，延时作用
52.     LATCH = 1;
53. }
54./* * * * * * * * * * * * * * * * * * * * * * * * * * * * * * * * * * * * * * * * * *
55. * * 函数名：send_com( unsigned char dat)
56. * * 功能：发送点阵屏公共端控制码
57. * * * * * * * * * * * * * * * * * * * * * * * * * * * * * * * * * * * * * * * * * */
58. void send_com( unsigned char dat)
59. {   unsigned char i;
60.     for( i = 0; i < 8; i + + )          //发送 8 位数据
61.     {   SRCLK_B = 0;                 //为数据移位准备
62.         if( dat&0x80)                //判断 dat 最高位是 1 还是 0
63.             SER_B = 1;              //最高位是 1，发送 1
```

```
64.        else
65.            SER_B = 0;              //最高位是 0,发送 0
66.        dat < < = 1;               //左移 1 位数据,为发送下 1 位数据做好准备.
67.        SRCLK_B = 1;               //产生上升沿
68.    }
69.    LATCH_B = 0;                   //输出锁存
70.    _nop_();                       //空语句,延时作用
71.    LATCH_B = 1;
72. }
73./ * * * * * * * * * * * * * * * * * * * * * * * * * * * * * * * * * * * * * * *
74.                              main( )
75. * * * * * * * * * * * * * * * * * * * * * * * * * * * * * * * * * * * * * * * */
76. void main( )
77. {   unsigned char i;
78.     while(1)
79.     {   for(i = 0; i < 8; i + + )         //8 列数据显示
80.         {   send_com(segout[i]);         //送公共端数据,即列扫描代码
81.             send byte2(tab[i], 0xFF);    //送列数据,第 1 参数是绿色数据,第 2 参数是红色
                                                数据
82.             out595( );                   //595 锁存输出
83.             delay(2);
84.             send byte2(0xFF, 0xFF);      //防止重影
85.             out595( );                   //595 锁存输出
86.         }
87.     }
88. }
```

第三步,在实训板上实现双色图形显示。

操作方法与训练项目 1 - 1 相同,显示效果如图 1 - 4 - 5 所示,"心"图形的颜色为绿色。

第四步,改变点阵屏颜色。

若要把"心"图形的颜色改变为红色、橙色,应怎么做?

第 82 行调用发送数据函数,其中第 2 个参数表示红色数据,若将该函数两个数据调换,即可显示红色的"心"图形: send byte2 (0xFF , tab[i])。

橙色是由红色和绿色两种颜色叠加而成的,

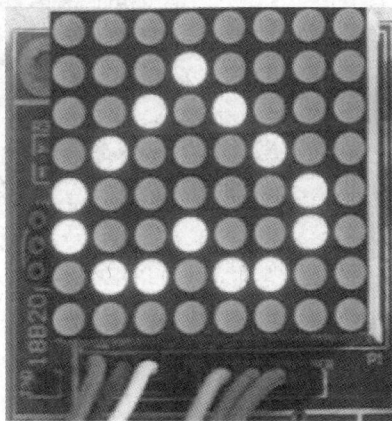

图 1 - 4 - 5　"心"图形实际显示效果

所以只要同时点亮对应的红色和绿色发光二极管,即可显示橙色的"心"图形: send byte2 (tab[i] , tab[i])。

第五步,分析程序。

(1)74LS595 芯片工作原理请查看芯片手册。

(2)在主函数第 79~86 行中,send_com(segout[i])函数完成逐列扫描,数组 segout[i]共有 8 个元素,对应 8 列点阵屏;在 send_com( )函数中,第 60~68 行完成 8 位数据串行移出,第 69~71 行使 LATCH_B 端口产生一个上升沿,完成 8 位数据输出,其中第 70 行_nop_( )是空语句函数,在 intrins.h 头文件中定义了,所以第 2 行要添加该头文件。

(3)第 81 行 sendbyte2(tab[i],0xFF)是给点阵屏绿色和红色发光二极管送数,低电平有效。在 sendbyte2( )中,调用 sendbyte(dat1)函数完成 8 位数据串行移出,原理与第 60~68 行相同;8 位数据串行移出之后,第 82 行调用 out595( )函数完成数据输出。

(4)第 84 行调用 sendbyte2(0xFF,0xFF)函数,给点阵屏绿色和红色发光二极管送高电平,再通过第 85 行 out595( )函数把高电平送到绿色和红色发光二极管的引脚上,使其不亮,从而达到了消除重影效果。

四、思考与分析

(1)在点阵屏上怎样实现 1~9 数字显示?
(2)在任务 2 中,第 84 行用于防止重影,若没有这行代码,显示现象会怎样?

五、知识链接

1.11 LED 点阵模块结构及原理

1.11.1 LED 点阵模块的种类及结构

LED 点阵屏的基本单元都是 LED 点阵模块,它是由高亮发光二极管阵列组合,并用环氧树脂和塑膜封装而成的,实物外形如图 1-4-6(a)所示。

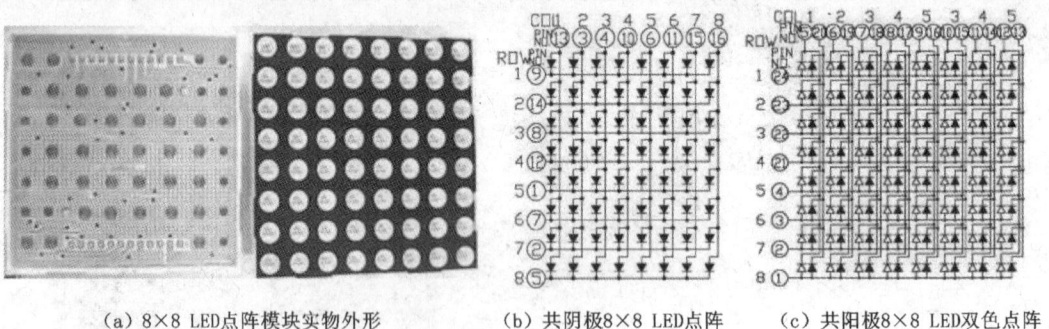

(a)8×8 LED点阵模块实物外形　　(b)共阴极8×8 LED点阵　　(c)共阳极8×8 LED双色点阵

图 1-4-6　8×8 LED 点阵模块实物外形与内部结构

按照色彩来分类,常见的有单色(红、绿、黄、蓝)、双色、全彩等点阵模块。

按照封装来分类,常见的有 $\phi1.9$ mm、$\phi3$ mm、$\phi3.7$ mm、$\phi5$ mm 等点阵模块。

按照像素来分类,常见的有 5×7、8×8 等点阵模块。

按照内部二极管阵列接法来分类,有共阳极和共阴极的 LED 点阵模块,同一行的 LED 阴极接在一起,且阳极独立的点阵模块称为共阴极 LED 点阵模块,如图 1-4-6(b)所示;

同一行的 LED 阳极接在一起,且阴极独立的点阵模块称为共阳极 LED 点阵模块,如图 1 - 4 - 6(c)所示,该图是双色点阵模块。

1.11.2　LED 点阵模块原理

从 LED 点阵模块的内部结构来看,无论是单色还是双色 LED 点阵模块,它们都是由多个发光二极管通过不同的连接方式组成的发光元器件。下面以图 1 - 4 - 6(b)为例来介绍点阵模块显示原理。

若以行线(ROW)为扫描线,列线(COL)为数据线,在 Proteus 仿真软件中显示如图 1 - 4 - 3 所示的"▲"效果。显示过程如表 1 - 4 - 2 所示。

表 1 - 4 - 2　点阵模块逐行显示过程分析

序号	行扫描码	列数据	显示效果
1	0xFE　(第 1 行有效)	0x10	仅显示第 1 行(亮 1 个点)
2	0xFD　(第 2 行有效)	0x38	仅显示第 2 行(亮 3 个点)
3	0xFB　(第 3 行有效)	0x7C	仅显示第 3 行(亮 5 个点)
4	0xF7　(第 4 行有效)	0xFE	仅显示第 4 行(亮 7 个点)
5	0xEF　(第 5 行有效)	0x00	仅显示第 5 行(无亮点)
6	0xDF　(第 6 行有效)	0x00	仅显示第 6 行(无亮点)
7	0xBF　(第 7 行有效)	0x00	仅显示第 7 行(无亮点)
8	0x7F　(第 8 行有效)	0x00	仅显示第 8 行(无亮点)

当第 1 ~ 8 行循环的速度较快(一般行与行之间延时 1 ~ 2 ms)时,就可以看到 1 ~ 4 行的亮点是同时显示的,这是由于人眼的视觉暂留现象造成的。

LED 点阵模块使用技巧:

(1)用一个 2V 左右的电源(用万用表也可以,电阻 R × 10 挡或蜂鸣挡),先确定一个公共端做好列(1 ~ 8)的标记,然后再确定某一颜色,并确定它的行(1 ~ 8),做好记号,再确定另外一种颜色即可。注:双色点阵确定行和列与单色点阵确定行和列是一样的。

(2)8 × 8 表示的是一种单色点阵,它有 8 行 8 列,而 12 × 12 管脚其实也是 8 × 8 的点阵,只不过它有两色而已。如果说 8 × 8 有 8 个脚是公共负极(共阴极型),那么其他的就是点亮这个点阵的每个发光管的正极。同理,如果 12 × 12 管脚的模块也是共阴极的话,有 8 个脚是公共的负极,还有 8 个脚是一种颜色的控制端(同单色点阵),另外还有 8 个脚就是另一种颜色的控制端。可见,只要确定了这些管脚,接起来就不难了。

【训练项目 1 – 5】 字符型 LCD 显示系统设计与制作

一、项目要求

在 Proteus 仿真软件和实训板上，采用单片机的 P0、P1、P2、P3 的任意端口控制 LCD1602 字符型液晶屏，实现任意字符显示。然后再制作一个简易电子钟，要求在特定时间能发出报警声音，显示格式为□□：□□：□□，即"时"："分"："秒"。

二、项目实训仪器、设备及实训材料

表 1 – 5 – 1   主要实训仪器和实训材料一览表

工具、设备和耗材	数量	工具、设备和耗材	数量	工具、设备和耗材	数量
电脑	1 台	51 单片机下载线和 USB 线	1 根	杜邦导线	16P
Keil μVision4	1 套	晶振 12M	1 只	AT89S51/STC12C5A60S2	1 片
Proteus 7.5 软件	1 套	单片机实训板	1 块	LCD1602 液晶屏	1 块

三、项目实施过程及其步骤

任务 1   实现任意字符显示

任务描述：采用单片机的 P0 和 P2 端口分别作为 LCD 的数据和控制端口，在 Proteus 软件和单片机实训板上，实现任意字符显示；然后再改用其他端口，实现同样功能。

第一步，在 Proteus 仿真软件上，绘制 LCD1602 液晶屏显示电路。

采用单片机 P0 端口作为 LCD1602 的数据端口，并且 P0 端口接 10kΩ 的上拉电阻；P2.1 ~ P2.3 作为 LCD1602 的控制端口，如图 1 – 5 – 1 所示。

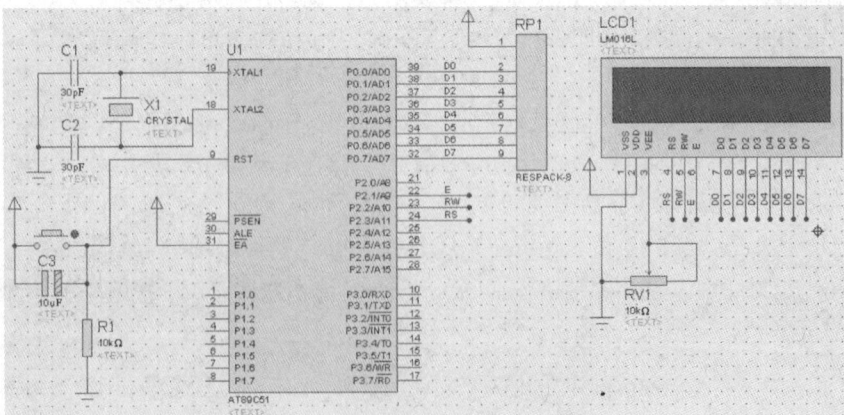

图 1 – 5 – 1   LCD1602 液晶屏显示电路

第二步，根据程序流程图，编写程序。

按照项目 1 – 1 中列出的步骤，在 Keil 软件中新建工程和文件；根据图 1 – 5 – 2 所示程序流程图编写如下程序：

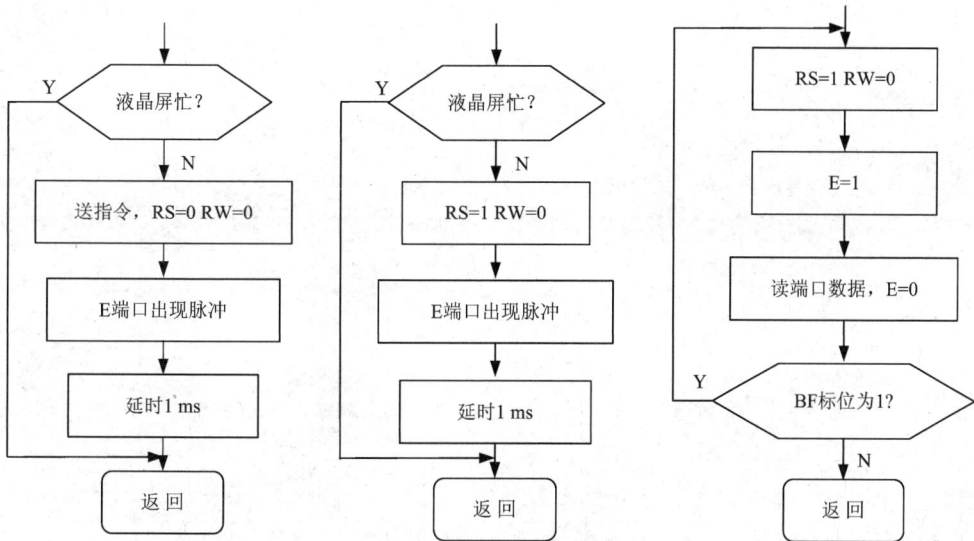

（a）发送命令程序流程图　　　（b）发送数据程序流程图　　　（c）判断液晶屏忙程序流程图

图 1 – 5 – 2　主程序流程图

```
1. #include  < reg51. h >
2. sbit RS  =  P2^3 ; //控制端口定义
3. sbit RW  =  P2^2 ;
4. sbit E   =  P2^1 ;
5. #define DATAPORTP0      //数据端口
6. unsigned char code string1[ ] = {"MCU – QQ：173885525"} ; //液晶屏第一行显示字符
7. unsigned char code string2[ ] = {"Glad to see you!"} ; //液晶屏第二行显示字符
8. /* * * * * * * * * * * * * * * * * * * * * * * * * * * * * * * * * * * * * * * *
9. * * 函数名：delayMS( )
10. * * 功能：延时程序
11. * * * * * * * * * * * * * * * * * * * * * * * * * * * * * * * * * * * * * * * */
12. void delayMS( unsigned int b)      // 延时大约为 b ms
13. {    unsigned char a = 200 ;
14.      for( ; b > 0 ; b - - )
15.      {    while( - - a) ;
16.           a = 200 ;
17.      }
```

```
18. }
19. /* * * * * * * * * * * * * * * * * * * * * * * * * * * * * * * * * * * * * * * * * *
20. * * 函数名: LCDSTA( )
21. * * 功能: 判断液晶屏是否忙
22. * * * * * * * * * * * * * * * * * * * * * * * * * * * * * * * * * * * * * * * * * * */
23. void LCDSTA( )
24. {   unsigned char flag;
25.     while(1)
26.     {   RS = 0;    //RS RW 为 01 表示读指令寄存器
27.         RW = 1;
28.         delayMS(5);    //使 RS RW 保持一下时间 01 状态, 时序要求
29.         E = 1;         //E 控制端产生一个脉冲
30.         delayMS(10);
31.         flag = DATAPORT;    //读数据端口状态
32.         E = 0;
33.         flag = flag&0x80;    //读取液晶屏忙碌标志位 BF, 即 DB7
34.         if(flag = =0x00)    //为真表示液晶屏忙完, 跳出死循环, 否则继续判断液晶屏是否忙
35.         {   break;
36.         }
37.     }
38. }
39. /* * * * * * * * * * * * * * * * * * * * * * * * * * * * * * * * * * * * * * * * * *
40. * * 函数名: WRDcomm( )
41. * * 功能: 向 LCD 发送操作命令
42. * * * * * * * * * * * * * * * * * * * * * * * * * * * * * * * * * * * * * * * * * * */
43. void WRDcomm(unsigned char com)
44. {   LCDSTA( );         //判断液晶屏是否忙, 如果通不过, 采用延时替换
45. //  delayMS(20);
46.     DATAPORT = com;    //送命令
47.     RS = 0;            //RS RW 为 00 表示写入指令寄存器
48.     RW = 0;
49.     E = 1;             //E 控制端产生一个脉冲
50.     E = 0;
51.     delayMS (10);      //等待执行完操作
52. }
53. /* * * * * * * * * * * * * * * * * * * * * * * * * * * * * * * * * * * * * * * * * *
54. * * 函数名: lcd_initial( )
55. * * 功能: 液晶屏初始化子程序
56. * * * * * * * * * * * * * * * * * * * * * * * * * * * * * * * * * * * * * * * * * * */
57. void lcd_initial( )
58. {   WRDcomm(0x01);    //写入命令, 清屏并光标复位
59.     WRDcomm(0x38);    //写入命令, 设置显示模式: 8 位 2 行 5×7 点阵
60.     WRDcomm(0x0F);    //写入命令, 开显示, 开光标, 光标所在位置的字符闪烁
```

```
61.        WRDcomm(0x06);        //写入命令,移动光标
62. }
63. /* * * * * * * * * * * * * * * * * * * * * * * * * * * * * * * * * * * * * * *
64. * * 函数名:WRData( )
65. * * 功能: 向 LCD 发送操作数据
66. * * * * * * * * * * * * * * * * * * * * * * * * * * * * * * * * * * * * * */
67. void WRData( )
68. {    LCDSTA( );              //判断液晶屏是否忙,如果通不过,采用延时替换
69. //   delayMS(20);
70.      RS = 1;                 //RS RW 为 10 表示写入数据寄存器
71.      RW = 0;
72.      E = 1;                  //E 控制端产生一个脉冲
73.      E = 0;
74.      delayMS (10);           //等待执行完操作
75. }
76. /* * * * * * * * * * * * * * * * * * * * * * * * * * * * * * * * * * * * * * *
77.                           main( )
78. * * * * * * * * * * * * * * * * * * * * * * * * * * * * * * * * * * * * * */
79. void main( )
80. {    unsigned char i;
81.      lcd_initial( );         //调用液晶屏初始化函数
82.      WRDcomm(0x80);          //写入命令,设置第一行显示位置
83.      for(i = 0; i < 16; i + +)//显示第一行
84.      {    DATAPORT = string1[i];
85.           WRData( );
86.           delayMS(20);
87.      }
88.      WRDcomm(0xC0);          //写入命令,设置第二行显示位置
89.      for(i = 0; i < 16; i + +)//显示第二行
90.      {    DATAPORT = string2[i];
91.           WRData( );
92.           delayMS(20);
93.      }
94.      while(1);
95. }
```

第三步,配置工程,编译程序。

按照项目 1 - 1 中列出的步骤,设置系统晶振频率、输出 HEX 文件,以及编译程序文件,直到编译输出窗口没有错误为止。

第四步,调试、仿真、修改程序。

(1)在 Proteus 软件中仿真程序。把 HEX 文件下载到单片机之中,单击仿真按钮

"▶"，立刻可以看到 LCD1602 液晶屏上显示两行字符，如图 1 - 5 - 3 所示。

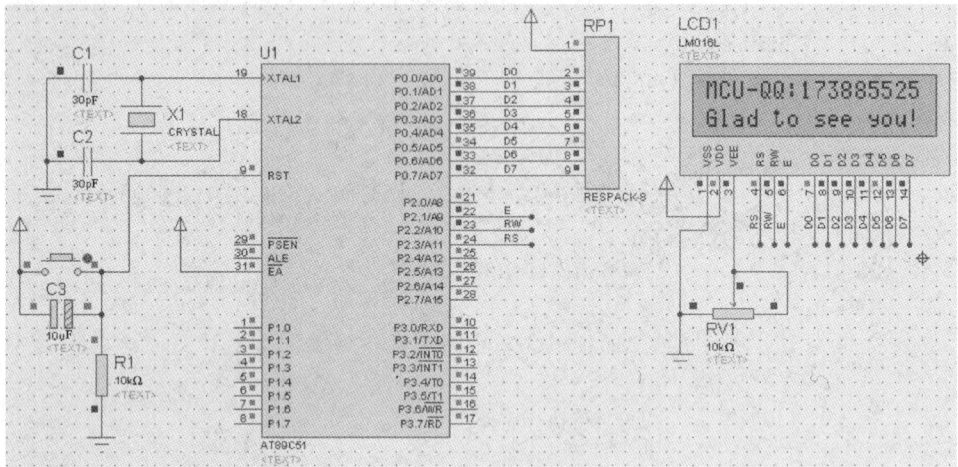

图 1 - 5 - 3　LCD1602 液晶屏显示字符效果

（2）若要在 LCD1602 液晶屏上显示其他字符，例如：在第一行显示"@ # $ % ^_^& * ( ) = + -/ *"，第二行显示"!,.；: '? / < > ! |[ ]¦¦"，应如何修改程序？

第五步，分析程序。

（1）与液晶屏操作相关的三个函数是该任务的关键函数，即向 LCD 发送操作命令函数 WRDcomm(unsigned char com)、向 LCD 发送操作数据函数 WRData( ) 和判断 LCD 是否忙函数 LCDSTA( )。

（2）在液晶屏初始化函数 lcd_initial( ) 中，第 58 ~ 61 行分别执行了不同命令，例如：第 58 行 WRDcomm(0x01)，就是执行 0x01 命令，意思是"清屏并光标复位"（其他命令的作用详见表 1 - 5 - 5）。

（3）在 WRDcomm(unsigned char com) 函数中，第 44 行是调用 LCD 是否忙函数，如果它不忙则会向下运行第 46 行，否则一直在判断 LCD 是否忙函数 LCDSTA( ) 内运行，值得注意：有时判断忙函数无效，可以采用延时函数替换，即注释第 44 行，释放第 45 行。第 46 行把命令送到数据端口；第 47 ~ 48 行是使控制端 RS 和 RW 作为写操作状态（电平为 00）；LCD 时序要求 RS 和 RW 的状态要保持 30ns 时间后，E 控制端才能有脉冲，由于时间很短，所以没有插入延时；第 49 ~ 50 行是使 E 控制端产生一个脉冲，出现下降沿；第 51 行调用延时函数，由于液晶屏操作完指令需要一定的时间，由于 STC 单片机速度较快，实际延时不到 10 ms，若用 AT89S51，可以修改为 delayMS(1)。

（4）发送操作数据函数 WRData( ) 与发送操作命令函数 WRDcomm(unsigned char com) 基本上是相似的，只有控制端 RS 和 RW 电平状态不同，在 WRData( ) 中 RS 和 RW 的电平分别为 1 和 0。

（5）在 LCDSTA( ) 中，第 26 ~ 27 行是使控制端 RS 和 RW 作为读操作状态（电平为 01），读出 LCD 数据端口的值赋给变量 flag（第 31 行完成），若数据端口的最高位（DB7）为

1 表示 LCD 处于忙状态,不接受其他操作,程序需要在第 25～37 行的循环语句内运行,不停地读 LCD 的数据端口,判断它是否忙。若数据端口的最高位(DB7)为 0 表示 LCD 处于不忙状态,则第 34 行 if 语句的条件成立,运行第 35 行,跳出第 25～37 行的循环语句,退出 LCDSTA( )。在实际应用中,若该函数通不过,可以采用延时函数替换该函数,可以达到同样的显示效果。

(6)第 82～87 行是显示 LCD 第一行数据的程序,第 82 行是设置第一行显示的起始地址(第一行地址为 0x80～0x8F),第 83 行 for 语句是完成第一行 16 个字符的显示。

(7)第 88～93 行是显示 LCD 第二行数据的程序,第 88 行是设置第二行显示的起始地址(第二行地址为 0xC0～0xCF),第 89 行 for 语句是完成第二行 16 个字符的显示。

第六步,在实训板上实现简易时钟显示。

操作方法与训练项目 1-1 的相同,显示效果如图 1-5-4 所示。

图 1-5-4　实训板上显示效果

任务 2　制作简易电子钟

任务描述:在任务 1 的基础上,使 LCD 显示具有“时、分、秒”的简易电子钟,要求在特定时间能发出报警声音,显示格式为:□□:□□:□□,即“时”:“分”:“秒”。

第一步,在 Proteus 仿真软件上,绘制带 LCD1602 液晶屏显示的简易电子钟电路。

在任务 1 仿真图的基础上,增加蜂鸣器电路,P3.0 控制蜂鸣器,如图 1-5-5 所示。

第二步,在 Keil μVision4 集成开发环境中,新建工程和文件,编写程序。

采用多文件的编写思路进行程序设计,分解为显示、时钟和主函数 3 个文件进行编写,具体内容如下:

1.制作电子钟.c 文件

```
1. #include  <reg51. h>
2. extern void lcd_initial( );              //外部函数声明
3. extern void clock( );
4. / * * * * * * * * * * * * * * * * * * * * * * * * * * * * * * * * * * * * * * * * * * *
5. main( )
6. * * * * * * * * * * * * * * * * * * * * * * * * * * * * * * * * * * * * * * * * * * * */
7. void main( )
8. {    lcd_initial( );                      //调用液晶初始化函数
9.      while(1)
```

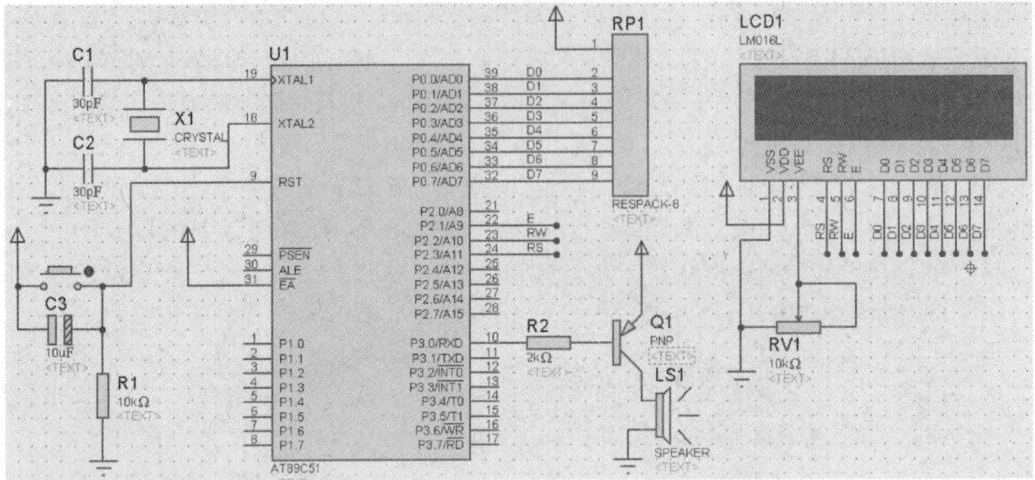

图 1 - 5 - 5　简易电子钟电路

```
10.    {   clock( );                              //调用时钟函数
11.    }
12. }
```

2. 1602LCD. c 文件

```
1. #include < reg51. h >
2. sbit RS = P2^3;                              //控制端口定义
3. sbit RW = P2^2;
4. sbit E = P2^1;
5. #define DATAPORTP0                           //数据端口
6. unsigned char  string1[ ] = {"It's time..."};    //液晶屏第一行显示字符
7. unsigned char  string2[ ] = {"AM 00：00：00"};    //液晶屏第二行显示字符
8. /***************************************************
9. **函数名：delayMS( )
10. **功能：延时程序
11. ***************************************************/
12. void delayMS( unsigned int b)                // 延时大约为 b ms
13. {   unsigned char a = 200;
14.     for( ; b > 0; b − − )
15.     {   while( − − a );
16.         a = 200;
17.     }
18. }
19. /***************************************************
20. **函数名：LCDSTA( )
21. **功能：判断液晶屏是否忙
22. ***************************************************/
```

```
23. void LCDSTA( )
24. {    unsigned char flag;
25.      while(1)
26.      {    RS = 0;                // RS RW 为 01 表示读指令寄存器
27.           RW = 1;
28.           delayMS(5);           //延时
29.           E = 1;                 //E 控制端产生一个脉冲
30.           delayMS(10);
31.           flag = DATAPORT;       //读数据端口状态
32.           E = 0;
33.           flag = flag&0x80;      //读取液晶屏忙碌标志位 BF，即 DB7
34.           if(flag = = 0x00)      //为真表示液晶屏忙完，跳出循环，否则继续循环判断
35.           {    break;
36.           }
37.      }
38. }
39. /* * * * * * * * * * * * * * * * * * * * * * * * * * * * * * * * * * * * *
40. * * 函数名：WRDcomm( )
41. * * 功能：向 LCD 发送操作命令
42. * * * * * * * * * * * * * * * * * * * * * * * * * * * * * * * * * * * * * * */
43. void WRDcomm( unsigned char com)
44. {    LCDSTA( );                 //判断液晶屏是忙，如果通不过，采用延时替换
45. //   delayMS(20);
46.      DATAPORT = com;            //送命令
47.      RS = 0;                    //RS RW 为 00 表示写入指令寄存器
48.      RW = 0;
49.      E = 1;                     //E 控制端产生一个脉冲
50.      E = 0;
51.      delayMS (10);              //等待执行完操作
52. }
53. /* * * * * * * * * * * * * * * * * * * * * * * * * * * * * * * * * * * * *
54. * * 函数名：WRData( )
55. * * 功能：向 LCD 发送操作数据
56. * * * * * * * * * * * * * * * * * * * * * * * * * * * * * * * * * * * * * * */
57. void WRData( unsigned char indata)
58. {    LCDSTA( );                 //判断液晶屏是忙，如果通不过，采用延时替换
59. //   delayMS(20);
60.      DATAPORT = indata;
61.      RS = 1;                    //RS RW 为 10 表示写入数据寄存器
62.      RW = 0;
63.      E = 1;                     //E 控制端产生一个脉冲
64.      E = 0;
65.      delayMS (10);              //等待执行完操作
```

```
66. }
67. /* * * * * * * * * * * * * * * * * * * * * * * * * * * * * * * * * * * * * * * * *
68. * * 函数名: LCD_Write_String( unsigned char x, unsigned char y, unsigned char * point)
69. * * 功能: 写入字符串函数, x 表示地址的偏移量, y 表示显示行, * point 表示显示字符串指针
70. * * * * * * * * * * * * * * * * * * * * * * * * * * * * * * * * * * * * * * * * */
71. void LCD_Write_String( unsigned char x, unsigned char y, unsigned char * point)
72. {   if( y = = 0)                  //第一行显示
73.     {   WRDcomm( 0x80 + x);
74.     }
75.     else
76.     {   WRDcomm( 0xC0 + x);            //第二行显示
77.     }
78.     while( * point! = '\0')            //显示内容
79.     {   WRData( * point);
80.         point + +;
81.     }
82. }
83. /* * * * * * * * * * * * * * * * * * * * * * * * * * * * * * * * * * * * * * * * *
84. * * 函数名: LCD_Write_Char( unsigned char x, unsigned char y, unsigned char Data)
85. * * 功能: 写入字符函数, x 表示地址的偏移量, y 表示显示行, Data 表示显示字符
86. * * * * * * * * * * * * * * * * * * * * * * * * * * * * * * * * * * * * * * * * */
87. void LCD_Write_Char( unsigned char x, unsigned char y, unsigned char Data)
88. {   if( y = = 0)
89.     {   WRDcomm( 0x80 + x);
90.     }
91.     else
92.     {   WRDcomm( 0xC0 + x);
93.     }
94.     WRData( Data);
95. }
96. /* * * * * * * * * * * * * * * * * * * * * * * * * * * * * * * * * * * * * * * * *
97. * * 函数名: lcd_initial( )
98. * * 功能: 液晶屏初始化子程序
99. * * * * * * * * * * * * * * * * * * * * * * * * * * * * * * * * * * * * * * * * */
100. void lcd_initial( )
101. {   WRDcomm( 0x01);      //写入命令, 清屏并光标复位
102.     WRDcomm( 0x38);       //写入命令, 设置显示模式: 8 位 2 行 5×7 点阵
103.     WRDcomm( 0x0C);        //写入命令, 开显示, 禁光标, 光标所在位置的字符不闪烁
104.     WRDcomm( 0x06);       //写入命令, 移动光标
105.     LCD_Write_String( 0, 0, string1);   //显示第一行, 从起始位开始显示
106.     LCD_Write_String( 0, 1, string2);   //显示第二行, 从起始位开始显示
107. }
```

3. clock. c 文件

```
1. #include ＜reg51. h＞
2. unsigned char hour;                                    //定义时钟变量
3. unsigned char min;                                     //定义分钟变量
4. unsigned char sec;                                     //定义秒钟变量
5. sbit SPK = P3^0;                                       //控制端口定义
6. bit arm_flag = 0;                                      //定义一个标志位
7. extern unsigned char string2[];
8. extern void LCD_Write_Char( unsigned char x, unsigned char y, unsigned char Data);
9. extern void LCD_Write_String( unsigned char x, unsigned char y, unsigned char * point);
10. /* * * * * * * * * * * * * * * * * * * * * * * * * * * * * * * * * * * * * * * * * * * *
11. * * 函数名: clock_delay( unsigned char i)
12. * * 功能: 延时程序
13. * * * * * * * * * * * * * * * * * * * * * * * * * * * * * * * * * * * * * * * * * * * */
14. void clock_delay( unsigned int i)
15. {    unsigned int j, k;
16.      for( k = 0; k < i; k + + )
17.      {    for( j = 0; j < 255; j + + );
18.      }
19. }
20. /* * * * * * * * * * * * * * * * * * * * * * * * * * * * * * * * * * * * * * * * * * * *
21. * * 函数名: clock( )
22. * * 功能: 时钟函数
23. * * * * * * * * * * * * * * * * * * * * * * * * * * * * * * * * * * * * * * * * * * * */
24. void clock( )
25. {    clock_delay( 250);                               //1 秒钟延时
26.      sec + + ;                                        //秒钟变量加 1
27.      if( sec > 59)                                    //判断 1 分钟是否到
28.      {    sec = 0;                                    //到了 1 分钟, 秒钟变量清零
29.           min + + ;                                   //分钟变量加 1
30.           if( min > 59)                               //判断 1 小时是否到
31.           {    min = 0;                               //到了 1 小时, 分钟变量清零
32.                hour + + ;                             //时钟变量加 1
33.                if( hour > 23)                         //判断 24 小时是否到
34.                {    hour = 0;                         //24 小时到了, 时钟变量清零
35.                }
36.           }
37.      }
38.      if( hour = = 0&&min = = 1&&sec = = 0)            //设置特定报警时间
39.      {arm_flag = 1;
40.      }
41.      if( arm_flag = = 1&&sec < 5)                     //报警时间长短设置
```

```
42.          {SPK = ~ SPK;                     //给蜂鸣器送方波信号,使它发声
43.          }
44.          else
45.          {    arm_flag = 0;                 //报警时间结束,对标志位清零
46.          }
47.          string2[3] = hour/10 + 0x30;       //提取时钟的十位
48.          string2[4] = hour% 10 + 0x30;      //提取时钟的个位
49.          string2[6] = min/10 + 0x30;        //提取分钟的十位
50.          string2[7] = min% 10 + 0x30;       //提取分钟的个位
51.          string2[9] = sec/10 + 0x30;        //提取秒钟的十位
52.          string2[10] = sec% 10 + 0x30;      //提取秒钟的个位
53.// * * * * * * * * * * * * * * * * *采用写入字符函数,给 LCD 送数 * * * * * * * * * * * * * *
54.          LCD_Write_Char(3, 1, string2[3]);
55.          LCD_Write_Char(4, 1, string2[4]);
56.          LCD_Write_Char(6, 1, string2[6]);
57.          LCD_Write_Char(7, 1, string2[7]);
58.          LCD_Write_Char(9, 1, string2[9]);
59.          LCD_Write_Char(10, 1, string2[10]);
60.// * * * * * * * * * * * * * * * * * * *采用写入字符串函数,给 LCD 送数 * * * * * * * * * * * *
61.//   LCD_Write_String(0, 1, string2);       //显示第二行,从起始位开始显示
62.}
```

第三步,配置工程,编译程序。

按照项目 1 – 1 中列出的步骤,设置系统晶振频率、输出 HEX 文件,以及编译程序文件,直到编译输出窗口没有错误为止。

第四步,调试、仿真、修改程序。

在 Proteus 软件中仿真程序。把 HEX 文件下载到单片机之中,单击仿真按钮" ▶ ",立刻可以看到 LCD1602 液晶屏上显示时、分、秒信息,如图 1 – 5 – 6 所示。

第五步,分析程序。

(1)该任务程序由三个源文件组成,其中 1602LCD. c 文件负责液晶显示,clock. c 文件负责时间计算,制作电子钟. c 文件为主函数文件。clock. c 文件和制作电子钟. c 文件都使用了外部函数或外部变量。

(2)在 1602LCD. c 文件中,设计了写入字符函数 LCD_Write_Char(unsigned char x, unsigned char y, unsigned char Data)和写入字符串函数 LCD_Write_String(unsigned char x, unsigned char y, unsigned char * point)。其中写入字符函数是指在指定的地址上写入一个字符,写入字符串函数是指在指定的起始地址上写入一个字符串。

(3)在 clock. c 文件中,第 53 ~ 59 行采用写入字符函数给 LCD 送数,第 61 行采用写入字符串函数给 LCD 送数,两者只要用一种就可以。

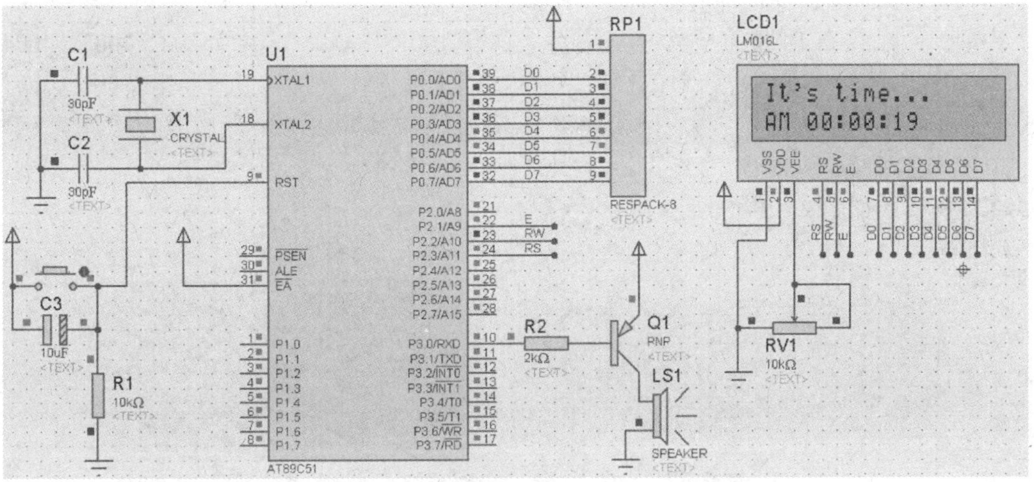

图 1 – 5 – 6　简易电子钟仿真效果

第六步,在实训板上实现简易时钟显示。

该步操作方法与训练项目 1 – 1 相同,若采用 STC12C5A60S2 单片机,则要把 clock_delay(250)函数中的实参改为 2500,调整秒钟运行速度,近似日常时钟,显示效果如图 1 – 5 – 7 所示。

图 1 – 5 – 7　实训板显示效果

四、思考与分析

(1)采用其他端口作为液晶屏的数据线或控制线,如何实现任务 1 和任务 2?

(2)在任务 2 中,如何修改程序使"AM"在 12 点来时自动变为"PM",又在 00 点来时自动变为"AM"?

五、知识链接

1.12　字符型 LCD 屏的种类及工作原理

字符型液晶显示模块是专门用于显示字母、数字、符号等的液晶显示模块,被广泛应用于家电、仪器仪表等电子产品中,成为十分重要的显示终端。

1.12.1　字符型 LCD 屏的种类

按照字符型 LCD 屏的型号规格来分类，有 1601、1602、1604、1202、4002、4004、2002、2004、0802 等规格的 LCD，规格码中的前两位数字代表每行显示的字符数，后两位数字代表液晶屏能显示的行数，例如规格为 1602 的液晶屏表示每行显示的字符数为 16 个、2 行显示；规格为 4004 的液晶屏表示每行显示的字符数为 40 个、4 行显示。各类字符型 LCD 屏模块如图 1 – 5 – 8 所示。

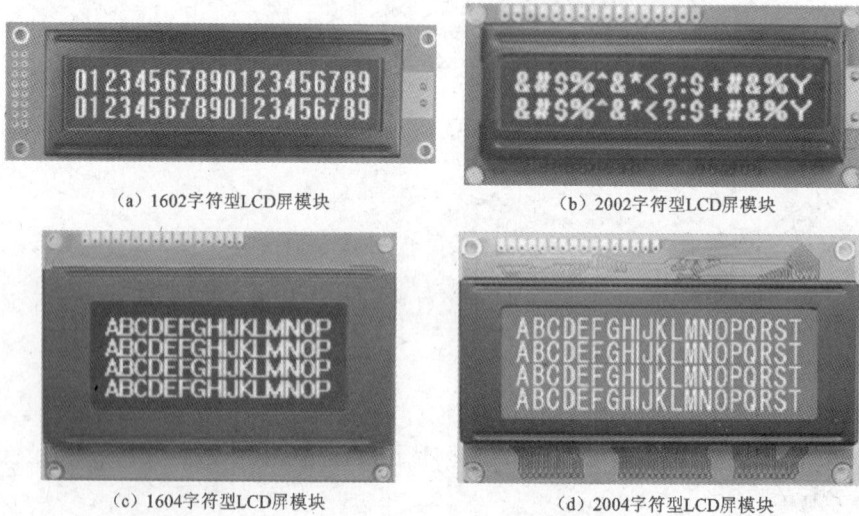

(a) 1602 字符型 LCD 屏模块　　　　　　(b) 2002 字符型 LCD 屏模块

(c) 1604 字符型 LCD 屏模块　　　　　　(d) 2004 字符型 LCD 屏模块

图 1 – 5 – 8　各类字符型 LCD 屏模块

1.12.2　字符型 LCD 屏工作原理

液晶显示模块 LCD 由字符型 LCD 显示器和 HD44780 控制驱动器构成，HD44780 由 DDRAM、CGRAM、IR、DR、BF、AC 等大规模集成电路构成，并具有简单且功能较强的指令集，可实现字符显示、移动、闪烁等功能。

1. 引脚定义

字符型液晶屏的引脚数一般为 16 根，引脚名称和排列顺序也一样，LCD1602 屏引脚名称如图 1 – 5 – 9 所示，其各引脚功能如表 1 – 5 – 2 所示。

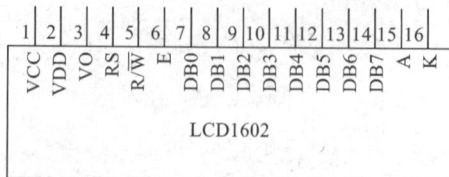

图 1 – 5 – 9　LCD1602 屏引脚

表 1 – 5 – 2　**LCD1602 屏引脚功能**

引脚号	引脚名称	引脚功能
1	VSS	接地
2	VDD	电源脚（+5V）
3	VO	液晶屏驱动电源（0～5V），可接电位器
4	RS	数据和指令选择控制端；当 RS = 0 时，命令状态；当 RS = 1 时，数据状态
5	R/$\overline{W}$	读写控制端；当 R/$\overline{W}$ = 0 时，写操作；当 R/$\overline{W}$ = 1 时，读操作
6	E	数据读写操作控制位，E 线向 LCD 模块发送一个脉冲（下降沿有效），LCD 模块与单片机之间将进行一次数据交换
7 ~ 14	DB0 ~ DB7	（1）数据总线以 8 位数据读/写方式，DB0 ~ DB7 均有效； （2）数据总线以 4 位数据读/写方式，DB4 ~ DB7 有效，而 DB0 ~ DB3 悬空不接，节约单片机资源； （3）BD7 除了可作为双向数据接口，另外还为 BF 忙碌置标志位
15	A	背光控制正电源（若液晶屏上没有安装背光灯，此脚为空）
16	K	背光控制地（若液晶屏上没有安装背光灯，此脚为空）

2. LCD 模块三个控制引脚的基本操作

LCD 模块三个控制引脚 RS、R/$\overline{W}$ 和 E 的不同状态组合，确定了单片机对 LCD 模块的 4 种基本操作，如表 1 – 5 – 3 所示。LCD 的读/写操作时序如图 1 – 5 – 10 所示，时序参数如表 1 – 5 – 4 所示。

表 1 – 5 – 3　**LCD 模块三个控制引脚的基本操作**

控制引脚			LCD 基本操作
RS	R/$\overline{W}$	E	
0	0	⎍	写命令操作：用于初始化、清屏、光标定位等
0	1	⎍	读状态操作：读忙标志，当忙标志位为"1"时，表明 LCD 正在进行内部操作，此时不能进行其他三种操作；当忙标志位为"0"时，表明 LCD 内部操作已经结束，可以进行其他三种操作
1	0	⎍	写数据操作：写入要显示的内容
1	1	⎍	读数据操作：将显示存储区的数据反读出来，一般很少用

（a）LCD读操作时序

（b）LCD写操作时序

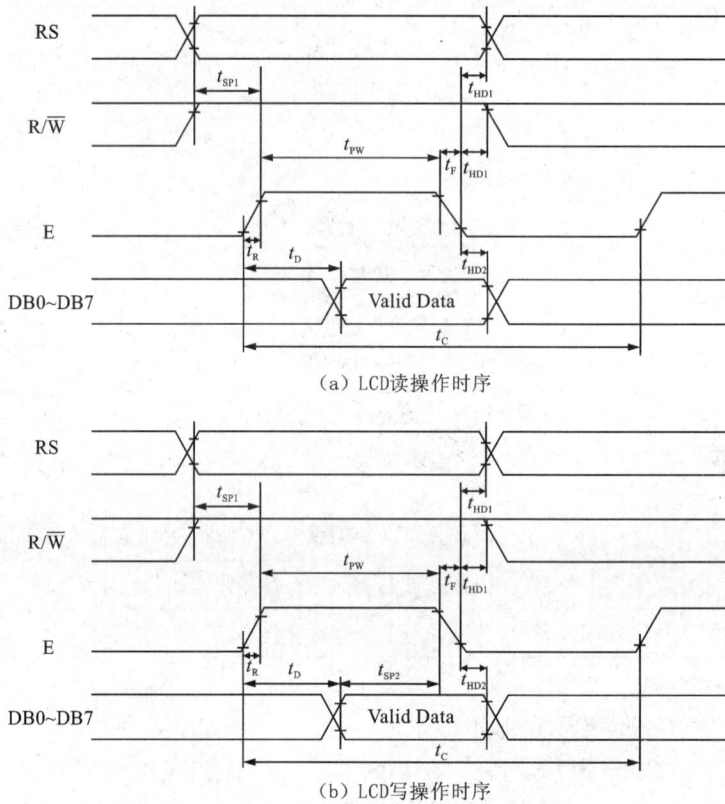

图 1 – 5 – 10　LCD 操作时序

表 1 – 5 – 4　时序参数

时序参数	符号	极限值			单位	测试条件
		最小值	典型值	最大值		
E 信号周期	t_C	400	—	—	ns	引脚 E
E 脉冲宽度	t_{PW}	150	—	—	ns	
E 上升沿/下降沿时间	t_R，t_F	—	—	25	ns	
地址建立时间	t_{SP1}	30	—	—	ns	引脚 E、RS、R/$\overline{W}$
地址保持时间	t_{HD1}	10	—	—	ns	
数据建立时间（读操作）	t_D	—	—	100	ns	引脚 DB0 ~ DB7
数据保持时间（读操作）	t_{HD2}	20	—	—	ns	
数据建立时间（写操作）	t_{SP2}	40	—	—	ns	
数据保持时间（写操作）	t_{HD2}	10	—	—	ns	

LCD1602 读写注意事项：

（1）在进行写命令、写数据和读数据操作之前，必须先进行读状态操作，查询 LCD 是否忙，有时查询通不过时，可以采用延时函数替换查询函数。

（2）判断 LCD 忙的读操作时，操作顺序：①设置 RS 和 RW 状态；②产生 30ns 以上延时；③使 E 端口为高电平；④延时不小于 150ns；⑤读数据；⑥使 E 端口为低电平。E 的脉冲宽度至少为 150ns。由于这些延时都很短，所以可以忽略不计。

（3）写操作时，操作顺序：①判断 LCD 是否忙；②给数据端口送数据或命令代码；③设置 RS 和 RW 状态；④产生 30ns 以上延时；⑤使 E 端口为高电平；⑥延时不小于 150ns；⑦使 E 端口为低电平。E 的脉冲宽度至少为 150ns。由于这些延时都很短，所以可以忽略不计。

3. 字符型 LCD 写指令操作

字符型 LCD 的指令如表 1 - 5 - 5 所示。

表 1 - 5 - 5　字符型 LCD 的指令

指令说明	指令码									
	RS	R/$\overline{\text{W}}$	DB7	DB6	DB5	DB4	DB3	DB2	DB1	DB0
清屏，光标回至左上角	0	0	0	0	0	0	0	0	0	1
光标回原点，屏幕不变	0	0	0	0	0	0	0	0	1	x
输入方式设置	0	0	0	0	0	0	0	1	I/D	S
	S = 1：当写一个字符后，整个屏幕右移（I/D = 1）或左移（I/D = 0），使得光标不动而屏幕移动；S = 0：当写一个字符时，屏幕不移动，光标移动									
显示屏开/关	0	0	0	0	0	1	D	C	B	
	D = 1：开显示屏；D = 0：关显示屏，数据仍保留在 DDRAM 中 C = 1：使光标显示；C = 0：禁止光标显示 B = 1：光标所在位置的字符闪烁；B = 0：光标所在位置的字符不闪烁									
光标画面滚动	0	0	0	0	1	S/C	R/L	x	x	
	不读/写数据的情况下，不影响 DDRAM 中的数据 S/C = 1：显示屏移动；S/C = 0：光标移动 R/L = 1：右移；R/L = 1：左移									
工作方式设置	0	0	0	1	DL	N	F	x	x	
	DL = 1：数据长度为 8 位；DL = 0：数据长度为 4 位 N = 1：两行显示；N = 0：一行显示 F = 1：5 × 10 字形；F = 0：5 × 7 字形									
CGRAM 地址设置	0	0	0	1	CGRAM 地址					
DDRAM 地址设置	0	0	1	DDRAM 地址						
忙 BF 值/地址计数器	0	1	BF	地址计数器内容						
写入数据	1	0	写入数据的内容							
读取数据	0	1	读取数据的内容							

下面以项目 1 - 5 的任务 1 中的液晶屏初始化函数为例,来介绍字符指令写操作。

```
1. void lcd_initial( )
2. {    WRDcomm(0x01);  //清屏并光标复位,对应表 1 - 5 - 5 中第 1 行指令
3.      WRDcomm(0x38);  //设置显示模式:8 位 2 行 5×7 点阵,对应表 1 - 5 - 5 中第 6 行指令
4.      WRDcomm(0x0F);  //开显示,开光标显示,光标所在位置的字符闪烁
5.                      //对应表 1 - 5 - 5 中第 4 行指令
6.      WRDcomm(0x06);  //移动光标,对应表 1 - 5 - 5 中第 3 行指令
7. }
```

请读者注意表 1 - 5 - 5 中有底影的"1",它们都是该条指令的标志位,以区别不同指令的作用。具体见注释。

4. 字符型 LCD 写数据操作

若把字符显示在 LCD1602 某一指定的位置上,就必须先将显示数据写在对应的 DDRAM 地址之中,LCD1602 是 2 行 16 列字符型液晶屏,它的定位命令如表 1 - 5 - 6 所示。

表 1 - 5 - 6 光标位置与相应命令

列 行	1	2	3	4	5	6	7	8	9	10	11	12	13	14	15	16
1	80H	81H	82H	83H	84H	85H	86H	87H	88H	89H	8AH	8BH	8CH	8DH	8EH	8FH
2	C0H	C1H	C2H	C3H	C4H	C5H	C6H	C7H	C8H	C9H	CAH	CBH	CCH	CDH	CEH	CFH

从表中可知:液晶屏第 1 行的起始地址为 0x80,第 2 行的为 0xC0。所以在给每行送显示数据之前,都要设定光标的起始位置。例如,在任务 1 的主函数中,就有写数据代码。

```
1. void main( )
2. {    unsigned char i;
3.      lcd_initial( );              //调用液晶初始化函数
4.      WRDcomm(0x80);              //写入命令,设置第一行显示位置
5.      for(i = 0; i < 16; i + + )   //显示第一行
6.      {    DATAPORT = string1[i];
7.           WRData( );
8.           delayMS(20);
9.      }
10.     WRDcomm(0xC0);              //写入命令,设置第二行显示位置
11.     for(i = 0; i < 16; i + + )   //显示第二行
12.     {    DATAPORT = string2[i];
13.          WRData( );
14.          delayMS(20);
15.     }
16.     while(1);
17. }
```

程序分析：

①第 4 行设置第一行显示的起初位置，第 5～9 行的 for 语句给液晶屏第 1 行送字符，每循环一次送 1 个字符，共需送 16 次，并通过 delayMS( ) 函数来调整每个字符显示的间隔。

②第 10 行设置第一行显示的起初位置，第 11～15 行的 for 语句给液晶屏第 2 行送字符，原理与第一行一样。

③当写入一个字符后，如果没有再给光标重新定位，则 DDRAM 地址会自动加 1 或减 1，加或减是由输入方式设置命令来控制的(即表 1-5-5 的第 3 行命令)，所以上述程序只设置了第一行或第二行的起始地址，地址变更是由液晶屏自己完成的。但是第一行和第二行的 DDRAM 地址是不连续的，所以写完第一行之后，要重新设置第二行的起始地址。

1.13　指针

指针是 C 语言中一个重要的知识点，也是 C 语言的精华，正确而灵活地运用指针，可以有效地表示复杂的数据结构；能方便地使用字符串和数组；调用函数时能得到多于 1 个的变量值；直接处理内存地址；可以使程序简洁、紧凑和高效。所以每位学习和使用 C 语言的人，都应当深入学习和掌握指针。

1.13.1　指针的基本概念

要了解指针的基本概念，就必须先了解数据在内存中是如何存储和读取的。

如果程序中定义了一个变量，C 编译器在编译时就给这个变量在内存中分配相应的内存空间。对于 C51 编译器而言，对一个字符型(char)变量分配 1 字节内存单元；一个整型(int)变量分配 2 字节内存单元；对一个长整型(long)变量分配 4 字节内存单元；对一个浮点型(float)变量分配 4 字节内存单元。

对于变量要弄清楚两个概念：一个是变量名，另一个是变量值。前者是一个数据的标号，后者是一个数据的内容。

而对于内存单元，也要弄清楚两个概念：一个是内存单元的地址，另一个是内存单元的内容。前者是内存单元的编号，表示该单元在整个内存中的位置，后者指的是在该内存单元中存放的数据。

在变量与内存单元的对应关系中，变量的变量名与内存单元的地址相对应，通过变量名或内存单元的地址都可以访问内存单元的内容；变量的变量值与内存单元的内容相对应。

例如：假设在内存中有两个变量 a 和 b，分析变量与内存单元的关系。

```
1. int a;        //变量 a 在内存中分配 2 个字节
2. float b;      //变量 b 在内存中分配 4 个字节
3. a = 34;
4. b = 3.4;
```

通过编译，C 编译器将地址 1000H 和 1001H 的 2 个字节内存单元分配给了变量 a，将地址为 1002H、1003H、1004H 和 1005H 的 4 个字节的内存单元分配给了变量 b，则变量 a 和 b 与内存单元之间的对应关系如图 1-5-11 所示。

为了使用指针进行间接访问，必须理解指针的两个基本概念，即变量的指针和指向变量的指针变量(简称指针变量)。

变量的指针：一个变量的地址称为这个变量的指针。对于上述变量 a 而言，它的指针就是 1000H。

指向变量的指针变量：如果一个变量专门用来存放另一个变量的地址，则该变量称为指向变量的指针变量。指针变量的值是地址（指针），上述提到的地址为 2010H 的内存单元，如果定义一个变量 ap，并使其定位在地址为 2010H 的这个内存单元上，则 ap 就是一个指针变量，因为 2010H 单元中存放了变量 a 的地址 1000H。

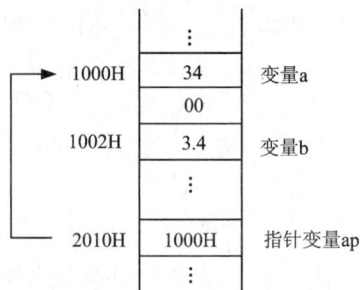

图 1 - 5 - 11　　变量与内存关系

请务必弄明白"指针"和"指针变量"两个概念，前者是地址，后者是变量。可以说变量 a 的指针（地址）是 1000H，不能说 a 的指针变量是 1000H；变量 a 的指针变量应是 ap，ap 的指针是 2010H。

1. 指针变量的定义

C 语言规定所有的变量在使用之前都必须定义，以确定其类型。指针变量也不例外，由于它是用于专门存放地址的，因此必须将它定为"指针类型"。指针定义的一般形式为：

类型识别符　　　＊指针变量名

例如：

```
1. char  * cp1 , * cp2 ;
2. int   * p1 , * p2 ;
```

定义了两个字符型的指针变量 cp1、cp2 和两个整型的指针变量 p1、p2，前者是只能指向字符数据的指针，后者是只能指向整型数据的指针，不能指向 float 等其他类型的指针。

在定义指针变量时要注意：

（1）指针变量前面的"＊"表示该变量的类型为指针型变量，指针变量名是 p1、p2，而不是 ＊ p1、＊ p2，这与前面介绍的变量定义形式有所区别。

（2）指针变量名的命名规则与变量名命名规则相同，遵循标识符命名规则。

（3）在定义指针变量时必须指定其"数据类型"，因为不同类型的数据在内存中占用的字节数不一样。

2. 指针变量的引用

采用指针来进行间接访问。例如：

```
1. int a , b , c , x , y;        //定义整型变量 a, b, c, x, y
2. int * ap ;                    //定义指针变量 ap
3. int * bp ;                    //定义指针变量 bp
4. int * cp ;                    //定义指针变量 cp
5. int   * p1 , * p2 ;
6. a = 6 ; b = 8 ; c = 10;       //分别给 a、b、c 赋值
```

7. ap = &a ; bp = &b ; cp = &c ;　　　　//把 a、b、c 的地址赋给指针变量 ap、bp、cp

8. x = a ; y = *ap ;　　　　　　　　　//将 a 的值赋给 x ; 把 *ap 的值赋给 y , x 与 y 的值都为 6

通过编译, C 编译器就会在变量 a、b、c 对应的地址单元中装入初值 6、8、10 ; 指针变量在没有赋值之前, 它们所对应的内存单元中的值是随机的。上例第 7 行中, 对 ap、bp、cp 进行了赋值, 即它们的内存单元中分别是 a、b、c 变量的地址, 指针变量的引用就是通过取地址运算符 "&" 来实现的。

在上例程序的最后一行中 "y = *ap" 语句是间接访问方式, 即先从指针变量 ap 中取出 a 变量的指针(地址), 然后从该地址的内存单元中取出 a 变量的值 6 赋给变量 x。

如果 ap = &a, 则有:

(1) *ap 与 a 是等价的, 即 *ap 就是 a。

(2) & * ap : 由于 *ap 与 a 等价, 则 & * ap 与 &a 等价。

(3) *&a : 由于 ap 与 &a 等价, 则 * &a 与 *ap 等价, 即 *&a 与 a 等价。

(4) (* ap) + + 相当于 a + +。

1.13.2 数组指针和指向数组的指针变量

首先要弄明白数组指针和指向数组的指针变量的概念, 前者就是数组的起始地址, 后者则是用来存放一个数组的起始地址(指针)的变量。

1. 指向数组的指针变量的定义和赋值

例如:

1. int a[10] ;　　　　//定义一个包含 10 个整型元素的数组 a

2. int * ap ;　　　　//定义指针变量 ap

为了将指针变量 ap 指向数组 a[10], 需要对 ap 进行引用, 有以下两种方法:

第一种: ap = &a[0], 即把数组 a[ ] 的第 0 号元素 a[0] 的地址(也叫数组 a[ ] 的首地址)赋给指针变量 ap。

第二种: ap = a, C 语言规定, 数组名可以代表数组的首地址。

所以上述两种赋值方法是等价的, 但是要注意, 并不是把数组 a[ ] 的首地址赋给 * ap, 而是 ap。

2. 指针引用数组元素

引用数组元素, 可以使用数组下标法, 如 a[2], 也可以使用指针法。与数组下标法相比, 指针法引用数组元素能使目标程序代码效率更高, 程序运行速度更快。

假设指针变量 ap 的初值为 &a[0], 如图 1 - 5 - 12 所示。

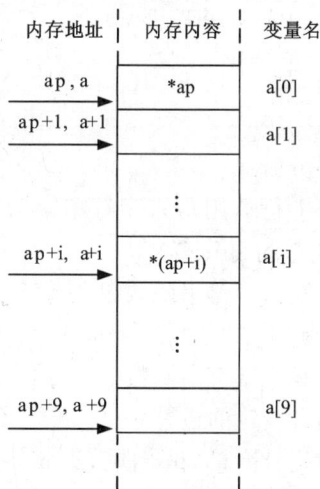

内存地址	内存内容	变量名
ap, a	*ap	a[0]
ap+1, a+1		a[1]
⋮		
ap+i, a+i	*(ap+i)	a[i]
⋮		
ap+9, a+9		a[9]

图 1 - 5 - 12　指针引用数组

（1）ap + i 和 a + i 就是数组 a[i]的地址，即它们指向数组 a[ ]的第 i 号元素。由于数组名 a 代表数组的首地址，则 ap + i 与 a + i 等价。

（2）*（ap + i）或 *（a + i）是 ap + i 或 a + i 所指向的数组元素，即 a[i]。

（3）指向数组的指针变量可以带下标，即 ap[i]与 *（ap + i）等价。

（4）ap + 1 是指向数组首地址的下一个元素，而不是将指针变量的值加 1。例如，若数组的类型是整型（int），每个数组元素占 2 个字节，则对整型指针变量 ap 来说，ap + 1 意味着使 ap 在原值上加 2，指向下一个元素。

例如：在训练项目 1 - 5 的任务 2 中，写入字符串函数时就用了数组指针。

```
1. LCD_Write_String(0, 1, string2);        //显示第二行，从起始位开始显示
2. ……
3. void LCD_Write_String( unsigned char x, unsigned char y, unsigned char * point)
4. {    if(y = = 0)                          //第一行显示
5.        {    WRDcomm(0x80 + x);
6.        }
7.        else
8.        {    WRDcomm(0xC0 + x);  //第二行显示
9.        }
10.       while( * point! = '\0')           //显示内容
11.       {    WRData( * point);
12.            point + + ;
13.       }
14.   }
15. ……
16. void WRData( unsigned char indata)
17. {    ……
18.      DATAPORT = indata;                //写入的数据
19.      ……
20. }
```

程序分析：

①第 1 行调用写入字符串函数，实参是数组名 string2，赋给形参 point，即指针变量 point 指向数组 string2[ ]。

②在写入字符串函数中，第 11 行调用写数据函数 WRData(* point)，将实参 * point 赋给形参 indata，即把数组 string2[ ]中每位元素逐个赋给字符型变量 indata。

③在写入字符串函数中，第 12 行的 point + + 语句就是取下一个数组元素。

3. 指针变量的运算

假设指针变量 ap 指向数组 a[ ]（即 ap = a），则有：

（1）ap + + 或 ap + = 1。该操作使指针变量 ap 指向下一个数组元素，即 a[1]。若再执行 x = * ap，则将取出 a[1]的值赋给变量 x。

（2）* ap + + 。由于 + + 与 * 运算符优先级相同，而结合方向为自右向左，所以 * ap

＋＋等价于＊(ap＋＋)，即先得到 ap 指向的变量的值(即＊ap)，再执行 ap 自加运算。

(3)＊ap＋＋与＋＋＊ap 作用不同。前者先取＊ap 值，再执行 ap 自加运算；后者先执行 ap 自加运算，再取＊(ap＋1)的值。

(4)(＊ap)＋＋。该语句表示 ap 所指向的元素值加1，而不是指针变量 ap＋1。

1.13.3　指向多维数组的指针和指针变量

以二维数组为例来介绍指向多维数组的指针和指针变量的应用方法。例如：

```
1. int a[3][4];              //定义一个三行四列的二维数组 a[3][4]
2. int (＊ap)[4];            //定义指针变量 ap，指向一个包含4个元素的一维数组
3. ap = a;                   //使指针变量 ap 指向数组 a[3][4]的首地址
```

则有：

(1)ap 和 a 等价，表示数组 a[3][4]的第0行首地址。

(2)ap＋1 和 a＋1 等价，表示数组 a[3][4]的第1行首地址。

(3)(ap＋1)＋3 和 &a[1][3]等价，表示 a[1][3]的地址，指向变量 a[1][3]。

(4)(＊(ap＋1)＋3)和 a[1][3] 等价，表示 a[1][3]的值。

(5)(ap＋i)＋j 就相当于 &a[i][j]，表示数组第 i 行第 j 列元素的地址。

(6)(＊(ap＋i)＋j)和 a[i][j] 等价，表示 a[i][j]的值。

【训练项目1-6】　点阵型 LCD 显示系统设计与制作

一、项目要求

在 Proteus 仿真软件和单片机实训板上，采用带/不带字库 LCD12864 液晶屏，实现图像、汉字、字符、半宽字型、造字(自定义字型或图型)显示。

二、项目实训仪器、设备及实训材料

表1-6-1　主要实训仪器和实训材料一览表

工具、设备和耗材	数量	工具、设备和耗材	数量	工具、设备和耗材	数量
电脑	1台	51 单片机下载线/USB 线	1根	杜邦导线	若干
Keil μVision4	1套	晶振12M	1只	AT89S51/STC12C5A60S2	1片
Proteus 7.5 软件	1套	带字库 LCD12864	1片	不带字库 LCD12864	1片
单片机实训板	1块	稳压电源	1台		

三、项目实施过程及其步骤

任务1　带字库的 LCD 显示系统设计与制作

任务描述：在单片机实训板上，采用单片机 P0 口与 LCD 的数据端口相连，该 LCD 屏

是以 ST7920 作为控制芯片的带字库液晶屏。P2.1 ~ P2.6 分别与 LCD 的 E、R/W、D/I（RS）、PSB、NC、RST 控制引脚相连，实现图像、汉字、字符、半宽字型、造字（自定义字型或图型）显示。

第一步，将 LCD 屏插入单片机实训板的 LCD12864 接口中，可以采用并口或串口两种通信方式与单片机相连，如图 1 - 6 - 1 所示。

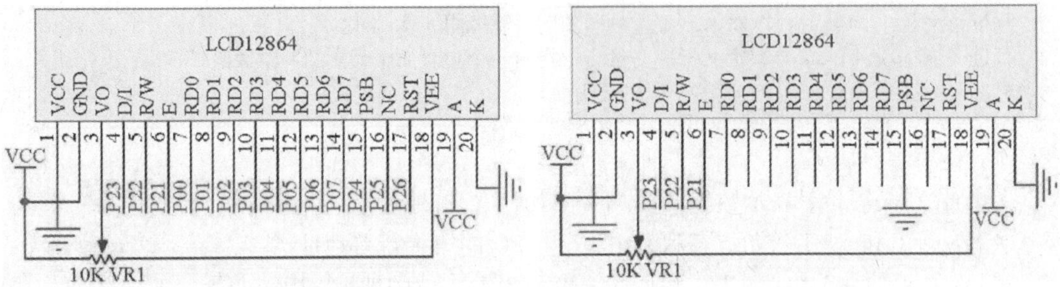

（a）并口通信方式   （b）串口通信方式

图 1 - 6 - 1　液晶屏与单片机连接电路

第二步，以并口通信方式为例，编写程序。

```
1. #include  <reg51.h>
2. sbit RS  = P2^4;                        //控制端口定义
3. sbit RW  = P2^5;
4. sbit E   = P2^6;
5. sbit RES = P2^1;
6. sbit PSB = P2^3;
7. #define DataPort P0                      //定义数据端口
8. unsigned char code TAB1[ ] = {"河源职业技术学院"};
9. unsigned char code TAB2[ ] = {0x04, 'h', 'y', 'c', 'o', 'l', 'l', 'e', 'g', 'e', '.', 'n', 'e', 't', '\0'}; //◆
   hycollege.net
10. unsigned char code TAB3[ ] = {"电子信息工程学院"};
11. unsigned char code TAB4[ ] = {"应用电子技术专业"};
12. unsigned char code user16x16[ ] = {      //笑脸图片
13. 0x0F, 0xF0, 0x10, 0x08, 0x20, 0x04, 0x40, 0x02, 0x9C, 0x39, 0xBE, 0x7D, 0x80, 0x01, 0x80, 0x01,
14. 0x80, 0x01, 0x88, 0x11, 0x84, 0x21, 0x43, 0xC2, 0x20, 0x04, 0x10, 0x08, 0x0F, 0xF0, 0x00, 0x00};
15. unsigned char code pic1[ ] =              //图片代码
16. {0x00, 0x00, 0x00, 0x00, 0x00, 0x00, 0x00, 0x00, 0x00, 0x00, 0x00, 0x00, 0x00, 0x00, 0x00, 0x00,
17. 0x00, 0x00, 0x00, 0x00, 0x00, 0x00, 0x00, 0x00, 0x00, 0x00, 0x00, 0x00, 0x00, 0x00, 0x00, 0x00,
18. 0x00, 0xFF, 0xFF, 0xFF, 0xFF, 0xFF, 0xFF, 0xFF, 0xFF, 0xFF, 0xFF, 0xFF, 0xFF, 0xFF, 0xFE, 0x00,
19. 0x03, 0x00, 0x00, 0x00, 0x00, 0x00, 0x00, 0x00, 0x00, 0x00, 0x00, 0x00, 0x00, 0x00, 0x01, 0x80,
20. 0x04, 0x00, 0x00, 0x00, 0x00, 0x00, 0x00, 0x00, 0x00, 0x00, 0x00, 0x00, 0x00, 0x00, 0x00, 0x40,
21. 0x08, 0x00, 0x00, 0x00, 0x00, 0x00, 0x00, 0x00, 0x00, 0x00, 0x00, 0x00, 0x00, 0x00, 0x00, 0x20,
```

22. 0x10, 0x00, 0x00, 0x00, 0x00, 0x00, 0x00, 0x00, 0x00, 0x00, 0x00, 0x00, 0x00, 0x00, 0x00, 0x10,
23. 0x10, 0x00, 0x00, 0x00, 0x00, 0x00, 0x00, 0x00, 0x00, 0x00, 0x00, 0x00, 0x00, 0x00, 0x00, 0x10,
24. 0x20, 0x00, 0x00, 0x00, 0x00, 0x00, 0x00, 0x00, 0x00, 0x00, 0x00, 0x00, 0x00, 0x00, 0x00, 0x08,
25. 0x20, 0x00, 0x00, 0x00, 0x00, 0x03, 0xC0, 0x00, 0x00, 0x00, 0x00, 0x00, 0x00, 0x00, 0x00, 0x08,
26. 0x20, 0x00, 0x00, 0x00, 0x00, 0x01, 0xC0, 0x00, 0x00, 0x00, 0x00, 0x00, 0x00, 0x00, 0x00, 0x08,
27. 0x20, 0x00, 0x00, 0x00, 0x00, 0x01, 0xC0, 0x00, 0x00, 0x00, 0x00, 0x00, 0x00, 0x00, 0x00, 0x08,
28. 0x20, 0x00, 0x00, 0x00, 0x00, 0x01, 0xC0, 0x00, 0x00, 0x00, 0x00, 0x00, 0x00, 0x00, 0x00, 0x08,
29. 0x20, 0x00, 0x00, 0x00, 0x00, 0x01, 0xC0, 0x00, 0x00, 0x00, 0x00, 0x00, 0x00, 0x00, 0x00, 0x08,
30. 0x20, 0x00, 0x7D, 0xFB, 0xC3, 0xC1, 0xC0, 0xF8, 0x1E, 0x0F, 0x38, 0xE0, 0x3C, 0x00, 0x00, 0x08,
31. 0x20, 0x00, 0x38, 0x70, 0x8E, 0x61, 0xC1, 0x9C, 0x73, 0x87, 0x7D, 0xF0, 0xE6, 0x00, 0x00, 0x08,
32. 0x20, 0x00, 0x1C, 0x71, 0x0C, 0x71, 0xC3, 0x1C, 0x61, 0x87, 0x9E, 0x70, 0xC7, 0x00, 0x00, 0x08,
33. 0x20, 0x00, 0x1C, 0xF1, 0x1C, 0x71, 0xC7, 0x00, 0xE1, 0xC7, 0x1C, 0x71, 0xC7, 0x00, 0x00, 0x08,
34. 0x20, 0x00, 0x0E, 0xBA, 0x1F, 0xF1, 0xC7, 0x00, 0xE1, 0xC7, 0x1C, 0x71, 0xFF, 0x00, 0x00, 0x08,
35. 0x20, 0x00, 0x0E, 0xBA, 0x1C, 0x01, 0xC7, 0x00, 0xE1, 0xC7, 0x1C, 0x71, 0xC0, 0x00, 0x00, 0x08,
36. 0x20, 0x00, 0x0F, 0x3A, 0x1C, 0x01, 0xC7, 0x00, 0xE1, 0xC7, 0x1C, 0x71, 0xC0, 0x00, 0x00, 0x08,
37. 0x20, 0x00, 0x07, 0x1C, 0x1C, 0x11, 0xC7, 0x80, 0xE1, 0xC7, 0x1C, 0x71, 0xC1, 0x00, 0x00, 0x08,
38. 0x20, 0x00, 0x07, 0x1C, 0x0E, 0x21, 0xC3, 0xCC, 0x61, 0x87, 0x1C, 0x70, 0xE2, 0x00, 0x00, 0x08,
39. 0x20, 0x00, 0x07, 0x1C, 0x0F, 0xE1, 0xC3, 0xF8, 0x73, 0x87, 0x1C, 0x70, 0xFE, 0x00, 0x00, 0x08,
40. 0x20, 0x00, 0x02, 0x08, 0x03, 0x83, 0xE0, 0xF0, 0x1E, 0x0F, 0xBE, 0xF8, 0x38, 0x00, 0x00, 0x08,
41. 0x20, 0x00, 0x00, 0x00, 0x00, 0x00, 0x00, 0x00, 0x00, 0x00, 0x00, 0x00, 0x00, 0x00, 0x00, 0x08,
42. 0x20, 0x00, 0x00, 0x00, 0x00, 0x00, 0x00, 0x00, 0x00, 0x00, 0x00, 0x00, 0x00, 0x00, 0x00, 0x08,
43. 0x20, 0x00, 0x00, 0x00, 0x00, 0x00, 0x00, 0x00, 0x00, 0x00, 0x00, 0x00, 0x00, 0x00, 0x00, 0x08,
44. 0x20, 0x00, 0x00, 0x00, 0x00, 0x00, 0x00, 0x00, 0x00, 0x00, 0x00, 0x00, 0x00, 0x00, 0x00, 0x08,
45. 0x20, 0x00, 0x00, 0x00, 0x00, 0x00, 0x00, 0x00, 0x00, 0x00, 0x00, 0x00, 0x00, 0x00, 0x00, 0x08,
46. 0x20, 0x00, 0x00, 0x00, 0x00, 0x00, 0x00, 0x00, 0x00, 0x00, 0x00, 0x00, 0x00, 0x00, 0x00, 0x08,
47. 0x20, 0x00, 0x00, 0x00, 0x00, 0x00, 0x00, 0x00, 0x00, 0x00, 0x00, 0x00, 0x00, 0x00, 0x00, 0x08,
48. 0x20, 0x00, 0x00, 0x18, 0x00, 0x00, 0x00, 0x00, 0x06, 0x00, 0x00, 0x00, 0x00, 0x00, 0x00, 0x08,
49. 0x20, 0x00, 0x00, 0x18, 0x00, 0x00, 0x00, 0x00, 0x07, 0x00, 0x00, 0xE3, 0x00, 0x00, 0x00, 0x08,
50. 0x20, 0x00, 0x00, 0x18, 0x00, 0x01, 0xC0, 0x00, 0x07, 0x60, 0x00, 0xC7, 0x00, 0x00, 0x00, 0x08,
51. 0x20, 0x00, 0x00, 0x18, 0x00, 0x07, 0x80, 0x00, 0x07, 0xE0, 0x00, 0xC6, 0x00, 0x00, 0x00, 0x08,
52. 0x20, 0x00, 0x00, 0x30, 0x00, 0x67, 0x3E, 0x00, 0x1F, 0xC0, 0x00, 0xCC, 0xE0, 0x00, 0x00, 0x08,
53. 0x20, 0x00, 0x07, 0xF6, 0x00, 0x76, 0x6E, 0x00, 0x77, 0x00, 0x07, 0xCF, 0xE0, 0x00, 0x00, 0x08,
54. 0x20, 0x00, 0x1F, 0xBF, 0x80, 0x06, 0xEE, 0x00, 0x36, 0xE0, 0x07, 0xDF, 0x80, 0x00, 0x00, 0x08,
55. 0x20, 0x00, 0x1B, 0xF7, 0x80, 0x07, 0xEE, 0x00, 0x0F, 0xF0, 0x07, 0xFB, 0x00, 0x00, 0x00, 0x08,
56. 0x20, 0x00, 0x1F, 0xF7, 0x00, 0x37, 0xFE, 0x00, 0x7F, 0x00, 0x07, 0xF7, 0x00, 0x00, 0x00, 0x08,
57. 0x20, 0x00, 0x0F, 0xFC, 0x00, 0x33, 0xFC, 0x01, 0xEC, 0x00, 0x07, 0xC7, 0xF0, 0x00, 0x00, 0x08,
58. 0x20, 0x00, 0x07, 0xB8, 0x00, 0x30, 0x60, 0x00, 0x1D, 0x80, 0x07, 0xDF, 0x78, 0x00, 0x00, 0x08,
59. 0x20, 0x00, 0x07, 0xBC, 0x00, 0x30, 0x60, 0x00, 0x3B, 0x06, 0x07, 0xFF, 0x70, 0x00, 0x00, 0x08,
60. 0x20, 0x00, 0x0C, 0x7E, 0x00, 0x1C, 0x60, 0x00, 0x33, 0x06, 0x07, 0xFF, 0x70, 0x00, 0x00, 0x08,
61. 0x20, 0x00, 0x3C, 0x67, 0x00, 0xFF, 0xF8, 0x00, 0x63, 0x06, 0x00, 0xDF, 0xF0, 0x00, 0x00, 0x08,
62. 0x20, 0x00, 0x00, 0xE3, 0xC0, 0x00, 0x1F, 0xC1, 0xE3, 0x07, 0x00, 0xDF, 0xE0, 0x00, 0x00, 0x08,
63. 0x20, 0x00, 0x01, 0xC3, 0xF0, 0x00, 0x0F, 0xE0, 0x03, 0x8F, 0x00, 0xC0, 0xE0, 0x00, 0x00, 0x08,
64. 0x20, 0x00, 0x00, 0x00, 0xF8, 0x00, 0x00, 0x00, 0x01, 0xFF, 0x00, 0xC0, 0x00, 0x00, 0x00, 0x08,

```
65. 0x20, 0x00, 0x00, 0x00, 0x00, 0x00, 0x00, 0x00, 0x01, 0xFF, 0x00, 0x00, 0x00, 0x00, 0x00, 0x08,
66. 0x20, 0x00, 0x00, 0x00, 0x00, 0x00, 0x00, 0x00, 0x00, 0x00, 0x00, 0x00, 0x00, 0x00, 0x00, 0x08,
67. 0x20, 0x00, 0x00, 0x00, 0x00, 0x00, 0x00, 0x00, 0x00, 0x00, 0x00, 0x00, 0x00, 0x00, 0x00, 0x08,
68. 0x20, 0x00, 0x00, 0x00, 0x00, 0x00, 0x00, 0x00, 0x00, 0x00, 0x00, 0x00, 0x00, 0x00, 0x00, 0x08,
69. 0x20, 0x00, 0x00, 0x00, 0x00, 0x00, 0x00, 0x00, 0x00, 0x00, 0x00, 0x00, 0x00, 0x00, 0x00, 0x08,
70. 0x20, 0x00, 0x00, 0x00, 0x00, 0x00, 0x00, 0x00, 0x00, 0x00, 0x00, 0x00, 0x00, 0x00, 0x00, 0x08,
71. 0x20, 0x00, 0x00, 0x00, 0x00, 0x00, 0x00, 0x00, 0x00, 0x00, 0x00, 0x00, 0x00, 0x00, 0x00, 0x08,
72. 0x10, 0x00, 0x00, 0x00, 0x00, 0x00, 0x00, 0x00, 0x00, 0x00, 0x00, 0x00, 0x00, 0x00, 0x00, 0x10,
73. 0x10, 0x00, 0x00, 0x00, 0x00, 0x00, 0x00, 0x00, 0x00, 0x00, 0x00, 0x00, 0x00, 0x00, 0x00, 0x10,
74. 0x08, 0x00, 0x00, 0x00, 0x00, 0x00, 0x00, 0x00, 0x00, 0x00, 0x00, 0x00, 0x00, 0x00, 0x00, 0x20,
75. 0x04, 0x00, 0x00, 0x00, 0x00, 0x00, 0x00, 0x00, 0x00, 0x00, 0x00, 0x00, 0x00, 0x00, 0x00, 0x40,
76. 0x03, 0x00, 0x00, 0x00, 0x00, 0x00, 0x00, 0x00, 0x00, 0x00, 0x00, 0x00, 0x00, 0x00, 0x01, 0x80,
77. 0x00, 0xFF, 0xFF, 0xFF, 0xFF, 0xFF, 0xFF, 0xFF, 0xFF, 0xFF, 0xFF, 0xFF, 0xFF, 0xFF, 0xFE, 0x00,
78. 0x00, 0x00, 0x00, 0x00, 0x00, 0x00, 0x00, 0x00, 0x00, 0x00, 0x00, 0x00, 0x00, 0x00, 0x00, 0x00,
79. 0x00, 0x00, 0x00, 0x00, 0x00, 0x00, 0x00, 0x00, 0x00, 0x00, 0x00, 0x00, 0x00, 0x00, 0x00, 0x00};
80. // * * * * * * * * * * * * * * * * * * * * * * * * * * * * * * * * * * * * * * * * * * * * *
81. void DelayUs( unsigned int t)                //晶振 12M，大致延时长度 1μs
82. {    while( - -t);
83. }
84. // * * * * * * * * * * * * * * * * * * * * * * * * * * * * * * * * * * * * * * * * * * * * *
85. void DelayMs( unsigned char t)
86. {    while(t - - )                           //大致延时 1 * t ms
87.      {    DelayUs(1000);
88.      }
89. }
90. // * * * * * * * * * * * * * * * * * * * * * * * * * * * * * * * * * * * * * * * * * * * * *
91. void Check_Busy( )                           //检测忙位
92. {    RS =0;                                  //设置控制信号线为判断忙位功能
93.      RW =1;
94.      E =1;                                   //设置使能线为高电平，准备读数据
95.      DataPort =0xFF;
96.      while((DataPort&0x80) = =0x80);         //忙则等待
97.      E =0;                                   //使能线出现下降沿
98. }
99. // * * * * * * * * * * * * * * * * * * * * * * * * * * * * * * * * * * * * * * * * * * * * *
100. void Write_Cmd( unsigned char Cmd)           //写命令
101. {    Check_Busy( );                          //调用检测忙位函数
102.      RS =0;                                  //设置控制线为写指令操作功能
103.      RW =0;
104.      E =1;                                   //设置使能线为高电平，准备写指令
105.      DataPort = Cmd;
106.      DelayUs(5);                             //延时 5μs
107.      E =0;                                   //使能线出现下降沿，完成一次指令写入
```

```
108. }
109. // * * * * * * * * * * * * * * * * * * * * * * * * * * * * * * * * * * * * * *
110. void Write_Data(unsigned char Data)        //写数据
111. {   Check_Busy();                          //调用检测忙位函数
112.     RS = 1;                                //设置控制线为写数据操作功能
113.     RW = 0;
114.     E = 1;                                 //设置使能线为高电平, 准备写数据
115.     DataPort = Data;                       //给端口送数据
116.     DelayUs(5);                            //延时 5μs
117.     E = 0;                                 //使能线出现下降沿, 完成一次数据写入
118. }
119. // * * * * * * * * * * * * * * * * * * * * * * * * * * * * * * * * * * * * * *
120. void Init_ST7920()                         //液晶屏初始化
121. {   DelayMs(40);                           //延时 40ms
122.     PSB = 1;                               //设置为 8bit 并口工作模式
123.     DelayMs(1);                            //延时 1ms
124.     RES = 0;                               //复位
125.     DelayMs(1);                            //延时 1ms
126.     RES = 1;                               //复位置高
127.     DelayMs(10);                           //延时 10ms
128.     Write_Cmd(0x30);                       //选择基本指令集
129.     DelayUs(100);                          //延时 100μs
130.     Write_Cmd(0x0C);                       //开显示(无游标、不反白)
131.     DelayUs(100);                          //延时 100μs
132.     Write_Cmd(0x01);                       //清除显示, 并且设定地址指针为 00H
133.     DelayMs(15);                           //延时 15ms
134.     Write_Cmd(0x06);  //设定游标的移动方向及指定显示的移位, 光标从右向左加 1 位移动
135.     DelayUs(100);                          //延时 100μs
136. }
137. / * * * * * * * * * * * * * * * * * * * * * * * * * * * * * * * * * * * * * *
138.                        用户自定义字符
139. 可以将内部字型没有提供的图像字型自行定义到 CGRAM 中, 提供四组 16×16 点的图像单元
140. * * * * * * * * * * * * * * * * * * * * * * * * * * * * * * * * * * * * * * */
141. void CGRAM()                               //用户自定义字符(造字)
142. {   int i;
143.     Write_Cmd(0x30);                       //设置为基本指令操作
144.     Write_Cmd(0x40);                       //设定 CGRAM 地址为 00 单元, 共 4 个单元
145.     for(i = 0; i < 16; i + +)
146.     {   Write_Data(user16x16[i*2]);        //写数据到 CGRAM 中
147.         Write_Data(user16x16[i*2 + 1]);
148.     }
149. }
150. // * * * * * * * * * * * * * * * * * * * * * * * * * * * * * * * * * * * * * *
```

```
151. void DisplayCGRAM( unsigned char x, unsigned char y)         //显示用户自定义字符
152. |   switch(y)
153.     |    case 1: Write_Cmd(0x80 + x); break;
154.          case 2: Write_Cmd(0x90 + x); break;
155.          case 3: Write_Cmd(0x88 + x); break;
156.          case 4: Write_Cmd(0x98 + x); break;
157.          default: break;
158.     |
159.     Write_Data(0x00);                    //写入 CGRAM 地址的内容,即 0x40 单元的内容
160.     Write_Data(0x00);
161. |
162. /* * * * * * * * * * * * * * * * * * * * * * * * * * * * * * * * * * * * * * * * * * * * * *
163.                      显示 16×8 半宽字型表
164. x:横坐标(0~8);y:纵坐标(1~4);z:字型代码;k 为 1 起始位显示,为 2 次位显示
165.  * * * * * * * * * * * * * * * * * * * * * * * * * * * * * * * * * * * * * * * * * * * * * */
166. void LCD_PutChar( unsigned char x, unsigned char y, unsigned char z, unsigned char k)
167. |   switch(y)
168.     |    case 1: Write_Cmd(0x80 + x); break;
169.          case 2: Write_Cmd(0x90 + x); break;
170.          case 3: Write_Cmd(0x88 + x); break;
171.          case 4: Write_Cmd(0x98 + x); break;
172.          default: break;
173.     |
174.     if(k = =1)   Write_Data(z);
175.     else if(k = =2)
176.     |   Write_Data(0x20);                    //在起始位显示一个空格
177.         Write_Data(z);
178.     |
179. |
180. /* * * * * * * * * * * * * * * * * * * * * * * * * * * * * * * * * * * * * * * * * * * * * *
181.                          显示字符串
182. x:横坐标起始值,范围 0~8;   y:纵坐标起始值,范围 1~4;   * s 为字符串内容
183.  * * * * * * * * * * * * * * * * * * * * * * * * * * * * * * * * * * * * * * * * * * * * * */
184. void LCD_PutString( unsigned char x, unsigned char y, unsigned char code * s)
185. |   switch(y)
186.     |    case 1: Write_Cmd(0x80 + x); break;
187.          case 2: Write_Cmd(0x90 + x); break;
188.          case 3: Write_Cmd(0x88 + x); break;
189.          case 4: Write_Cmd(0x98 + x); break;
190.          default: break;
191.     |
192.     while( * s! = '\0')
193.     |   Write_Data( * s);
```

```
194.              s + + ;
195.              DelayUs(50);
196.          }
197. }
198. //**********************************************
199. void ClrScreen()                          //清屏
200. {    Write_Cmd(0x01);
201.      DelayMs(15);
202. }
203. //**********************************************
204. void LCD_PutGraphic(unsigned char code * img)      //显示图片
205. {    int i, j;
206.      for(i = 0; i < 32; i + + )             //显示上半屏内容设置
207.      {    Write_Cmd(0x80 + i);              //垂直地址
208.           Write_Cmd(0x80);                  //水平地址
209.           for(j = 0; j < 16; j + + )
210.           {    Write_Data( * img);
211.                img + + ;
212.           }
213.      }
214.      for(i = 0; i < 32; i + + )             //显示下半屏内容设置
215.      {Write_Cmd(0x80 + i);                  //垂直地址
216.      Write_Cmd(0x88);                       //水平地址
217.        for(j = 0; j < 16; j + + )
218.        {    Write_Data( * img);
219.                img + + ;
220.        }
221.      }
222. }
223. //**********************************************
224. void SetGraphicMode()                      //设置成绘图模式
225. {    Write_Cmd(0x36);                       //选择8bit数据流图形模式
226.      DelayUs(20);
227. }
228. //**********************************************
229. main()
230. {    unsigned char i;
231.      CGRAM();                               //写入自定义字符
232.      while(1)
233.      {    Init_ST7920();                    //初始化
234.           ClrScreen();                      //清屏
235.           SetGraphicMode();                 //设置成绘图模式
236.           LCD_PutGraphic(pic1);             //调入一幅图画
```

```
237.        for(i=0;i<50;i++)              //延时 50x400ms
238.        DelayMs(400);
239.        Write_Cmd(0x30);              //选择 8bit 数据流基本指令模式
240.        ClrScreen();                  //清屏
241.        LCD_PutString(0,1,TAB1);      //显示 4 行内容
242.        LCD_PutString(0,2,TAB2);
243.        LCD_PutString(0,3,TAB3);
244.        LCD_PutString(0,4,TAB4);
245.        for(i=0;i<50;i++)              //延时 50×400ms
246.        DelayMs(400);
247.        LCD_PutString(0,1,"单片机与 PROTEUS ");     //显示 4 行内容
248.        LCD_PutString(0,2,"LCD12864 点阵液晶");
249.        LCD_PutString(0,3,"加入 QQ:173885525");
250.        LCD_PutString(0,4,"     祝您成功     ");
251.        DisplayCGRAM(0,4);            //在第 4 行第 1 个位置写入自定义图片笑脸
252.        DisplayCGRAM(7,4);            //在第 4 行第 8 个位置写入自定义图片笑脸
253.        LCD_PutChar(1,4,0x10,2);      //在第 4 行第 2 个的次位置写入半字型符号
254.        LCD_PutChar(6,4,0x11,1);      //在第 4 行第 7 个的起始位置写入半字型符号
255.        for(i=0;i<50;i++)              //延时 50×400ms
256.        DelayMs(400);
257.        }
258. }
```

第三步,编译、调试程序。

编译程序无误后,下载到单片机之中,立刻就可以看到三个画面循环显示。

第四步,分析程序。

(1)液晶屏的两个核心操作就是读写操作,其时序如图 1－6－2 所示。

①写操作时序:分为写指令和写数据。第 100 行为写指令函数 Write_Cmd(unsigned char Cmd),第 110 行为写数据函数 void Write_Data(unsigned char Data),两个函数的异同点:

a. 时序基本相同。先设置 RS、RW、E 三个控制线;再给数据端口送数;延时 $5\mu s$ 左右;再使 E 控制线出现下降沿,即完成一次写操作。

b. 函数的第一条语句都要调用 check_Busy()函数,检测液晶屏是否忙。

c. RS 和 RW 设置不相同。写指令函数设置 RS＝0,RW＝0;写数据函数设置 RS＝1,RW＝0。

②读操作时序:第 91 行为检测液晶屏是否忙函数 void Check_Busy()。首先设 RS＝0,RW＝1,E＝1;再给 DataPort 端口(即 P0 端口)赋高电平;再读取 DataPort 端口值与 0x80 相与,判断 DataPort 端口的最高位是否为 1,若为 1 继续读取判断,表示液晶处于忙状态;若为 0,执行 E＝0 语句,使 E 控制线出现下降沿,表示液晶屏处于不忙状态。

（a）写操作时序

（b）读操作时序

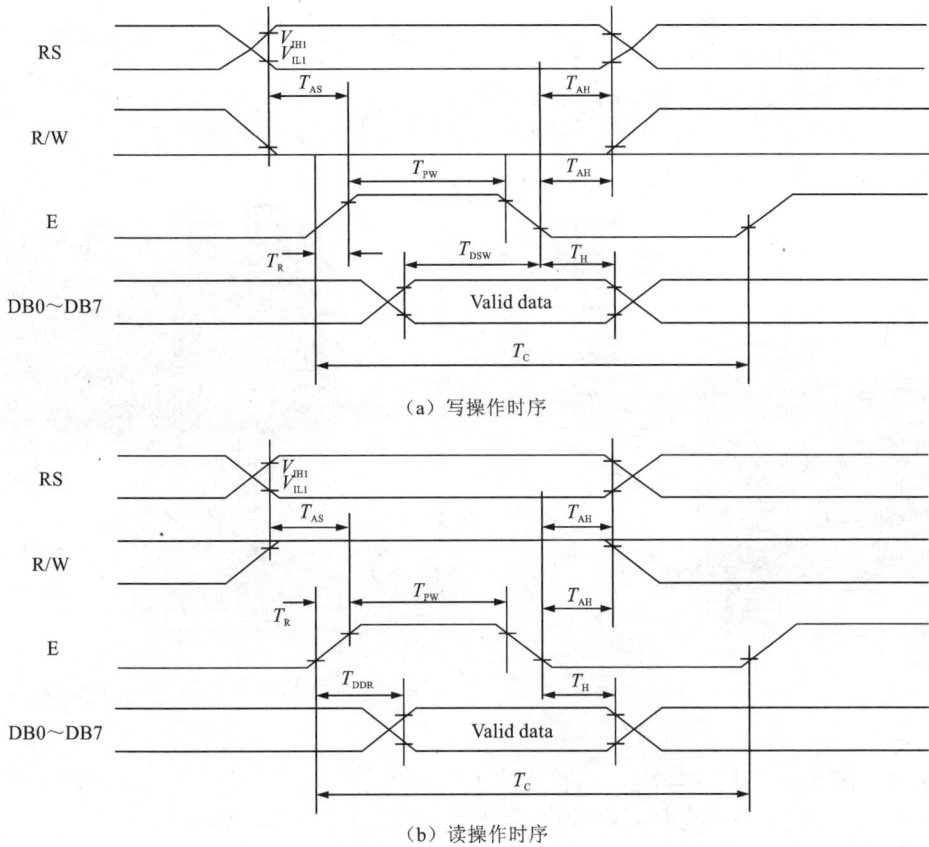

图 1 - 6 - 2　ST7920 液晶屏读写时序

（2）第 141 行 void CGRAM( ) 为造字函数，把 16×16 像素的"笑脸"图像存放在液晶屏的 CGRAM 寄存器中的 00H 单元，该寄存器共有 4 个单元。第 159 ~ 160 行调用两次 Write_Data(0x00) 函数，就是把"笑脸"图像显示在液晶屏上，默认数据为 0x00。

第五步，修改程序，提高编程水平。

修改程序，实现其他图像、汉字、字符、半宽字型、造字（自定义字型或图型）显示；查阅 LCD 液晶屏资料，采用如图 1 - 6 - 1 所示串口通信方式实现任务 1 的功能。

任务 2　不带字库的 LCD 显示系统设计与制作

任务描述：在 Proteus 软件和单片机实训板上，采用单片机 P0 口与 LCD 的数据端口相连。P2.1 ~ P2.6 分别与 LCD 的 E、R/W、D/I(RS)、CS1、CS2、RST 控制引脚相连，在 LCD 屏上显示"河源职业技术学院电信学院欢迎您"和河源职院校徽。

第一步，在 Proteus 中，绘制 LCD 显示电路，如图 1 - 6 - 3 所示；通过字模提取软件提取字模。

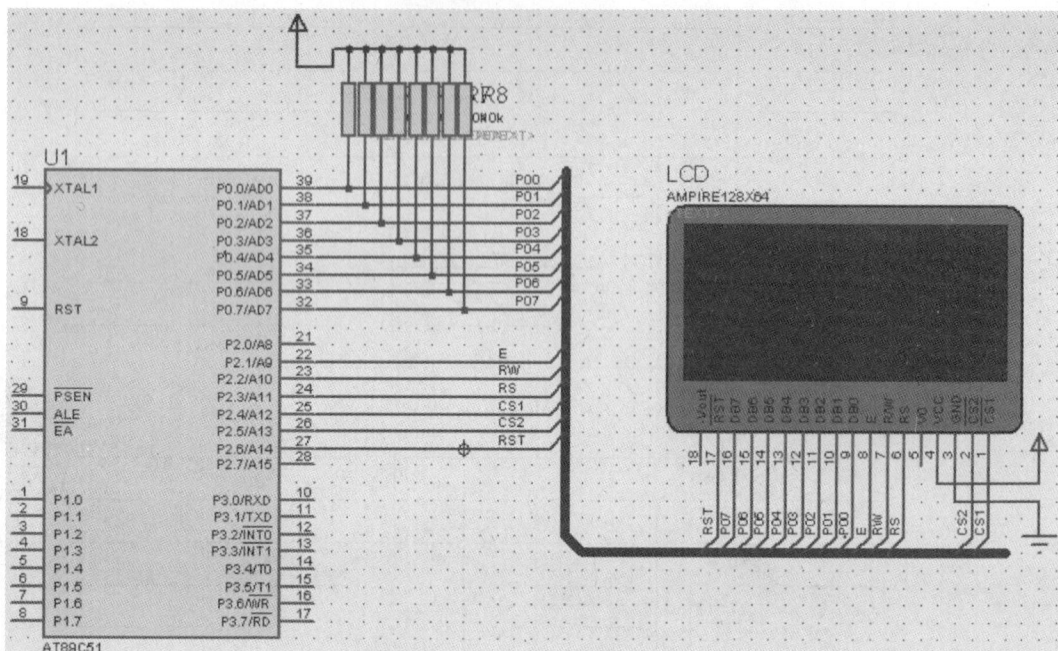

图 1 - 6 - 3 LCD 仿真电路

采用"字模提取工具"提取"河源职业技术学院电信学院欢迎您"和河源职院校徽的字模,如图 1 - 6 - 4 所示。在取模软件中设置纵向取模,字节倒序排列,汉字大小设置为 16×16 像素,图形大小设置为 48×48 像素,采用 C51 取模格式。

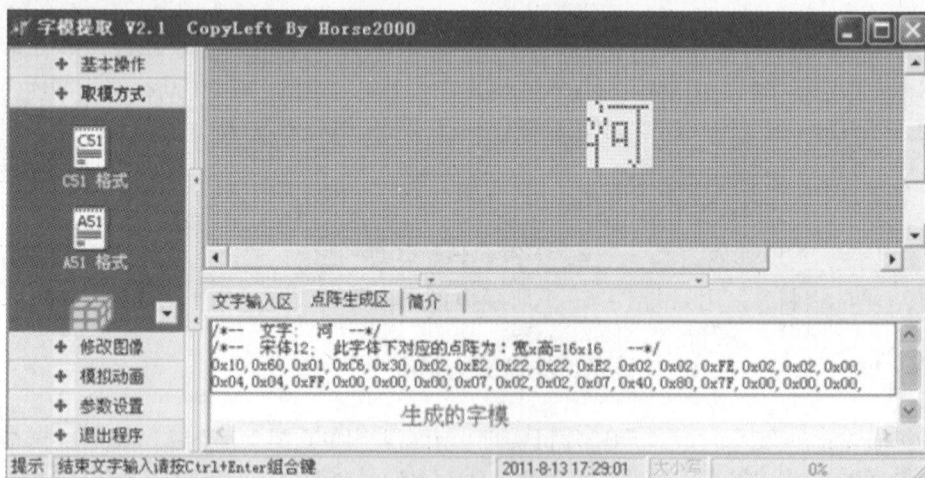

图 1 - 6 - 4 汉字和图形取模界面

第二步，编写任务程序。

```
1. #include "reg51.h"
2. sbit CS1 = P2^6;                    //右屏片选
3. sbit CS2 = P2^5;                    //左屏片选
4. sbit RS = P2^3;                     //1 为数据，0 为指令
5. sbit RW = P2^2;                     //1 为读操作，0 为写操作
6. sbit EN = P2^1;                     //读写使能
7. sbit RST = P2^4;                    //复位，低电平有效
8. sbit busy = P0^7;
9. #define DataPort   P0               //定义数据端口
10. #define Dis_On   0x3F              //开显示
11. #define Dis_Off   0x3E             //关显示
12. #define Addr_X   0x40              //第 0 列地址
13. #define Addr_Y   0xB8              //第 0 页地址
14. #define Addr_Z   0xC0              //显示起始行——0
15. unsigned char code He[32] = {/* - - - -河，16×16 纵向取模，字节倒序- - - - */
16. 0x10,0x60,0x01,0xC6,0x30,0x02,0xE2,0x22,0x22,0xE2,0x02,0x02,0xFE,0x02,0x02,0x00,
17. 0x04,0x04,0xFF,0x00,0x00,0x00,0x07,0x02,0x02,0x07,0x40,0x80,0x7F,0x00,0x00,0x00};
18. unsigned char code Yuan1[32] = {/* - - 源，16×16 纵向取模，字节倒序- - - */
19. 0x10,0x21,0x06,0xE0,0x00,0xFE,0x02,0xF2,0x5A,0x56,0x52,0x52,0x52,0xF2,0x02,0x00,
20. 0x04,0xFC,0x03,0x40,0x30,0x0F,0x20,0x11,0x4D,0x81,0x7F,0x01,0x05,0x09,0x30,0x00};
21. unsigned char code Zhi[32] = {/* - - - -职，16×16 纵向取模，字节倒序- - - */
22. 0x02,0x02,0xFE,0x92,0x92,0xFE,0x02,0x00,0xFE,0x82,0x82,0x82,0x82,0xFE,0x00,0x00,
23. 0x10,0x10,0x0F,0x08,0x08,0xFF,0x04,0x44,0x21,0x1C,0x08,0x00,0x04,0x09,0x30,0x00};
24. unsigned char code Ye[32] = {/* - - - -业，16×16 纵向取模，字节倒序- - - - */
25. 0x00,0x10,0x60,0x80,0x00,0xFF,0x00,0x00,0x00,0xFF,0x00,0x80,0x60,0x38,0x10,0x00,
26. 0x20,0x20,0x20,0x23,0x21,0x3F,0x20,0x20,0x20,0x3F,0x22,0x21,0x20,0x30,0x20,0x00};
27. unsigned char code Ji[32] = {/* - - - -技，16×16 纵向取模，字节倒序- - - - */
28. 0x08,0x08,0x88,0xFF,0x48,0x28,0x00,0xC8,0x48,0x48,0x7F,0x48,0xC8,0x48,0x08,0x00,
29. 0x01,0x41,0x80,0x7F,0x00,0x40,0x40,0x20,0x13,0x0C,0x0C,0x12,0x21,0x60,0x20,0x00};
30. unsigned char Shu[32] = {/* - - - -术，16×16 纵向取模，字节倒序- - - */
31. 0x10,0x10,0x10,0x10,0x10,0x90,0x50,0xFF,0x50,0x90,0x12,0x14,0x10,0x10,0x10,0x00,
32. 0x10,0x10,0x08,0x04,0x02,0x01,0x00,0x7F,0x00,0x00,0x01,0x06,0x0C,0x18,0x08,0x00};
33. unsigned char code Xue[32] = {/* - - - -学，16×16 纵向取模，字节倒序- - - */
34. 0x40,0x30,0x10,0x12,0x5C,0x54,0x50,0x51,0x5E,0xD4,0x50,0x18,0x57,0x32,0x10,0x00,
35. 0x00,0x02,0x02,0x02,0x02,0x02,0x42,0x82,0x7F,0x02,0x02,0x02,0x02,0x02,0x02,0x00};
36. unsigned char code Yuan2[32] = {/* - - -院，16×16 纵向取模，字节倒序- - */
37. 0xFE,0x02,0x32,0x4A,0x86,0x0C,0x24,0x24,0x25,0x26,0x24,0x24,0x24,0x0C,0x04,0x00,
38. 0xFF,0x00,0x02,0x04,0x83,0x41,0x31,0x0F,0x01,0x01,0x7F,0x81,0x81,0x81,0xF1,0x00};
39. unsigned char code Dian[32] = {/* - - -电，16×16 纵向取模，字节倒序- - - */
40. 0x00,0x00,0xF8,0x48,0x48,0x48,0x48,0xFF,0x48,0x48,0x48,0x48,0xF8,0x00,0x00,0x00,
```

```
41. 0x00,0x00,0x0F,0x04,0x04,0x04,0x04,0x3F,0x44,0x44,0x44,0x44,0x4F,0x40,0x70,0x00};
42. unsigned char code Xin[32] = {/* ----信, 16×16 纵向取模, 字节倒序 --- */
43. 0x80,0x40,0x30,0xFC,0x07,0x0A,0xA8,0xA8,0xA9,0xAE,0xAA,0xA8,0xA8,0x08,0x08,0x00,
44. 0x00,0x00,0x00,0x7F,0x00,0x00,0x7E,0x22,0x22,0x22,0x22,0x22,0x7E,0x00,0x00,0x00};
45. unsigned char code Huan[32] = {/* ----欢, 16×16 纵向取模, 字节倒序 -- */
46. 0x14,0x24,0x44,0x84,0x64,0x1C,0x20,0x18,0x0F,0xE8,0x08,0x08,0x28,0x18,0x08,0x00,
47. 0x20,0x10,0x4C,0x43,0x43,0x2C,0x20,0x10,0x0C,0x03,0x06,0x18,0x30,0x60,0x20,0x00};
48. unsigned char code Ying[32] = {/* ---迎, 16×16 纵向取模, 字节倒序 --- */
49. 0x40,0x41,0xCE,0x04,0x00,0xFC,0x04,0x02,0x02,0xFC,0x04,0x04,0x04,0xFC,0x00,0x00,
50. 0x40,0x20,0x1F,0x20,0x40,0x47,0x42,0x41,0x40,0x5F,0x40,0x42,0x44,0x43,0x40,0x00};
51. unsigned char code Nin[32] = {/* ----您, 16×16 纵向取模, 字节倒序 --- */
52. 0x80,0x40,0x30,0xFC,0x03,0x90,0x68,0x06,0x04,0xF4,0x04,0x24,0x44,0x8C,0x04,0x00,
53. 0x00,0x20,0x38,0x03,0x38,0x40,0x40,0x49,0x52,0x41,0x40,0x70,0x00,0x09,0x30,0x00};
54. unsigned char code BZ[288] = {/* ---校徽, 48x48 纵向取模, 字节倒序 -- */
55. 0x00,0x00,0x00,0x00,0x00,0x00,0x00,0x00,0x00,0x00,0x00,0x80,0xE0,0xF0,0xF8,0xF8,
56. 0xF8,0xF8,0xF8,0xF8,0xF8,0xF8,0xF8,0xF8,0xF8,0xF8,0xF8,0xF8,0xF8,0xF8,0xF8,0xF8,
57. 0xF8,0xF8,0xF0,0xE0,0x80,0x00,0x00,0x00,0x00,0x00,0x00,0x00,0x00,0x00,0x00,0x00,
58. 0x00,0x00,0x00,0x00,0x00,0x00,0xC0,0xE0,0xE0,0x8C,0x8F,0x8F,0x8F,0x0F,0x0F,0x0F,
59. 0x0F,0x0F,0x0F,0xFF,0xFF,0xFF,0xFF,0xFF,0xFF,0xFF,0xFF,0xFF,0xFF,0x0F,0x0F,0x0F,
60. 0x0F,0x0F,0x0F,0x8F,0x8F,0x8F,0x8C,0xE0,0xE0,0xC0,0x00,0x00,0x00,0x00,0x00,0x00,
61. 0x00,0x00,0xC0,0xF0,0xFC,0xFF,0xFF,0xFF,0xFF,0xFF,0xFF,0xFF,0xFF,0x00,0x00,0x00,
62. 0x00,0x00,0x00,0x3F,0x3F,0x3F,0x3F,0x3F,0x3F,0x3F,0x3F,0x3F,0x3F,0x00,0x00,0x00,
63. 0x00,0x00,0x00,0xFF,0xFF,0xFF,0xFF,0xFF,0xFF,0xFF,0xFF,0xFC,0xF0,0xC0,0x00,0x00,
64. 0x00,0x00,0x01,0x07,0x1F,0x7F,0xFF,0xFF,0xFF,0xFF,0xFF,0xFF,0xFF,0x00,0x00,0x00,
65. 0x00,0x00,0x00,0xFE,0xFE,0xFE,0xFE,0xFE,0xFE,0xFE,0xFE,0xFE,0xFE,0x00,0x00,0x00,
66. 0x00,0x00,0x00,0xFF,0xFF,0xFF,0xFF,0xFF,0xFF,0xFF,0x7F,0x1F,0x07,0x01,0x00,0x00,
67. 0x00,0x00,0x00,0x00,0x00,0x00,0x01,0x03,0x03,0x30,0xF0,0xF0,0xF0,0xF0,0xF0,0xF0,
68. 0xF0,0xF0,0xF0,0xFF,0xFF,0xFF,0xFF,0xFF,0xFF,0xFF,0xFF,0xFF,0xFF,0xF0,0xF0,0xF0,
69. 0xF0,0xF0,0xF0,0xF0,0xF0,0xF0,0x30,0x03,0x03,0x01,0x00,0x00,0x00,0x00,0x00,0x00,
70. 0x00,0x00,0x00,0x00,0x00,0x00,0x00,0x00,0x00,0x00,0x00,0x01,0x07,0x0F,0x1F,0x1F,
71. 0x1F,0x1F,0x1F,0x1F,0x1F,0x1F,0x1F,0x1F,0x1F,0x1F,0x1F,0x1F,0x1F,0x1F,0x1F,0x1F,
72. 0x1F,0x1F,0x0F,0x07,0x01,0x00,0x00,0x00,0x00,0x00,0x00,0x00,0x00,0x00,0x00,0x00};
73. //**************************************************
74. void DelayUs(unsigned int t)              //晶振 12M, 大致延时 1μs
75. {    while( --t);
76. }
77. //**************************************************
78. void DelayMs(unsigned char t)
79. {    while(t--)                            //大致延时 1*t ms
80.      {   DelayUs(1000);
81.      }
82. }
83. //**************************************************
```

```
84. void Check_Busy( )                           //读状态，检测忙位
85. {      EN = 0;
86.        RW = 1;
87.        RS = 0;
88.        DelayUs(1);
89.        EN = 1;
90.        DataPort = 0xFF;
91.        while( ! busy);
92.        EN = 0;
93. }
94. // * * * * * * * * * * * * * * * * * * * * * * * * * * * * * * * * * * * * * * * * *
95. void Send_Order( unsigned char Order)         //写指令
96. {      Check_Busy( );                          //调检测忙位函数
97.        EN = 0;                                  //根据时序设置 EN、RW、RS 状态
98.        RW = 0;
99.        RS = 0;
100.       DelayUs(1);
101.       EN = 1;
102.       DataPort = Order;                        //写入指令
103.       DelayUs(2);
104.       EN = 0;                                  //EN 信号下降沿，指令被送出
105. }
106. // * * * * * * * * * * * * * * * * * * * * * * * * * * * * * * * * * * * * * * * * *
107. void Send_Data( unsigned char dat)            //写数据
108. {      Check_Busy( );                          //调检测忙位函数
109.       EN = 0;                                  //根据时序设置 EN、RW、RS 状态
110.       RW = 0;
111.       RS = 1;
112.       DelayUs(1);
113.       EN = 1;
114.       DataPort = dat;                          //写入数据
115.       DelayUs(2);
116.       EN = 0;                                  //EN 信号下降沿，数据被送出
117. }
118. // * * * * * * * * * * * * * * * * * * * * * * * * * * * * * * * * * * * * * * * * *
119. void LCD_CSX( unsigned char number)           //选屏
120. {    switch( number)
121.      {    case 0: CS1 = 0, CS2 = 0; break;     //全屏
122.           case 1: CS1 = 0, CS2 = 1; break;     //左屏
123.           case 2: CS1 = 1, CS2 = 0; break;     //右屏
124.      }
125. }
126. // * * * * * * * * * * * * * * * * * * * * * * * * * * * * * * * * * * * * * * * * *
```

```
127. void Clear_Screen(unsigned char num)                              //清屏
128. {    unsigned char m, n;
129.      LCD_CSX(num);                                                //选屏
130.      for(m = 0; m < 8; m + +)                                     //共 8 页
131.      {   Send_Order(Addr_Y + m);                                  //发送页地址
132.          Send_Order(Addr_X);                                      //发送列地址,列地址为自增
133.          for(n = 0; n < 64; n + +)                                //共 64 列
134.          {   Send_Data(0x00);                                     //写 0,清除显示
135.          }
136.      }
137. }
138. /* * * * * * * * * * * * * * * * * * * * * * * * * * * * * * * * * * * * * * * * * * * * * *
139.                         发送汉字数据
140. num:选屏,范围 0 ~ 2;x:列地址,范围 0 ~ 127;y:起始页,范围 0 ~ 7; * Spdata:显示的汉字
代码
141. * * * * * * * * * * * * * * * * * * * * * * * * * * * * * * * * * * * * * * * * * * * * */
142. void Send_Ndata(unsigned char num, unsigned char X, unsigned char Y, const unsigned char * Spdata)
143. {    unsigned char m, n;
144.      LCD_CSX(num);                                                //选屏
145.      for(m = 0; m < 2; m + +)                                     //共 2 页
146.      {   Send_Order(Addr_Y + Y + m);                              //发送页地址
147.          Send_Order(Addr_X + X);                                  //发送列地址
148.          for(n = 0; n < 16; n + +)                                //发送列数据,共 32 列
149.          {   Send_Data(Spdata[m * 16 + n]);
150.          }
151.      }
152. }
153. /* * * * * * * * * * * * * * * * * * * * * * * * * * * * * * * * * * * * * * * * * * * * * *
154.                         发送图片数据
155. num:选屏,范围 0 ~ 2;x:列地址,范围 0 ~ 63;y:起始页,范围 0 ~ 7; * Spdata:显示的内容
156. /* * * * * * * * * * * * * * * * * * * * * * * * * * * * * * * * * * * * * * * * * * * * */
157. void Send_photo(unsigned char num, unsigned char X, unsigned char Y, const unsigned char * Spdata)
158. {    unsigned char m, n;
159.      LCD_CSX(num);                                                //选屏
160.      for(m = 0; m < 6; m + +)                                     //共 6 页
161.      {   Send_Order(Addr_Y + Y + m);                              //发送页地址
162.          Send_Order(Addr_X + X);                                  //发送列地址
163.          for(n = 0; n < 48; n + +)                                //发送列数据,共 32 列
164.          {   Send_Data(Spdata[m * 48 + n]);
165.          }
166.      }
167. }
168. /* * * * * * * * * * * * * * * * * * * * * * * * * * * * * * * * * * * * * * * * * * * * * *
```

```
169.                               发送点数据
170. num：选屏，范围 0 ~ 2；x：列地址，范围 0 ~ 63；y：字型代码；da：点数据
171. * * * * * * * * * * * * * * * * * * * * * * * * * * * * * * * * * * * * * * * * * * * * */
172. void Send_dot(unsigned char num, unsigned char X, unsigned char Y, unsigned char da)
173. {    LCD_CSX(num);                          //选屏
174.      Send_Order(Addr_Y + Y);                //发送页地址
175.      Send_Order(Addr_X + X);                //发送列地址
176.      Send_Data(da);
177. }
178. // * * * * * * * * * * * * * * * * * * * * * * * * * * * * * * * * * * * * * * * * * * *
179. void Init_Lcd( )                            //初始化 12864 液晶屏
180. {    RST = 0;                               //复位
181.      DelayMs(2);
182.      RST = 1;
183.      DelayMs(2);
184.      Send_Order(Dis_Off);                   //关显示
185.      Clear_Screen(1);                       //清屏(不能整屏同时清屏)
186.      Clear_Screen(2);                       //清屏
187.      Send_Order(Addr_Z);                    //显示起始行为 0
188.      Send_Order(Dis_On);                    //开显示
189. }
190. // * * * * * * * * * * * * * * * * * * * * * * * * * * * * * * * * * * * * * * * * * * *
191. void main( )
192. {    Init_Lcd( );
193.      / *  = = =显示"河源职业技术学院" = = =  * /
194.      Send_Ndata(1, 0, 0, He);
195.      Send_Ndata(1, 16, 0, Yuan1);
196.      Send_Ndata(1, 32, 0, Zhi);
197.      Send_Ndata(1, 48, 0, Ye);
198.      DelayMs(5);
199.      Send_Ndata(2, 0, 0, Ji);
200.      Send_Ndata(2, 16, 0, Shu);
201.      Send_Ndata(2, 32, 0, Xue);
202.      Send_Ndata(2, 48, 0, Yuan2);
203. / *  = = = = = = = =显示"电信学院" = = = = = = =  * /
204.      Send_Ndata(1, 0, 2, Dian);
205.      Send_Ndata(1, 16, 2, Xin);
206.      Send_Ndata(1, 32, 2, Xue);
207.      Send_Ndata(1, 48, 2, Yuan2);
208. / *  = = = = = = = =显示"欢迎您" = = = = = = =  * /
209.      Send_Ndata(1, 8, 4, Huan);
210.      Send_Ndata(1, 24, 4, Ying);
211.      Send_Ndata(1, 40, 4, Nin);
```

```
212./* = = = = = = = = =显示"校徽" = = = = = = = = = */
213.    Send_photo(2, 8, 2, BZ);
214./* = = = = =显示"某个像素点" = = = = = = = */
215.    Send_dot(1, 0, 7, 0x01);
216.    while(1);
217.}
```

第三步,编译、仿真与调试程序。

(1)在 Proteus 软件中仿真程序。单击仿真按钮,仿真效果如图 1 - 6 - 5 所示。

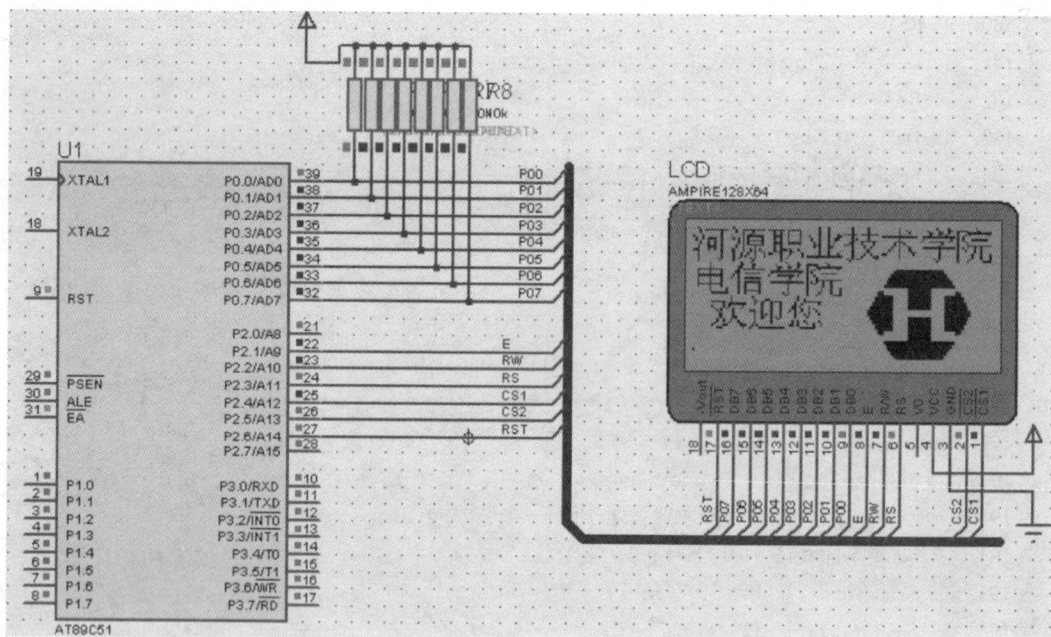

图 1 - 6 - 5　不带字库 LCD 屏仿真效果

(2)在单片机实训板中调试程序。将不带字库的 LCD 屏插入到单片机实训板中,下载程序,则可实现上述仿真效果。

第四步,分析程序。

(1)与带字库 LCD 屏一样,其核心操作也是读写操作,其时序如图 1 - 6 - 6 所示。

(1)写操作时序:分为写指令和写数据。第 95 行为写指令函数,第 107 行为写数据函数,两个函数的异同点:

a. 时序基本相同。先设置 EN、RS、RW 三个控制线;延时 1μs 左右;再使 EN 为高电平;然后给数据端口送数;再使 EN 控制线出现下降沿;即完成一次写操作。

b. 函数的第一条语句都要调用 Check_Busy()函数,检测液晶屏是否忙。

c. RS 和 RW 设置不相同。写指令函数设置为 RS = 0, RW = 0;写数据函数设置为 RS

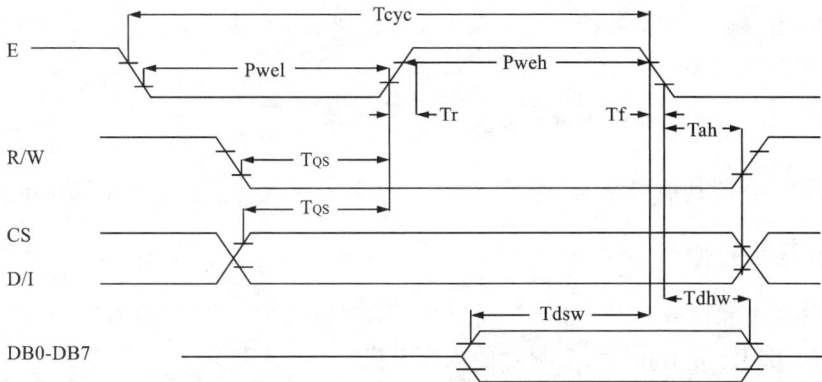

（a）写操作时序

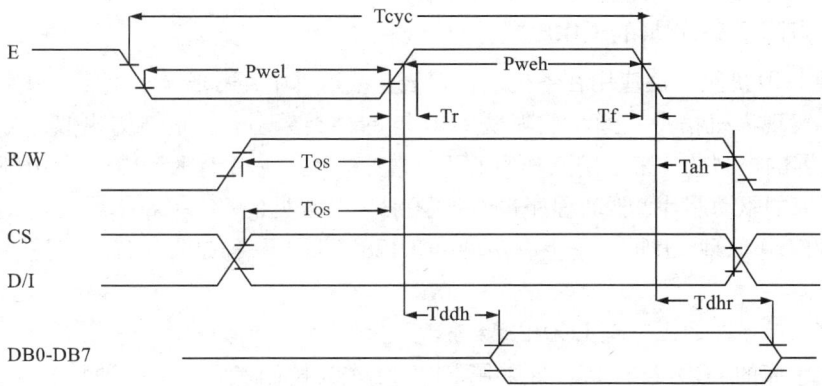

（b）读操作时序

图 1 – 6 – 6　不带字库液晶屏读写时序

=1, RW = 0。

②读操作时序：第 84 行为检测液晶屏是否忙函数 void Check_Busy( )。首先设置 EN = 0, RS = 0, RW = 1；延时 1μs 左右；使 EN = 1；再给 DataPort 端口（即 P0 端口）赋高电平；再读取 DataPort 端口值的最高位（busy），判断 busy 位是否为 1，若为 1 继续读取判断，表示液晶屏处于忙状态；若为 0，执行 EN = 0 语句，使 E 控制线出现下降沿，表示液晶屏处于不忙状态。

（2）第 119 行为选屏函数 void LCD_CSX(unsigned char number)。该 LCD 屏是分左右屏，在写入显示数据之前，必须先设置在哪个半屏显示。如在第 142 行汉字显示函数、第 157 行图片显示函数中，首先都是调用选屏函数。

（3）在第 142 行汉字显示函数中，由于一个汉字的像素为 16 × 16，所以需要 2 页、16 列的空间来显示。显示顺序是：一页一页显示，即先显示第 Y 页的 16 列数据（16 个字节）；再显示第 Y + 1 页的 16 列数据（16 个字节）。列地址可以自增，页地址不能自增，需要软件设置，所以第 145 行 for 语句就是进行 2 次循环，完成 2 页显示；第 148 行 for 语句完成同一页的 16 列数据显示，当第 148 行的 for 语句循环结束后，重新写入页地址。

（4）第 172 行为点数据显示函数。即通过确定页地址和列地址，写入一个字节的数据，该数据只有 1 位为高电平，其他 7 位为低电平，实现某个像素点的显示。在该程序中实现了第 7 页、第 0 列的第 1 位像素点显示，如图 1 - 6 - 5 所示。

第五步，修改程序，提高编程水平。

修改程序，实现其他图像、汉字、字符显示，试着实现一个正弦波图像显示。

四、思考与分析

（1）在任务 1 和任务 2 中，如何实现液晶屏动态显示？
（2）如何实现任务 1 和任务 2 显示的内容互换？

五、知识链接

1.14　点阵型 LCD 屏的工作原理

点阵型 LCD 屏被广泛应用在各类仪器仪表、考勤机中，用来显示字母、数字、中文字型及图形，实现人机信息互通。点阵型 LCD 屏的种类繁多，但是结构相似，功能大同小异，主要以屏的控制芯片来区别点阵型 LCD，常见的控制芯片有 KS0107、KS0108、ST7920等，不同厂家的驱动芯片，驱动程序也有所区别。以常见的 LCD12864 屏为例，介绍点阵型 LCD 屏的工作原理，目前市场上有两种 LCD12864 屏，一种是带字库的，另一种是不带字库的。

1.14.1　带字库的点阵型 LCD12864 屏

带中文字库的 LCD12864 屏一般采用 ST7920 作为控制芯片，是一种具有 4 位/8 位并行、2 线/3 线串行的接口方式，内部含有国标一级、二级简体中文字库；其显示分辨率为 128 × 64，内置 8192 个 16 × 16 点汉字和 128 个 16 × 8 点 ASCII 字符集。利用该模块灵活的接口方式和简单、方便的操作指令，可构成全中文人机交互图形界面，可以显示 8 × 4 行 16 × 16 点阵的汉字；也可实现图形显示。如果需要显示较多汉字，用它较为方便。实物和引脚如图 1 - 6 - 7 所示。

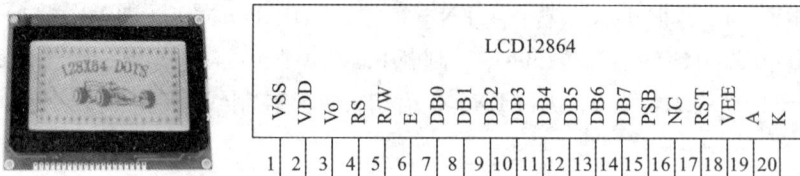

图 1 - 6 - 7　LCD12864 屏实物和引脚图

1．接口定义

表 1 - 6 - 2　接口定义

引脚	名称	电平	并行模式功能说明	串行模式功能说明
1	VSS	0V	电源负极	
2	VDD	+5V	电源正极	

续表 1 - 6 - 2

引脚	名称	电平	并行模式功能说明	串行模式功能说明
3	Vo	—	对比度调节	
4	RS	H/L	RS = H: 显示数据; RS = L: 控制指令	片选端, 高电平有效
5	R/W	H/L	R/W = H, E = H: 数据被读到 DB7 ~ DB0 R/W = H, E = H→L: DB7 ~ DB0 的数据被写到 IR 或 DR	串行数据输入端
6	E	H/L	使能信号, 下降沿有效	串行同步时钟端
7 ~ 14	DB0 ~ DB7	H/L	数据线	未用到
15	PSB	H/L	PSB = H: 并口方式, PSB = L: 串口方式(见注释1)	
16	NC	—	空脚	
17	RST	H/L	复位端, 低电平有效(见注释2)	
18	VEE	—	LCD 驱动电压输出端	
19	A	+5V	背光源正端(+5V)(见注释3)	
20	K	0V	背光源负端(见注释3)	

注释1: 如在实际应用中仅使用串口通信模式, 可将 PSB 接固定低电平;

注释2: 模块内部接有上电复位电路, 因此在不需要经常复位的场合可将该端悬空;

注释3: 如背光和模块共用一个电源, 可以将模块上的 A、K 用焊锡短接。

2. 控制信号

表 1 - 6 - 3 控制信号

RS	R/W	功能说明
L	L	MPU 写指令到指令暂存器(IR)
L	H	读出忙标志(BF)及地址计数器(AC)的状态
H	L	MPU 写数据到数据暂存器(DR)
H	H	MPU 从数据暂存器(DR)中读出数据

3. 指令说明

模块控制芯片提供两套控制命令, 基本指令和扩充指令如下:

(1)指令表1: (RE = 0: 基本指令)

表 1 - 6 - 4　指令表 1

指令名称	指令码										功能	执行时间
	RS	R/W	D7	D6	D5	D4	D3	D2	D1	D0		
清除显示	0	0	0	0	0	0	0	0	0	1	将 DDRAM 填满"20H",并且设定 DDRAM 的地址计数器(AC)到"00H"	1.6ms
地址归位	0	0	0	0	0	0	0	0	1	X	设定 DDRAM 的地址计数器(AC)到"00H",并且将游标移到开头原点位置;这个指令不改变 DDRAM 的内容	72μs
显示状态开/关	0	0	0	0	0	1	D	C	B		D=1:整体显示开 C=1:游标开 B=1:游标位置反白允许	72μs
进入点设定	0	0	0	0	0	0	0	1	I/D	S	在数据的读取与写入时,设定游标的移动方向及指定显示的移位	72μs
游标或显示移位控制	0	0	0	0	0	1	S/C	R/L	X	X	设定游标的移动与显示的移位控制位;这个指令不改变 DDRAM 的内容	72μs
功能设定	0	0	0	0	1	DL	X	RE	X	X	DL=0/1:4/8 位数据 RE=1:扩充指令操作 RE=0:基本指令操作	72μs
设定 CGRAM 地址	0	0	0	1	AC5	AC4	AC3	AC2	AC1	AC0	设定 CGRAM 地址	72μs
设定 DDRAM 地址	0	0	1	0	AC5	AC4	AC3	AC2	AC1	AC0	设定 DDRAM 地址(显示位址) 第一行:80H ~ 87H 第二行:90H ~ 97H 第三行:88H ~ 8FH 第四行:98H ~ 9FH	72μs
读取忙标志和地址	0	1	BF	AC6	AC5	AC4	AC3	AC2	AC1	AC0	读取忙标志(BF)可以确认内部动作是否完成,同时可以读出地址计数器(AC)的值	0μs
写数据到 RAM	1	0	数据								将数据 D7 ~ D0 写入到内部的 RAM(DDRAM/CGRAM/IRAM/GRAM)	72μs
读出 RAM 的值	1	1	数据								从内部 RAM 读取数据 D7 ~ D0(DDRAM/CGRAM/IRAM/GRAM)	72μs

（2）指令表 2：（RE = 1：扩充指令）

表 1 - 6 - 5 指令表 2

指令名称	指令码										功能	执行时间
	RS	R/W	D7	D6	D5	D4	D3	D2	D1	D0		
待命模式	0	0	0	0	0	0	0	0	0	1	进入待命模式，执行其他指令都可终止待命模式	72μs
卷动地址开关开启	0	0	0	0	0	0	0	0	1	SR	SR = 1：允许输入垂直卷动地址 SR = 0：允许输入 IRAM 和 CGRAM 地址	72μs
反白选择	0	0	0	0	0	0	0	1	R1	R0	选择 2 行中的任一行作反白显示，并可决定是否反白。初始值 R1R0 = 00，第一次设定为反白显示，再次设定变回正常	72μs
睡眠模式	0	0	0	0	0	0	1	SL	X	X	SL = 0：进入睡眠模式 SL = 1：脱离睡眠模式	72μs
扩充功能设定	0	0	0	0	1	CL	X	RE	G	0	CL = 0/1：4/8 位数据 RE = 1：扩充指令操作 RE = 0：基本指令操作 G = 1/0：绘图开/关	72μs
设定绘图RAM 地址	0	0	1	0 AC6	0 AC5	0 AC4	AC3 AC3	AC2 AC2	AC1 AC1	AC0 AC0	设定绘图 RAM 先设定垂直（列）地址 AC6AC5…AC0，再设定水平（行）地址 AC3AC2AC1AC0，将以上 16 位地址连续写入即可	72μs

备注：当 IC1 在接受指令前，微处理器必须先确认其内部是否处于非忙碌状态，即读取 BF 标志时，BF 须为零，方可接受新的指令；如果在送出一个指令前并不检查 BF 标志，那么在前一个指令和这个指令中间必须延长一段较长的时间，即是等待前一个指令确实执行完成。

4. 16×8 半宽字型

LCD12864 液晶屏内有 16K 位半宽字型 ROM（HCGROM），总共提供 126 个西文字型（16×8 点阵），如图 1 - 6 - 8 所示。地址分配是从左到右，依次为 0x00 ~ 0x80，其中 0x00 和 0x01 单元为空，所以只有 126 个字型。

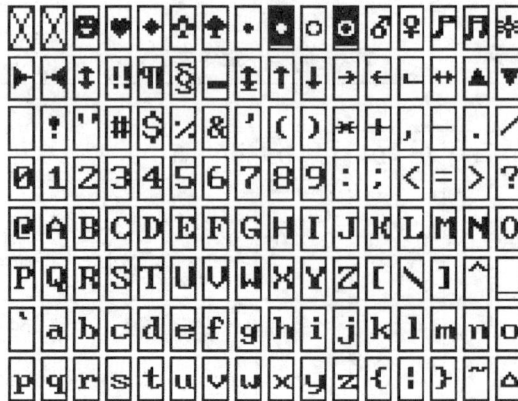

图 1 - 6 - 8　16×8 半宽字型图

5. 字型产生 RAM(CGRAM)

字型产生 RAM,提供图像定义(造字)功能,可以提供四组 16×16 点的自定义图像空间,使用者可以将内部字型没有提供的图像字型自行定义到 CGRAM 中,便可和 CGROM 中的定义一样,通过 DDRAM 显示在屏幕中。

6. 图形显示

带中文字库的 LCD12864 屏在显示图形时,需分成上半屏和下半屏,每个半屏又分成 32 行和 16 列,半屏图形显示坐标如图 1 - 6 - 9 所示。上半屏的水平方向的地址为 0x80,下半屏的水平方向的地址为 0x88;每屏的垂直方向地址都是从 0x80 开始的。

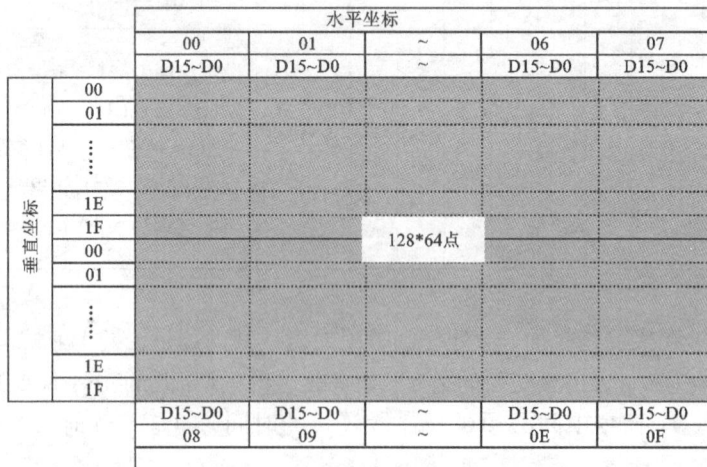

图 1 - 6 - 9　半屏图形显示坐标

绘图显示 RAM 提供 128×8 个字节的存储单元,在显示图形时:

(1)先连续写入水平与垂直方向的地址(先写垂直方向的,再写水平方向的),垂直地址范围为 AC5…AC0(即 1000 0000B ~ 1001 1111B 或 80H ~ 9FH);水平地址范围为 AC3…

AC0(即 1000 0000B ~ 1000 1111B 或 80H ~ 8FH)。

(2)绘图 RAM 的地址计数器(AC)只会对水平地址(x 轴)自动加一,当水平地址 = 0FH 时会重新设为 00H,但并不会对垂直地址自动加 1,故当连续写入多笔数据时,程序设计者要在写完每行的 16 个字节之后,需要对垂直地址自动加 1。

图形字模提取方法:

(1)打开"字模提取"软件,如图 1 - 6 - 10 所示。该软件既可提取图形的字模,也可以提取汉字、字符的字模。

图 1 - 6 - 10　图形字模提取

(2)在取模软件中设置横向取模、字节顺序排列,图像大小设置为 128 × 64 像素,采用 C51 取模格式。

用带中文字库的 128 × 64 显示模块时应注意以下几点:

(1)在某一个位置显示中文字符时,应先设定显示字符位置,即先设定显示地址,再写入中文字符编码。

(2)显示 ASCII 字符过程与显示中文字符过程相同。在显示连续字符时,只需设定一次显示地址,由模块自动对地址加 1 指向下一个字符位置,否则,显示的字符中将会有一个空 ASCII 字符位置。

(3)当字符编码为 2 字节时,应先写入高位字节,再写入低位字节。

(4)"RE"为基本指令集与扩充指令集的选择控制位。当变更"RE"后,以后的指令集将维持在最后的状态,除非再次变更"RE"位,若使用相同指令集时,无须每次都重设"RE"位。

1.14.2　不带字库的点阵型 LCD12864 屏

在显示汉字数量很少的场合,可以使用更加廉价的、不带字库的点阵液晶模块。它们的控制芯片一般有 KS0108 和 ST7565 两种:KS0108 很简单,一共只有 7 条指令,可是它没有串行接口;ST7565 有 20 多条指令,有串行接口,可选串行或并行工作。KS0108 和 ST7565 的指令和上述带字库的 ST7920 区别较大,所以初学者买液晶时一定要搞清楚是哪种驱动电路，即使同样的驱动电路，不同厂家或者不同型号的产品，具体细节仍可能不同。例如有的片选信号是高电平有效，有的却是低电平有效，有的把显示区分为左右两半分别选取，有的却不加区分。所以使用之前，一定要仔细看说明书或使用手册。

LCD12864 点阵液晶屏的图形显示原理都差不多，以 KS01080 为例来介绍，内部结构如图 1 - 6 - 11 所示。

（1）液晶屏 x 方向（水平）具有 128 列像素，从左到右为第 0 列、…、第 127 列，y 方向（垂直）具有 64 行像素。

（2）每 8 行组成 1 页，从上到下就是第 0 页、第 1 页、…、第 7 页。这样以列号和页号为坐标，就可以指定交叉位置的 8 个像素。例如第 0、1、2、3 列第 1 页的 8 个像素，在液晶屏内部有一块显示缓存区，按照列号和页号就可以对显示缓存区的某个字节写数，该字节的 8 位二进制数就对应了液晶屏同样位置的像素的亮灭，如对第 1 列第 1 页的那个缓存单元写入 0x80 即 0b10000000，那么液晶屏对应位置的最下面一点 7 亮（低位在上高位在下），其余都灭；如果第 2 列第 1 页写入 0x0F 即

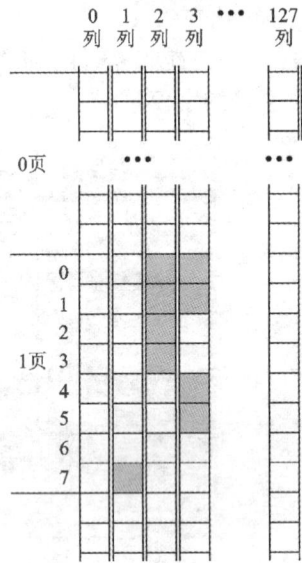

图 1 - 6 - 11　液晶屏内部结构

0b00001111，则该位置上方 4 个点 0123 亮，其余像素不亮；如果第 3 列第 1 页写 0x33，则该处间隔 2 点亮。这样就可以通过程序控制液晶屏的任意像素。

（3）不同的液晶屏指令代码可能不同，屏幕划分也不同，如：有的屏是分为左右两半，每半边 64 列，有的是分为上下两半等。

与带字库的 LCD12864 屏在实物外观上没有什么差别，只是引脚图有点差别，不带字库的 LCD12864 屏引脚如图 1 - 6 - 12 所示，不同控制芯片的液晶屏引脚有所不同，与 Proteus 仿真库中的模型引脚有所区别。

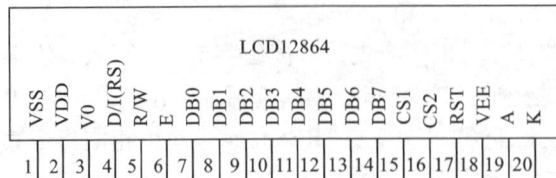

图 1 - 6 - 12　不带字库的 LCD12864 屏引脚

1. 接口定义

表 1 - 6 - 6　接口定义

引脚	名称	电平	管脚功能描述
1	VSS	0V	电源负极
2	VDD	+5V	电源正极
3	V0	—	对比度调节
4	D/I(RS)	H/L	RS = H：显示数据；RS = L：控制指令
5	R/W	H/L	R/W = H，E = H：数据被读到 DB7 ~ DB0 R/W = H，E = H→L：DB7 ~ DB0 的数据被写到 IR 或 DR
6	E	H/L	使能信号，下降沿有效
7 ~ 14	DB0 ~ DB7	H/L	数据线
15	CS1	H/L	CS1 = H：选择芯片(右半屏)信号
16	CS2	H/L	CS2 = H：选择芯片(左半屏)信号
17	RST	H/L	复位端，低电平有效
18	VEE	—	LCD 驱动电压输出端
19	A	+5V	背光源正端(+5V)
20	K	0V	背光源负端

2. 内部功能器件及相关功能

（1）指令寄存器（IR）。IR 是用于寄存指令的，与数据寄存器寄存数据相对应。当 D/I =0 时，在 E 信号下降沿的作用下，指令被写入 IR。

（2）数据寄存器（DR）。DR 是用于寄存数据的，与指令寄存器寄存指令相对应。当 D/I =1 时，在下降沿作用下，图形显示数据写入 DR，或在 E 信号高电平作用下由 DR 读到 DB7 ~ DB0 数据总线。DR 和 DDRAM 之间的数据传输是模块内部自动执行的。

（3）忙标志 BF。BF 标志提供内部工作情况。BF =1 表示模块在内部操作，此时模块不接受外部指令和数据。BF =0 时，模块为准备状态，随时可接受外部指令和数据。

（4）显示控制触发器 DFF。此触发器是用于模块屏幕显示开和关的控制。DFF =1 为开显示（DISPLAY ON），DDRAM 的内容就显示在屏幕上，DFF =0 为关显示（DISPLAY OFF）。

（5）XY 地址计数器。XY 地址计数器是一个 9 位计数器。高 3 位是 X 地址计数器，低 6 位为 Y 地址计数器，XY 地址计数器实际上是作为 DDRAM 的地址指针。X 地址计数器为 DDRAM 的页指针，Y 地址计数器为 DDRAM 的 Y 地址指针。X 地址计数器是没有记数功能的，只能用指令设置。Y 地址计数器具有循环记数的功能，各显示数据写入后，Y 地址自动加 1，Y 地址指针从 0 到 63。

（6）显示数据 RAM（DDRAM）。DDRAM 是存储图形显示数据的。数据为 1 表示显示选择，数据为 0 表示显示非选择。DDRAM 与地址和显示位置的关系见 DDRAM 地址表。

（7）Z 地址计数器。Z 地址计数器是一个 6 位计数器，此计数器具备循环记数功能，它是用于显示行扫描同步的。当一行扫描完成后，此地址计数器自动加 1，指向下一行扫描数据，RST 复位后 Z 地址计数器为 0。因此，显示屏幕的起始行就由此指令控制，即 DDRAM 的数据从哪一行开始显示在屏幕的第一行。此模块的 DDRAM 共 64 行，屏幕可以循环滚动显示 64 行。

3. 指令系统

表 1 - 6 - 7　指令系统

指令名称	指令码										功能
	RS	R/W	D7	D6	D5	D4	D3	D2	D1	D0	
显示开关	0	0	0	0	1	1	1	1	1	X	当 DB0 = 1 时，LCD 显示 RAM 中的内容；当 DB0 = 0 时，关闭显示
显示起始行设置	0	0	1	1	X	X	X	X	X	X	显示起始行(0～63)，该指令设置了对应液晶屏最上一行的显示 RAM 的行号，有规律地改变显示起始行，可以使 LCD 实现显示滚屏的效果
页设置	0	0	1	0	1	1	1	X	X	X	XXX 页号(0～7)，显示 RAM 共 64 行，分 8 页，每页 8 行
列地址设置	0	0	0	1	X	X	X	X	X	X	显示列地址(0～63)，当 CS1 有效显示前半屏(即 0 列～63 列)，当 CS2 有效显示前半屏(即 64 列～127 列)
读状态	1	0	BUSY	0	ON/OFF	RESET	0	0	0	0	BUSY：1—内部在工作，0—正常状态 ON/OFF：1—显示关闭，0—显示打开 RESET：1—复位状态，0—正常状态 在 BUSY 和 RESET 状态时，除读状态指令外，其他指令均不对液晶屏显示模块产生作用。在对液晶屏显示模块操作之前要查询 BUSY 状态，以确定是否可以对液晶显示模块进行操作
写数据到 RAM	1	0	数据								读、写数据指令每执行完一次读、写操作，列地址就自动加 1。必须注意的是，进行读操作之前，必须有一次空读操作，紧接着再读才会读出所要读的单元中的数据

知识梳理与小结

本章由 6 个简单到复杂的训练项目组成，以任务驱动为切入点，介绍了单片机的基本概念、硬件基本结构、C 语言程序设计、数码管、LED 点阵屏、字符型 LCD、点阵型 LCD 等显示系统的设计与制作方法。

本章重点内容：

（1）熟练使用 Keil、Proteus 软件，及其联机单步、断点等仿真。

（2）熟练使用与教材配套的单片机实训板。

（3）掌握 AT89S51、STC12C5A60S2 等 8051 内核单片机的信号引脚、内部结构、存储结构等。

（4）掌握 C 语言的数据类型、运算符与表达式、基本语句及结构化程序设计、数组、函数、指针，初步理解结构化程序设计方法。

（5）熟练掌握共阴和共阳极数码管的静态和动态系统设计与制作方法。

（6）熟练掌握 LED 点阵模块单色和双色显示原理，及其设计与制作方法。

（7）熟练掌握字符型 LCD 显示系统设计与制作方法。

（8）了解点阵型 LCD 显示系统设计与制作方法。

习题一

一、选择题

1. 8051 内核单片机的 CPU 主要由____组成。

A. 运算器、控制器　　　　　　　　B. 加法器、寄存器

C. 运算器、加法器　　　　　　　　D. 加法器、译码器

2. 单片机中的程序计数器 PC 用于____。

A. 存放指令　　　　　　　　　　　B. 存放正在执行的指令地址

C. 存放下一条指令地址　　　　　　D. 存放上一条指令地址

3. PSW 中的 RS1 和 RS0 用来____。

A. 选择工作寄存器组　　　　　　　B. 指示复位

C. 选择定时器　　　　　　　　　　D. 选择工作方式

4. 程序计数器 PC 为 16 位计数器，其寻址范围是____；单片机复位后，PC 的内容为____。

A. 8KB　　　　　B. 16KB　　　　　C. 32KB　　　　　D. 64KB

E. 0000H　　　　F. 0003H　　　　G. 000BH　　　　H. 0800H

5. AT89S51 单片机的 4 个并行 I/O 端口作为通用 I/O 端口时，在输出数据时，必须外接上拉电阻的是____。

A. P0 端口　　　　B. P1 端口　　　　C. P2 端口　　　　D. P3 端口

6. AT89S51 单片机的 ALE 引脚是以晶振振荡频率的____固定频率输出正脉冲，因此它可作为外部时钟或外部定时脉冲使用。

A. 1/2　　　　　B. 1/4　　　　　C. 1/6　　　　　D. 1/12

7. 在 Keil 中新建工程和文件，它们之间的关系是____。（多选题）

A. 工程包含文件　　　　　　　　　B. 文件包含工程

C. 工程中可有 1 个以上文件　　　　D. 工程类比家，文件类比家庭成员

8. 以下说法中正确的是____。

A. C 语言比其他语言高级

B. C 语言不用编译就能被计算机执行

C. C 语言以接近英语国家的自然语言和数学语言作为语言的表达形式

D. C 语言出现得最晚，具有其他语言的一切优点

9. 以下说法中不正确的是____。（多选题）

A. 一个 C 源程序可以由一个或多个函数组成

B. 一个 C 源程序必须包含一个函数 main( )

C. 在 C 语言程序中，注释说明只能位于一条语句的后面

D. C 语言程序的基本单位是函数

E. 一个项目的程序，可以包括多个 C 源程序和头文件，但 main( )函数只能在一个 C 源程序中，仅有一个

10. 设 n 为整型变量，则 for(n = 10; n > = 0; n − −) 循环的次数为____。

A. 9　　　　　　　　B. 10　　　　　　　　C. 11　　　　　　　　D. 12

11. 以下能正确定义一维数组的选项是____。

A. int a[5] = {1, 2, 3, 4, 5};　　　　　　B. char a[ ] = {0, 1, 2, 3};

C. char a = {'A', 'B', 'C'};　　　　　　　D. int a[5] = "0123";

12. 若已定义：int a[ ] = {0, 1, 2, 3, 4, 5, 6, 7, 8, 9}; *p = a, i;

　　其中 0≤i≤9，则对 a 数组元素不正确的引用是____。

A. a[p − a]　　　　B. *(&a[i])　　　　C. p[i]　　　　D. a[10]

13. 以下函数返回 a 所指数组中最小值所在的下标值

```
fun( int *a, int n)
{ int i, j = 0, p;
  p = j;
  for(i = j; i < n; i + + )
   if( *(a + i) < *(a + p) )_____;
  return (p);
}
```

在下划线处应填入的是_____。

A. i = p;　　　　B. a[p] = a[i];　　　　C. p = j;　　　　D. p = i;

14. 数码管若采用动态方式显示，以下说法中不正确的是____。

A. 将各位数码管的段选线并联

B. 将段选线用一个 8 位 I/O 端口控制

C. 将各位数码管的公共端直接连接在 +5V 端口

D. 将各位数码管的位选线用各自独立的 I/O 端口控制

E. 在程序中，先关闭所有数码管的位选线，再给段选线送数，然后打开一个位选线

15. 单片机控制 LCD1602 显示时，以下说法中不正确的是____。

A. 在进行写命令、写数据和读数据操作之前，必须先进行读状态操作，查询 LCD 是否忙

B. 判断 LCD 忙的读操作时，时序要求是：先设置 RS RW 状态，产生 30ns 以上延时；

再使 E 端口为高电平，延时不小于 150ns；然后读数据；再使 E 端口为低电平

C. 写操作时，先判断 LCD 是否忙；再给数据端口送数据或命令代码；然后设置 RS RW状态，产生 30ns 以上延时；再使 E 端口为高电平，延时不小于 150ns；再使 E 端口为低电平

D. LCD1602 液晶屏可以显示任意数字、字符和图形

二、问答题与设计题

1. 什么是单片机开发系统？单片机开发系统由哪些设备组成？如何连接？

2. AT89S51 与 STC12C5A60S2 两种单片机的异同有哪些？

3. 采用移位运算符编写训练项目 1 – 1 的任务 2 程序。

4. 采用字符型 LCD 和点阵型 LCD 液晶屏进行电子钟设计，要求显示时、分、秒和星期。

学习情境二　键盘系统设计与制作

　　本章以实际仪表中常见键盘系统作为训练项目，详细讲解了独立键盘和矩阵键盘的设计及制作方法，并将训练项目实施过程所需要的中断、定时/计数器等知识点渗入到相关训练任务之中，帮助读者更好地掌握和理解这些枯燥的理论知识。通过该学习情境的学习，读者可以学会独立键盘和矩阵键盘的硬、软件设计与制作方法，并能将训练项目中经典的键盘程序移植到实际工作项目之中。

教学目标

知识目标	1. 掌握单片机定时/计数器的结构、工作方式、相关寄存器；
	2. 掌握单片机中断概念、中断系统结构、相关寄存器；
	3. 理解中断响应与中断处理；
	4. 理解独立键盘、矩阵键盘接口原理；
	5. 理解机械式按钮抖动原理，以及掌握去抖动的方法
能力目标	1. 能熟练使用 Keil、Proteus 软件，及其联机单步、断点等仿真；
	2. 能熟练使用单片机实训板、程序下载、软硬件仿真等；
	3. 会熟练使用定时/计数器，设置定时/计数器的工作方式、初值；
	4. 能分析独立键盘、矩阵键盘的程序；
	5. 能初步编写多文件项目程序；
	6. 能绘制程序流程图

【训练项目 2 – 1】　独立键盘系统设计与制作

一、项目要求

在 Proteus 仿真软件和单片机实训板上,采用单片机的任意端口与独立键盘相连,实现键盘循环"＋"或"－"功能;进一步实现键盘左、右移循环选择"＋"或"－"功能,即通过键盘左、右移循环选择操作的数码管,要求被选中的数码管中的数字闪烁,并且键盘具有连续和单击响应功能。

二、项目实训仪器、设备及实训材料

表 2 – 1 – 1　主要实训仪器和实训材料一览表

工具、设备和耗材	数量	工具、设备和耗材	数量	工具、设备和耗材	数量
电脑	1 台	51 单片机下载线/USB 线	1 根	杜邦导线	若干
Keil μVision4	1 套	晶振 12M	1 只	AT89S51/STC12C5A60S2	1 片
Proteus 7.5 软件	1 套	单片机实训板	1 块	稳压电源	1 台

三、项目实施过程及其步骤

任务 1　实现键盘循环"＋"或"－"功能

任务描述:在 Proteus 软件和单片机实训板上,采用单片机 P3 口连接数码管的数据端口,P1.0 ~ P1.3 口连接 4 个按键;编写程序,每个按键都能实现循环"＋"或"－"功能。

第一步,在 Proteus 仿真软件上,绘制 4 个独立键盘与 1 位数码管显示电路,如图 2 – 1 – 1 所示。

第二步,根据图 2 – 1 – 2 所示的程序流程图编写程序。

```
1. #include  < reg51. h >
2. unsigned char code led_code[20] = {0xC0, 0xF9, 0xA4, 0xB0, 0x99, 0x92, 0x82, 0xD8,
3. 0x80, 0x90, 0x88, 0x83, 0xC6, 0xA1, 0x86, 0x8E};        //0 ~ F 显示码
4. unsigned char inputkey, x = 0;
5. // ****************************************************
6. void T1_ini( )
7. {   TMOD = 0x10;            //设置定时器 1 为工作方式 1
8.      TH1 = 0x3C;            //赋初值,定时时间为 50ms
9.      TL1 = 0xB0;
```

```
10. }
11. // * * * * * * * * * * * * * * * * * * * * * * * * * * * * * * * * * * * * * *
12. void delay( unsigned char i)
13. {    TR1 = 1;                    //启动定时器 T1
14.      for( ; i > 0; i - - )
15.      {  while( ! TF1);          //等待 T1 溢出，即 50ms 定时到，TF1 = 1
16.         TF1 = 0;                 //T1 溢出标志位清零
17.         TH1 = 0x3C;             //重新赋初值
18.         TL1 = 0xB0;
19.      }
20.      TR1 = 0;                    //关闭定时器 T1
21. }
22. // * * * * * * * * * * * * * * * * * * * * * * * * * * * * * * * * * * * * * *
23. void key( )
24. {   inputkey = P1;               //读取 P1 端口的值
25.     inputkey | = 0xF0;          //使 P1 端口未用到的高四位全为 1
26.     inputkey = ~ inputkey;      //按位取反，若无键按下，取反之后为 0；反之为非 0 值
27.     if( inputkey)                //表达式为"真"，说明有键按下
28.     {  delay( 2);                //延时，去抖动
29.        inputkey = P1;           //再次读取 P1 端口的值
30.        inputkey | = 0xF0;       //使 P1 端口未用到的高四位全为 1
31.        inputkey = ~ inputkey;   //按位取反，若无键按下，取反之后为 0；反之为非 0 值
32.        if( inputkey)             //表达式为"真"说明已确定有键按下
33.        {   if( inputkey = = 0x01)  //键盘 KEY0 被按下
34.            {   x + +;            //显示数字加 1
35.                if( x > 0x09)
36.                    x = 0x00;
37.            }
38.            else if( inputkey = = 0x02)//键盘 KEY1 被按下
39.            {   x - -;           //显示数字减 1
40.                if( x = = 0xFF)  //当 x 从 0 减 1 时，x 的值为 0xFF
41.                    x = 0x09;
42.            }
43.            P3 = led_code[ x];    //显示数字
44.        }
45.     }
46. }
47. // * * * * * * * * * * * * * * * * * * * * * * * * * * * * * * * * * * * * * *
48. main( )
49. {   T1_ini( );                   //调用定时器 T1 初始化程序
50.     while( 1)
51.     {  key( );                   //调用键盘程序
52.     }
```

53.}

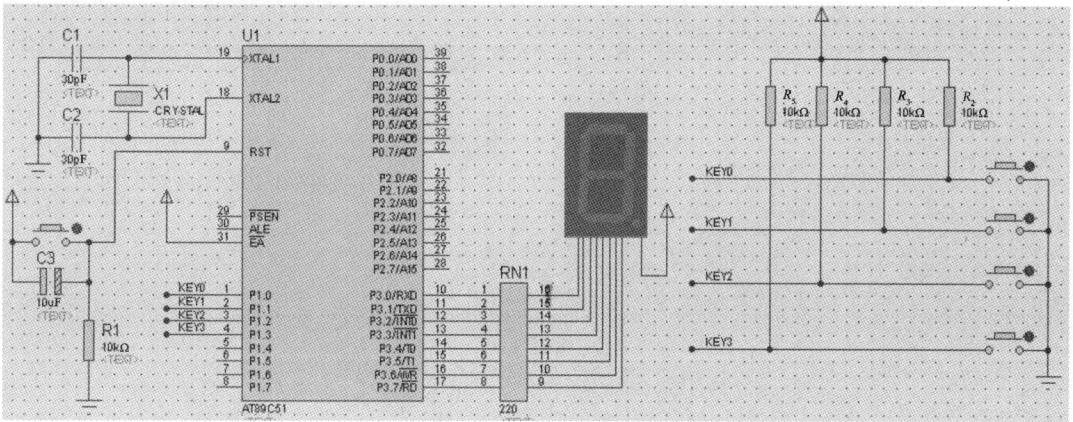

图 2 - 1 - 1　独立键盘仿真电路

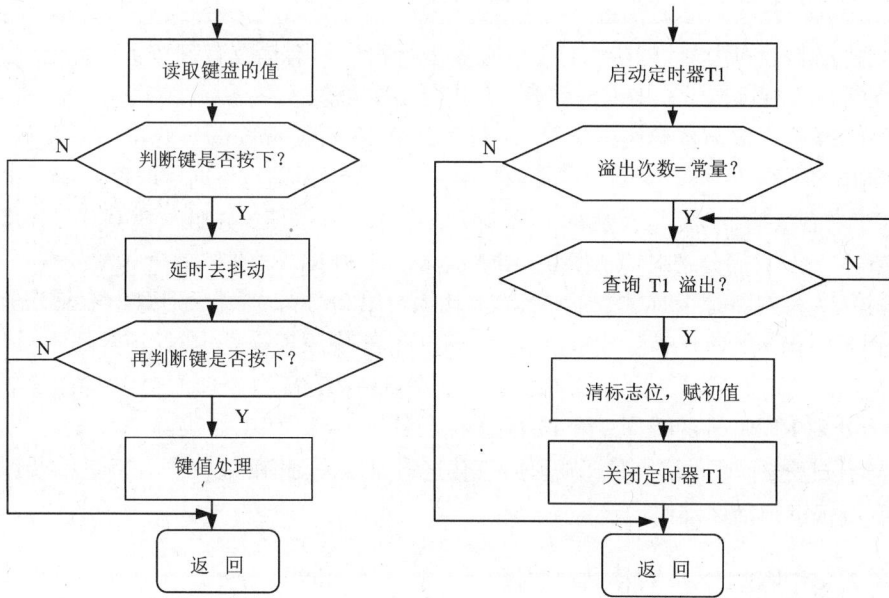

（a）键盘程序流程图　　　　　　（b）T1定时程序流程图

图 2 - 1 - 2　程序流程图

第三步,编译、仿真与调试程序。

（1）在 Proteus 软件中仿真程序。当单击 KEY0 键时,数码管上的数字在 0～9 内循环加;当单击 KEY1 键时,数码管上的数字在 9～0 内循环减。仿真效果如图 2 - 1 - 3 所示。

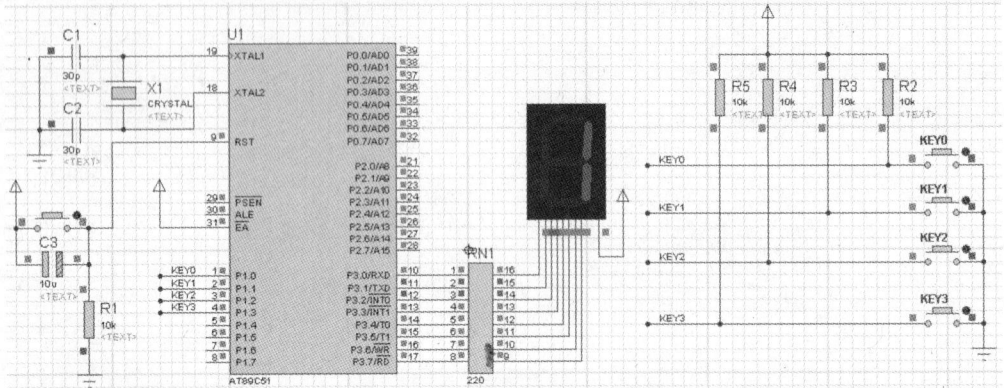

图 2 - 1 - 3　独立键盘仿真效果

（2）在单片机实训板中调试程序。按照仿真图，用杜邦线连接好单片机与数码管、按键。下载程序到单片机之中，按下 K19 和 K20 键测试程序功能。

第四步，分析程序。

（1）独立键盘程序设计的步骤：①对键盘进行扫描判断是否有键按下；②延时去抖动；③再次判断是否有键按下；④识别键值，并进行键值处理。

（2）第 24 行读取与按键相连的 P1 端口值；第 25 行使 inputkey 变量的高 4 位 P1.4 ~ P1.7 为高电平；第 26 行 inputkey 自身取反，作用是：当无键按下时，取反后的 inputkey 值应该为 0，当有键按下时，取反后的 inputkey 值应该为非零值，并且只有 0x01、0x02、0x04 和 0x08 四种值，它们分别对应 KEY0、KEY1、KEY2 和 KEY3 键按下。

（3）第 27 行判断是否有键按下，若有，就执行第 28 行，若无，则退出 key( ) 函数。第 28 行调用延时函数，该延时函数采用定时器定时，工作原理详见定时/计数器。

（4）第 29 ~ 32 行再次判断是否有键按下，第 33 ~ 37 行为处理 KEY0 键的操作，第 38 ~ 42 行为处理 KEY1 键的操作；第 43 行显示数字。

（5）当按键按下时间较长时，显示数字会连续加/减，此按键程序有待进一步改进，在此仅供学习按键扫描原理使用。

任务 2　实现键盘左、右移循环选择" + "或" - "功能

任务描述：在 Proteus 软件和单片机实训板上，采用单片机 P0 和 P2 端口分别连接 8 位数码管的数据和控制端口，P1.0 ~ P1.3 口连接 4 个按键，其中 KEY0 为" + "键，KEY1 为" - "键，KEY2 为"右移"键，KEY3 为"左移"键；实现键盘左、右移循环选择" + "或" - "功能，要求被选中的数码管中的数字闪烁，并且键盘具有连续和单击响应功能。

第一步，在 Proteus 仿真软件上，绘制仿真电路，其中 8 位共阳数码管在库中的名称为 7SEG - MPX8 - CA - BLUE，如图 2 - 1 - 4 所示。

第二步，根据图 2 - 1 - 5 所示的程序流程图编写程序。

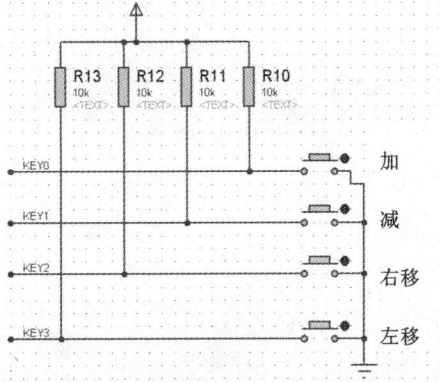

图 2 - 1 - 4 独立键盘 + 数码管动态显示仿真电路

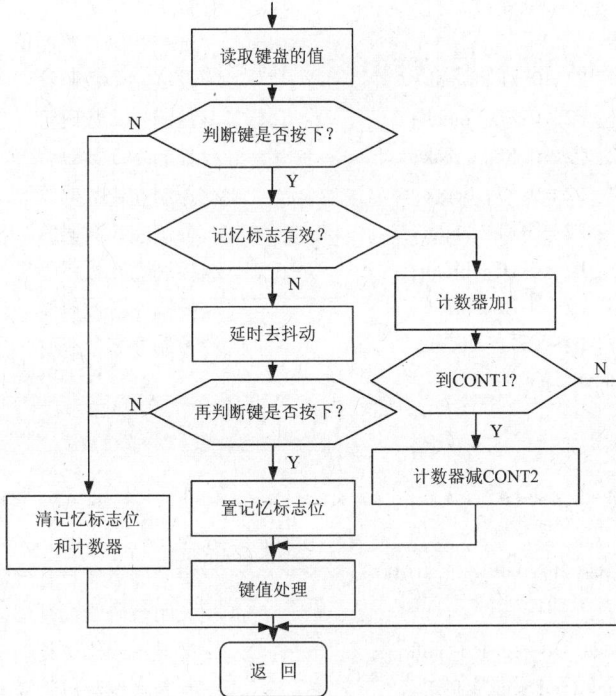

图 2 - 1 - 5 键盘程序流程图

```
1. #include  < reg51. h >
2. #define    CONT1  80                              //加减常量
3. #define    CONT2  20                              //连续加减速度变量
4. bit        task_f;                                //定义任务标志位
5. bit        key_mark;                              //定义按键记忆标志位
6. unsigned char code led_code[20] = {0xC0,0xF9,0xA4,0xB0,0x99,0x92,0x82,
7. 0xD8,0x80,0x90,0x40,0x79,0x24,0x30,0x19,0x12,0x02,0x58,0x00,0x10};
```

```c
8. unsigned char led_reg[8] = {1, 2, 3, 4, 5, 6, 7, 8};        //定义显示数据缓存器
9. unsigned char inputkey;                                      //定义键盘输入存储变量
10. unsigned char shift_r;                                      //定义键盘移位变量
11. unsigned char key_delay, flash_adj;
12. //************************************************************
13. void T1_ini( )
14. {    TMOD = 0x10;                                           //设置定时器1为工作方式1
15.      TH1 = 0xEC;                                            //赋初值,定时3ms
16.      TL1 = 0x78;
17.      ET1 = 1;                                               //使能T1中断允许位
18.      EA = 1;                                                //使能总中断控制位
19.      TR1 = 1;                                               //启动定时器T1
20. }
21. //************************************************************
22. void led_con(unsigned char i)                              //数码管位选控制程序
23. {    switch(i)                                              //选择数码管控制位
24.      {   case 0: P2 = 0xFE; break;                          //控制左1数码管
25.          case 1: P2 = 0xFD; break;                          //控制左2数码管
26.          case 2: P2 = 0xFB; break;                          //控制左3数码管
27.          case 3: P2 = 0xF7; break;                          //控制左4数码管
28.          case 4: P2 = 0xEF; break;                          //控制左5数码管
29.          case 5: P2 = 0xDF; break;                          //控制左6数码管
30.          case 6: P2 = 0xBF; break;                          //控制左7数码管
31.          case 7: P2 = 0x7F; break;                          //控制左8数码管
32.          default: break;
33.      }
34. }
35. /************************************************************/
36. void led_show( )
37. {    static unsigned char led_shift = 0x00;                 //定义静态变量
38.      P2 = 0xFF;                                             //关闭数码管控制端口
39.      P0 = led_code[led_reg[led_shift]];                     //把显示代码送到P0端口
40.      if(shift_r == (led_shift + 1))                         //判断哪位数码管需要闪烁
41.      {   flash_adj + + ;
42.          if(flash_adj < 0x05)    led_con(led_shift);        //0~5时,调用数码管位选控制程序,数码
                                                                管亮
43.          else if(flash_adj < 0x0A)    P2 = 0xFF;            //5~A时,数码管灭
44.          else    flash_adj = 0x00;                          //对闪烁速度调整变量清零
45.      }
46.      else                                                   //所有数码管不需要闪烁
47.          led_con(led_shift);                                //调用数码管位选控制程序
48.      led_shift + + ;                                        //数码管显示位置控制变量自加
49.      if(led_shift == 0x08)                                  //判断是否扫描完一轮
```

```
50.            led_shift = 0x00 ;                          //归零进行下一轮扫描
51. }
52. /* * * * * * * * * * * * * * * * * * * * * * * * * * * * * * * * * * * * * * * * */
53. void keyprocess( unsigned char key_data )              //键盘处理程序
54. {    if( key_data = = 0x01&&shift_r )                   //KEY0 加 1,只有 shift_r 为非零值时才
                                                                有效
55.     {   led_reg[ shift_r - 1] + + ;                    //左 1 数码管加 1
56.         if( led_reg[ shift_r - 1] > 0x09) led_reg[ shift_r - 1] = 0x00 ;     //判断其是否大于 9
57.     }
58.     if( key_data = = 0x02&&shift_r )                    //KEY1 减 1,只有 shift_r 为非零值时才
                                                                有效
59.     {   if( led_reg[ shift_r - 1] = = 0x00) led_reg[ shift_r - 1] = 0x09 ; //判断其是否为 0
60.         else   led_reg[ shift_r - 1] - - ;             //左 2 数码管减 1
61.     }
62.     if( key_data = = 0x04)                              //KEY2 右移
63.     {   shift_r + + ;                                   //左右移动寄存器加 1
64.         if( shift_r > 0x08) shift_r = 0x00 ;
65.     }
66.     if( key_data = = 0x08)                              //KEY3 左移
67.     {   if( shift_r = = 0x00) shift_r = 0x08 ;
68.         else    shift_r - - ;
69.     }
70. }
71. /* * * * * * * * * * * * * * * * * * * * * * * * * * * * * * * * * * * * * * * * */
72. void key( )
73. {   static unsigned int keycounter ;                   //定义计数器变量
74.     inputkey = P1 ;                                     //读取 P1 端口的值
75.     inputkey | = 0xF0 ;                                 //使 P1 端口未用到的高四位为 1
76.     inputkey = ~ inputkey ;                             //按位取反,若无键按下,取反之后为 0;
                                                                反之为非 0 值
77.     if( inputkey )                                      //判断有无键按下
78.     {   if( key_mark )                                  //判断"按键记忆标志位"是否有效,若有效
                                                                则进行键盘连续响应
79.         {   keycounter + + ;                           //计数器加 1,键盘连续响应不需要进行去
                                                                抖动
80.             if( CONT1 = = keycounter)                   //当 keycounter 等于 CONT1 时,需连加/减
81.             {   keycounter - = CONT2 ;                  //CONT2 决定了连续加/减的速度
82.                 keyprocess( inputkey) ;                 //调用键盘处理程序
83.             }
84.             else return ;                               //退出程序
85.         }
86.         else                                            //"按键记忆标志位"无效,键盘单击响应
87.         {   if( key_delay < 0x03)                       //延时,去抖动
```

```
88.              |    key_delay + + ;
89.                   return ;                        //退出函数
90.              |
91.              key_delay = 0x00 ;                    //完成去延时抖动，清零 key_delay 变量
92.              inputkey = P1 ;                       //再次读取 P1 端口的值
93.              inputkey |= 0xF0 ;                    //使 P1 端口未用到的高四位为 1
94.              inputkey = ~ inputkey ; //按位取反，若无键按下，取反之后为 0；反之为非 0 值
95.              if( inputkey )                        //表达式为"真"说明已确定有键按下
96.              |    key_mark = 1 ;                    //置按键记忆标志位
97.                   keyprocess( inputkey ) ;          //调用键盘处理程序
98.              |
99.              else                                 //去抖动后，判断无键按下
100.             |    keycounter = 0 ;                  //计数器清零
101.                  key_mark = 0 ;                    //按键记忆标志位清零
102.             |
103.             |
104.         |
105.    else                                          //无键按下，清计数器和记忆标志位
106.    |    keycounter = 0 ;
107.         key_mark = 0 ;
108.    |
109. |
110. /* * * * * * * * * * * * * * * * * * * * * * * * * * * * * * * * * * * * * * * * * */
111. void timer1( ) interrupt 3                        //重新定时器 T1 中断服务程序
112. |    TH1 = 0xEC ;                                 //重新赋初值，定时 3ms
113.      TL1 = 0x78 ;
114. //   TF1 = 0 ;                                    //T1 溢出标志位清零
115.      task_f = 1 ;                                 //使能任务标志位
116. |
117. /* * * * * * * * * * * * * * * * * * * * * * * * * * * * * * * * * * * * * * * * * */
118. void main( )
119. |    P0 = 0x00 ;                                  //P0 端口输出低电平
120.      P2 = 0xFF ;                                  //P2 端口输出高电平
121.      T1_ini( ) ;                                  //调用定时器 T1 初始化函数
122.      while( 1 )
123.      |    if( task_f )                             //判断任务标志位是否有效
124.           |    task_f = 0 ;                        //任务标志位清零
125.                led_show( ) ;                       //调用显示函数
126.                key( ) ;                            //调用延时函数
127.           |
128.      |
129. |
```

第三步，编译、仿真与调试程序。

（1）在 Proteus 软件中仿真程序。当单击 KEY2 键时，左边第 1 个数码管中的数字闪烁，再单击 KEY0 或 KEY1，可以对闪烁的数字进行 0～9 内循环加、减；再单击 KEY2 键时，左边第 2 个数码管中的数字闪烁，依此类推。当单击 KEY3 键时，进行右移选择加、减数码管中的数字。

（2）在单片机实训板中调试程序。按照仿真图，用杜邦线连接好单片机与数码管、按键。下载程序到单片机之中，按下 K17～K19 键测试程序功能。

第四步，分析程序。

（1）采用定时器 T1 来控制调用 led_show（）和 key（）两个函数的时间间隔，T1 为每 3ms 中断一次，即每 3ms 调用这两个函数一次。

（2）任务 2 中的 key（）函数与任务 1 中的有很大的差别，本任务中的 key（）函数具有连续和单击响应功能，即按下键不放，超过一定时间时，可进行连加、减。第 78 行为判断是否进行连续响应。

（3）第 87～90 行采用多次调用 key（）函数来产生延时，目的是为了去键盘抖动。第 96 行置记忆标志位，为了下次连续响应做准备。

（4）第 111～116 行是定时器 T1 中断服务程序，每隔 3ms 中断一次，进入中断程序，给寄存器赋初值，置任务标志位，目的是使主函数中第 122 行 if 语句每隔 3ms 有效一次。

（5）第 36～51 行的 led_show（）显示函数既完成了 8 个数码管动态显示，又实现被操作数的闪烁。第 40 行为判断哪个数码管闪烁，闪烁控制原理如表 2-1-2 所示。

表 2-1-2　数码管闪烁控制过程分析

shift_r 值	led_shift 值	闪烁的数码管	功能说明（shift_r 由 KEY2 和 KEY3 控制）
0	任意值	全不闪烁	当其为 0 时，没有选择操作的数码管
1	0	左第 1 个	仅 led_shift 为 0，左第 1 个数码管才闪烁，其他的正常亮
2	1	左第 2 个	仅 led_shift 为 1，左第 2 个数码管才闪烁，其他的正常亮
3	2	左第 3 个	仅 led_shift 为 2，左第 3 个数码管才闪烁，其他的正常亮
4	3	左第 4 个	仅 led_shift 为 3，左第 4 个数码管才闪烁，其他的正常亮
5	4	左第 5 个	仅 led_shift 为 4，左第 5 个数码管才闪烁，其他的正常亮
6	5	左第 6 个	仅 led_shift 为 5，左第 6 个数码管才闪烁，其他的正常亮
7	6	左第 7 个	仅 led_shift 为 6，左第 7 个数码管才闪烁，其他的正常亮
8	7	左第 8 个	仅 led_shift 为 7，左第 8 个数码管才闪烁，其他的正常亮

四、思考与分析

（1）在任务 1 中，分析采用定时器 T1 溢出中断的方法及延时去抖动的方法。

（2）绘制出任务 2 中数码管显示程序流程图。

（3）比较任务 1 和任务 2 中的键盘程序流程图和程序代码的异同点。

五、知识链接

2.1 中断

所谓中断，是指单片机正在执行程序时，外部设备或单片机内部电路向 CPU 发出中断请求信号，要求 CPU 暂时中止正在执行的程序，转去执行随机发生的更紧迫的处理程序，待处理完毕后，CPU 自动返回原来的程序继续执行。

2.1.1 中断系统的结构

AT89S51 单片机的中断系统结构如图 2 - 1 - 6 所示。

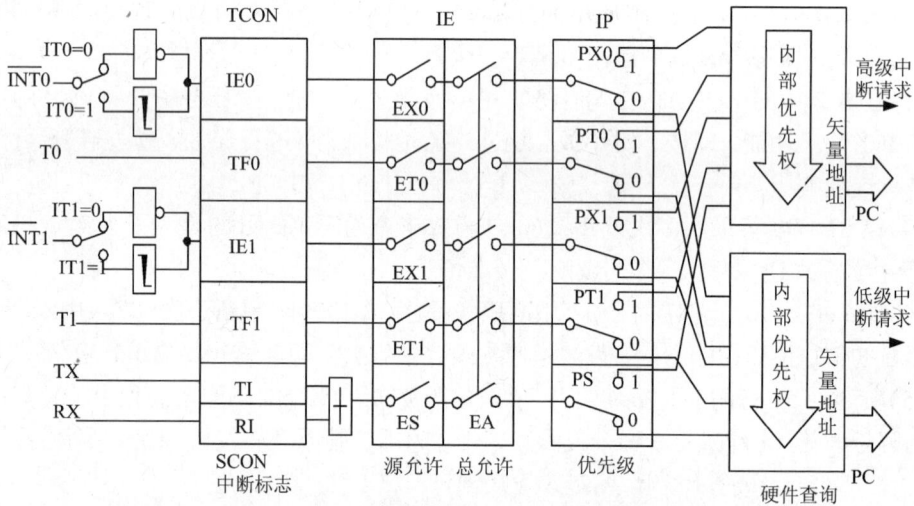

图 2 - 1 - 6　AT89S51 单片机的中断系统结构

由图可知，中断系统主要包括以下几个方面：

（1）与中断有关的寄存器有 4 个，分别为中断标志寄存器 TCON 和 SCON、中断允许控制寄存器 IE 和中断优先级控制寄存器 IP。

（2）中断源有 5 个，分别是外部中断 0（$\overline{\text{INT0}}$）、外部中断 1（$\overline{\text{INT1}}$）、定时/计数器 0（T0）、定时/计数器 1（T1）和串行通讯（TX/RX）。

（3）中断标志位分布在 TCON 和 SCON 两个寄存器中，当中断源向 CPU 申请中断时，相应的中断标志位被硬件置位。例如：当 T1 产生溢出时，T1 中断标志位 TF1 由硬件自动置 1，向 CPU 请求中断处理。

（4）中断允许控制位分为中断允许总控制位（EA）与中断源控制位（EX0、ET0、EX1、ET1 和 ES），它们集中在 IE 寄存器中，用于使能和禁止中断。

（5）5 个中断源的响应顺序是由中断优先级控制寄存器 IP 和自然优先级共同确定的。

2.1.2 中断相关寄存器

1. 中断源

中断源是能够发出中断请求信号的来源。AT89S51 单片机的中断源有 5 个：

（1）外部中断 0（$\overline{\text{INT0}}$）。

（2）外部中断 1（$\overline{\text{INT1}}$）。

（3）定时/计数器 0（T0）。

（4）定时/计数器 1（T1）。

（5）串行口中断，包括串行收中断 RI 和串行发中断 TI。

2. 中断允许寄存器 IE（interrupt enable register）

DB7	DB6	DB5	DB4	DB3	DB2	DB1	DB0
EA		ET2	ES	ET1	EX1	ET0	EX0

（1）EA：中断允许总开关。EA = 1 是中断允许的必要条件；EA = 0，禁止所有中断。

（2）ES：串行口中断允许控制位。ES = 1 是串行口中断使能；反之禁止。

（3）ET0，ET1：定时/计数器 0 和 1 中断允许控制位。ET0/ET1 = 1 是 T0/T1 溢出中断使能；反之禁止。

（4）EX0，EX1：外部中断 0 和 1 中断允许控制位。EX0/EX1 = 1 是外部中断使能；反之禁止。

单片机复位后，IE 寄存器中各中断允许位均被清零，即禁止所有中断。中断允许寄存器好比 5 个灯泡的开关和总开关，如图 2 - 1 - 7 所示。

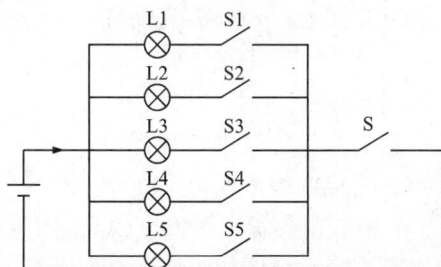

图 2 - 1 - 7　5 个灯泡的开关和总开关控制电路

当总开关 S 断开时，即使 5 个灯泡的开关闭合，灯泡也不会亮；当总开关 S 闭合，某个灯泡开关闭合时，对应灯泡就会亮。所以 5 个灯泡的开关相当于 5 个中断源允许控制位，总开关相当于中断允许总开关。

2. 定时/计数器控制寄存器 TCON（timer/counter control register）

DB7	DB6	DB5	DB4	DB3	DB2	DB1	DB0
TF1		TF0		IE1	IT1	IE0	IT0

（1）TF0，TF1：T0、T1 溢出中断请求标志。当 T0、T1 定时/计数器溢出时，由硬件自动置中断请求标志位（TF0/TF1 = 1）；当 CPU 响应中断时，由硬件清除标志位（TF0/TF1 = 0）；若采用软件查询标志位，必须由软件清除标志位，例如：在训练项目 2 - 1 的任务 1 中，第 15 行查询中断请求标志位 TF1 是否为 1，第 16 行使 TF1 标志位为 0；在训练项目 2 - 1 的任务 2 中，中断程序的第 114 行程序可以省略，因为 CPU 响应中断时，硬件会清除

标志位。

（2）IE0，IE1：外部中断 0、1 中断请求标志。当 $\overline{INT0}$、$\overline{INT1}$ 引脚（P3.2、P3.3）上出现有效的触发信号时，由硬件置"1"，请求中断。当 CPU 响应中断时，由硬件清除标志位（IE0/IE1 = 0）

（3）IT0，IT1：外部中断 $\overline{INT0}$、$\overline{INT1}$ 触发方式控制位。由软件置"1"或清零。

①当 IT0、IT1 = 1，$\overline{INT0}$、$\overline{INT1}$ 触发方式为边沿触发方式，当 P3.2/P3.3 引脚出现下降沿信号时，中断标志位 IE0/IE1 = 1，向 CPU 申请中断；

②当 IT0、IT1 = 0，$\overline{INT0}$、$\overline{INT1}$ 触发方式为电平触发方式，当 P3.2/P3.3 引脚出现低电平信号时，中断标志位 IE0/IE1 = 1，向 CPU 申请中断。

3. 中断优先级寄存器 IP（interrupt priority register）

DB7	DB6	DB5	DB4	DB3	DB2	DB1	DB0
			PT1	PT1	PX1	PT0	PX0

（1）PX0，PX1：外部中断 0 和 1 中断优先级控制位。PX0/PX1 = 1 为高优级；PX0/PX1 = 0 为低优级。

（2）PT0，PT1：定时/计数器 0 和 1 中断优先级控制位。PT0/PT1 = 1 为高优级；PX0/PX1 = 0 为低优级。

（3）PS：串行口中断优先级控制位。PS = 1 为高优级；PS = 0 为低优级。

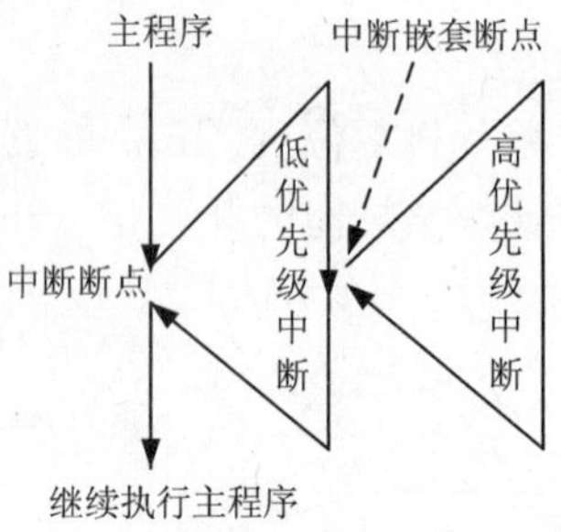

若系统中有多个中断源同时请求中断时，CPU 按中断源的优先级别，由高至低分别响应。每个中断源都可以编程为高优先级或低优先级，实现两级中断嵌套。中

图 2 - 1 - 8　中断嵌套示意图

断嵌套原则是：一个正在执行的中断服务程序可以被较高级中断请求中断，而不能被同级或较低级的中断请求中断。中断嵌套示意图如图 2 - 1 - 8 所示。

中断优先权、优先级注意事项：

（1）设计者应事先根据轻重缓急，给中断源确定一个中断级别。

（2）多个中断源同时请求时，CPU 先响应高优先级的中断，后响应低优先级的中断。

（3）同一优先级中的所有中断源按"优先权"先后排序，$\overline{INT0}$ 优先权最高，其次是 T0、$\overline{INT1}$、T1、串行口。

（4）在同一时刻发出请求中断的两个中断源属于同一优先级，CPU 先响应优先权排在前面的中断源中断，后响应优先权排在后面的中断源中断。同一优先级不能中断嵌套。

4. 串行口控制寄存器 SCON（serial port control register）

DB7	DB6	DB5	DB4	DB3	DB2	DB1	DB0
						TI	RI

（1）RI：串行口接收中断请求标志位。当串行口接收完一帧数据后请求中断时由硬件置位（RI＝1），RI 必须由软件清零。

（2）TI：串行口发送中断请求标志位。当串行口发送完一帧数据后请求中断时由硬件置位（TI＝1），TI 必须由软件清零。

2.1.3　中断处理

1. 中断响应

中断响应是指 CPU 对中断源中断请求的响应。CPU 并非任何时刻都能响应中断请求，而是在满足所有中断响应条件且不存在任何一种中断阻断情况时才会响应。

CPU 响应中断条件：

① 有中断源发出中断请求，即中断源中断请求标志位置 1（IE0/IE1/TF0/TF1/RI/TI＝1）。

② 中断总允许控制位 EA 置 1。

③ 中断源的中断允许位置 1（ET0/ET1/ EX0/EX1/ ES＝1）。

CPU 响应中断的阻断情况有：

① CPU 正在响应（执行）同级或更高优先级的中断服务程序。

② 当前指令未执行完。

③ 正在执行中断返回或访问寄存器 IE 和 IP。

2. 中断响应过程

中断响应过程是 CPU 自动调用并执行中断服务程序的过程。C51 编译器支持的中断函数定义形式如下：

void 函数名( )　　interrupt　　n　[using m]

其中 interrupt 是关键字，n 是中断源类型号，C51 编译器允许 32 个中断，n 的取值范围为 0～31。8051 内核单片机 5 个中断源对应的中断源类型号和中断服务程序的入口地址如表 2－1－3所示。

表 2－1－3　中断源对应的中断源类型号和中断服务程序入口地址

中断源	n	中断入口地址	中断服务程序定义范例
外部中断 0	0	0003H	void OUT_INT0( )　interrupt　0
定时/计数器 0	1	000BH	void TIMER0( )　interrupt　1
外部中断 1	2	0013H	void OUT_INT1( )　interrupt　2
定时/计数器 1	3	001BH	void TIMER1( )　interrupt　3
串行口	4	0023H	void SERIAL( )　interrupt　4

在训练项目 2－1 的任务 2 中用到了定时器 T1，其中断服务程序如下：

```
1. void  timer1( )  interrupt  3        //定时器 T1 中断服务程序
2. {  ……
3. }
```

其中［ using　m ］是可以省略的，但是程序中含有多个中断函数时，最好给每种优先级程序分配不同的工作寄存器,8051 内核单片机中有 4 组工作寄存器 R0 ~ R7,程序具体使用哪一组寄存器由程序状态字 PSW 中的 RS1 和 RS0 位控制。在 C51 程序中可以用using指令指定该函数具体使用哪一组寄存器,m 的取值范围是 0 ~ 3,分别对应 4 组工作寄存器组。

【例 2 - 1】 采用优先权编码器 74HC148 和外部中断 0,实现 8 个按键的多个中断源处理,原理如图 2 - 1 - 9 所示。

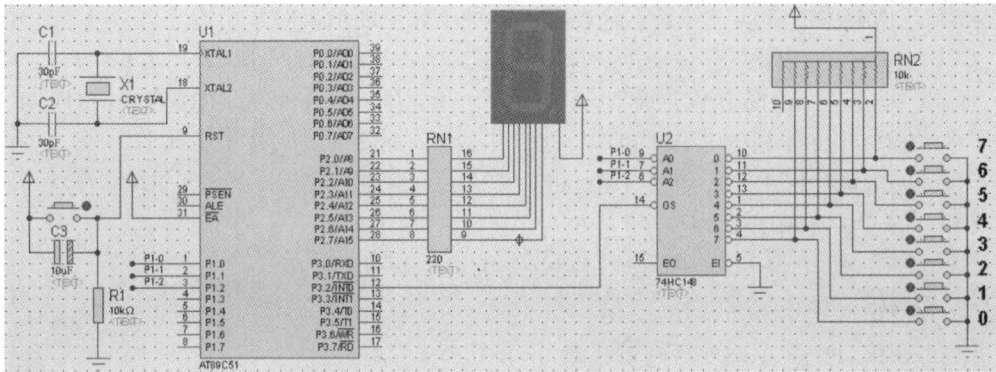

图 2 - 1 - 9　多个中断源的中断

解: 如图 2 - 1 - 9 所示,74HC148 的数据输入端与 8 个独立按键相连、输出端 A2A1A0与单片机的 P1.2、P1.1、P1.0 相连、输出端 GS 与单片机的外部中断 0(P3.2)相连,单片机的 P2 端口与数码管的数据线相连。编写如下程序,实现 8 个按键都能产生中断,并对各个按键进行中断处理,在数码管上显示按键号。

```
1. #include  <reg51.h>
2. bit task_f;           //定义任务标志位
3. unsigned char code led_code[20] = {0xC0,0xF9,0xA4,0xB0,0x99,0x92,0x82,
4. 0xD8,0x80,0x90,0x40,0x79,0x24,0x30,0x19,0x12,0x02,0x58,0x00,0x10};
5. unsigned char led_reg[8] = {1,2,3,4,5,6,7,8};   //定义显示数据缓存器,初值全为 0
6. unsigned char inputkey;       //定义键盘输入存储变量
7. /*******************************************************/
8. void OUT_INT0() interrupt 0     //外部中断 0 中断服务程序
9. {   inputkey = P1;            //读取键盘值
10.     inputkey & = 0x07;       //屏蔽未用的 P1 端口,即 P1.3 ~ P1.7 全为 0,P1.0 ~ P1.2 保留
11.     task_f = 1;              //使能任务标志位
12. }
13. /*******************************************************/
14. void main()
15. {   IP = 0x01;               //设置 INT0 为高优先级中断
16.     EX0 = 1;                 //INT0 中断使能
17.     IT0 = 1;                 //INT0 触发方式为边沿触发方式,下降沿有效
```

```
18.        EA = 1;                    //使能总中断控制位
19.        while(1)
20.        {   if(task_f)
21.            {   task_f = 0;        //任务标志位清零
22.                switch(inputkey)
23.                {   case 0: P2 = led_code[0]; break;    //处理 KEY0 的操作,显示按键号
24.                    case 1: P2 = led_code[1]; break;    //处理 KEY1 的操作,显示按键号
25.                    case 2: P2 = led_code[2]; break;    //处理 KEY2 的操作,显示按键号
26.                    case 3: P2 = led_code[3]; break;    //处理 KEY3 的操作,显示按键号
27.                    case 4: P2 = led_code[4]; break;    //处理 KEY4 的操作,显示按键号
28.                    case 5: P2 = led_code[5]; break;    //处理 KEY5 的操作,显示按键号
29.                    case 6: P2 = led_code[6]; break;    //处理 KEY6 的操作,显示按键号
30.                    case 7: P2 = led_code[7]; break;    //处理 KEY7 的操作,显示按键号
31.                    default: break;
32.                }
33.            }
34.        }
35. }
```

在 Proteus 软件中仿真程序。当单击 KEY0 ~ KEY7 键时,数码管上会显示 0 ~ 7 数字。请读者采用外部中断 1 实现上述功能。

2.2　定时/计数器

AT89S51 单片机有两个 16 位内部定时/计数器(T/C),AT89S52 单片机有 3 个定时/计数器,它们既可以编程为定时器使用,也可以编程为计数器使用。不管是作为定时器,还是计数器,它们的工作原理都是一样的——"加 1 计数器",每来一个脉冲计数器加 1。只不过定时器是根据内部晶振的脉冲信号个数计算的,计数器是根据单片机的输入引脚(P3.4/P3.5)的脉冲信号个数计算的。

当 T/C 作定时器时,对振荡源 12 分频的脉冲计数,即每个机器周期计数器加 1,计数频率为晶振频率(f_{osc})/12。当晶振频率为 6 MHz 时,计数频率为 500 kHz,每 2 μs 计数器值加 1。

当 T/C 作计数器时,T0 或 T1 脚上负跳变时计数器值加 1。识别引脚上的负跳变需要 2 个机器周期时间,即 24 个振荡周期。所以 T0 或 T1 脚输入可计数的脉冲最高频率为晶振频率(f_{osc})/24。当晶振频率为 12 MHz 时,最高可计数脉冲频率为 500 kHz,不能高于此频率。

为了大家能更好地理解和掌握定时/计数器,下面给大家讲一个有趣的故事。

在一个人类暂未开发的旧部落附近,有一个大山洞,洞中有一个"碗"状的石头(以下简称碗),每天都有一滴山泉水滴到该碗中。当滴入 364 滴水时(即滴了 364 天),该碗就被装满了。神奇的是当再滴入一滴水时(即用了 365 天,共滴入 365 滴水),该碗中的水神奇地消失了,同时有雷电交加的天气变化,部落的村民就知道一年已过完了,过年的日子到了,村民们都放下当前的工作,忙着准备过年需要的丰盛食物。后来,有一个顽皮的小孩知道了这个秘密,为了能快点吃到美食,便往碗中加水,所以不到 365 天,碗中的水就

满了，产生天气变化，村民准备了丰富的食物，这个小孩吃上了美食。再后来，村民把这个大山洞作为禁区，防止人为干扰自然规律。

若把定时器的工作过程与该故事作比较，就很容易理解定时器的工作原理，具体见表 2-1-4 所示。

表 2-1-4　定时器的工作过程与神秘故事比较

故事	定时器	对　　　比
碗	TH 和 TL	1. "碗"用来装水，最大容量为 364 滴水，再加 1 滴水则整碗水消失； 2. TH 和 TL 用来计数，最大容量为 8191、65535 或 255，再加 1 则寄存器溢出； 3. 人为向"碗"中加水，则过年的日子会提前到来； 4. 给 TH 和 TL 赋初值，则寄存器溢出的时间会提前到来
天气变化	溢出	1. 整碗水消失时，有雷电交加的天气变化，告诉村民过年的日子到了； 2. 定时器溢出，TH 和 TL 内容为 0，溢出中断请求标志位 TF0/TF1 被置 1
村民过年	中断响应	1. 村民得到了过年的信号，村民放下当前的工作，准备过年需要的食物； 2. CPU 根据被硬件置 1 的中断标志位，进入中断服务程序

2.2.1　定时/计数器的相关寄存器

1. 计数寄存器 TH 和 TL

由 TH(高 8 位)和 TL(低 8 位)两个寄存器构成 16 位定时/计数器，定时/计数器 0 由 TH0 和 TL0 构成、定时/计数器 1 由 TH1 和 TL1 构成，定时/计数器的初始值都是通过对 TH1/TL1 或 TH0/TL0 设置的。

2. 定时/计数器控制寄存器 TCON(timer/counter control register)

DB7	DB6	DB5	DB4	DB3	DB2	DB1	DB0
TF1	TR1	TF0	TR0	IE1	IT1	IE0	IT0

该寄存器的作用是控制定时器的启动、停止、T/C 溢出标志和中断情况，TF1、TF0、IE1、IT1、IE0 和 IT0 六个位的作用已在中断部分介绍了，在这里仅介绍 TR0 和 TR1。

TR0 和 TR1：T/C0 和 1 的启动控制位，TR0/TR1＝1 为启动计数；TR0/TR1＝0 为停止计数。

TCON 复位后清零，T/C 需要软件置位启动计数；当计数寄存器溢出时，产生向高位的进位 TF0/TF1，即溢出中断请求标志位被置 1。

3. 定时/计数器控制方式寄存器 TMOD(timer/counter mode register)

DB7	DB6	DB5	DB4	DB3	DB2	DB1	DB0
GATE	$C/\overline{T}$	M1	M0	GATE	$C/\overline{T}$	M1	M0
←		T/C1	→	←		T/C0	→

TMOD 不能进行位寻址，只能对 TMOD 整个字节赋值。

(1)$C/\overline{T}$：计数器或定时器选择位。$C/\overline{T}$＝1 为计数器；$C/\overline{T}$＝0 为定时器。

（2）GATE：门控信号。GATE ＝1 时，T/C 的启动受到双重控制，即要求 TR0/TR1 和 $\overline{INT0}/\overline{INT1}$ 同时为高，才能启动 T/C 工作；GATE ＝0 时，T/C 的启动仅受 TR0 或 TR1 控制。

（3）M1 和 M0：工作方式选择位。T/C 有 4 种工作方式，由 M1 和 M0 的状态确定，具体见表 2 -1 -5。

表 2 -1 -5　T/C 工作方式

M1	M0	工作方式	功能说明
0	0	0	为 13 位 T/C，TL 存低 5 位，TH 存高 8 位
0	1	1	为 16 位 T/C
1	0	2	初值自动重载 8 位 T/C
1	1	3	仅适用于 T/C0，分成两个 8 位 T/C；T/C1 停止计数

在训练项目 2 -1 的任务 1 中，T1 的初始化函数如下：

```
1. TMOD = 0x10;     //设置定时器1为工作方式1
2. TH1  = 0x3C;     //赋初值,定时50ms
3. TL1  = 0xB0;
```

第 1 行，设置 T1 为软件启动方式、定时器功能、工作方式 1。TMOD 的高 4 位分别为 0001，即 GATE ＝0、C/T ＝0、M1M0 ＝01；T0 未用，TMOD 的低 4 位可以随意赋值，但低两位不可设置为 11（因为工作方式 3 时，T1 停止计数），一般未用将其设为 0000。

第 2 ~3 行对 T1 赋初值，决定了定时时间为 50ms。如何设置初值，后面再讲解。

2.2.2　定时/计数器的工作方式

1. 工作方式 0

当 TMOD 中 M1M0 ＝00 时，T/C 工作在方式 0。

工作方式 0 为一个 13 位 T/C，由 TH 提供高 8 位，TL 提供低 5 位组成计数器，TL0 低 5 位计满时不向 TL0 第 6 位进位，而是向 TH0 进位。计数器的最大容量为 8191，最大计数值（容量）为 2^{13} ＝8192（计数器初值为 0 时）。启动前可以预置计数初值。T/C 工作方式 0 的逻辑电路结构如图 2 -1 -10 所示。

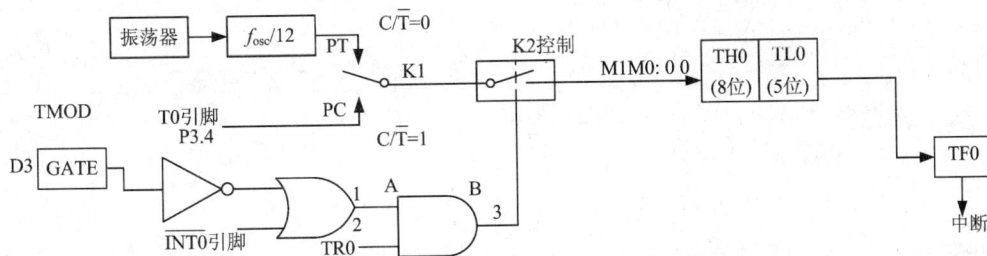

图 2 -1 -10　T/C 工作方式 0：13 位计数器

（1）当 C/T ＝0 时，T/C 为定时器，晶振频率的 12 分频的信号作为计数脉冲信号；当 C/T ＝1 时，T/C 为计数器，对外部 T0(T1) 引脚输入的脉冲信号进行计数。

（2）T/C 是否能计数脉冲，受启动信号控制。当 GATE = 0 时，只要 TR0/TR1 = 1，则 T/C 启动计数；当 GATE = 1 时，要求 TR0 与 $\overline{INT0}$（TR1 与 $\overline{INT1}$）同时为 1 即可启动计数，此时 T/C 启动受到双重控制。

（3）中断溢出。T/C 启动后立即计数，每个机器周期计数器值加 1，若晶振为 12MHz 时，每 1μs 计数器值加 1。计数到 8192 时（花费 8192μs），计数器产生溢出，中断溢出标志位 TF0/TF1 置 1，产生中断请求，表示 T/C 定时时间或计数次数到。若 T/C 开中断允许位（ET0/ET1 = 1）且 CPU 开总中断（EA = 1），则当 CPU 转向中断服务程序时，TF0/TF1 自动清零。

【例 2 - 2】 用 T0、工作方式 0 改编训练项目 2 - 1 任务 1 中延时函数，要求延时达到 100ms。晶振频率为 12MHz。

解：方式 0 采用 13 位计数器，最大定时间为：8192 × 1μs = 8.192ms，因此，定时器溢出时间不能像任务 1 中那样选择 50ms 溢出，可选择溢出时间为 5ms，再循环 20 次，即能达到 100ms 延时。定时为 5ms，则计数值为 5ms/1μs = 5000，T0 的初值为：

X = M − 计数值 = 8192 − 5000 = 3192 = C78H = 0 1100 0111 1000B

注意：13 位计数器中 TL0 的高 3 位未用，应填写 000，TH0 占高 8 位。所以赋给 TH0 和 TL0 的实际 X 值应为：X = 0110 0011 0001 1000B = 6318H

所以赋初值为：TH0 = 0x63；TL0 = 0x18。程序如下：

```
1. void T0_ini( )            //T0 初始化
2. {    TMOD = 0x00;         //设置定时器 0 为工作方式 0
3.      TH0 = 0x63;          //赋初值, 定时 5ms
4.      TL0 = 0x18;
5. }
6. //************************************************
7. void delay(unsigned char i)  //延时函数
8. {    TR0 = 1;             //启动定时器 T0
9.      for( ; i>0; i − −)
10.     {    while(! TF0);   //等待 T0 溢出, 即 50ms 定时到, TF0 = 1
11.          TF0 = 0;        //T0 溢出标志位清零
12.          TH0 = 0x63;     //赋初值
13.          TL0 = 0x18;
14.     }
15.     TR0 =0;             //关闭定时器 T0
16. }
17. ……
18.     delay(2);           //调用延时函数
```

2. 工作方式 1

当 TMOD 中 M1M0 = 01 时，T/C 工作在方式 1。

工作方式 1 为一个 16 位 T/C，计数器的最大容量为 65535，最大计数值（容量）为 2^{16} = 65536（计数器初值为 0 时）。其结构和操作与方式 0 完全相同，不同之处在于二者计数容量不同,定时时间:$(65536 - 初值) \times 12/f_{osc}$。T/C 工作方式 1 的逻辑电路结构如图 2 - 1 - 11所示。

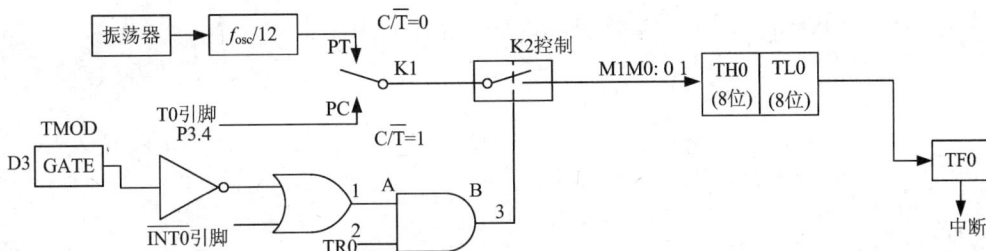

图 2 - 1 - 11　T/C 工作方式 1:16 位计数器

3. 工作方式 2

当 TMOD 中 M1M0 = 10 时,T/C 工作在方式 2。

工作方式 2 是 8 位自动重装载的 T/C,计数器的最大容量为 255,最大计数值(容量)为 $2^8 = 256$(计数器初值为 0 时)。TH0/TH1 和 TL0/TL1 具有不同功能,TL0/TL1 是 8 位计数器,TH0/TH1 是重置初值的 8 位缓冲器。T/C 工作方式 2 的逻辑电路结构如图 2 - 1 - 12所示。

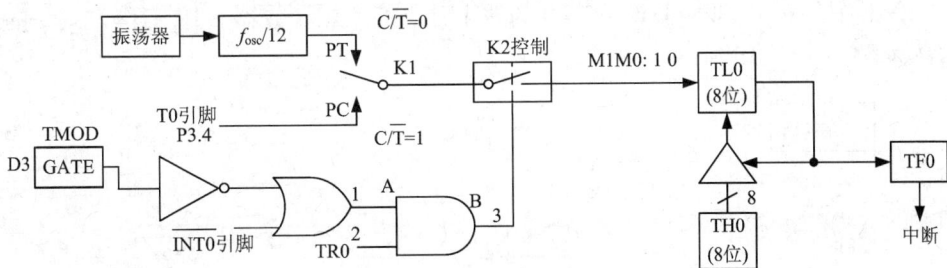

图 2 - 1 - 12　T/C 工作方式 2:8 位计数器

在工作方式 0 和 1 中,每次计数溢出后,计数器自动复位为 0,要进行新一轮定时/计数,必须向 TH0/TH1 和 TL0/TL1 寄存器重装初值。工作方式 2 具有初值自动装载功能,适合用于较高精度的定时场合,定时时间:$(256 - 初值) \times 12/f_{osc}$。

在工作方式 2 编程时,须注意:TL0/TL1 和 TH0/TH1 必须由软件赋予相同的初值,一旦 TL0/TL1 计数溢出,TF0/TF1 被置位;同时,TH0/TH1 中保存的初值自动装入 TL0/TL1 中,进入新一轮计数,依此重复循环。

【例 2 - 3】　用 T0、工作方式 2 改编训练项目 2 - 1 任务 1 中延时函数,要求延时达到 100ms。晶振频率为 12MHz。

解: 方式 2 是 8 位计数器,最大定时间为:$256 \times 1\mu s = 0.256ms$,因此,可选择溢出时间为 0.25ms,再循环 400 次,即能达到 100ms 延时。定时为 0.25ms,则计数值为 $0.25ms/1\mu s = 250$,T0 的初值为:$X = M - 计数值 = 256 - 250 = 6 = 6H$。

所以赋初值为:TH0 = 0x06;TL0 = 0x06。程序如下:

```
1. void T0_ini( )              //T0 初始化
2. {    TMOD = 0x02;           //设置定时器 0 为工作方式 2
3.      TH0 = 0x06;            //赋初值，定时 0.25ms
4.      TL0 = 0x06;
5. }
6. /* * * * * * * * * * * * * * * * * * * * * * * * * * * * * * * * * * * * * */
7. void delay( unsigned char i)   //延时函数
8. {    TR0 = 1;               //启动定时器 T0
9.      for( ; i > 0; i - - )
10.     {   while( ! TF0);     //等待 T0 溢出，即 0.25ms 定时到，TF0 = 1
11.         TF0 = 0;           //T0 溢出标志位清零
12.     }
13.     TR0 = 0;               //关闭定时器 T0
14. }
15.     ……
16.     delay(2);             //调用延时函数
```

4. 工作方式 3

只有 T0 可以设置为工作方式 3，T1 设置为工作方式 3 后不工作。

当 T0 工作在方式 3 时，TH0 和 TL0 为两个独立的 8 位计数器。T0 工作方式 3 的逻辑电路结构如图 2 - 1 - 13 所示。

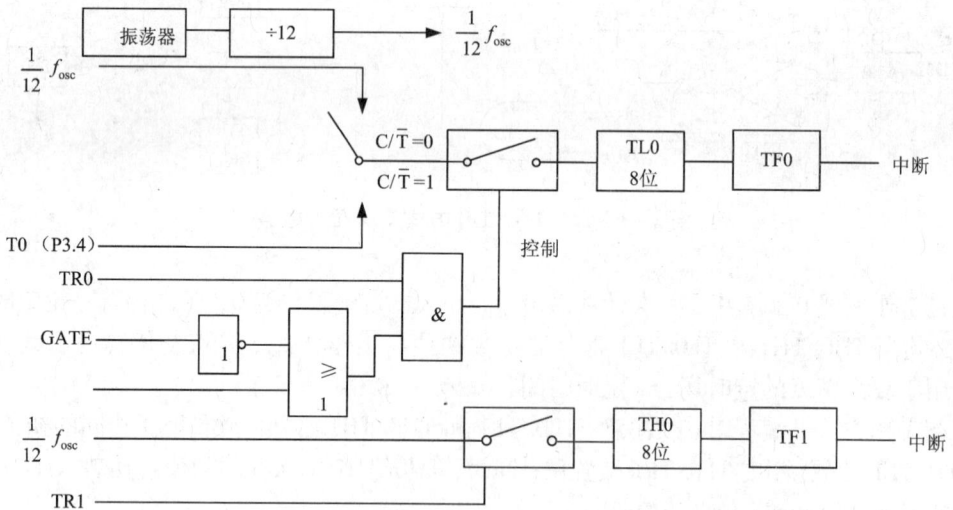

图 2 - 1 - 13   T0 工作方式 3:8 位计数器

在工作方式 3，TL0 可作定时/计数器，占用 T0 在 TCON 和 TMOD 寄存中的控制位和标志位；而 TH0 只能作定时器用，占用 T1 的资源 TR1 和 TF1。此时，T/C1 仅用作串行口的波特率发生器使用。

2.2.3　定时/计数器的初始化

1. 初始化步骤

使用定时/计数器之前，在程序中必须对其进行初始化设置，主要是对 TMOD 和 TCON 寄存器进行设置，还要计算并给 TH0/TH1 和 TL0/TL1 赋初值。一般初始化步骤如下：

① 确定 T/C 的工作方式，对 TMOD 寄存器进行设置。

② 计算 T/C 中的计数初值，并把初值赋给 TH0/TH1 和 TL0/TL1。

③ T/C 中断设置，必须开中断源允许位（ET0/ET1 = 1）和总中断控制位（EA = 1）。

④ 启动 T/C，使 TR0/TR1 = 1。

2. 计数初值的计算

（1）定时器的计初值。

在定时器方式下，T/C 是内部晶振的振荡频率计数，若 $f_{osc} = 12MHz$，一个机器周期为 $12/f_{osc} = 1\mu s$，则有：

方式 0：13 位定时器的最大定时间 $= 2^{13} \times 1\mu s = 8.192ms$。

方式 1：16 位定时器的最大定时间 $= 2^{16} \times 1\mu s = 65.536ms$。

方式 2：8 位定时器的最大定时间 $= 2^8 \times 1\mu s = 256\mu s = 0.256ms$。

定时时间与计数初值之间关系：

$$定时时间 = (2^N - 初值) \times 机器周期$$

$$初值 = 2^N - 定时时间/机器周期$$

其中，机器周期 $= (12/f_{osc})$。所以又有

$$初值 = 2^N - (定时时间 \times f_{osc})/12$$

显然，初值为零时，定时时间最大，称为最大定时时间。

【例 2 - 4】 若晶振频率为 12MHz：①当 T0 工作在方式 1 下定时为 50ms 的初值为多少？②当工作方式 2 下定时为 200μs 的初值为多少？

解：晶振频率为 12MHz，机器周期为 $12/f_{osc} = 1\mu s$，所以：

① 工作方式 1 下定时 50ms 的初值 $= 2^N - 定时时间/机器周期 = 2^{16} - 50ms/1\mu s$。

求得初值 $= 15536 = 3CB0H$。

② 作方式 2 定时 200μs 的初值 $= 2^N - 定时时间/机器周期 = 2^8 - 200\mu s/1\mu s$。

求得初值 $= 56 = 38H$。

（2）计数器的计初值。

在计数器方式下，则有：

方式 0：13 位定时器的最大计数值（容量） $= 2^{13} = 8192$；计数器的最大容量 $= 8191$。

方式 1：16 位定时器的最大计数值（容量） $= 2^{16} = 65536$。计数器的最大容量 $= 65535$。

方式 2：8 位定时器的最大计数值（容量） $= 2^8 = 256$。计数器的最大容量 $= 255$。

注意区别：计数器的最大计数值（容量）与计数器的最大容量，前者是计数器溢出所计数的数值；后者是计数器实际数值。

计数器与计数初值之间关系：

$$初值 = 2^N - 计数脉冲个数$$

【例 2 - 5】 T0 工作在计数器方式 2，要求计数 10 个脉冲时产生溢出，则计数器的

初值。

解： 初值 $= 2^8 - 10 = 246$，所以 $TH0 = TL0 = 246$。

2.3　单片机与键盘接口

按照按键的结构，可分为触点式和无触点式两种按键，前者主要有机械开关、导电橡胶式开关等，造价低；后者主要有电气式按键、磁感应按键等，寿命长。按照按键接口原理，可分为编码键盘和非编码键盘两种，前者主要用硬件来实现对按键的识别，硬件结构复杂；后者主要由软件来实现对按键的扫描与识别，硬件结构简单，但软件编程复杂。本节将介绍的独立式和矩阵式两种键盘都是非编码键盘。

2.3.1　键盘去抖动

机械式按键的开、关分别是机械触点的合、断作用，由于机械触点的弹性作用，在闭合及断开的瞬间均有抖动过程，会出现一系列电脉冲，抖动时间长短，与开关的机械特性、按键动作等因素有关，一般为 5~10ms，如图 2 - 1 - 14 所示。在机械触点抖动期间检测按键的开与关，可能会导致键盘识别出错。

因此，对键盘必须要有去抖动措施，一般可以采用硬件电路和软件程序两种方法消除键盘抖动。在现代电子产品开发过程中，一般都采用软件去抖动。编程思路为：在检测到有键按下时，先执行 5~10ms 的延时程序，然后再重新检测该键是否仍然按下，以确认该键按下不是因抖动引起的；同理，在检测到该键释放时，也采用先延时再判断的方法消除抖动的影响。一般释放键时，不需要检测和去抖动操作。软件去抖动流程如图 2 - 1 - 15 所示。

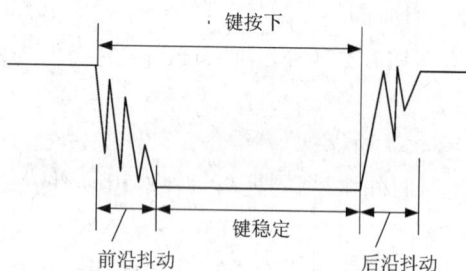

图 2 - 1 - 14　按键去抖动

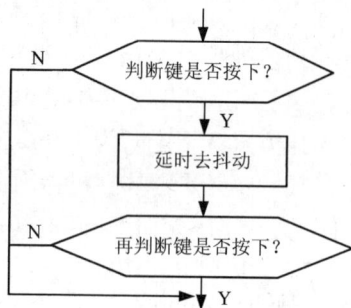

图 2 - 1 - 15　软件去抖动流程图

具体应用详见训练项目 2 - 1 的任务 1 和任务 2 中的 key( ) 函数。

2.3.2　独立键盘

每个独立式按键单独占有一个 I/O 端口，如图 2 - 1 - 1 所示的独立式键盘仿真电路。按键输入采用低电平有效，上拉电阻保证按键断开时，I/O 端口为高电平。一般应用于按键较少的电子产品之中，例如液晶显示器、电视机等按键。

2.3.3　矩阵键盘

矩阵键盘又称行列键盘，用 I/O 端口组成行、列结构，按键设置在行列的交点上。N 条端口最多可构造 N^2 个按键。矩阵键盘有两种设计方法：扫描读键法和反转读键法。

1. 扫描读键法

所有行线输出 I/O 依次赋为低电平，如果有键按下，总有一根列线电平被拉至低电平，从而使列线输入 I/O 不全为 1，查询所有列线的状态，从而确定按键号。下面以图 2 - 1 - 1 所示为例进行说明。

（1）先送 1110 到行线：P2.3 ~ P2.0 = 1110B，扫描第一行；然后读入列线 P2.7 ~ P2.4 数据。若有按键，则其中必有一位为 0，如按"3"键，则读入 P2.7 ~ P2.4 = 0111B。

（2）再送 1101 到行线：P2.3 ~ P2.0 = 1101B，扫描第二行。以此类推，P2.3 ~ P2.0 依次为 1110B → 1101B → 1011B → 0111B → 1110B 循环进行。按键的扫描码对照表如表 2 - 1 - 6所示。

表 2 - 1 - 6 键盘扫描码对照表

按 键	输 入 （列线）				输 出 （行线）			
	P2.7	P2.6	P2.5	P2.4	P2.3	P2.2	P2.1	P2.0
0	1	1	1	0	1	1	1	0
1	1	1	0	1				
2	1	0	1	1				
3	0	1	1	1				
4	1	1	1	0	1	1	0	1
5	1	1	0	1				
6	1	0	1	1				
7	0	1	1	1				
8	1	1	1	0	1	0	1	1
9	1	1	0	1				
A	1	0	1	1				
B	0	1	1	1				
C	1	1	1	0	0	1	1	1
D	1	1	0	1				
E	1	0	1	1				
F	0	1	1	1				

2. 反转读键法

行、列线轮流作为输入线，以图 2 - 1 - 1 所示为例。

（1）先置行线 P2.0 ~ P2.3 为输入线，列线 P2.4 ~ P2.7 为输出线，且输出为 0，使 P2 端口为 0FH。若读入 P2 端口低四位的数据不等于 F，则表明有键按下，保存低四位数据，低电平引脚相连的行有键被按下，但不能确定是该行中哪个按键被按下。

（2）再把输入、输出口对换，行线 P2.0 ~ P2.3 为输出线，且输出为 0，列线 P2.4 ~ P2.7 为输入线，使 P2 端口为 F0H。若读入 P2 端口高四位数据不等于 F，保存高四位数据，再将两次读数值组合，即可确认(1)中某行被按下的键。

【训练项目 2 – 2】　矩阵键盘系统设计与制作

一、项目要求

在 Proteus 仿真软件和单片机实训板上，采用单片机的任意端口与矩阵键盘相连，实现任意数字输入和简易计算器功能。

二、项目实训仪器、设备及实训材料

表 2 – 2 – 1　主要实训仪器和实训材料一览表

工具、设备和耗材	数量	工具、设备和耗材	数量	工具、设备和耗材	数量
电脑	1 台	51 单片机下载线/USB 线	1 根	杜邦导线	若干
Keil μVision4	1 套	晶振 12M	1 只	AT89S51/STC12C5A60S2	1 片
Proteus 7.5 软件	1 套	单片机实训板	1 块	稳压电源	1 台

三、项目实施过程及其步骤

任务 1　实现任意数字输入

任务描述：在 Proteus 软件和单片机实训板上，采用单片机 P3 口连接数码管的数据端口，P2 口与 4×4 矩阵键盘相连；实现 0～F 任意数字输入并在数码管上显示。

第一步，在 Proteus 中，绘制 4×4 矩阵键盘与 1 位数码管显示电路。

P2.0～P2.3 为矩阵键盘的行扫描端口，P2.4～P2.7 为列端口，如图 2 – 2 – 1 所示。注意：在实训板电路中，列端口有 4 个上拉电阻。但仿真图中不能放置上拉电阻，否则会出错。

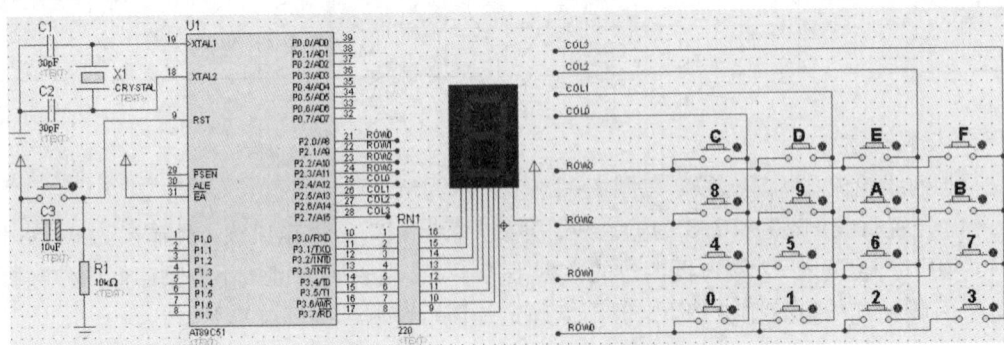

图 2 – 2 – 1　矩阵键盘仿真电路

第二步，根据图2-2-2所示的程序流程图，编写程序。

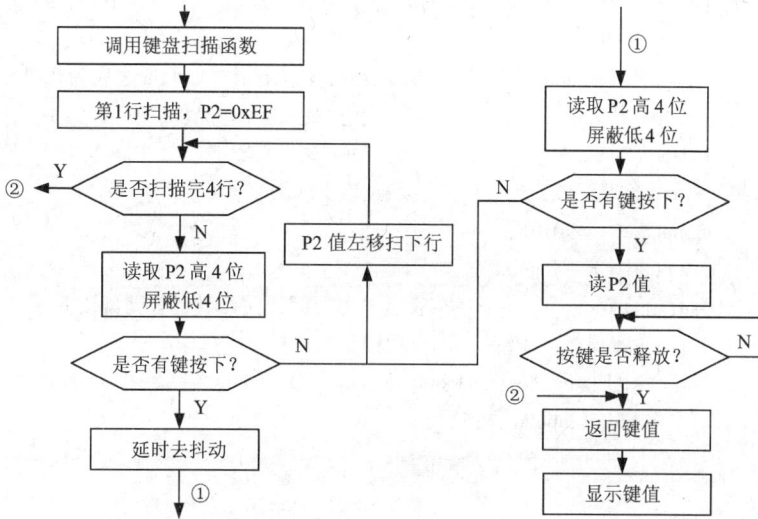

图2-2-2　键盘程序流程图

---

1. #include ＜reg51.h＞
2. unsigned char code led_code[20] = {0xC0, 0xF9, 0xA4, 0xB0, 0x99, 0x92, 0x82,
3. 　　　　　　　　　　　0xD8, 0x80, 0x90, 0x88, 0x83, 0xC6, 0xA1, 0x86, 0x8E};
4. //＊＊＊＊＊＊＊＊＊＊＊＊＊＊＊＊＊＊＊＊＊＊＊＊＊＊＊＊＊＊＊＊＊＊＊
5. void T1_ini()
6. {　　TMOD = 0x10;　　　　//设置定时器1为工作方式1
7. 　　　TH1 = 0x3C;　　　　//赋初值，50ms定时
8. 　　　TL1 = 0xB0;
9. }
10. //＊＊＊＊＊＊＊＊＊＊＊＊＊＊＊＊＊＊＊＊＊＊＊＊＊＊＊＊＊＊＊＊＊＊＊
11. void delay(unsigned char x)
12. {　　TR1 = 1;　　　　　//启动定时器T1
13. 　　　for(; x>0; x--)
14. 　　　{　　while(!TF1);　　//等待T1溢出，即50ms定时到，TF1 = 1
15. 　　　　　TF1 = 0;　　　　//T1溢出标志位清零
16. 　　　　　TH1 = 0x3C;　　//赋初值
17. 　　　　　TL1 = 0xB0;
18. 　　　}
19. 　　　TR1 = 0;　　　　　//关闭定时器T1
20. }
21. //＊＊＊＊＊＊＊＊＊＊＊＊＊＊＊＊＊＊＊＊＊＊＊＊＊＊＊＊＊＊＊＊＊＊＊
22. unsigned char key_scan()

```
23. {    unsigned char i, inputkey, tem = 0xFE, up_key = 0x00;
24.      P2 = tem;                        //设置 P2 端口为 1111 1110,进行第一行扫描
25.      for(i = 0; i < 4; i++)           //行四种状态循环扫描
26.      {   inputkey = P2;               //读取键盘状态
27.          inputkey |= 0x0F;            //屏蔽 P2 低四位,保留高四位
28.          inputkey = ~inputkey;        //按位取反,若无键按下,取反之后为 0;反之为非 0 值
29.          if (inputkey)                //表达式为"真"说明有键盘按下
30.          {   delay(2);                //延时,去抖动
31.              inputkey = P2;           //再次读取 P2 端口的值
32.              inputkey |= 0x0F;
33.              inputkey = ~inputkey;
34.              if(inputkey)             //表达式为"真"说明已确定有键盘按下
35.              {   inputkey = P2;       //读取键盘状态
36.                  while (up_key! = 0xf0) up_key = P3&0xF0;  //等待按键释放
37.                  return(inputkey);
38.              }
39.          }
40.          tem = (tem << 1)|0x01;       //tem 左移 1 位,进入第二行扫描
41.          P2 = tem;
42.      }
43.      P2 = 0xFF;                        //P2 恢复为 FF,等待下次扫描
44.      return(0);                        //无键盘按下,返回 0
45. }
46. //********************************************************
47. void key ()
48. {    unsigned char key_num;
49.      key_num = key_scan ();           //调用键盘扫描函数
50.      switch (key_num)
51.      {   case 0xEE: P3 = led_code[0]; break;        //显示"0"
52.          case 0xDE: P3 = led_code[1]; break;        //显示"1"
53.          case 0xBE: P3 = led_code[2]; break;        //显示"2"
54.          case 0x7E: P3 = led_code[3]; break;        //显示"3"
55.          case 0xED: P3 = led_code[4]; break;        //显示"4"
56.          case 0xDD: P3 = led_code[5]; break;        //显示"5"
57.          case 0xBD: P3 = led_code[6]; break;        //显示"6"
58.          case 0x7D: P3 = led_code[7]; break;        //显示"7"
59.          case 0xEB: P3 = led_code[8]; break;        //显示"8"
60.          case 0xDB: P3 = led_code[9]; break;        //显示"9"
61.          case 0xBB: P3 = led_code[10]; break;       //显示" A"
62.          case 0x7B: P3 = led_code[11]; break;       //显示" B"
63.          case 0xE7: P3 = led_code[12]; break;       //显示" C"
64.          case 0xD7: P3 = led_code[13]; break;       //显示" D"
65.          case 0xB7: P3 = led_code[14]; break;       //显示" E"
```

```
66.          case 0x77: P3 = led_code[15]; break;          //显示"F"
67.          default: break;
68.        }
69. }
70. // * * * * * * * * * * * * * * * * * * * * * * * * * * * * * * * * * * * * * * * * * * * *
71. main( )
72. {  T1_ini( );                        //调用定时器1初始化函数
73.    while(1)
74.    {  key( );                        //调用键盘函数
75.    }
76. }
```

第三步，编译、仿真与调试程序。

(1)在 Proteus 软件中仿真程序。当单击 0~F 键时，数码管上会显示对应的数字。

(2)在单片机实训板中调试程序。按照仿真图，用杜邦线连接好单片机与数码管、按键。下载程序到单片机之中，按下 0~F 键测试程序功能。

第四步，分析程序。

(1)在 key( )函数中，第49 行调用键盘扫描函数 key_scan( )，并将值返回给 key_num变量。根据返回值的大小，在第 50~68 行 switch 语句中查找对应的键值，并显示在数码管上。

(2)由于 key_scan( ) 函数是带返回值的，所以函数名前加有函数值返回类型 unsignedchar 关键字，具体执行过程如图 2-2-2 所示键盘程序流程图。

(3)第 30 行去抖动延时函数 delay(2)，采用定时器 T1 定时 50ms 溢出一次。第 13 行for 语句使 T1 进行 2 次循环溢出，共延时 100ms；修改延时函数的实参值，可以改变延时时间(延时时间为：实参值×50ms)。第 14 行 while(! TF1)查询 T1 的溢出标志位是否为 1 来判断 T1 是否溢出，第 15 行完成对 T1 溢出标志位清零。切记：T1 查询溢出方式时，溢出标志位要用软件清零；中断响应溢出方式时，硬件自动清除溢出标志位。

第五步，修改程序，提高编程水平。

修改程序，采用 T0 定时器时，并用单片机的其他端口与矩阵键盘相连，实现任务 1 的功能。

任务2　实现简易计算器

任务描述: 在 Proteus 软件和单片机实训板上，采用单片机 P0 和 P2.4~P2.6 端口分别连接 LCD1602 的数据和控制端口，P3 端口与 4×4 矩阵键盘相连；实现简易计算器功能，具有整数的加、减、乘、除四种基本运算，约束条件是操作数和计算结果都不能超过 65535。

第一步，在 Proteus 中，绘制 4×4 矩阵键盘与 LCD1602 显示电路，按键在库中的名称为 KEYPAD – SMALLCALC，如图 2 – 2 – 3 所示。

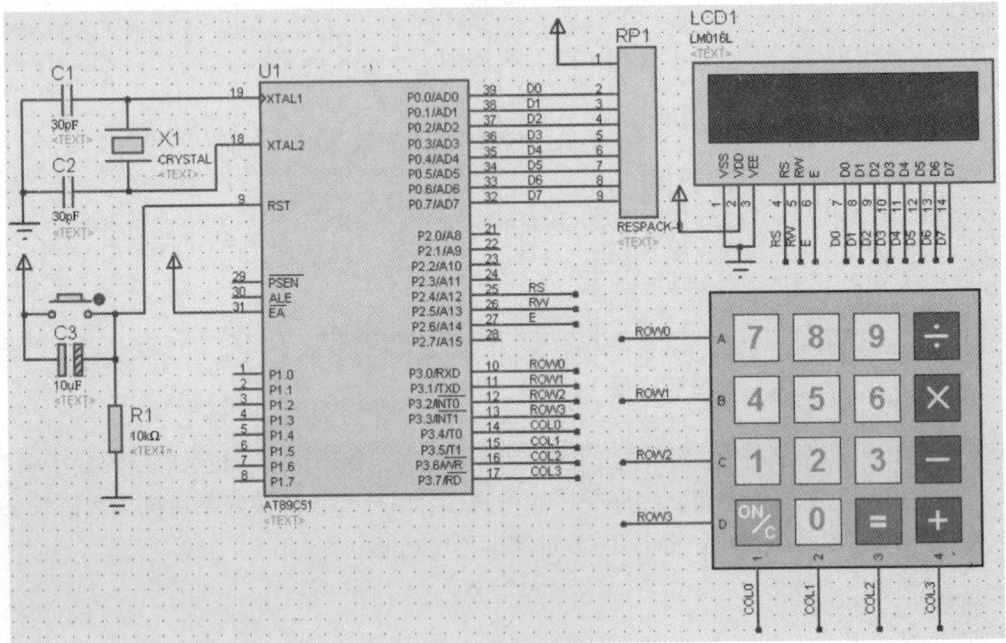

图 2 – 2 – 3　简易计算器仿真电路

第二步，根据多文件编程思路，编写任务程序。

1. 实现简易计算器. c

```
1. bit key_in = 0, Rest = 0, Clear = 0, Out = 0, Neg = 0;          //定义标志位
2. unsigned int num, num1, num2;
3. unsigned char Show, ten, add;
4. unsigned char code led_data[ ] = { "1234567890 + - * / = ."};   //显示字符
5. unsigned char code error[ ] = "Input  Error";
6. extern void lcd_initial( );                                      //外部函数声明
7. extern void clear_lcd ( );
8. extern unsigned char key_scan ( );
9. extern void LCD_Write_Char( unsigned char x, unsigned char y, unsigned char Data);
10. extern void LCD_Write_String( unsigned char x, unsigned char y, unsigned char * point) ;
11. // * * * * * * * * * * * * * * * * * * * * * * * * * * * * * * * * * * * * * * * * * * * *
12. void Cal_Res ( )                                                //计算器函数
13. {    int i, j;
14.      unsigned int Res, tem[4];
15.      switch ( ten)
16.      {    case '+': Res = num1 + num2; break;
```

17.　　　　case ' − ': if (num2 > num1) { Res = num2 − num1 ; Neg = 1 ; } else Res = num1 − num2 ;
break ;

18.　　　　　case ' ∗ ': Res = num1 ∗ num2 ; break ;

19.　　　　　case '/': if (num2 = = 0) Out = 1 ; else Res = num1/num2 ; break ;

20.　　　}

21.　　if(Out! = 1)　　　　　　　　　//判断是否出错

22.　　{　if(Res > 9999&&Res < 65535)i = 4 ;　//计算结果是 5 位数

23.　　　else if(Res > 999)i = 3 ;　　　//计算结果是 4 位数

24.　　　else if(Res > 99)i = 2 ;　　　//计算结果是 3 位数

25.　　　else if(Res > 9)i = 1 ;　　　//计算结果是 2 位数

26.　　　else i = 0 ;　　　　　　　　//计算结果是 1 位数

27.　　　tem[4] = Res/10000 ;　　　//数据分离，十万位

28.　　　tem[3] = Res%10000/1000 ;　//万位

29.　　　tem[2] = Res%1000/100 ;　　//千位

30.　　　tem[1] = Res%100/10 ;　　　//百位

31.　　　tem[0] = Res%10 ;　　　　//个位

32.　　}

33.　　else

34.　　{　LCD_Write_String(0, 1, error) ;　//显示输入错误

35.　　　Rest = 0 ;

36.　　　Out = 0 ;

37.　　　return ;

38.　　}

39.　　if(Neg)　　　　　　　　　//判断是否为负数

40.　　{　LCD_Write_Char(add, 0, ' − ') ;　//显示负号

41.　　　add + + ;

42.　　　Neg = 0 ;

43.　　}

44.　　for(j = i; j > = 0; j − −)　　　//显示结果

45.　　{　LCD_Write_Char(add, 0, (0x30 + tem[j])) ;

46.　　　add + + ;

47.　　}

48. }

49. //∗∗

50. void key ( )

51. {　unsigned char key_num ;

52.　　key_num = key_scan( ) ;　　　　　//调用键盘扫描函数

53.　　switch (key_num)

54.　　{　case 0xEB: Show = led_data[0] ; num = num ∗ 10 + 1 ; num2 = num ; break ;　// '1'

55.　　　case 0xDB: Show = led_data[1] ; num = num ∗ 10 + 2 ; num2 = num ; break ;　// '2'

56.　　　case 0xBB: Show = led_data[2] ; num = num ∗ 10 + 3 ; num2 = num ; break ;　// '3'

57.　　　case 0xED: Show = led_data[3] ; num = num ∗ 10 + 4 ; num2 = num ; break ;　// '4'

58.　　　case 0xDD: Show = led_data[4] ; num = num ∗ 10 + 5 ; num2 = num ; break ;　// '5'

```c
59.        case 0xBD: Show = led_data[5]; num = num * 10 + 6; num2 = num; break;    // '6'
60.        case 0xEE: Show = led_data[6]; num = num * 10 + 7; num2 = num; break;        // '7'
61.        case 0xDE: Show = led_data[7]; num = num * 10 + 8; num2 = num; break;        // '8'
62.        case 0xBE: Show = led_data[8]; num = num * 10 + 9; num2 = num; break;        // '9'
63.        case 0xD7: Show = led_data[9]; num = num * 10 + 0; num2 = num; break;        // '0'
64.        case 0x77: Show = led_data[10]; num1 = num; num = 0; num2 = 0; ten = ' + '; break; //' + '
65.        case 0x7B: Show = led_data[11]; num1 = num; num = 0; num2 = 0; ten = ' - '; break; // ' - '
66.        case 0x7D: Show = led_data[12]; num1 = num; num = 0; num2 = 0; ten = ' * '; break; // ' * '
67.        case 0x7E: Show = led_data[13]; num1 = num; num = 0; num2 = 0; ten = '/'; break; // '/'
68.        case 0xB7: Show = led_data[14]; Rest = 1; break; // ' = '
69.        case 0xE7: Show = led_data[15]; Clear = 1; num1 = num; num = 0; num2 = 0; break;   // '清零'
70.        default: break;
71.    }
72. }
73. // * * * * * * * * * * * * * * * * * * * * * * * * * * * * * * * * * * * * * * * * * *
74. void main ( )
75. {   lcd_initial( );                      //调用液晶屏初始化函数
76.    while (1)
77.    {   key( );                          //调用键盘函数
78.        if ( key_in)                     //有键盘输入，显示输入数
79.        {   LCD_Write_Char( add, 0, Show);     //送数显示
80.            add + + ;                    //地址增量加 1
81.            key_in = 0;                  //清标志位
82.        }
83.        if ( Rest)                       //" = "按下
84.        {   Cal_Res ( );                 //调用计算函数
85.            Rest = 0;
86.        }
87.        if ( Clear)                      //" ON/C" 键按下
88.        {   clear_lcd ( );               //调用清屏函数
89.            add = 0;                     //清地址增量
90.            Clear = 0;                   //清标志位
91.        }
92.    }
93. }
```

2. key. c

```c
1. #include  < reg51. h >
2. extern bit key_in;
3. // * * * * * * * * * * * * * * * * * * * * * * * * * * * * * * * * * * * * * * * * * *
4. void T1_ini( )
5. {   TMOD = 0x10;                         //设置定时器 1 为工作方式 1
```

```
6.     TH1  = 0x3C;                        //赋初值
7.     TL1  = 0xB0;
8. }
9. //************************************************
10. void delay_key(unsigned char x)
11. {   TR1  = 1;                           //启动定时器 T1
12.     for(; x>0; x--)
13.     {  while(! TF1);                    //等待 T1 溢出, 即 50ms 定时到, TF1 = 1
14.        TF1  = 0;                        //T1 溢出标志位清零
15.        TH1  = 0x3C;                     //赋初值
16.        TL1  = 0xB0;
17.     }
18.     TR1 = 0;                            //关闭定时器 T1
19. }
20. //************************************************
21. unsigned char key_scan ()
22. {   unsigned char i, inputkey, tem = 0xFE, up_key = 0;
23.     P3 = tem;                           //设置 P3 端口为 1111 1110, 进行第一行扫描
24.     for(i =0; i<4; i++)                 //行四种状态循环扫描
25.     {   inputkey = P3;                  //读取键盘状态
26.         inputkey | = 0x0F;              //屏蔽 P3 低四位, 保留高四位
27.         inputkey = ~ inputkey;   //按位取反, 若无键按下, 取反之后为 0; 反之为非 0 值
28.         if (inputkey)                   //表达式为"真"说明有键盘按下
29.         {  delay_key(2);                //延时, 去抖动
30.            inputkey = P3;               //再次读取 P3 端口的值
31.            inputkey | = 0x0F;
32.            inputkey = ~ inputkey;
33.            if(inputkey)                 //表达式为"真"说明已确定有键盘按下
34.            {   inputkey = P3;           //读取键盘状态
35.                while (up_key! =0xf0) up_key = P3&0xf0;   //等待按键释放
36.                key_in = 1;              //确定有键按下, 置标志位
37.                return(inputkey);
38.            }
39.         }
40.         tem  = (tem<<1)|0x01;           //tem 左移 1 位, 进入第二行扫描
41.         P3 = tem;
42.     }
43.     P3 =0xFF;                           //P3 恢复为 FF, 等待下次扫描
44.     return(0);                          //无键盘按下, 返回 0
45. }
```

3. 1602LCD. c

```
1. #include <reg51.h>
2. sbit RS = P2^4;                              //控制端口定义
3. sbit RW = P2^5;
4. sbit E = P2^6;
5. #define DATAPORT P0                           //数据端口
6. unsigned char  string1[] = {"Please input..."};   //液晶屏第一行显示字符
7. unsigned char  string2[] = {"            "};//液晶屏第二行显示字符
8. //* * * * * * * * * * * * * * * * * * * * * * * * * * * * * * * * * * * * *
9. void delayMS(unsigned int b)                  //延时大约为 b ms
10. {   unsigned char a = 200;
11.     for(; b > 0; b − −)
12.     {   while(− −a);
13.         a = 200;
14.     }
15. }
16. //* * * * * * * * * * * * * * * * * * * * * * * * * * * * * * * * * * * * *
17. void LCDSTA()                                 //判断液晶屏是否忙
18. {   unsigned char  flag;
19.     while(1)
20.     {   RS = 0;        // RS RW 为 01 表示读 Busy Flag(DB7)及地址计数器 AC(DB0 ~ DB6)
21.         RW = 1;
22.         delayMS(5);                           //延时
23.         E = 1;                                //E 控制端产生一个脉冲
24.         delayMS(10);
25.         flag = DATAPORT;                      //读数据端口状态
26.         E = 0;
27.         flag = flag&0x80;                     //读取液晶屏忙碌标志位 BF,即 DB7
28.         if(flag = = 0x00) break;   //为真表示液晶屏忙完,可以对其进行其他操作;否则需等待
29.     }
30. }
31. //* * * * * * * * * * * * * * * * * * * * * * * * * * * * * * * * * * * * *
32. void WRDcomm(unsigned char com)               //向 LCD 发送操作命令
33. {   LCDSTA();                                 //判断液晶屏是否忙,如果通不过,采用延时替换
34. //  delayMS(20);
35.     DATAPORT = com;                           //送命令
36.     RS = 0;                                   //RS RW 为 00 表示写入指令寄存器
37.     RW = 0;
38.     E = 1;                                    //E 控制端产生一个脉冲
39.     E = 0
40.     delayMS(10);                              //等待执行完操作
41. }
42. //* * * * * * * * * * * * * * * * * * * * * * * * * * * * * * * * * * * * *
43. void WRData(unsigned char indata)             //向 LCD 发送操作数据
```

```
44.    LCDSTA();                               //判断液晶屏是否忙,如果通不过,采用延时替换
45.//  delayMS(20)
46.    DATAPORT = indata;
47.    RS = 1;                                  //RS RW 为 10 表示写入数据寄存器
48.    RW = 0;
49.    E = 1;                                   //E 控制端产生一个脉冲
50.    E = 0;
51.    delayMs(10);                             //等待执行完操作
52.}
53./*********************************************************************
54.写入字符串函数,x 表示地址的偏移量,y 表示显示行,* point 表示显示字符串指针
55.*********************************************************************/
56.void LCD_Write_String(unsigned char x, unsigned char y, unsigned char * point)
57.{    if(y = = 0) WRDcomm(0x80 + x);          //第一行显示
58.    else       WRDcomm(0xC0 + x);           //第二行显示
59.    while( * point! = '\0')                  //显示内容
60.    {    WRData( * point);
61.         point + +;
62.    }
63.}
64./*********************************************************************
65.写入字符函数,x 表示地址的偏移量,y 表示显示行,Data 表示显示字符
66.*********************************************************************/
67.void LCD_Write_Char(unsigned char x, unsigned char y, unsigned char Data)
68.{    if(y = = 0) WRDcomm(0x80 + x);          //第一行显示
69.    else    WRDcomm(0xC0 + x);              //第二行显示
70.    WRData(Data);                           //送数据
71.}
72.//*********************************************************************
73.void lcd_initial()                          //液晶屏初始化子程序
74.{    WRDcomm(0x01);                          //写入命令,清屏并光标复位
75.    WRDcomm(0x38);                          //写入命令,设置显示模式:8 位 2 行 5×7 点阵
76.    WRDcomm(0x0C);  //写入命令,开显示,禁光标显示,光标所在位置的字符不闪烁
77.    WRDcomm(0x06);                          //写入命令,移动光标
78.    LCD_Write_String(0, 0, string1);        //显示第一行,从起始位开始显示
79.    LCD_Write_String(0, 1, string2);        //显示第二行,从起始位开始显示
80.}
81.//*********************************************************************
82.void clear_lcd ()                           //清屏函数
83.{    WRDcomm(0x01);                          //清屏指令
84.}
```

第三步，编译、仿真与调试程序。

（1）在 Proteus 软件中仿真程序。单击仿真按钮，LCD 上显示"Please input…"字符，然后单击仿真图中的"NO/C"消除按键，再输入相应的操作数，进行整数的加、减、乘、除四种基本运算，实现简易计算器功能，仿真效果如图 2-2-4 所示。

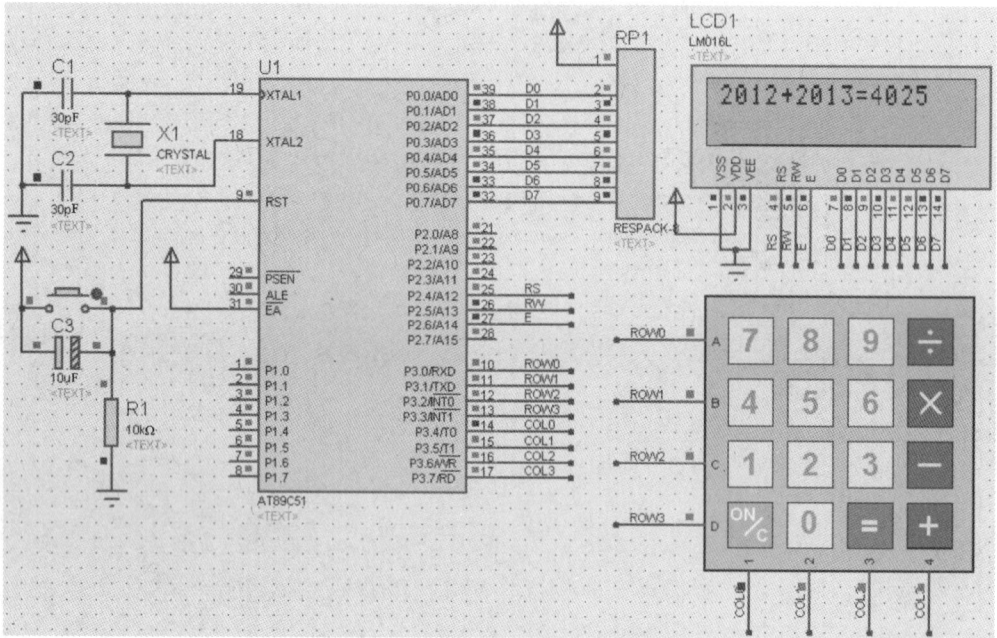

图 2-2-4　简易计算器仿真效果

（2）在单片机实训板中调试程序。按照仿真图，用杜邦线连接好单片机与数码管、按键。下载程序到单片机之中，实现简易计算器功能。

第四步，分析程序。

（1）整个任务程序由"实现简易计算器.c""key.c"和"1602LCD.c"三个文件构成，后两个文件前面章节都有讲解，在这里仅分析"实现简易计算器.c"的程序。

（2）第 75 行，调用外部函数 lcd_initial( )进行液晶屏初始化，该函数已在第 6 行进行了声明。切记：外部函数在使用之前一定要声明。

（3）第 78 行语句判断是否有键按下，变量 key_in 在"key.c"文件中第 36 行被置 1，即确定有键按下。第 79 行显示相应的键符，第 80 行地址增量加 1，目的是为下次显示相应键符作准备。

（4）第 83 行判断是否按了"="按键，第 87 行判断是否按了"NO/C"消除按键。

第五步，修改程序，提高编程水平。

进一步优化程序，要求：①启动之后，消除 LCD 显示的"Please input…"字符，不需要按"NO/C"消除按键，而是直接按数字键就能进行相应的算术运算。②进行一次运算之后，也不要按"NO/C"消除按键，而是直接按数字键就能进行下一次算术运算。

四、思考与分析

(1)本项目任务 1 采用 LCD1602 显示，怎样进行设计？

(2)怎样修改程序，使本项目任务 2 的计算数值的范围放大一倍，且能进行浮点数运算？

(3)请绘制出本项目任务 2 的程序流程图。

知识梳理与小结

本章由 2 个简单到复杂的训练项目组成，以任务驱动为切入点，介绍了单片机中断、定时/计数器工作原理，以及单片机与独立键盘、矩阵键盘的接口与编程。

本章重点内容：

(1)独立式键盘的接口。

(2)矩阵式键盘的接口。

(3)单片机中断原理及其应用。

(4)定时/计数器原理及其应用。

习题二

一、选择题

1. AT89S51 单片机的定时/计数器 T0 用做定时方式是_____。

A. 对内部时钟频率计数，一个时钟周期加 1

B. 对内部时钟频率计数，一个机器周期加 1

C. 对外部时钟频率计数，一个时钟周期加 1

D. 对外部时钟频率计数，一个机器周期加 1

2. AT89S51 单片机的定时/计数器 T1 用做计数方式时，计数脉冲是_____。

A. 外部计数脉冲，由 T1(P3.5)输入

B. 外部计数脉冲，由内部时钟频率提供

C. 外部计数脉冲，由 T0(P3.4)输入

D. 由外部计数脉冲计数

3. AT89S51 单片机的定时/计数器 T1 用做定时方式时，采用工作方式 1，则工作方式控制字为_____。

A. 01H　　　　　B. 05H　　　　　C. 10H　　　　　D. 50H

4. AT89S51 单片机的定时/计数器 T1 用做定时方式时，采用工作方式 2，则工作方式控制字为_____。

A. 60H　　　　　B. 02H　　　　　C. 06H　　　　　D. 20H

5. AT89S51 单片机的定时/计数器 T0 用做定时方式时，采用工作方式 1，TMOD 初值

为_____。

    A. 0x01   B. 0x50   C. 0x10   D. 0x02

6. 启动 T0 开始计数是使 TCON 的_____。

    A. TF0 = 1   B. TR1 = 1   C. TR0 = 1   D. TR1 = 1

7. 当 CPU 响应外部中断 0 的中断请求后，程序计数器 PC 的内容是_____。

    A. 0003H   B. 000BH   C. 0012H   D. 001BH

8. AT89S51 单片机在同一级别内除串行口外，级别最低的中断源是_____。

    A. 外部中断 1   B. T0   C. T1   D. 串行口

9. 当外部中断 0 发出中断请求后，中断响应的条件是_____。

    A. ET0 = 1   B. EX0 = 1   C. IE = 0x81   D. IE = 0x61

10. 关闭单片机的中断语句是_____。

    A. EA = 1   B. ES = 1   C. EA = 0   D. EX0 = 1

11. 在定时/计数器的计数初值计算中，若设最大计数值为 M，对于工作方式 1 下的 M 值为_____。

    A. $M = 12^{13} = 8192$ B. $M = 12^8 = 8192$ C. $M = 2^4 = 8192$ D. $M = 2^{16} = 65536$

12. 某一应用系统需要扩展 10 个功能键，通常采用_____方式较好。

    A. 独立键盘   B. 矩阵键盘   C. 动态键盘   D. 静态键盘

13. 为了消除按键开关的抖动现象，一般采用_____方法。

    A. 硬件去抖动   B. 软件去抖动

    C. 硬、软件两种方法   D. 单稳态电路去抖动

14. 矩阵式键盘的工作方式主要有_____。

    A. 编程扫描方式和中断扫描方式   B. 独立查询方式和中断扫描方式

    C. 中断扫描方式和直接访问方式   D. 直接输入方式和直接访问方式

二、问答题与设计题

1. 独立键盘和矩阵键盘分别具有什么特点？适用于什么场合？

2. 采用中断扫描方式，改写训练项目 2 - 2 的任务 1 程序，即有键按下立即产生中断响应，通过中断服务程序识别键盘符。

3. 在 Proteus 软件中，采用外部中断 0 设计一个分频器，要求从外部中断 0(P3.2)引脚输入一方波信号，P1.1 输出分频后的方波信号，并用示波器和两只发光管监测这两路信号；另外通过键盘输入分频值。

4. 设计：采用 4×4 矩阵键盘，实现密码锁功能。

学习情境三　通信系统设计与制作

本章详细讲解了单片机双机通信、多机通信以及单片机和 PC 机之间的通信，还介绍了带 I^2C 接口的串行 EEPROM 的使用方法，并将训练项目实施过程所需要的单片机串行通信、I^2C 总线、RS232C 协议等知识点渗入到相关训练任务之中，帮助读者更好掌握和理解这些枯燥的理论知识。通过该学习情境的学习，读者可以学会串行通信和 EEPROM 的硬、软件设计与制作方法。

教学目标

知识目标	1. 理解串行通信的基本概念、特点和分类；
	2. 掌握单片机串行口的结构、特点和工作方式；
	3. 掌握 I^2C 总线的基本原理；
	4. 掌握 EEPROM 存储器的使用方法；
	5. 掌握 MAX232 芯片的作用及使用方法
能力目标	1. 能实现多个单片机之间的单向、双向通信；
	2. 能实现单片机和 PC 机之间的单向、双向通信；
	3. 能使用单片机 I/O 口模拟 I^2C 总线和 EEPROM 进行通信；
	4. 能进行 Keil 和 Proteus 联机仿真测试；
	5. 能绘制程序流程图

【训练项目 3 – 1】 串口通信系统设计与制作

一、项目要求

在 Proteus 仿真软件上，采用单片机的串行口 P3.0(TXD)和 P3.1(RXD)，实现单片机之间的双机通信、多机通信以及单片机和 PC 机的通信，并将接收到的数据通过数码管显示出来；在单片机实训板上，采用 MAX232 实现单片机和 PC 机之间的串行通信，通过上位机软件发送时、分、秒数据给单片机，单片机将接收到的数据通过数码管显示。

二、项目实训仪器、设备及实训材料

表 3 – 1 – 1　主要实训仪器和实训材料一览表

工具、设备和耗材	数量	工具、设备和耗材	数量	工具、设备和耗材	数量
电脑	1 台	51 单片机下载线/USB 线	1 根	杜邦导线	若干
Keil μVision4	1 套	晶振 11.059M	1 只	AT89S51/STC12C5A60S2	1 片
Proteus 7.5 软件	1 套	单片机实训板	1 块	稳压电源	1 台

三、项目实施过程及其步骤

任务 1　实现单片机之间的双机通信

任务描述：在 Proteus 仿真软件和单片机实训板上，甲机发送 1 个 0 ~ 9 的数字给乙机，乙机接收甲机发来的数据并通过数码管显示。乙机将刚接收到的数据加 1 后再发送给甲机，甲机显示接收到的数据。

第一步，在 Proteus 仿真软件上，绘制单片机之间的双机通信仿真电路，如图 3 – 1 – 1

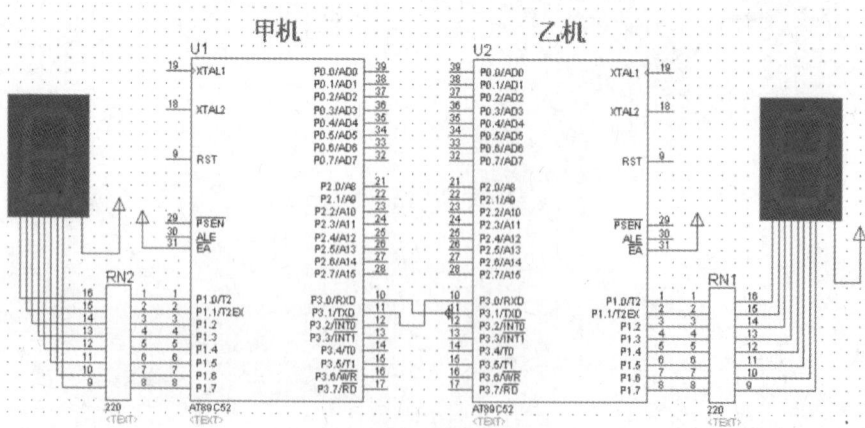

图 3 – 1 – 1　双机通信仿真电路

所示。(仿真电路中甲乙两机之间相连的地线以及晶振电路和复位电路已省略,实际电路中不能省略)

第二步,根据图3-1-2和图3-1-3所示的程序流程图,编写甲机和乙机两个程序。

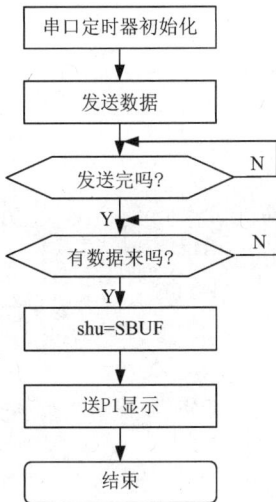

图3-1-2 甲机程序流程图

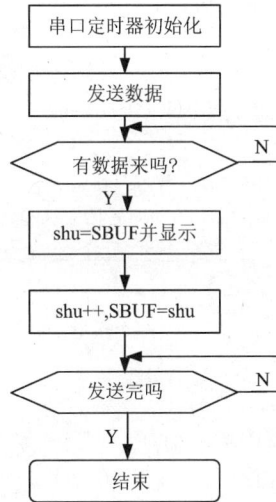

图3-1-3 乙机程序流程图

1.甲机程序(txd.c)

```
1.#include < reg51. h >
2. unsigned char code led_code[10] = {0xC0, 0xF9, 0xA4, 0xB0, 0x99, 0x92, 0x82, 0xD8, 0x80, 0x90};
3.                                                    //0~9 显示代码
4.// * * * * * * * * * * * * * * * * * * * *串口及定时器初始化函数* * * * * * * * * * * * * * * * *
5. void initial( )
6. {    TMOD = 0x20;           //定时器1工作于方式2,8位自动装载
7.      TH1 = 0xFD;            //装载定时器初值,晶振频率为11.059MHz,波特率为9600bps
8.      TL1 = 0xFD;
9.      PCON = 0x00;           //波特率不加倍
10.     TR1 = 1;               //启动定时器T1
11.     SCON = 0x50;           //串行口工作于方式1,REN=1允许接收
12. }
13.// * * * * * * * * * * * * * * * * * * * * *主函数* * * * * * * * * * * * * * * * * * * * *
14. void main( )
15. {    unsigned char temp;
16.      initial( );           //调用定时器和串行口初始化程序
17.      SBUF = 1;             //发送数字1
18.      while(TI == 0);       //等待发送完毕
19.      TI = 0;               //软件清0
```

```
20.     while(RI = = 0);          //等待接收到数据
21.     RI = 0;
22.     temp = SBUF;              //读取数据到变量 temp
23.     P1 = led_code[temp];     //将接收到的数据显示
24.     while(1);
25. }
```

2. 乙机程序(rxd. c)

```
1. #include < reg51. h >
2. unsigned char led_code[10] = {0xC0, 0xF9, 0xA4, 0xB0, 0x99, 0x92, 0x82, 0xD8, 0x80, 0x90};
3.                        //0 ~ 9 显示代码
4. // * * * * * * * * * * * * * * * * * * * *串口初始化函数 * * * * * * * * * * * * * * *
5. void   initial( )
6. {    TMOD = 0x20;             //定时器 1 工作于方式 2,8 位自动装载
7.      TH1 = 0xFD;              //装载定时器初值,晶振为 11.059M,波特率为 9600bps
8.      TL1 = 0xFD;
9.      PCON = 0x00;            //波特率不加倍
10.     TR1 = 1;                //启动定时器 T1
11.     SCON = 0x50;            //串行口工作于方式 1, REN = 1 允许接收
12. }
13. // * * * * * * * * * * * * * * * * * * * * * * * *主函数 * * * * * * * * * * * * * * * * * * * *
14. void main( )
15. {   unsigned char shu;
16.     initial( );             //调用定时器和串行口初始化程序
17.     while(RI = = 0);        //等待接收到的数据
18.     RI = 0;                 //软件清 0
19.     shu = SBUF;             //读接收到的数据
20.     P1 = led_code[shu];     //显示
21.     SBUF = shu + 1;         //数据加 1,并发送回去
22.     while(TI = =0);         //等待发送完毕
23.     TI = 0;
24.     while(1);
25. }
```

第三步,编译、仿真与调试程序。

在 Proteus 软件中,将程序导入甲机和乙机,点击运行,数码管上会显示对应的数字,其中乙机的数码管显示数字"1",而甲机的数码管显示加 1 后的数字"2",仿真效果如图 3 - 1 - 4 所示。

第四步,分析程序。

由于甲机程序和乙机程序非常相似,我们以甲机(主机)为例进行分析。

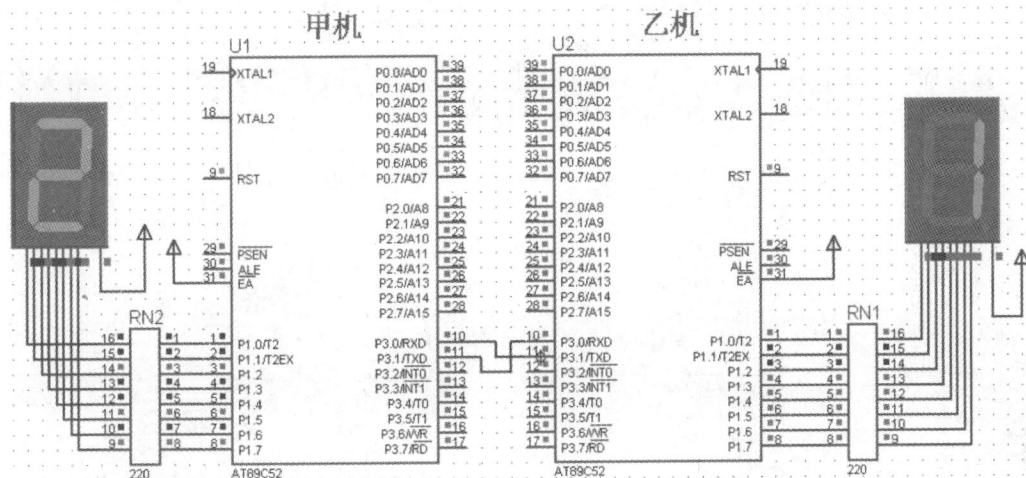

图3-1-4 双机通信仿真效果

(1)在 initial( )函数中，第6行 TMOD =0x20 将定时器 T1 设置为方式2，即8位自动重装载模式，当定时器发生溢出时，自动将 TH1 的值赋给 TL1。

(2)第7行的 TH1 = 0xFD 可通过查表3-1-6所得，本项目使用的晶振频率为11.059MHz，波特率为9600bps。

(3)第11行的 SCON = 0x50，即 M0 M1 =01，串口工作于方式1，10位模式，波特率可变；设置 REN =1 表示允许接收数据，因甲乙两机不仅要发送数据，还需接收数据。

(4)甲乙两机波特率必须设置一样，否则通信会失败，接收数据会出错。

(5)第17行的 SBUF = 1，将需要发送的数据写入寄存器 SBUF 后，串口自动将数据发送出去，发送完毕后，硬件置发送完中断标志 TI =1。

(6)第18行的 while(TI = =0)，通过查询的方法判断数据是否发送完毕，没有发送完则等待。

(7)第20行的 while(RI = = 0)，查询 RI 是否为1，当串行通信口接收到一个字节的数据后，硬件置中断标志 RI =1；此程序是通过查询的方法判断是否有数据到来。

第五步，修改程序，提高编程水平。

修改程序，将甲乙两机的接收数据程序改为中断的方法实现，同时甲机连续发送数字0~9共10个数据给乙机，乙机逐一显示接收的数据。

第六步，在单片机实训板上实现单片机之间的双机通信。

(1)在两块单片机实训板上，按照图3-1-4所示的连接方式，把甲机的 P3.0、P3.1 引脚分别与乙机的 P3.1、P3.0 相连，并把两块单片机实训板的"地线"相连。再用8根杜邦线把单片机的 P1 脚与数码管的 J4 排针相连(注意：a→dp 分别对应 P1.0→P1.7，不要接反了)。

(2)将上述程序的 HEX 文件分别下载到两块单片机实训板之中，观看两块单片机实训板上的数码管显示效果。

任务 2　实现单片机之间的多机通信

任务描述：在 Proteus 软件和单片机实训板上，主机发送两个 0~9 的数字分别给从机 1 和从机 2，从机接收到数据后在数码管上显示数字。

第一步，在 Proteus 仿真软件上，绘制单片机之间的多机通信仿真电路，如图 3 – 1 – 5 所示。

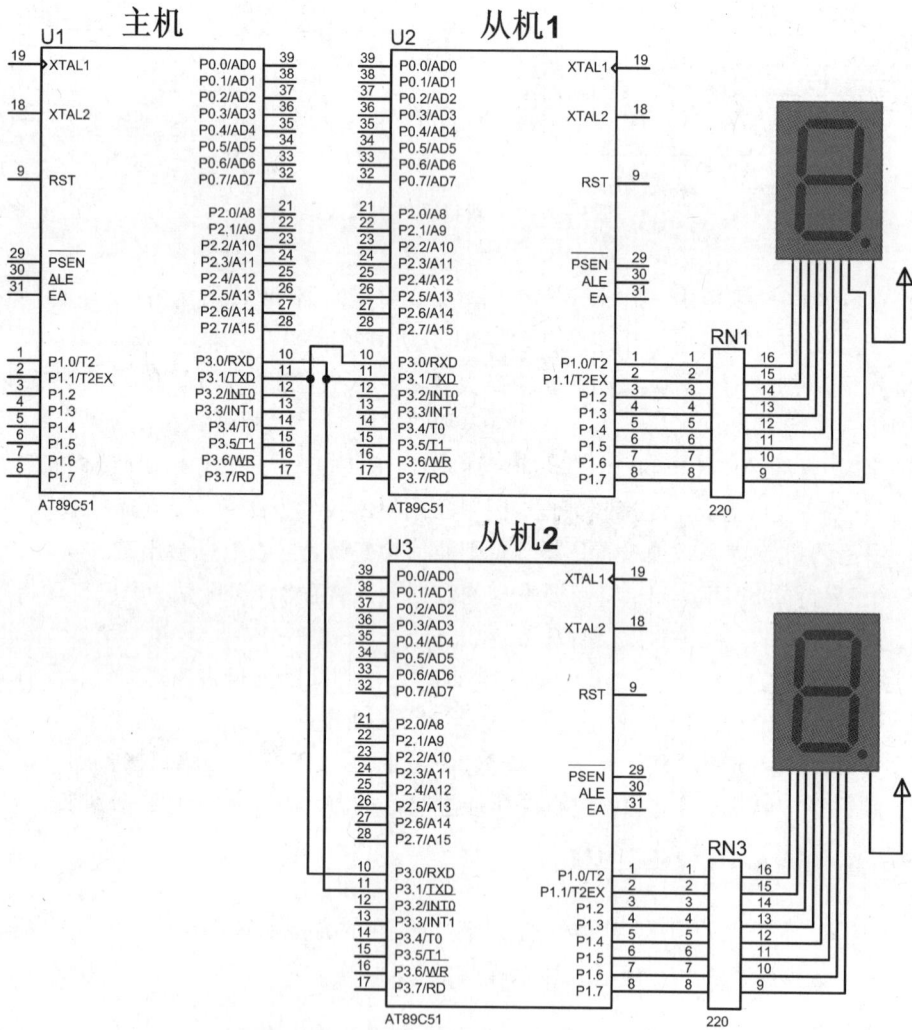

图 3 – 1 – 5　单片机多机通信电路

在实际电路中，还需将主从机的地线相连，仿真电路中地线已省略。在实际多机应用系统中，常采用 RS – 485 串行标准总线进行数据传输。

第二步，根据图 3 -1 -6、图 3 -1 -7 所示的程序流程图，编写主机、从机 1 和从机 2 程序。

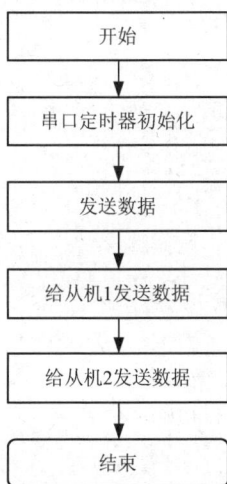

图 3 -1 -6　主机主程序流程图　　　图 3 -1 -7　从机 1 和从机 2 中断程序流程图

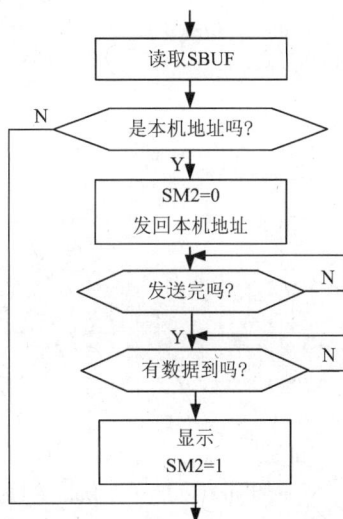

1. 主机程序(txd. c)

1. #include < reg51. h >

2. unsigned char code led_code [10] = {0xC0, 0xF9, 0xA4, 0xB0, 0x99, 0x92, 0x82, 0xD8, 0x80, 0x90};

3. unsigned char Addr[2] = {0x01, 0x02};　　//从机 1 和从机 2 的地址

4. unsigned char Data[2] = {8, 9};　　　　//发送数据缓冲区

5. // */

6. void　initial( )

7. {　　TMOD = 0x20;　　　　　　　//定时器 1 工作于方式 2, 8 位自动装载模式

8. 　　TH1 = 0xFD;　　　　　　　//装载定时器初值，晶振频率为 11. 059MHz，波特率为 9600bps

9. 　　TL1 = 0xFD;

10. 　　PCON = 0x00;　　　　　　//波特率不加倍

11. 　　TR1 = 1;　　　　　　　//启动定时器 T1

12. 　　SCON = 0xD0;　　　　　　//串行口工作于方式 3, SM2 = 0，允许接收

13. }

14. // *发送字节数据函数 * * * * * * * * * * * * * * * *

15. void Send Byte(unsigned char addr, unsigned char dat)

16. {　　unsigned char temp;

17. 　　do{

18. 　　　　TI = 0;

19. 　　　　TB8 = 1;　　　　　　//TB8 = 1 说明发送的数据是地址

20. 　　SBUF = addr;　　　　　//发从机地址，寻找从机

21. 　　while(! TI);　　　　　//等待发送完毕

```
22.        TI = 0;
23.        temp = 0x00;
24.        RI = 0;
25.        while( ! RI);                    //等待从机答复, 从机发回地址作为应答
26.        temp = SBUF;
27.        RI = 0;
28. } while(temp ! = addr);                //判断是否为要寻找的从机应答, 如不是, 则继续寻找
29.        TB8 = 0;                         //发送数据
30.        SBUF = dat;
31.        while(TI = = 0);                 //等待发送完毕
32.        TI = 0;
33. }
34. // ********************************************/
35. void main( )
36. {    initial( );                        //调用定时器和串行口初始化程序
37.        Send Byte(Addr[0], Data[0]);     //向从机 1 发送数据
38.        Send Byte(Addr[1], Data[1]);     //向从机 2 发送数据
39.        while(1);
40. }
```

2. 从机 1 程序(rxd1. c)

```
1. #include < reg51. h >
2. unsigned char code led _code [10] = {0xC0, 0xF9, 0xA4, 0xB0, 0x99, 0x92, 0x82, 0xD8, 0x80,
0x90};
3. #define uchar unsigned char
4. #define uint   unsigned int
5. #define ADDRE  0x01                       //定义本机地址
6. // ********************************************/
7. void   initial( )
8. {    TMOD = 0x20;                          //定时器 1 工作于方式 2, 8 位自动装载模式
9.        TH1 = 0xFD;                         //装载定时器初值, 晶振频率为 11.059MHz, 波特率为 9600bps
10.       TL1 = 0xFD;
11.       PCON = 0x00;                        //波特率不加倍
12.       TR1 = 1;                            //启动定时器 T1
13.       SCON = 0xF0;                        //串行口工作于方式 3, SM2 = 1, 允许接收
14.       ES = 1;                             //允许串口中断
15.       EA = 1;                             //允许所有中断
16. }
17. // ******************串口中断服务程序 *******************
18. void serial( ) interrupt 4               //接收中断(只有接收到地址时才能产生中断)
19. {                                         //即 RB8 = 1
20.       uchar temp;
```

```
21.      RI = 0;
22.      temp = SBUF;                  //读接收寄存器的值
23.      if( temp = = ADDRE)          //判断接收到的地址数据是否为本机地址
24.      {
25.          SM2 = 0;                  //恢复0,否则对后面接收的数据不予理睬
26.          TB8 = 0;                  //0 表示数据,1 表示地址
27.          TI = 0;
28.          SBUF = ADDRE;            //发回本机地址给主机作为应答
29.          while( ! TI);
30.          TI = 0;
31.          while( RI = = 0);         //等待主机发来的数据
32.          RI = 0;
33.          P1 = led_code[SBUF];
34.          SM2 = 1;                  //恢复1,只接收地址
35.      }
36. }
37. //***********************************************/
38. void main( )
39. {    initial( );                   //调用定时器和串行口初始化程序
40.      while(1);
41. }
```

3. 从机 2 程序(rxd2.c)

```
1. #include  < reg51.h >
2. unsigned char code led_code[10] = {0xC0, 0xF9, 0xA4, 0xB0, 0x99, 0x92, 0x82, 0xD8, 0x80,
0x90};
3. #define ADDRE   0x02              //定义本机地址
4. //***********************************************/
5. void initial( )
6. {    TMOD = 0x20;                 //定时器1工作于方式2,8位自动装载模式
7.      TH1 = 0xFD;                  //装载定时器初值,晶振频率为11.059MHz,波特率为9600bps
8.      TL1 = 0xFD;
9.      PCON = 0x00;                 //波特率不加倍
10.     TR1 = 1;                     //启动定时器T1
11.     SCON = 0xF0;                 //串行口工作于方式3,SM2 =1,允许接收
12.     ES = 1;                      //允许串口中断
13.     EA = 1;                      //打开中断总开关
14. }
15. //***********************************************/
16. void serial( ) interrupt 4       //接收中断(只有接收到地址时才能产生中断)
17. {                                //即 RB8 =1
18.      unsigned char temp;
```

```
19.        RI = 0;
20.        temp = SBUF;
21.        if(temp = = ADDRE)          //如果是本机地址则进行通信
22.        {
23.            SM2 = 0;                 //恢复 0，否则对后面接收的数据不予理睬
24.            TI = 0;
25.            SBUF = ADDRE;
26.            while(! TI);
27.            TI = 0;
28.            while(RI = = 0);          //等待主机发来的数据
29.            RI = 0;
30.            P1 = led_code[SBUF];     //将接收到的数据送数码管显示
31.            SM2 = 1;                 //恢复 1，只接收地址
32.        }
33. }
34. //************************************************************/
35. void main( )
36. {   initial( );                    //调用定时器和串行口初始化程序
37.     while(1);
38. }
```

第三步，编译、仿真与调试程序。

在 Proteus 软件中将程序 HEX 文件下载到主机、从机 1 和从机 2 中，点击运行，从机 1 的数码管上会显示数字 8，从机 2 的数码管上会显示数字 9，仿真效果如图 3 - 1 - 8 所示。

第四步，分析程序。

1. 主机程序分析

（1）在 initial( )函数中，第 12 行 SCON = 0xD0，表示串行口工作于方式 3，11 位模式，允许接收。

（2）第 19 行的 TB8 = 1，表示第 9 位数据位设置为 1，表示发送地址帧，从机通过判断 RB8 是 1 还是 0 来判断接收的是地址还是数据。

（3）第 20 行的 SBUF = addr，先发送从机地址，找到从机后，再发送数据。

（4）第 25 行的 while(! RI)，等待从机发送地址回来，如果 temp = addr，说明找到了从机，否则重新发送从机地址。

（5）第 29 行的 TB8 = 0 表示发送的是数据，当找到从机后，开始发送数据。

2. 从机 1 程序分析

（1）第 13 行的 SCON = 0xF0，设置 SM2 = 1 表示从机处于接收地址帧状态。

（2）第 18 行的中断程序函数，只有当主机发来地址帧(RB8 = 1)才使 RI = 1，进入中断服务程序；第 23 行判断接收的地址是否为本机地址，如果地址符合，则使 SM2 = 0，并把本机地址发回主机作为应答，然后接收主机随后发来的数据，否则返回。

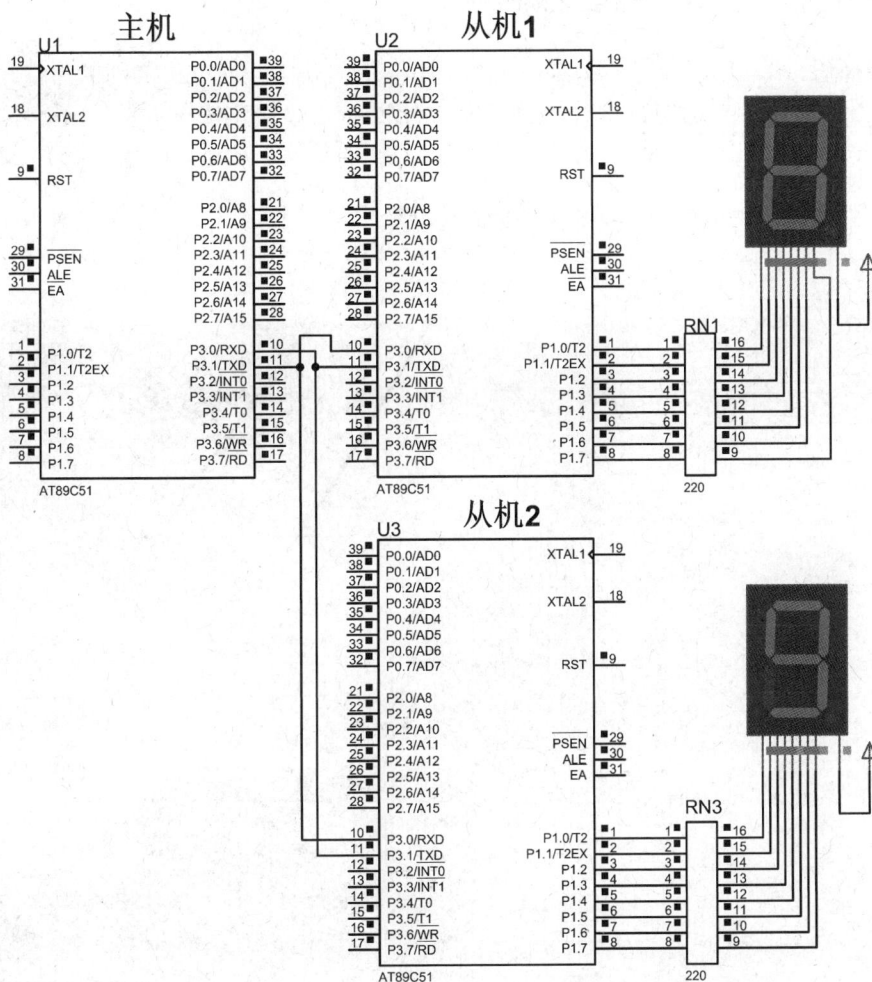

图 3 - 1 - 8　多机通信仿真效果

第五步，修改程序，提高编程水平。

根据前面所学内容，添加 2 个按键电路，当按下 KEY1 时，从机 1 发送 1 个数据给主机；当按下 KEY2 时，从机 2 发送 1 个数据给主机，主机将接收到的数据在数码管中显示。

第六步，在单片机实训板上实现单片机之间的多机通信。

（1）在三块单片机实训板上，按照图 3 - 1 - 8 所示的连接方式，把主机的 P3.0、P3.1 引脚分别与两个从机的 P3.1、P3.0 相连；并把三块单片机实训板的"地线"相连。再用 8 根杜邦线把单片机的 P1 脚与数码管的 J4 排针相连（注意：a→dp 分别对应 P1.0→P1.7，不要接反了）。

（2）将上述程序的 HEX 文件分别下载到三块单片机实训板之中，观看三块单片机实训板上的数码管显示效果。

任务3　实现单片机与 PC 机之间的通信

任务描述：在 Proteus 软件上，通过虚拟串口实现单片机和 PC 机之间的通信；在单片机实训板上，将单片机的串行口 RXD 和 TXD 连接到 MAX232 电路的 J12，通过上位机软件发送时、分、秒 3 个数据给单片机，单片机将接收到的数据显示在 6 位数码管上。

第一步，在 Proteus 软件上，绘制单片机与 PC 机之间的通信仿真电路，如图 3-1-9 所示。

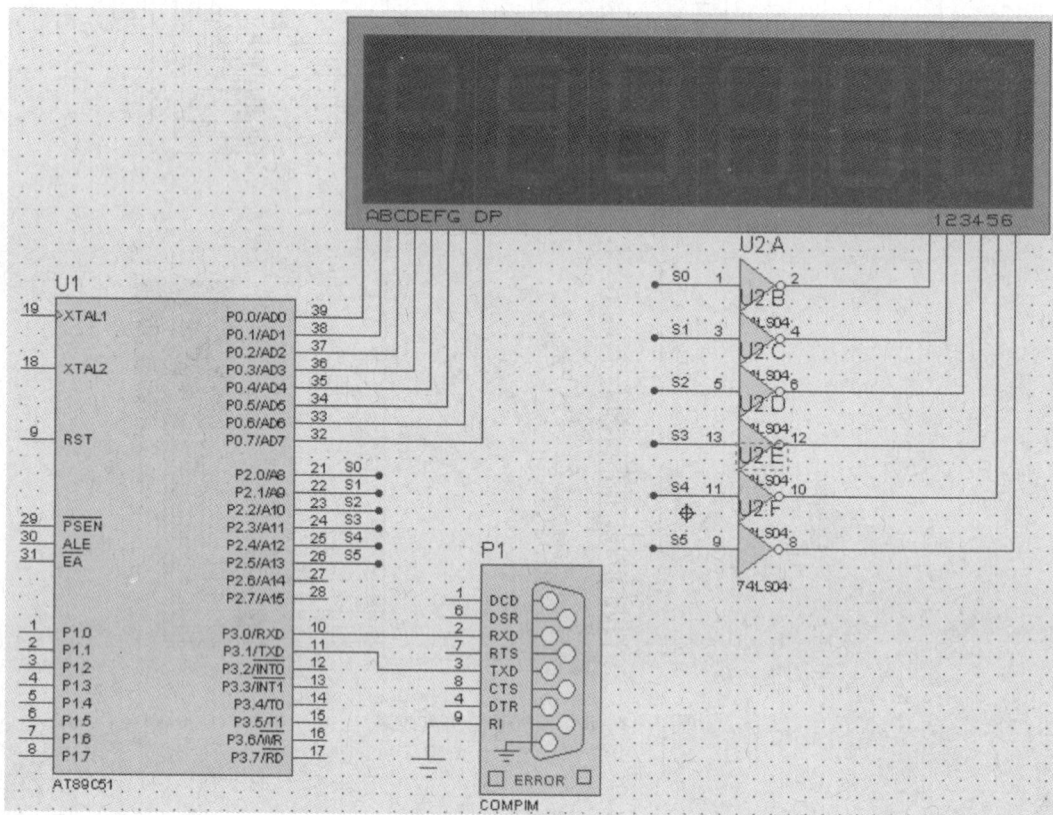

图 3-1-9　单片机与 PC 之间通信仿真电路

因仿真软件不需要连接 MAX232 芯片，此电路已省略 MAX232。但在实际电路中，单片机和串口之间需要加上 MAX232 芯片进行电平转换。

第二步，安装虚拟串口软件(安装文件光盘资料中各种配套软件文件夹中)，并添加虚拟端口，如果用户电脑没有物理串口，则添加虚拟端口 COM1 和 COM2，如图 3-1-10 所示。

第三步，双击仿真图中的 COMPIM，选择串口为 COM1、波特率为 9600，如图 3-1-11 所示。

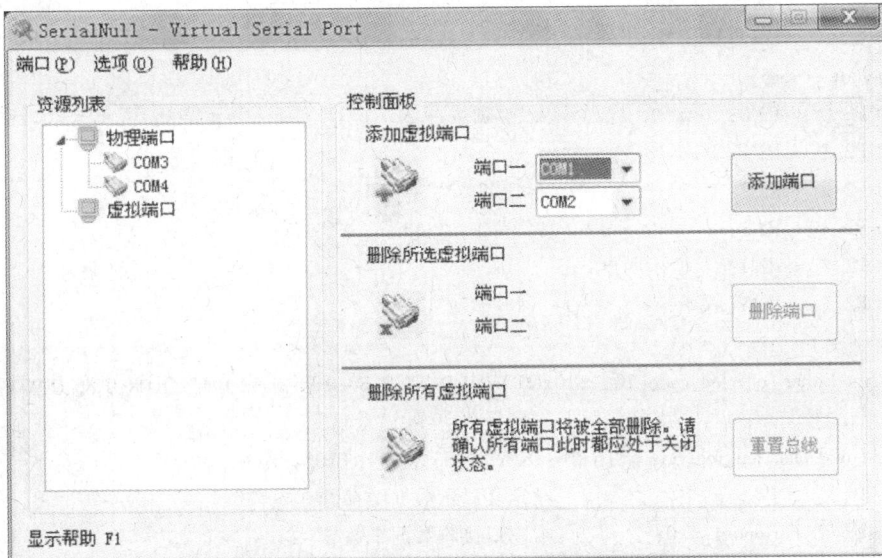

图 3 - 1 - 10　虚拟串口

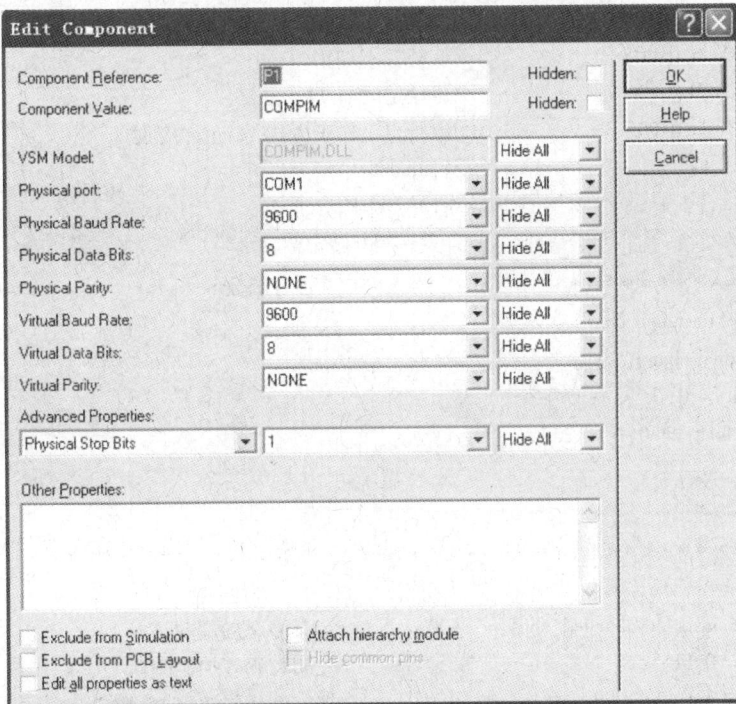

图 3 - 1 - 11　串口参数设置

第四步,编写下位机程序。

```
1. #include <reg51.h>
2. sbit P2_0 = P2^0;                    // 引脚位定义
3. sbit P2_1 = P2^1;
4. sbit P2_2 = P2^2;
5. sbit P2_3 = P2^3;
6. sbit P2_4 = P2^4;
7. sbit P2_5 = P2^5;
8. /* * * * * * * * * * * * * * * * * * * * * * * * * * * * * * * * * * * * * * * * * * */
9. unsigned char code led_code[10] = {0xC0,0xF9,0xA4,0xB0,0x99,0x92,0x82,0xD8,0x80,0x90};
10.                                    //定义 0~9 的显示码
11. unsigned char led_reg[6] = {0x01, 0x02, 0x03, 0x04, 0x05, 0x06};
                                       //定义显示数据缓存器
12. unsigned char count = 0;           //串口接收数据个数
13. // * * * * * * * * * * * * * * * * * * * * * * *初始化函数* * * * * * * * * * * * * * * * *
14. void  initial()
15. {    TMOD = 0x20;                   //定时器 1 工作于方式 2
16.      TH1 = 0xFD;                    //装载定时器初值,晶振频率为 11.059MHz,波特率为 9600bps
17.      TL1 = 0xFD;
18.      PCON = 0x00;                   //波特率不加倍
19.      TR1 = 1;                       //启动定时器 T1
20.      SCON = 0x50;                   //串行口工作于方式 1,允许接收
21.      ES = 1;                        //打开串口中断允许开关
22.      EA = 1;                        //打开总中断开关
23. }
24. // * * * * * * * * * * * * * * * * * * * * * * * *延时函数* * * * * * * * * * * * * * * * * * *
25. void delay(unsigned char i)
26. {    unsigned char j, k;
27.      for(k = 0; k < i; k ++)
28.      {    for(j = 0; j < 255; j ++);
29.      }
30. }
31. // * * * * * * * * * * * * * * * * * * * * * * * *显示函数* * * * * * * * * * * * * * * * * * *
32. void led_show()
33. {    static unsigned char led_shift = 0x00;    //定义静态局部变量
34.      P2 = 0xFF;                     //关闭数码管控制端口
35.      P0 = led_code[led_reg[led_shift]];        //把字符代码送到 P0 端口
36.      switch(led_shift)             //选择数码管控制位
37.      {    case 0: P2_0 = 0; break;  //控制左 1 数码管
38.           case 1: P2_1 = 0; break;  //控制左 2 数码管
39.           case 2: P2_2 = 0; break;  //控制左 3 数码管
```

```
40.          case 3: P2_3 = 0; break;              //控制左 4 数码管
41.          case 4: P2_4 = 0; break;              //控制左 5 数码管
42.          case 5: P2_5 = 0; break;              //控制左 6 数码管
43.          default: break;
44.        }
45.        led_shift ++;                           //数码管控制变量自加
46.        if(led_shift == 0x06)                   //判断是否扫描完一轮
47.        led_shift = 0x00;                       //归零进行下一轮扫描
48. }
49. //***********************串口中断服务函数****************
50. void serial( ) interrupt 4                     //串行口中断类型号是 4
51. {   EA = 0;                                     //关闭中断
52.     RI = 0;                                     //接收中断标志位清 0
53.     count ++;                                   //变量加 1
54.     if(count > 1)                               //上位机发送的第 1 个字符不是时间, 丢弃
55.     {                                           //第 2~7 个字符分别为时、分、秒的十位和个位
56.         led_reg[count - 2] = SBUF - 0x30;       //读接收寄存器数据, 第 2~7 个字符转化成数字,
                                                    存入缓冲区
57.         if(count == 7) count = 0;               //判断串口接收数据是否达 7 个
58.     }
59.     EA = 1;                                     //打开中断
60. }
61. //***************************主函数*******************
62. void main( )
63. {   initial( );                                 //调用定时器和串行口初始化程序
64.     while(1)
65.     {   led_show( );                            //调用显示函数
66.         delay(5);                               //调用延时函数
67.     }
68. }
```

第五步, 编译与调试程序。

(1)用仿真软件调试程序。打开上位机软件, 设置串口参数如图 3 - 1 - 12 所示, 其中 COM 口为上面已创建的虚拟串口(注意: 不要和 COMPIM 设置的串口相同)。在发送区的时、分、秒文本框中输入要发送的时间, 点击"确定"按钮, 观察数码管的显示数据是否和发送数据一致, 仿真效果如图 3 - 1 - 12 所示。

(2)在单片机实训板中调试程序。用 2 根杜邦线将单片机的 RXD 连接到 MAX232 电路中的 RXD, 单片机的 TXD 连接到 MAX232 电路中的 TXD, 再用串口连接线将实训板和 PC 机连接好。如果读者电脑上没有串口, 可使用 USB 转串口线。按仿真电路图连接好单片机和数码管。打开上位机软件, 设置串口参数, 其中 COM 口可根据读者实际物理串口使用情况调整。点击"确定"按钮, 观察数码管显示内容和发送的数据是否一致。

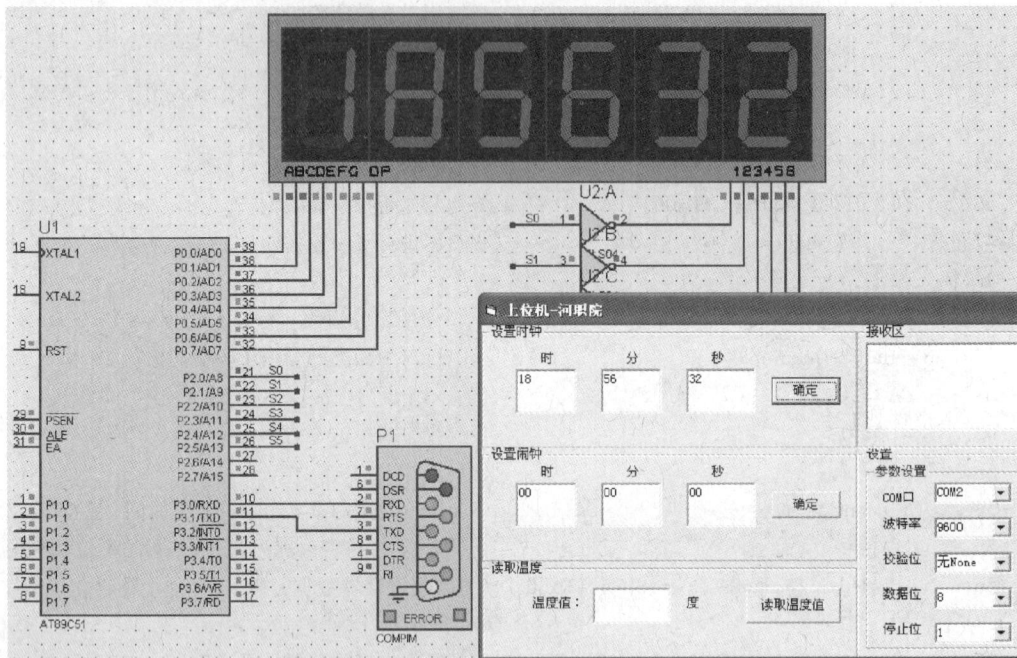

图 3 - 1 - 12　仿真效果图

第六步，分析程序。

（1）第 32 行的 led_show（ ）函数是本书前面章节的程序，数据口为 P0，控制口为 P2，显示时、分、秒。

（2）当串口接收到一个字节的数据时，RI = 1，进入中断服务程序，读取 SBUF 的值，因 PC 机发送的数据是字符数据，需将字符转化成数字，例如字符'1'对应的 ASCⅡ码为 0x31，减去 0x30 后刚好是数字 1。

（3）由于上位机在设计时，每次发送 7 个字符数据，其中第 1 个字符为请求类型符，第 2 ~ 7 位分别为时、分、秒的十位和个位，所以在第 54 ~ 58 行中将第一个字符丢弃，只保存第 2 ~ 7 个字符。

四、思考与分析

（1）本程序设置波特率为 9600bps，若设置为 2400bps，能采用几种方法？应如何实现？

（2）简述单片机进行多机通信的原理。

（3）试比较 MAX232、MAX422 和 MAX485 的区别。

（4）定时器 1 作串行口波特率发生器时，为什么采用方式 2？

五、知识链接

3.1　串行通信

3.1.1　串行通信基础

1. 通信方式及特点

单片机与外界进行信息交换的过程统称为通信。可以将通信方式分为两种：并行通信和串行通信。

并行通信是指数据发送或接收时，每个数据位使用单独的一根导线，有多少数据位需要传送就需要多少根数据线，如图 3 - 1 - 13 所示。

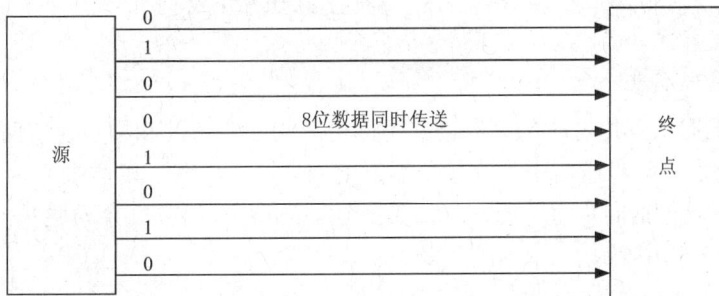

图 3 - 1 - 13　并行通信

特点：各数据位同时传送，传送速度快、效率高，但并行数据传送需要较多的数据线（例如对于 8 位数据传输来说，至少需要 8 根数据线），因此传送成本高，而且干扰也大，可靠性较差，一般只适用于短距离传送数据，计算机内部的数据传送一般采用并行方式。

串行通信是指使用一条数据线，将数据一位一位地依次传输。发送和接收到的每一个字符实际上都是一次一位的传送，每一位为 1 或者为 0，如图 3 - 1 - 14 所示。

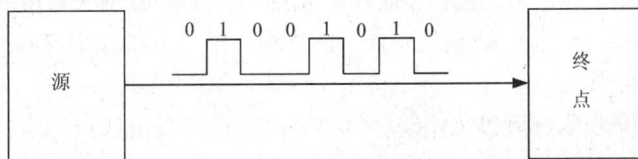

图 3 - 1 - 14　串行通信

特点：数据传送按位顺序进行，只需一根传输线即可完成，成本低但速度慢，一般适用于较长距离传送数据。计算机与外界的数据传送大多数是串行的，其传送的距离可以从几米到几千公里。生活中常用的红外、WIFI、蓝牙、USB、zigbee 等通讯方式都是串行通信的。

2. 串行通信的数据传送方式

（1）单工方式。单工方式是指两串行通信设备 A、B 之间的数据传送仅按一个方向传送，一个固定为发送端，另一个固定为接收端，即数据只能由发送设备单向传输到接收设备，如图 3 - 1 - 15（a）所示。

（2）半双工方式。半双工方式的数据传送也是双向的。但任一时刻只能由其中的一方发送数据，另一方接收数据，如图 3-1-15(b)所示。

（3）全双工方式。全双工方式的数据传送是双向的，两串行通信设备 A、B 之间的数据传送可按两个方向传送，且可同时进行发送和接收数据，如图 3-1-15(c)所示。

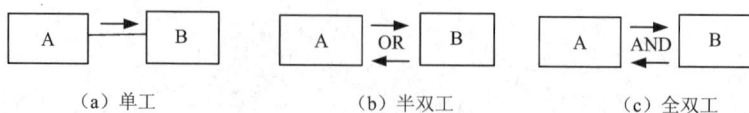

（a）单工　　　　　　　　（b）半双工　　　　　　　　（c）全双工

图 3-1-15　串行通信的传输方式

3. 串行通信的分类

串行通信根据数据传送时的编码格式不同可分为同步通信和异步通信两种方式。

（1）同步通信。同步通信中，所有设备都使用同一个时钟，以数据块为单位进行数据传送，每个数据块包括同步字符、数据块和校验字符 CRC（循环冗余检验）。同步通信数据帧格式如图 3-1-16 所示。

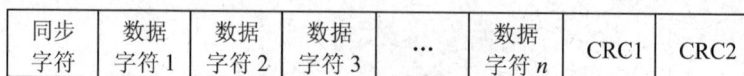

同步字符	数据字符 1	数据字符 2	数据字符 3	…	数据字符 n	CRC1	CRC2

图 3-1-16　同步通信数据帧格式

同步字符位于数据块开头，用于确认数据字符的开始；接收时，接收端不断对传输线采样，并把采样到的字符与双方约定的同步字符比较，只有比较成功后才会把后面接收到的字符加以存储。

数据字符在同步字符之后，数据字符个数由所需传输的数据块长度决定。

检验字符有 1~2 个，位于数据块末尾，接收端可以通过检验字符对接收到的数据字符的正确性进行检验。

同步通信中的同步字符可以采用统一标准格式，也可以由用户约定。同步通信的优点是数据传输速率较高，缺点是要求发送时钟和接收时钟保持严格同步。

（2）异步通信。在异步通信中，每个设备都有自己的时钟信号，通信中这些时钟频率要求尽可能保持一致。异步通信以字符为单位进行数据传送，每一个字符均按固定的格式传送，又被称为帧，帧是一个字符的完整通信格式。每一帧数据由起始位（低电平）、数据位、奇偶检验位、停止位（高电平）组成，典型的异步通信数据帧格式如图 3-1-17 所示。

◇起始位：发送器是通过发送起始位而开始一个字符的传送，起始位使数据线处于"space"状态，异步通信用起始位"0"表示字符的开始。

◇数据位：起始位之后就是传送数据位。在数据位中，低位在前、高位在后。数据位可以是 5、6、7 或 8 位。

◇奇偶校验位：用于对字符传送正确性的检验，共有 3 种可能，即奇校验、偶校验和无校验。

图3-1-17 典型的异步通信数据帧格式

◇停止位：停止位在奇偶校验位之后，用以标志一个字符传送的结束，它对应于 mark 状态。在发送的间隙，即空闲时，通信线路总处于逻辑"1"状态。停止位可能是1、1.5 或 2 位，在实际应用中根据需要确定。

◇空闲位：空闲位在停止位之后，可以是多位，表示一帧数据传送完毕下一帧数据还没有到来，下一帧数据到来时则空闲位结束。

4.串行通信的波特率

波特率用于衡量串行通信系统中数据传输的快慢程度。数字通信所传输的是一个接一个按节拍传送的数字信号单位。波特率是指每秒钟传送信号的数量，单位为波特 B。而每秒钟传送二进制数的位数定义为比特率，单位是 bps 或写成 b/s(位/秒)。

例如，通信双方每秒钟所传送数据的速率是 240 个字符/秒，每一个字符包含 10 位(1 个起始位、8 个数据位、1 个停止位)，则比特率为：

$$240 \text{ 个/秒} \times 10 \text{ 位} = 2400\text{bps}$$

在串行通信中，相互通信的甲乙双方必须尽可能具有相同的波特率，否则无法成功地完成串行数据的通信。

5.串行通信总线标准及接口技术

(1)RS-232C 标准。

电子工业协会(EIA)公布的 RS-232C 是用得最多的一种串行通信标准，采取不平衡传输方式，适用于传送距离不大于 15m 的短距离点对点通信场合。

在电气性能方面，这一标准使用负逻辑。逻辑 1 电平是在 +5 ~ -15V 范围内，逻辑 0 电平则在 +5 ~ +15V 范围内。

(2)RS-232C 标准信号定义。

完整的 RS-232C 接口有 25 根线，可采用标准的 DB-25 和 DB-9 的 D 形插头。目前台式电脑保留了 DB-9 插头，大部分笔记本电脑未保留此插头。DB-9 连接器各引脚的排列如图 3-1-18 所示，各引脚定义如表 3-1-2 所示。

大多数计算机和终端设备通信仅需要使用 3 根线即可工作，包括发送数据(第 2 脚)、接收数据(第 3 脚)和信号地(第 5 脚)。

表 3 - 1 - 2　DB - 9 连接器各引脚定义

引脚	符号	功能	引脚	符号	功能
1	DCD	载波检测	6	DSR	数据准备完成
2	RXD	发送数据	7	RTS	发送请求
3	TXD	接收数据	8	CTS	发送清除
4	DTR	数据终端准备完成	9	RI	振铃指示
5	GND	信号地	5		

（3）RS - 232C 接口电路。由于 RS - 232C 的逻辑电平与 TTL 电平不相兼容，因此为了与 TTL 器件连接，必须进行电平转换。MAX232、MC1489、MC1488 是常用的电平转换芯片。本书采用的是 MAX232 芯片。MAX232 芯片是 Mamix 公司生产的低功耗、单电源、双 RS - 232 发送/接收器，可实现 TTL 到 EIA 的双向电平转换。其引脚排列如图 3 - 1 - 19 所示。

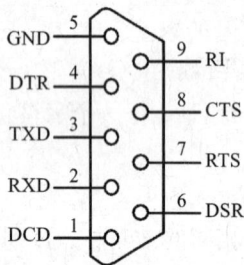

图 3 - 1 - 18　DB - 9 连接器引脚

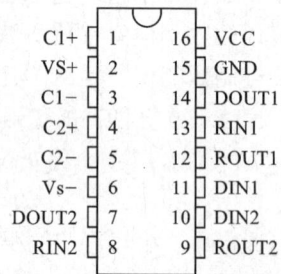

图 3 - 1 - 19　MAX232 连接器引脚

RS - 232C 与单片机系统的接口电路如图 3 - 1 - 20 所示。

采用 RS - 232C 标准进行通信时，通信范围小，传送距离短，抗干扰能力差。后来公布的 RS - 422 和 RS - 485 串行总线接口标准在传输速率和通信距离上有了很大的提高，RS - 422 和 RS - 485 总线标准采用差分传输方式，抗干扰能力强，通信距离达千米以上。

3.1.2　8051 内核单片机的串行口

8051 内核单片机至少内置一个全双工的串行通信接口，既可作 UART 用，也可作同步移位寄存器使用。下面以 AT89S51 单片机为例，着重介绍单片机串行口结构及串行通信原理。

1. AT89S51 单片机串行口的结构

AT89S51 单片机内置串行通信接口的结构如图 3 - 1 - 21 所示，串行数据从 TXD（P3.1）引脚输出，从 RXD（P3.0）引脚输入。

串行通信接口 UART 的发送、接收分别使用两个物理上独立的发送、接收缓冲寄存器 SBUF（字节地址都是 99H）。发送缓冲器只能写入数据不可以读出数据，接收缓冲器只可以读出数据不可以写入数据，用读、写指令加以区别。

送一次数据给 SBUF 就启动一次数据发送，即向发送缓冲器 SBUF 写入数据即可发送

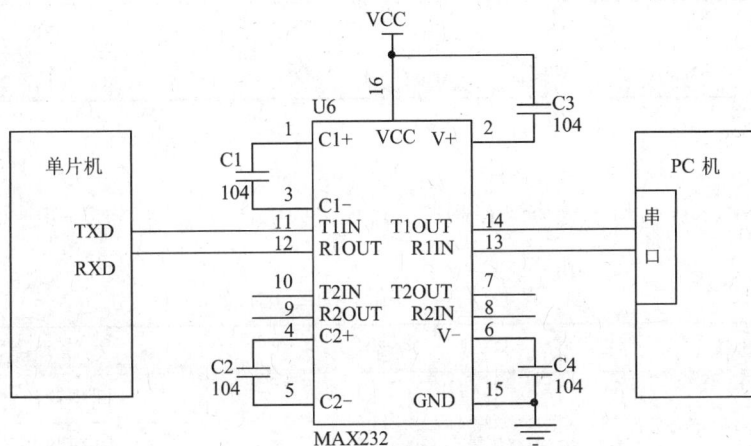

图 3 – 1 – 20　RS – 232C 与单片机系统的接口电路

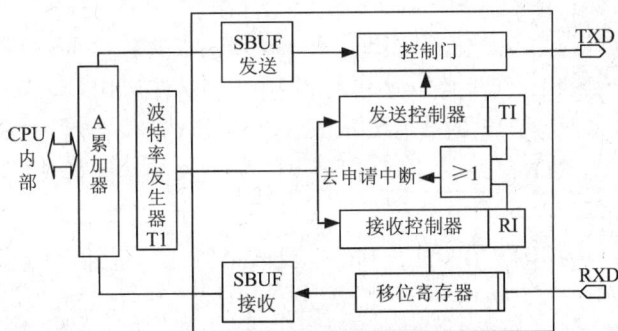

图 3 – 1 – 21　AT89S51 单片机串行口结构

数据；读 SBUF 时，从接收缓冲器 SBUF 读出数据即可接收数据。接收/发送数据，无论是否采用中断方式工作，每接收/发送一个数据都必须用软件对 RI/TI 清零，以备下一次收/发。

2. AT89S51 单片机串行口控制

AT89S51 单片机串行口除了用于数据通信外，还可以通过外接移位寄存器非常方便地构成一个或多个并行 I/O 口，或通过串并转换功能来驱动键盘或显示器。有两个特殊功能寄存器 SCON 和 PCON，用于串行口的初始化设置。

（1）串行控制寄存器 SCON。

SCON 控制串行通信方式的选择、接收、发送及保存串行口的状态。其格式如表 3 – 1 – 3 所示。

表 3 - 1 - 3   串行控制寄存器 SCON

D7	D6	D5	D4	D3	D2	D1	D0
SM0	SM1	SM2	REN	TB8	RB8	TI	RI

下面分别介绍 SCON 的各位功能。

◆SM0：SM1：串行口工作方式控制位，共有 4 种工作方式，如表 3 - 1 - 4 所示。

表 3 - 1 - 4   串行口的工作方式

SM0	SM1	方式	波特率	功能
0	0	0	$f_{osc}/12$	同步移位寄存器
0	1	1	$(2^{SMOD}/32) \cdot (T1 \text{ 溢出率})$	10 位异步收发器
1	0	2	$(2^{SMOD}/64) \cdot f_{osc}$	11 位异步收发器
1	1	3	$(2^{SMOD}/32) \cdot (T1 \text{ 溢出率})$	11 位异步收发器

◇方式 0：串行口为同步移位寄存器方式，该方式主要用于 I/O 口扩展，串行数据由 RXD(P3.0)端输入或输出，同步移位脉冲由 TXD(P3.1)端输出。

发送时，8 位数据以 $f_{osc}/12$ 的波特率从 RXD 端输出(低位在前)，发送完时，中断标志 TI 为"1"。接收时，当 REN = 1 时，RXD 以 $f_{osc}/12$ 的波特率接收数据(低位在前)，接收完 8 位数据，置 RI 为"1"。

◇方式 1：串行口为 10 位异步通信口，一帧信息 10 位(包括起始标志"0"和停止标志位"1"及 8 位数据位)。

发送时，只要数据写入发送缓冲器 SBUF，就启动发送器，数据则从 TXD 端输出。发送完一帧数据，硬件把 TI 置"1"并申请中断。接收时，REN = 1，数据从 RXD 端输入。当采样到起始位为"0"，开始接收一帧数据，采到停止位为"1"，则硬件把 RI 置"1"。

◇方式 2：串行口为 11 位异步通信口。一帧信息由 11 位组成。除了起始位 0、停止位 1 和 8 位数据还有一位可编程位(第 9 位)，存放数据/地址标志。

发送时，把 8 位数据装入 SBUF，同时把数据/地址标志 TB8 送入第 9 位。接收时，当 REN = 1 允许接收，RB8 接收的是 TB8 状态。RB8 = 0 表示接收的是数据，RB8 = 1 表示接收的是地址。在多机通信中能否接收还受 SM2 控制。

◇方式 3：除波特率不同之外，此方式和方式 2 通信方式完全相同。

◆RB8：在方式 2、3 中，用于存放收到的第 9 位数据；在双机通信中，作为奇偶校验；在多机通信中，可用作区别地址帧/数据帧的标志。在方式 1 时，SM2 = 0，RB8 接收的是停止位。在方式 0 时，RB8 不用。

◆TB8：在方式 2、3 中，是要发送的第 9 位数据；在双机通信中，用于对接收到的数据进行奇偶校验；在多机通信中，用作判断地址帧/数据帧，TB8 = 0 表示发送的是数据，TB8 = 1 表示发送的是地址。

◆TI：发送中断标志位，用于指示一帧信息发送是否完成。在工作方式 0 时发送完第

8 位数据后由硬件自动置位 TI,在其他方式下,开始发送停止位时硬件自动置位 TI。TI 置位表示一帧信息发送完成,同时申请中断。TI 在发送数据前必须由软件清零。

◆RI:接收中断标志位,用于指示一帧信息是否接收完成。RI 置位表示一帧信息接收完毕,并发出中断申请,它也必须由软件清零。

◆SM2:为多机通信控制位,允许工作在方式 2 和方式 3 的单片机实现多机通信。

在工作方式 2 或方式 3 时,若 SM2 = 1,当接收到的第 9 位数据(RB8)为 0 时,不激活接收中断标志位 RI,即 RI = 0,并将接收到的数据丢弃;当 RB8 = 1 时,把接收到的前 8 位数据送入 SBUF,且置 RI = 1,发出中断申请,接收数据有效;当 SM2 = 0,不管第 9 位是 0 还是 1,均可以使收到的数据进入 SBUF,并使 RI = 1。在工作方式 0 时,SM2 不用,应设置为 0。

◆REN:接收允许控制位,用于控制是否允许接收数据。REN = 0 时,表示禁止接收数据;REN = 1 时,表示允许接收数据。该位的置位/清零由软件控制。

(2)电源控制寄存器 PCON。

PCON 主要是为实现电源控制而设置的专用寄存器,PCON 的格式如表 3 - 1 - 5 所示。

表 3 - 1 - 5　电源控制寄存器 PCON

D7	D6	D5	D4	D3	D2	D1	D0
SMOD							

SMOD 为波特率加倍位,在计算串行方式 1、2、3 波特率时,SMOD = 0 时,波特率不加倍;SMOD = 1 时波特率加倍。

(3)波特率设置

在串行通信中,串行口的通信波特率反映了串行传输数据的速率,接收和发送双方的波特率必须一致。通信双方要约定好通信波特率,根据需要设置合理的发送、接收速率。

串行口的四种工作方式对应的三种波特率如下:

方式 0:波特率 = $f_{osc}/12$

方式 1:波特率 = $(2^{SMOD}/32) \cdot f_{osc}$

方式 2:波特率 = $(2^{SMOD}/64) \cdot (T1 \text{ 溢出率})$

方式 3:波特率 = $(2^{SMOD}/32) \cdot (T1 \text{ 溢出率})$

当 T1 作为波特率发生器时,最典型的用法是使 T1 工作在自动重装的 8 位定时器方式(即方式 2,且 TCON 的 TR1 = 1,以启动定时器)。这时溢出率取决于 TH1 中的计数值。

$$T1 \text{ 溢出率} = f_{osc}/\{12 \times [256 - (TH1)]\}$$

为使用方便,常用的串行口波特率及重装值可查看表 3 - 1 - 6。

表 3 - 1 - 6　串口方式 1 或 3 常用波特率及重装值

定时器 T1			SMOD	f_{osc}/MHz	波特率/(b/s)
C/T	方式	初值			
0	2	0xFF	1	12	63.5k
0	2	0xFD	1	11.059	19.2k
0	2	0xFD	0	11.059	9.6k
0	2	0xFA	0	11.059	4.8k
0	2	0xF4	0	11.059	2.4k
0	2	0xE8	0	11.059	1.2k
0	2	0x1D	0	11.986	137.5k
0	2	0x72	0	6	110
0	1	0xFEEB	0	12	110

【例 3 - 1】　用串行口方式 0 扩展 I/O，并行输出控制数码管显示。

分析：本例将单片机串行口工作于方式 0，用单片机的 RXD 端将数码管显示码送到串/并转换芯片 74LS164，转换后并行输出至数码管显示，电路仿真图如图 3 - 1 - 22 所示。

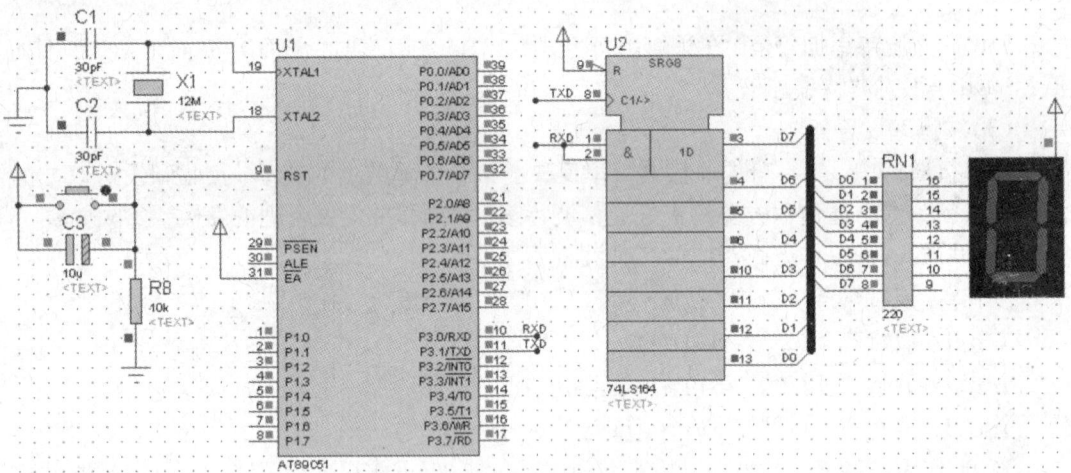

图 3 - 1 - 22　串转并扩展电路

在方式 0 中，设置串行控制寄存器 SCON，使 SM0 SM1 = 00，然后将数据写入 SBUF，数据将从 RXD 脚（P3.0）自动输出，移位脉冲从 TXD（P3.1）自动输出。本例编写程序如下：

----

1. #include < reg51. h >

2. unsigned char table[ ] = {0xC0, 0xF9, 0xA4, 0xB0, 0x99, 0x92, 0x82, 0xD8, 0x80, 0x90} ; //0 ~ 9 显示代码

```
3. //********************初始化函数********************
4. void InitUART (void)
5. {    SCON   = 0x00;              //工作于方式0，波特率为f_osc/12
6. }
7. //********************延时函数********************
8. void delay( unsigned int n)
9. {   while( n)
10.     {n--;
11.     }
12. }
13. //********************发送数据函数********************
14. void send( unsigned char dat)
15. {    SBUF = dat;                //发送数据
16.     while( TI == 0);           //等待发送一个数据完毕
17.     TI = 0;                    //标志位清0
18. }
19. //****************************************************
20. void main (void)
21. {    unsigned char i;
22.     InitUART( );               //初始化串口
23.     while(1)
24.     {   for( i = 0; i < 9; i++ )
25.         {
26.             send( table[ i ]);  //调用发送数据函数，发送数据0~9
27.             delay(40000);       //延时
28.         }
29.     }
30. }
```

【训练项目 3 – 2】 I^2C 通信系统设计与制作

一、项目要求

在 Proteus 软件和单片机实训板上,将单片机 P1 口连接到 1 位数码管的数据端口,P2.0、P2.1 分别连接 AT24C02 的 SCL 和 SDA 引脚,将 0 ~ 9 数字依次写入 AT24C02 存储器,然后从存储器中读出,并在数码管上显示。

二、项目实训仪器、设备及实训材料

表 3 – 2 – 1   主要实训仪器和实训材料一览表

工具、设备和耗材	数量	工具、设备和耗材	数量	工具、设备和耗材	数量
电脑	1 台	51 单片机下载线/USB 线	1 根	杜邦导线	若干
Keil μVision4	1 套	晶振 12M	1 只	AT89S51/STC12C5A60S2	1 片
Proteus 7.5 软件	1 套	单片机实训板	1 块	稳压电源	1 台

三、项目实施过程及其步骤

第一步,在 Proteus 仿真软件上,绘制 EEPROM 通信仿真电路。

如图 3 – 2 – 1 所示,AT24C02 的引脚 1、2、3 是三条地址线 A0、A1、A2,用于确定芯片的器件地址。本电路中全部接高电平,则器件地址为 A2A1A0 = 111。引脚 6 接单片机的 P2.0 引脚,引脚 5 接单片机的 P2.1 引脚,并接上 10 kΩ 的上拉电阻。

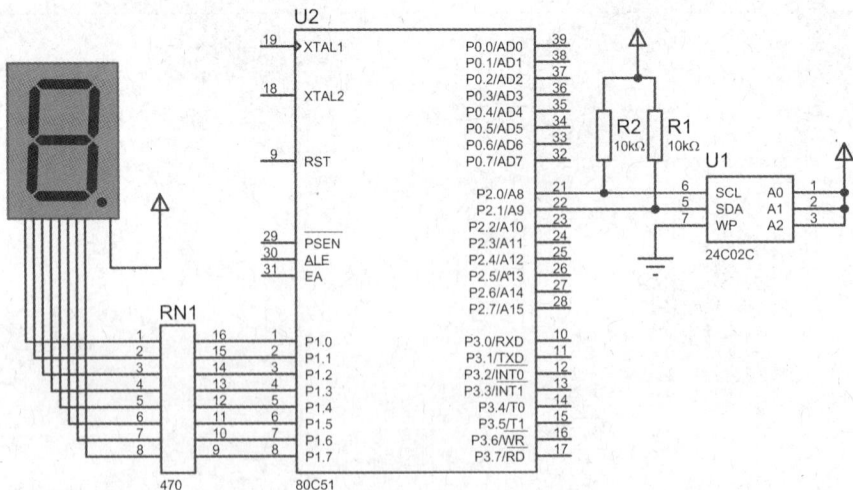

图 3 – 2 – 1   EEPROM 通信仿真电路

第二步，编写程序。

AT89S51 单片机内部无 I^2C 总线通信接口，需用普通的 I/O 口模拟 I^2C 总线的工作方式，程序如下：

```
1. #include <reg51.h>              //包含头文件
2. #include <intrins.h>
3. #define _Nop() _nop_()          //定义空指令
4. sbit SDA = P2^1;                //模拟 I²C 数据位
5. sbit SCL = P2^0;                //模拟 I²C 时钟位
6. bit ack;                        //应答标志位
7. void DelayUs(unsigned char s);  //函数声明
8. void Delay(unsigned ints);
9. //*********************μs 级延时*********************
10. void DelayUs(unsigned chars)
11. {   while(--s);
12. }
13. //*********************ms 级延时*********************
14. void Delay(unsigned int s)
15. {   while(s--)                 //大致延时 1ms
16.     {  DelayUs(245);
17.        DelayUs(245);
18.     }
19. }
20. //*********************启动总线*********************
21. void Start_I2c()
22. {   SDA = 1;                   //发送起始条件的数据信号
23.     _Nop();
24.     SCL = 1;
25.     _Nop();                    //起始条件建立时间大于 4.7μs,延时
26.     _Nop();_Nop();_Nop();_Nop();
27.     SDA = 0;                   //发送起始信号
28.     _Nop();                    //起始条件锁定时间大于 4μs
29.     _Nop();_Nop();_Nop();_Nop();
30.     SCL = 0;                   //钳住 I²C 总线,准备发送或接收数据
31.     _Nop();_Nop();
32. }
33. //*********************结束总线*********************
34. void Stop_I2c()
35. {   SDA = 0;                   //发送结束条件的数据信号
36.     _Nop();                    //发送结束条件的时钟信号
37.     SCL = 1;                   //结束条件建立时间大于 4 μs
38.     _Nop();_Nop();_Nop();_Nop();_Nop();
```

```
39.        SDA = 1;                              //发送 I²C 总线结束信号
40.        _Nop( ); _Nop( ); _Nop( ); _Nop( );
41. }
42. // * * * * * * * * * * * * * * * * * * * *发送字节数据函数 * * * * * * * * * * * * * * * * * * * *
43. void Send Byte(unsigned char c)
44. {   unsigned char Bit;
45.        for(Bit = 0; Bit < 8; Bit + + )   //要传送的数据长度为 8 位
46.        {   if((c < < Bit) & 0x80) SDA = 1;       //判断发送位是 1 还是 0
47.            else   SDA = 0;
48.            _Nop( );
49.            SCL = 1;                          //置时钟线为高，通知被控器开始接收数据位
50.            _Nop( );                          //保证时钟高电平周期大于 4μs
51.            _Nop( ); _Nop( ); _Nop( ); _Nop( );
52.            SCL = 0;
53.        }
54.        _Nop( ); _Nop( );
55.        SDA = 1;                              //8 位数据发送完后释放数据线，准备接收应答位
56.        _Nop( ); _Nop( );
57.        SCL = 1;
58.        _Nop( ); _Nop( ); _Nop( );
59.        if(SDA = = 1) ack = 0;                //判断是否接收到应答信号，0 表示无应答
60.        else ack = 1;                         //1 表示有应答
61.        SCL = 0;
62.        _Nop( ); _Nop( );
63. }
64. // * * * * * * * * * * * * * * * * * * * * * *接收字节数据函数 * * * * * * * * * * * * * * * * * *
65. unsigned char RcvByte( )
66. {   unsigned char data;
67.        unsigned char Bit;
68.        data = 0;
69.        SDA = 1;                              //置数据线为输入方式
70.        for(Bit = 0; Bit < 8; Bit + + )
71.        {   _Nop( );
72.            SCL = 0;                          //置时钟线为低，准备接收数据位
73.            _Nop( );                          //时钟低电平周期大于 4.7μs
74.            _Nop( ); _Nop( ); _Nop( ); _Nop( );
75.            SCL = 1;                          //置时钟线为高使数据线上数据有效
76.            _Nop( ); _Nop( );
77.            data = data < < 1;
78.            if(SDA = = 1) data = data + 1;   //读数据位，接收的数据位存入 data 中
79.            _Nop( ); _Nop( );
80.        }
81.        SCL = 0;
```

```
82.      _Nop( ); _Nop( );
83.      return( data );
84. }
```

85. // *应答子函数* * * * * * * * * * * * * * *

```
86. void Ack_I2c( void)
87. {    SDA = 0;
88.      _Nop( ); _Nop( ); _Nop( );
89.      SCL = 1;
90.      _Nop( );                        //时钟低电平周期大于 4 μs
91.      _Nop( ); _Nop( ); _Nop( ); _Nop( );
92.      SCL = 0;                        //清时钟线，钳住 I²C 总线以便继续接收
93.      _Nop( ); _Nop( );
94. }
```

95. // *非应答子函数* * * * * * * * * * * * * * * *

```
96. void NoAck_I2c( void)
97. {    SDA = 1;
98.      _Nop( ); _Nop( ); _Nop( );
99.      SCL = 1;
100.     _Nop( );                        //时钟低电平周期大于 4 μs
101.     _Nop( ); _Nop( ); _Nop( ); _Nop( );
102.     SCL = 0;                        //清时钟线，钳住 I²C 总线以便继续接收
103.     _Nop( ); _Nop( );
104.     }
```

105. / *

106.   函数原型：bit SendStr(unsigned char sla, unsigned char suba, unsigned cahr * s, unsigned char num);

107.   功能：向有子地址器件发送多字节数据，包括从启动总线到发送器件地址、子地址，

108.   读数据及结束总线的全过程；

109.   从器件地址 sla，子地址 suba，发送内容是 s 指向的内容，发送 num 个字节；

110.   如果返回 1 表示操作成功，否则操作有误

110. */

```
111. bit SendStr( unsigned char sla, unsigned char suba, unsigned char * s, unsigned char num)
112. {  unsigned char i;
113.     Start_I2c( );                   //启动总线
114.     Send Byte( sla);                //发送器件地址
115.     if( ack = = 0) return( 0);      //无应答则返回
116.     Send Byte( suba);               //发送器件子地址，即要访问的单元地址
117.     if( ack = = 0) return( 0);
118.     for( i = 0; i < num; i + +)      //发送 num 个数据
119.     {
120.      Send Byte( * s);               //发送数据
121.      if( ack = = 0) return( 0);     //ack =0 表示无应答则直接返回
122.      s + +;                         //指针加 1，以发送下一个数据
```

```
123.    }
124.    Stop_I2c( );                    //结束总线
125.    return(1);
126. }
127. /************************************************
128. 函数原型: bit RcvStr (unsigned char sla, unsigned char suba, unsigned char * s, unsigned char num);
129. 功能: 向有子地址器件读取多字节数据, 包括从启动总线到发送地址、子地址, 读数据, 结束总线的全过程;
130. 从器件地址为 sla, 子地址为 suba, 读出的内容放入 s 指向的存储区, 读 num 个字节;
131. 如果返回 1 表示操作成功, 否则操作有误
132. **********************************************/
133. bit RcvStr(unsigned char sla, unsigned char suba, unsigned char * s, unsigned char num)
134. { unsigned char i;
135.    Start_I2c( );                   //启动总线
136.    Send Byte(sla);                 //发送器件地址 10101110, 写 AT24C02 命令
137.    if(ack = = 0) return(0);        //ack =1 表示有应答, ack =0 表示无应答则直接返回
138.    Send Byte(suba);                //发送器件子地址
139.    if(ack = = 0) return(0);
140.    Start_I2c( );                   //重新启动总线
141.    Send Byte(sla + 1);             //发送读 AT24C02 命令
142.    if(ack = = 0) return(0);        //ack =0 表示无应答则直接返回
143.    for(i = 0; i < num - 1; i + +)  //读取 num 个数据
144.    {   * s = RcvByte( );           //读数据
145.        Ack_I2c( );                 //发送应答位
146.        s + +;                      //指针加 1, 指向下一个单元
147.    }
148.    * s = RcvByte( );               //读最后一个数据
149.    NoAck_I2c( );                   //发送非应答位
150.    Stop_I2c( );                    //结束总线
151.    return(1);
152. }
153. //*******************主函数*********************
154. void main( )
155. { unsigned char data = 0, data1 = 0;// 定义临时变量
156.    unsigned char table[ ] = {0xC0, 0xF9, 0xA4, 0xB0, 0x99, 0x92, 0x82, 0xD8, 0x80, 0x90};
157.    while(1)
158.    {   P1 = table[data1];          //送 1 位共阳数码管显示
159.        Delay(1000);                //显示一段时间
160.        data + +;                   //变量自加 1, 改变值后存储到 AT24C02
161.        if(data = = 10) data = 0;    //变量从 0 加到 10, 等于 10 时, 恢复到 0
162.        SendStr(0xAE, 0x00, &data, 1);//修改后的变量值写入 AT24C02
163.        Delay(10);                  //延时, 待写完后再读 AT24C02
```

164.　　　　RcvStr(0xAE, 0x00, &data1, 1);//调用存储数据到变量 data1 中
165.　　}
166.}

第三步，调试、仿真、修改程序。

（1）在 Proteus 软件中，点击运行，观察数码管上数字是否为 0~9 循环显示。

（2）用 8 根杜邦线把单片机的 P1 脚与数码管的 J4 排针相连（注意：a→dp 分别对应 P1.0→P1.7，不要接反了）。

（3）用 2 根杜邦线把单片机的 P2.0 和 P2.1 分别接到 J33 的 SCL 和 SDA；再把程序下载到单片机之中，观察数码管的显示内容是否为 0~9 循环显示。

第四步，分析程序。

（1）第 162 行中的 SendStr(0xAE, 0x00, &data, 1)表示将数据 data 写入子地址 0 的单元，其中 0xAE = 10101110B，1010B 为 AT24C02 的特征码，所有 AT24C 系列的器件都是相同的；因 A2A1A0 = 111，111 为本项目中 AT24C02 的器件地址，1010 中第 0 位的 0 表示写命令。&data 表示传递变量 data 的指针（地址）。

（2）第 164 行中的 RcvStr(0xAE, 0x00, &data1, 1)表示读取地址为 0x00 的单元中的数据到变量 data1 中，然后在第 158 行中将读出的数据 data1 显示出来。

第五步，修改程序，提高编程水平。

具体要求：将系统断电，再重新上电，要求数码管显示的数字是断电前的数字加 1。

第六步，在单片机实训板上，进行系统调试。

（1）用 2 根杜邦线把单片机的 P2.0、P2.1 引脚与 J33 相连。
（2）把上述程序下载到单片机之中，观看数码管显示的效果。

四、思考与分析

（1）如何一次对 AT24C02 写入多个数据？
（2）AT24C02 的 SDA 和 SCL 线必须外接上拉电阻，为什么？

五、知识链接

3.2　I^2C 串行接口的 EEPROM

串行 EEPROM 是一种电擦除可编程存储器，具有体积小、接口简单、数据保存可靠、可在线改写、功耗低等特点，在电子产品中得到了广泛应用。串行 EEPROM 按总线形式分为三种，即 I^2C 总线、Microwire 总线及 SPI 总线三种。带 I^2C 总线接口的 EEPROM 有多种型号，其中 Atmel 公司 AT24C 系列从 AT24C01 到 AT24C512 器件应用广泛。本书以 AT24C02 为例，介绍串行 EEPROM 的使用方法。

3.2.1　I^2C 总线工作原理

1. I^2C 总线

I²C(inter integrated circuit)总线是一种由 Philips 公司开发的两线式串行总线,一条是时钟线(SCL),另一条是数据线(SDA)。所有的 I²C 器件都挂接在这两条总线上。当执行数据传送时,启动数据传输并产生时钟信号的器件称为主器件,被寻址的器件称为从器件。进入 I²C 总线上的器件若发送数据到总线上,则定义为发送器;若接收总线上的数据,则定义为接收器。

2. I²C 总线协议

在数据传输期间,只要时钟线为高电平,数据线电平状态必须保持稳定,否则数据线上的任何变化都被当作"启动"或"停止"信号。

(1)启动数据传输。

当时钟线 SCL 为高电平状态,数据线 SDA 由高电平变到低电平的下降沿被认为是启动信号,如图 3 - 2 - 2 所示。出现启动信号后,其他的命令才有效。

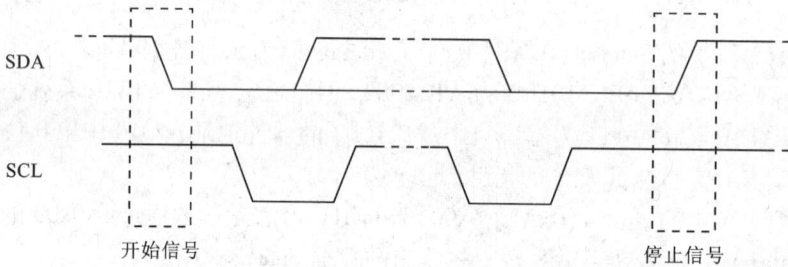

图 3 - 2 - 2　启动和停止信号

(2)停止数据传输。

当时钟线 SCL 为高电平时,数据线 SDA 由低电平变为高电平的上升沿被认为是停止信号,如图 3 - 2 - 2 所示。

(3)数据有效。

发出启动信号后,若时钟线为高电平状态,数据线状态稳定,则数据线的状态表示要传输数据。时钟线 SCL 为低电平期间,数据传送到数据线上,如图 3 - 2 - 3 所示。每一次数据传输都是由启动信号开始,由停止信号结束。在启动和停止之间传输的数据字节数由主器件确定。

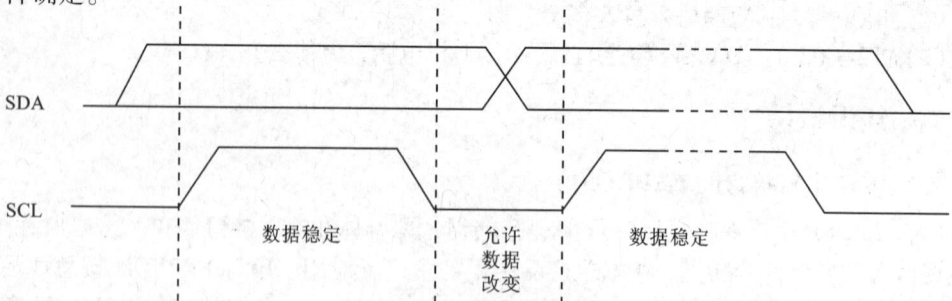

图 3 - 2 - 3　数据有效性

(4)"应答"信号(ACK)和"非应答"信号(NO ACK)。

接收器每接收到一个字节的数据后,要发出一个"应答"信号(低电平)。主器件必须产生一个与这个"应答"信号相对应的时钟脉冲(第 9 个脉冲),该时钟脉冲的高电平期间,数据线应是稳定的低电平(ACK)。

主器件作为接收器时,当接收到最后一个数据后,不发送"应答"信号,而应发送一个"非应答"(高电平)信号。之后发送器释放数据线,以便主器件发送"停止"信号,从而结束数据传送。

3.2.2　AT24C02 器件介绍

AT24C02 是一个二线制 I^2C 串行 EEPROM,内部含有 256 个 8 位字节的存储单元,特征码为 1010B。AT24C02 引脚如图 3 – 2 – 4 所示。

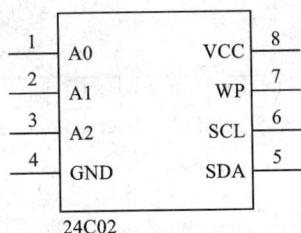

图 3 – 2 – 4　AT24C02 引脚图

◆SDA:串行地址/数据输入/输出端。SDA 是一个双向传输端,用于传送地址和数据进入器件或从器件发出数据。SDA 是一个漏极开路端,因此要求接一个上拉电阻至 VCC 端(电阻典型值为 10kΩ)。

◆SCL:时钟串行端。

◆WP:写保护端。该端必须接到 VCC 或 VSS 端。如果接到 VCC 端,写操作禁止,整个存储器写保护,读数据不受影响;如果接到 VSS 端,读/写使能,允许读/写。

◆A0、A1、A2:器件地址输入引脚,有 000 ~ 111 共 8 种情况。作为硬件地址,总线上可同时级联 8 个 AT24C02 器件。

3.2.3　AT24C02 寻址及读写操作

所有的串行 EEPROM 芯片在接收到启动信号后,都要从总线上接收一个 8 位的含有芯片地址的控制字,以确定本芯片是否被选通,以及读操作还是写操作。控制字格式如表 3 – 2 – 2所示,控制字的高 4 位 D7 ~ D4 应是被寻址的 I^2C 总线器件的特征码(如 24 系列为 1010B);D0 是读/写选择位 R/W,以决定主器件对 EEPROM 进行读操作还是写操作。其余 3 位(D3 ~ D1)根据不同容量的芯片,其定义有所不同。

表 3 – 2 – 2　主器件发出的控制字

芯片特征码				器件地址			R/W
D7	D6	D5	D4	D3	D2	D1	D0
1	0	1	0	A2	A1	A0	1 读;0 写

AT24C02 先检查主器件发送出的控制字,若检测到控制字的高 4 位与自己的特征

（1010B）相同，且控制字 A2、A1、A0 这 3 位值正好为自己的器件地址，则该 AT24C02 被寻址选通。至于操作是读还是写，由最低位（R/W）确定。然后，AT24C02 输出一个 ACK 信号到 SDA 线上。

1. 写操作

写操作分为字节写和页写。字节写操作为：主器件在发送完接收器件地址和 ACK 应答后，发送 8 位的字地址，AT24C02 接收到这个地址后，应答"0"，然后再发送一个 8 位数据。AT24C02 在接收 8 位数据后，应答"0"，接着必须由主器件发送停止条件来终止写序列。字节写时序如图 3 - 2 - 5 所示。

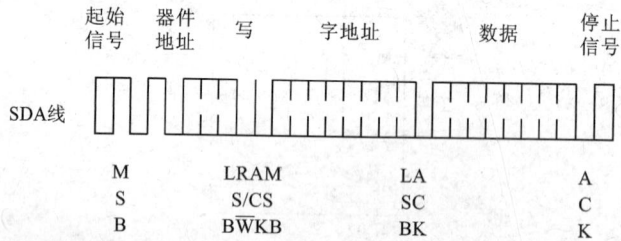

图 3 - 2 - 5　字节写时序

AT24C02 器件也可按 8 字节/页执行页写，页写初始化与字节写相同，只是主器件不是在第一个数据后发送停止条件，而是在 AT24C02 的 ACK 以后，接着发送 7 个数据。AT24C02 收到每个数据后都应答"0"。最后仍需由主器件发送停止条件，终止写序列。页写时序如图 3 - 2 - 6 所示。

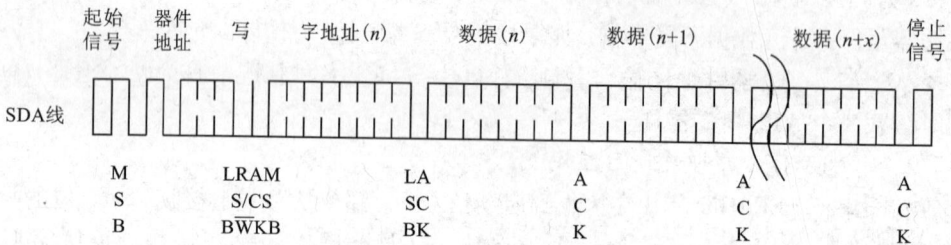

图 3 - 2 - 6　页写时序

AT24C02 接收到每个数据后，字地址的低 3 位内部自动加 1，高位地址位不变，维持在当前页内。当内部产生的字地址达到该页边界地址时，随后的数据将写入该页的页首。如果超过 8 个数据传送给 EEPROM，字地址将回转到该页的首字节，先前的字节将会被覆盖。

2. 读操作

读操作与写操作初始化相同，只是器件地址中的读/写选择位应为"1"。有三种不同的读操作方式：当前地址读、随机读和连续读。

当需要读 AT24C02 中某一地址的数据时，先写入要读的数据所在地址，一旦 AT24C02 接收器件地址和字地址并应答了 ACK，主器件就重新产生一个起始条件。

然后，主器件发送器件地址（读/写选择位为"1"），AT24C02应答ACK，并随时钟送出数据，随机读时序如图3-2-7所示。

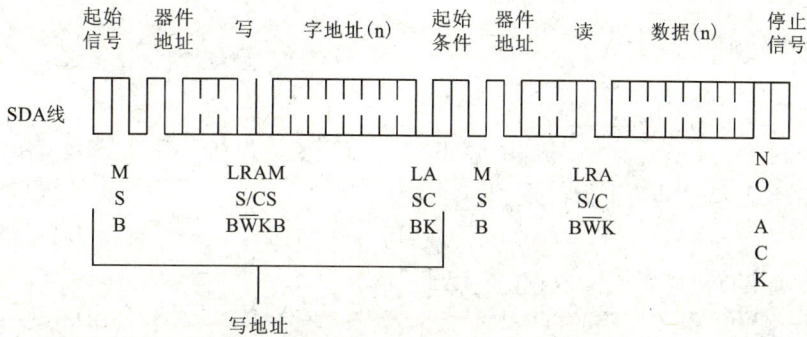

图3-2-7　随机读时序

当需要读取多个连续存储的数据时，主器件接收到一个数据后，应答ACK。只要AT24C02接收到ACK，将自动增加字地址并继续随时钟发送后面的数据。若达到存储器地址末尾，地址自动回转到0，仍可继续顺序读取数据，连续读时序如图3-2-8所示。

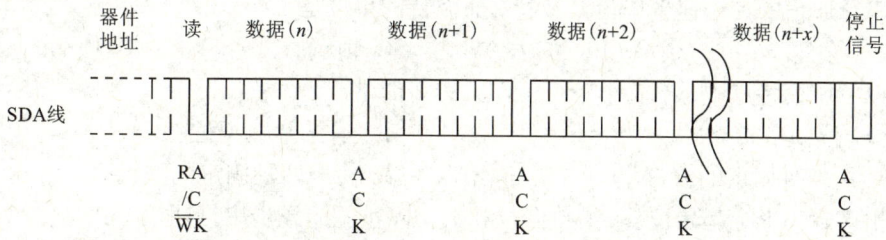

图3-2-8　连续读时序

知识梳理与小结

本章介绍了单片机之间双机、多机以及单片机和PC机之间通信的使用方法，详细介绍了单片机内部全双工串行口的结构、工作方式、波特率等内容；以AT24C02为例，介绍了带 I^2C 总线接口的EEPROM的通信方法。

本章重点内容：

（1）串行通信基础知识。

（2）单片机内部串行口的结构、工作方式和波特率。

（3）单片机之间的双机通信。

（4） I^2C 工作原理及使用方法。

习题三

一、选择题

1. 串行口是单片机的_____。

A. 内部资源　　　　　B. 外部资源　　　　　C. 输入设备　　　　　D. 输出设备

2. AT89S51 单片机的串行口是_____。

A. 单工　　　　　　　B. 全双工　　　　　　C. 半双工　　　　　　D. 并行口

3. 单片机串行口输出信号为_____电平。

A. RS – 232C　　　　 B. TTL　　　　　　　C. RS – 422　　　　　D. RS – 485

4. 进行串行数据发送时,发送完一帧数据后,TI 标志要_____。

A. 自动清零　　　　　B. 硬件清零　　　　　C. 软件清零　　　　　D. 软、硬件均可

5. 串行口工作于方式 0 时,数据从_____输出。

A. TXD　　　　　　　B. RXD　　　　　　　C. REN　　　　　　　D. TI

6. 利用串行口扩展并行 I/O 端口时,应将串行口设置为工作方式_____。

A. 0　　　　　　　　 B. 1　　　　　　　　 C. 2　　　　　　　　 D. 3

7. 串行通信的传送速率单位是波特,而波特的单位是_____。

A. 字符/秒　　　　　 B. 位/秒　　　　　　 C. 帧/秒　　　　　　 D. 帧/分

8. 以下所列特点中,不属于串行工作方式 2 的是_____。

A. 11 位帧格式　　　　　　　　　　　　B. 有第 9 数据位

C. 使用一种固定的波特率　　　　　　　D. 使用两种固定的波特率

9. 帧格式为 1 个起始位、8 个数据位和 1 个停止位的异步串行通信方式是_____。

A. 方式 0　　　　　　B. 方式 1　　　　　　C. 方式 2　　　　　　D. 方式 3

10. 以下有关第 9 数据位的说明中,错误的是_____。

A. 第 9 数据位的功能可由用户定义

B. 发送数据的第 9 数据位内容在 SCON 寄存器的 TB8 位中应预先准备好

C. 帧发送时使用指令把 TB8 位的状态送入发送 SBUF 中

D. 接收到的第 9 数据位送 SCON 寄存器的 RB8 中保存

二、问答题与设计题

1. 在项目 3 – 1 的任务 2 中,设计用 MAX485 实现多机通信的电路图,并编写程序。

2. 利用串行口设计 4 位静态数码管显示,画出电路图并编写程序,要求在数码管上显示"1234"。

3. 如果系统中需要用到 2 个 AT24C02 存储器,试画出 AT24C02 的连接图,并编写程序。

学习情境四　传感系统设计与制作

　　本章以实际应用中常见传感器作为训练项目的载体，详细讲解了红外、温度和光敏传感系统的设计及制作方法，并将训练项目实施过程所需要的红外传感器、DS18B20、A/D等相关知识点渗入到训练任务之中。通过该学习情境的学习，读者可以掌握传感系统的硬、软件设计与制作方法。

教学目标

知识 目标	1.掌握红外、温度、光敏等常用传感器的工作原理；
	2.理解单片机的 I/O 接口、中断、定时器等内容；
	3.掌握单片机与红外、温度、光敏等传感器的通信方式及时序；
	4.掌握典型 A/D、D/A 转换器的工作原理
能力 目标	1.能熟练查阅常用电子元器件和芯片的规格、型号、使用方法等技术资料；
	2.能熟练运用单片机将红外信号进行解码；
	3.能熟练运用单片机与温度传感器对环境温度进行检测；
	4.能熟练运用单片机与热敏、光敏等元件组成测量与控制系统

【训练项目 4 - 1】　红外传感系统设计与制作

一、项目要求

在单片机实训板上实现接收遥控发射器发射的信号，并在 LED 灯上体现，以及在 LED 数码上显示对应按键值。

二、项目实训仪器、设备及实训材料

表 4 - 1 - 1　主要实训仪器和实训材料一览表

工具、设备和耗材	数量	工具、设备和耗材	数量	工具、设备和耗材	数量
电脑	1 台	51 单片机下载线/USB 线	1 根	杜邦导线	若干
Keil μVision4	1 套	晶振 12M	1 只	AT89S51/STC12C5A60S2	1 片
Proteus 7.5 软件	1 套	单片机实训板	1 块	红外遥控器	1 只

三、项目实施过程及其步骤

任务 1　红外遥控器测试仪设计与制作

任务描述：设计一台红外遥控器测试仪，能检测红外遥控器是否能正常工作。操作方法：手持红外遥控器，向单片机实训板的红外接收头发射已调制的红外信号，若 LED 灯会闪烁，说明遥控器是好的；反之，则说明遥控器是坏的。

第一步，在实训板上连接对应模块电路。

(1)在实训板上找到红外一体化接收头的接口 J26，用杜邦导线连至单片机 P3.2 脚。
(2)用杜邦导线从单片机 P1.1 脚连至任意一个 LED 灯电路接口，即 J11。

第二步，编写红外遥控接收程序。

```
1. #include < reg51. h >
2. sbit LED = P1^1 ;              //定义 P1.1 为 LED
3. sbit IR = P3^2 ;               //定义 P3.2 为 IR
4. void main ( void )             //主函数
5. {    while (1)
6.      {    LED = IR ; }         //接收的高低电平反映在 LED 上，具体表现为 LED 闪烁
7. }
```

第三步，在单片机实训板上调试程序。

程序编译无误之后，把生成的 HEX 文件下载到单片机上，并调试运行，观察结果跟预期效果是否一致。

第四步，程序分析。

程序第 1 行为包含头文件，头文件包含特殊功能寄存器的定义。第 2 行及第 3 行是用关键字 sbit 定义单片机的 P1.1、P3.2 端口，分别为 LED 和 IR。第 4 行至第 7 行为主函数 main 及其函数体，主函数内只包括一条 while 语句，并且无限循环，把接收的高低电平反映在 LED 上，使 LED 灯闪烁。

任务 2　红外遥控接收解码系统设计与制作

任务描述：手持 TC9012 芯片编码的红外遥控器，按遥控器上的键盘，要求单片机实训板上的红外接收头能接收到红外信号，并通过单片机对红外信号进行解码，把解码的结果显示在数码管上。比如，当按下遥控器键 1 时，数码管上显示 1；同理按下其他键也显示相对应的键盘号。

第一步，在实训板上连接对应模块电路。

(1)在实训板上找到红外一体化接收头的接口 J26，用杜邦导线连至单片机 P3.2 脚。
(2)P0 口接独立数码管，即采用杜邦线把 P0 端口与 J11 相连，注意 P0 端口顺序。

第二步，绘制程序流程图，编写红外遥控接收解码程序。

(1)设计如图 4-1-1 所示的红外接收解码流程图。

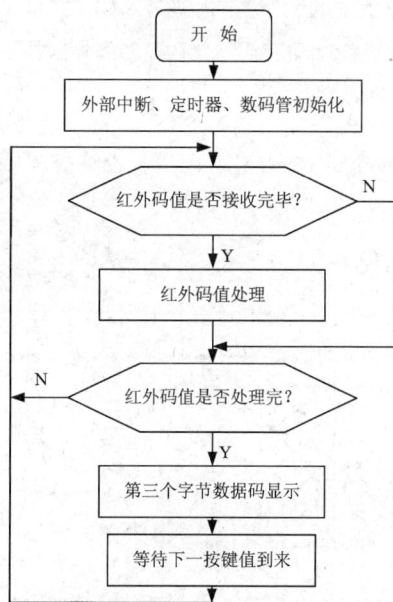

图 4-1-1　红外接收解码流程图

（2）在 Keil 软件中新建工程和文件，并编写如下程序：

```
1.  #include <reg51.h>
2.  sbit IR = P3^2;                    //定义红外接收头解码信号输入引脚
3.  #define DataPort   P0
4.  unsigned char code led_code[10] = {0xC0,0xF9,0xA4,0xB0,0x99,0x92,0x82,0xD8,0x80,0x90};
5.                                     //0~9 显示代码
6.  unsigned char t;                   //定义计时变量
7.  bit irok;                          //定义标志位
8.  unsigned char IR_cd[4];            //用于存放客户码、客户反码、数据码、数据反码 4 个字节
9.  unsigned char Ir_data[33];         //用于存放 33 个脉冲的时间长度值
10. // ***************************************************
11. void tim0 (void) interrupt 1 using 1          //定时器 0 中断处理，每中断一次大约 256μs
12. {    t++;    }              //用于计数 2 个下降沿之间的时间
13. // ***************************************************
14. void INT_0 (void) interrupt 0  //外部中断 0 服务函数
15. {    static unsigned char i;   //接收红外信号处理
16.      static bit flag;          //是否开始处理标志位
17.      if(flag)
18.      {   if(t<63&&t>=33)       //判断引导码(头码)有没有结束，头码时间大约为 9ms，
19.             i=0;               //参数计算方法：9ms/256μs = 35。t 要大于 35 的数
20.         Ir_data[i]=t;         //存储每个电平的持续时间，用于以后判断是 0 还是 1
21.         t=0;                  //每经过一个下降沿，t 重新计划
22.         i++;
23.         if(i==33)             //判断是否接收完 33 个脉冲
24.         {    irok=1;          //接收完后标志位被置 1
25.              i=0;             //清零，等待下一个键盘的红外信号
26.         }
27.      }
28.      else                     //第一次下降沿来时有效，对 t 清零，开始有效计时
29.      {   t=0;
30.          flag=1;
31.      }
32. }
33. // ***************************************************
34. void TIM0init(void)          //定时器 0 初始化
35. {    TMOD=0x02;              //定时器 0 工作于方式 2，TH0 是重装值，TL0 是初值
36.      TH0=0x00;              //重赋值
37.      TL0=0x00;              //初始化值
38.      ET0=1;                //开中断
39.      TR0=1;
40. }
41. // ***************************************************
```

```
42.  void EX0init(void)                //外部中断 0 初始化
43.  {   IT0 = 1;                      //指定外部中断 0 下降沿触发，INT0（P3.2）
44.      EX0 = 1;                      //使能外部中断
45.      EA = 1;                       //开总中断
46.  }
47.  // * * * * * * * * * * * * * * * * * * * * * * * * * * * * * * * * * * * * * * *
48.  void IR_cdpro(void)               //红外码值处理函数
49.  {   unsigned char i, j, k;
50.      unsigned char cord, value;
51.      k = 1;                        //从第一客户码开始算，去掉引导码(头码)
52.      for(i = 0; i < 4; i++)        //32 位数据，共 4 个字节
53.      {   for(j = 1; j <= 8; j++)   //处理 1 个字节 8 位
54.          {   cord = Ir_data[k];
55.              if(cord > 7)          //时间长度大于 7，表示为高电平"1"
56.                  value| = 0x80;    //把"1"写入 value 变量中
57.              if(j < 8)
58.              {   value >> = 1; }   //右移，将低位向右移
59.              k++;
60.          }
61.          IR_cd[i] = value;         //保存客户码、客户反码、数据码、数据反码
62.          value = 0;
63.      }
64.  }
65.  // * * * * * * * * * * * * * * * * * * * * * * * * * * * * * * * * * * * * * * *
66.  void main(void)                   //主函数
67.  {   EX0init();                    //初始化外部中断
68.      TIM0init();                   //初始化定时器
69.      DataPort = 0x00;              //输出段码
70.      while(1)                      //主循环
71.      {   if(irok)                  //如果接收好了进行红外处理
72.          {   IR_cdpro();           //调用红外码值处理函数
73.              irok = 0;             //标志位清零
74.              DataPort = led_code[IR_cd[2]];   //显示对应的按键值(数据码)
75.          }
76.      }
77.  }
```

第三步，在单片机实训板上调试程序。

程序编译无误之后，把 HEX 文件下载到单片机内，并调试运行，观察结果跟预期效果是否一致。如正确，数码管上会显示按键对应的数值。

第四步，程序分析。

(1)解码信号是由引导码、客户码、客户反码、数据码、数据反码组成的 33 个脉冲信

号,引导码为 1 个脉冲信号,其他 4 个码都含有 8 个脉冲信号。在程序中去掉了引导码,只保留了客户码、客户反码、数据码、数据反码的信息,每个码为 1 个字节数据,存放在 IR_cd[ ]数组中,IR_cd[2]元素为数据码,即为键值,第 74 行完成键值显示。

(2)第 14~32 行为外部中断服务程序,判断 33 个脉冲信号。当第 1 个下降沿来时,程序进入该中断函数,执行第 28 行语句,开始有效计时。直到引导码结束之后(引导码大约为 9ms),客户码的第 1 个脉冲到来时,变量 t 已大于 33(t 的值由定时器 0 控制,每 256μs 加 1),所以第 18 行有效,保存引导码脉冲的时间长度,依此类推,总共保存 33 个脉冲的时间长度,存放在 Ir_data[ ]数组之中。

(3)第 72 行调用 IR_cdpro( )红外码值处理函数,在该函数中,第 52~63 行,解码出 4 个字节的数据,分别表示客户码、客户反码、数据码和数据反码。

(4)第 74 行,在数码管上显示数据码。

第五步,修改程序,提高编程水平。

进一步优化程序,解码 0~9 以外的键值,并在数码管上显示。

四、思考与分析

(1)若解码的键值要在 LCD 屏上显示,硬件和软件应如何实现?
(2)采用红外遥控器,实现 LED 指示灯亮度调节,提示:采用 PWM 信号控制 LED 灯,PWM 脉宽不同,LED 的亮度不同。

五、知识链接

4.1 红外传感器

本训练项目采用 TC9012 芯片编码的遥控器为发射源,并对其发射的信号进行解码,如采用其他编码芯片作为红外发射源,只需修改源程序中有关引导码、用户码和数据码的参数即可。TC9012 引脚图如图 4-1-2 所示。它是一块红外遥控系统中的专用发射集成电路,采用 CMOS 工艺制造,可外接 32 个按键,提供 8 种用户编码,另外还具有 3 种双重按键功能。

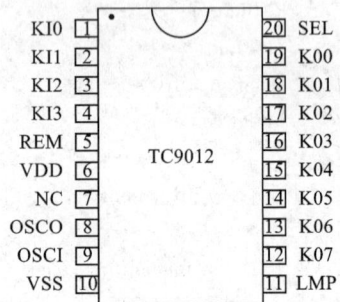

图 4-1-2 TC9012 引脚图

4.1.1 红外遥控发射电路

通常,红外遥控器将遥控信号(二进制脉冲码)调制在 38 kHz 的载波上,经缓冲放大后送至红外发光二极管,转化为红外信号发射出去,如图 4-1-3 所示。二进制脉冲码的形式有多种,其中最为常用的是 PWM 码(脉冲宽度调制码)和 PPM 码(脉冲位置调制码)。前者以宽脉冲表示 1,窄脉冲表示 0。后者脉冲宽度一样,但是码位的宽度不一样,码位宽的代表 1,码位窄的代表 0。脉宽为 0.56ms、间隔 0.565ms、周期为 1.125ms 的组合表示二进制的"0";以脉宽为 0.56ms、间隔 1.69ms、周期为 2.25ms 的组合表示二进制的"1",如图 4-1-4 所示。

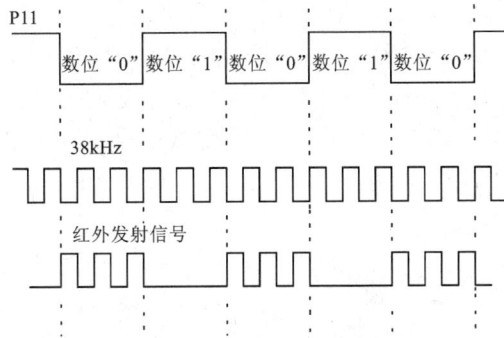

图4-1-3 信号调制图

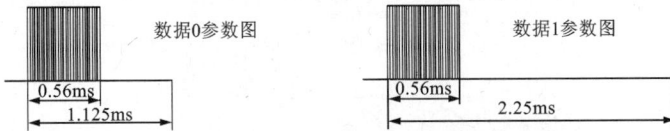

图4-1-4 发射信号参数图

遥控编码脉冲信号是由引导码、客户码、客户反码、数据码、数据反码等信号组成。引导码也叫起始码，由宽度为4.5ms的高电平和宽度为4.5ms的低电平组成（不同的红外家电设备在高低电平的宽度上有一定区别），用来标志遥控编码脉冲信号的开始。

客户码也叫识别码，它用来指示遥控系统的种类，以区别其他遥控系统，防止各遥控系统的误动作。数据码也叫指令码，它代表了相应的控制功能，接收机可根据数据码的数值完成各种功能操作。客户反码与数据反码分别是客户码与数据码的反码，反码的加入是为了能在接收端校对传输过程中数据是否产生差错。如图4-1-5所示，发射时序码由"0"和"1"组成的4×8位二进制码，前16位为客户码控制指令，控制不同的红外遥控设备，而不同的红外家用电器又有不同的脉冲调控方式，后16位分别是8位的数据码和8位的数据反码。

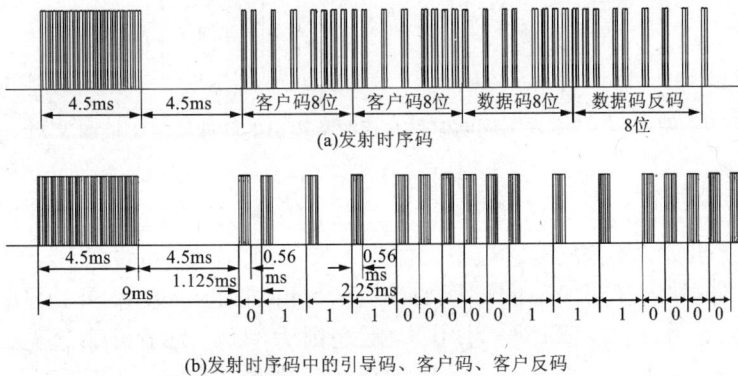

图4-1-5 发射时序码

4.1.2 红外遥控接收电路

IR1308 是用于红外遥控接收的小型一体化接收头,集成红外线的接收、放大、解调,不需要任何外接元件,就能完成从红外线接收到输出与 TTL 电平信号兼容的所有工作,而体积和普通的塑封三极管大小一样,它适合于各种红外线遥控和红外线数据传输,中心频率为 38.0kHz。接收器对外只有 3 个引脚:OUT、GND、VCC,与单片机连接非常方便,其中 1 脚接电源(+ VCC),2 脚 GND 为地线(0V),3 脚为脉冲信号输出,如图 4 - 1 - 6 所示。

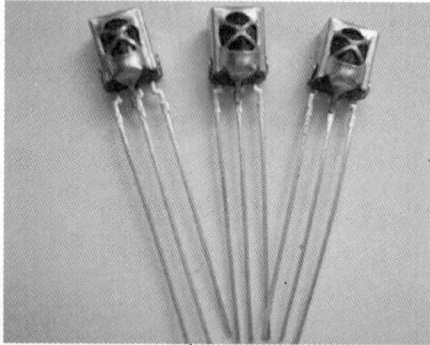

图 4 - 1 - 6   IR1308 红外接收头

IR1308 接收原理:红外线接收头把遥控器发送的数据(已调信号)转换成一定格式的控制指令脉冲(调制信号、基带信号),也就是完成红外线的接收、放大、解调,还原成发射格式(高、低电位刚好相反)的脉冲信号。然后通过解码把脉冲信号转换成数据,从而实现数据的传输。如图 4 - 1 - 7 所示,为发射调制信号与接收头输出的脉冲信号比较图。

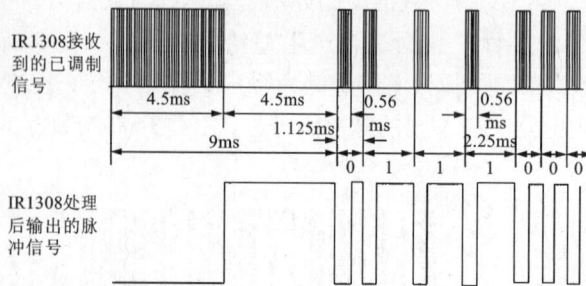

图 4 - 1 - 7   发射调制信号与接收头输出的脉冲信号比较图

接收解码的关键是如何识别"0"和"1",从图 4 - 1 - 7 我们可以发现"0"、"1"均以 0.56ms 的低电平开始,不同的是高电平的宽度不同,"0"为 0.56ms,"1"为 1.69ms,所以必须根据高电平的宽度区别"0"和"1"。如果从 0.56ms 低电平过后,开始延时,0.56ms 以后,若读到的电平为低,说明该位为"0",反之则为"1",为了可靠起见,延时必须比 0.56ms 长些,但又不能超过 1.12ms,否则如果该位为"0",读到的已是下一位的高电平,因此取 $(1.12ms + 0.56ms)/2 = 0.84ms$ 最为可靠,一般取 0.84ms 左右均可。也可利用两个下降沿的时间长短来判定"0"和"1"。

【训练项目4-2】 温度传感系统设计与制作

一、项目要求

在 Proteus 仿真软件和单片机实训板上,采用数字温度传感器 DS18B20、LCD、单片机等器件组成温度传感系统,实现对环境温度检测,将温度传感器中有关温度的参数显示在 LCD1602 中。

二、项目实训仪器、设备及实训材料

表4-2-1 主要实训仪器和实训材料一览表

工具、设备和耗材	数量	工具、设备和耗材	数量	工具、设备和耗材	数量
电脑	1 台	51 单片机下载线/USB 线	1 根	杜邦导线	若干
Keil μVision4	1 套	晶振 12M	1 只	AT89S51/STC12C5A60S2	1 片
Proteus 7.5 软件	1 套	单片机实训板	1 块	DS18B20	2 只

三、项目实施过程及其步骤

任务1 单点温度传感系统设计与制作

任务描述:在 Proteus 软件和单片机实训板上,采用 1 个温度传感器 DS18B20,实现单点环境温度测量,要求单片机能读取该器件的温度值和器件 ROM 编码,并在 LCD 上显示。

第一步,在 Proteus 仿真软件上,绘制仿真电路,如图4-2-1所示。

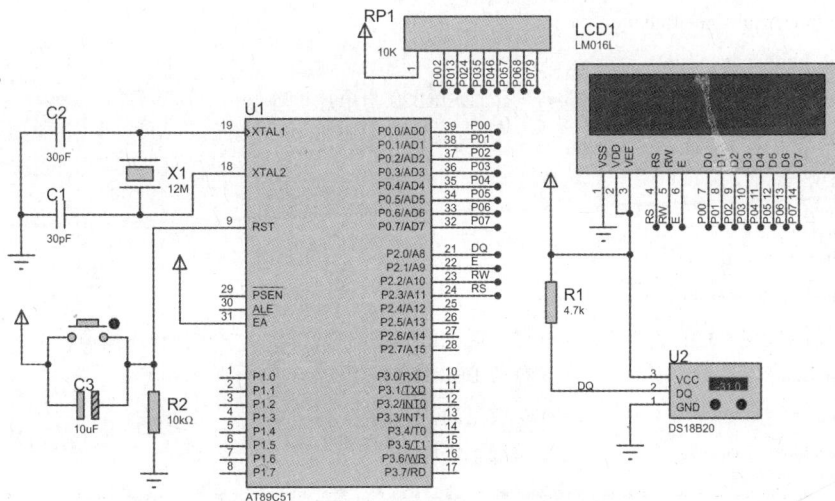

图4-2-1 DS18B20+1602 仿真图

第二步，根据图 4 - 2 - 2 所示的程序流程图，编写程序。

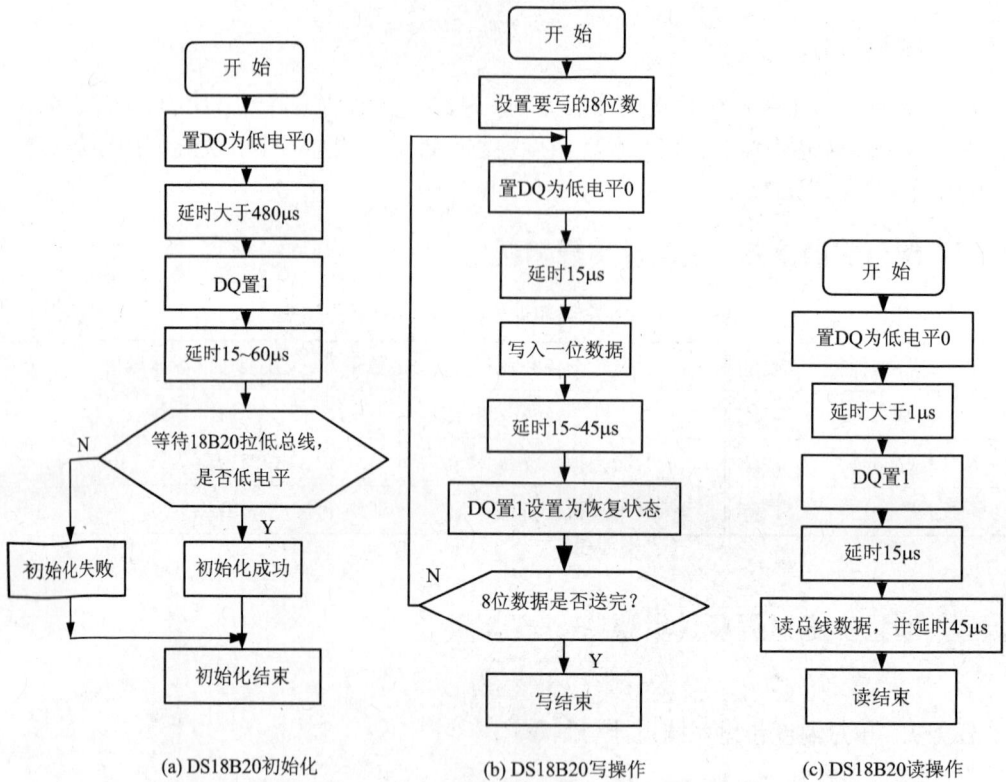

(a) DS18B20 初始化　　　(b) DS18B20 写操作　　　(c) DS18B20 读操作

图 4 - 2 - 2　DS18B20 程序流程图

```c
1. #include < reg51. h >
2. #define uchar unsigned char
3. #define uint unsigned int
4. sbit DQ = P2^0;                    //DS18B20 与单片机连接口
5. sbit RS = P2^3;                    //LCD 控制引脚定义
6. sbit RW = P2^2;
7. sbit E = P2^1;
8. unsigned char code str1[ ] = {"            "};
9. unsigned char code str2[ ] = {"temp:      "};
10. uchar data disdata[6];            //存放温度值的各位数(如个十百小数位的数值)
11. uchar fCode[8];                   //存放 DS18B20 的 ROM 编码
12. uint t;                          //存放温度值
13. uchar flag;                      //温度正负标志
14. // * * * * * * * * * * * * * * * * * * * * * * * * * * * * * * * * * * * * * * * * * *
15. void delayMS ( unsigned int b)    //大约延时 b ms
```

```
16. {    unsigned char a = 200;
17.      for( ; b > 0; b - - )
18.      {    while( - - a);
19.           a = 200;
20.      }
21. }
22. //******************************************
23. void LCDSTA( )
24. {    unsigned char   flag;
25.      while(1)
26.      {    RS = 0;            //RS RW 为 01 表示读 Busy Flag(DB7)及地址计数器 AC(DB0 ~ DB6)
27.           RW = 1;
28.           delayMS(5);       //延时
29.           E = 1;            //E 控制端产生一个脉冲
30.           delayMS (10);
31.           flag = P0;        //读数据端口状态
32.           E = 0;
33.           flag = flag&0x80; //读取液晶屏忙碌标志位 BF，即 DB7
34.           if( flag = = 0x00)  //为真表示液晶屏忙完，可以对其进行其他操作，否则需等待
35.           {    break;    }
36.      }
37. }
38. //******************************************
39. void WRDcomm( unsigned char com)      //LCD 写指令
40. {    LCDSTA();              //判断液晶屏是否忙，如果通不过，采用延时替换
41. //   delayMS(20);
42.      P0 = com;             //送命令
43.      RS = 0;              //RS RW 为 00 表示写入指令寄存器
44.      RW = 0;
45.      E = 1;               //E 控制端产生一个脉冲
46.      E = 0;
47.      delayMS(10);          //等待执行完
48. }
49. //******************************************
50. void WRData( unsigned char dat) // LCD 写数据
51. {    LCDSTA();              //判断液晶屏是否忙，如果通不过，采用延时替换
52. //   delayMS(20);
53.      P0 = dat;             //送数据
54.      RS = 1;              //RS RW 为 10 表示写入数据寄存器
55.      RW = 0;
56.      E = 1;               // E 控制端产生一个脉冲
57.      E = 0;
58.      delayMS(10);          //等待执行完
```

```
59. }
60. // * * * * * * * * * * * * * * * * * * * * * * * * * * * * * * * * * * * * * * * * *
61. void Wr_string( unsigned char * p)      // 往 LCD 上写字符串
62. {    while( * p! = '\0')
63.      {    WRData( * p);
64.           p + +;
65.           delayMS(1);
66.      }
67. }
68. // * * * * * * * * * * * * * * * * * * * * * * * * * * * * * * * * * * * * * * * * *
69. void   Display_init()        //LCD 初始化
70. {    WRDcomm(0x38);        //设置显示模式:8 位 2 行 5×7 点阵
71.      WRDcomm(0x01);        //清屏并光标复位
72.      WRDcomm(0x0c);        //开显示,禁止光标显示,光标所在位置字符不闪烁
73.      WRDcomm(0x80);        //显示第一行
74.      Wr_string( str1);
75.      WRDcomm(0xc0);        //显示第二行
76.      Wr_string( str2);
77. }
78. // * * * * * * * * * * * * * * * * * * * * * * * * * * * * * * * * * * * * * * * * *
79. void delay_18B20( unsigned int i)     //外接 12MHz 晶振
80. {    i = i * 4;                        //仿真时,应去掉;下载到 STC 单片机中时,应保留
81.      while( i − −);
82. }
83. // * * * * * * * * * * * * * * * * * * * * * * * * * * * * * * * * * * * * * * * * *
84. void Rst_18B20()          //DS18B20 复位初始化
85. {    unsigned char x = 0;
86.      DQ = 1;              //DQ 复位
87.      delay_18B20(4);      //延时
88.      DQ = 0;              //DQ 拉低
89.      delay_18B20(100);    //延时大于 480μs
90.      DQ = 1;              //拉高
91.      delay_18B20(240);
92. }
93. // * * * * * * * * * * * * * * * * * * * * * * * * * * * * * * * * * * * * * * * * *
94. uchar Rd_18b20()          //读数据
95. {    unsigned char i = 0;
96.      unsigned char dat = 0;
97.      for (i = 8; i > 0; i − −)
98.      {    DQ = 1;
99.           delay_18B20(1);      //延时
100.          DQ = 0;              //产生脉冲信号
101.          dat > > = 1;
```

```
102.          delay_18B20(1);
103.          DQ = 1;                    //给脉冲信号
104.          if(DQ) dat| = 0x80;
105.          delay_18B20(10);
106.      }
107.      return(dat);
108. }
109. //************************************************
110. void Wr_18b20(uchar wdata)         //写数据
111. {   unsigned char i = 0;
112.      for (i = 8; i > 0; i − −)
113.      {   DQ = 0;
114.          DQ = wdata&0x01;           //向总线上写位数据
115.          delay_18B20(10);           //延时 50μs 等待写完成
116.          DQ = 1;                    //恢复高电平,至少保持 1μs
117.          wdata > > = 1;             //为下次写操作准备
118.      }
119. }
120. //************************************************
121. void Disp_code()                   //读 18B20 的 ROM 编码
122. {   unsigned char i, temp;
123.      Rst_18B20();
124.      Wr_18b20(0x33);
125.      for (i = 0; i < 8; i + +)
126.      fCode[i] = Rd_18b20();
127.      WRDcomm(0x80 + 0x00);
128.      for (i = 0; i < 8; i + +)
129.      {   temp = fCode[i] > > 4;         //显示高四位
130.          if (temp < 10)    WRData(temp + 0x30);
131.          else              WRData(temp + 0x37);
132.          temp = fCode[i]&0x0F;          //显示低四位
133.          if (temp < 10)    WRData(temp + 0x30);
134.          else              WRData(temp + 0x37);
135.      }
136. }
137. //************************************************
138. uint RD_temp()                     //读取温度值并转换
139. {   uchar a, b;
140.      Rst_18B20();
141.      Wr_18b20(0xCC);                //跳过读序列号
142.      Wr_18b20(0x44);                //启动温度转换
143.      Rst_18B20();
144.      Wr_18b20(0xCC);                //跳过读序列号
```

```
145.        Wr_18b20(0xBE);                    //读取温度
146.        a = Rd_18b20();
147.        b = Rd_18b20();
148.        t = b;
149.        t < < = 8;
150.        t = t|a;
151.        if(t < 0x0FFF)
152.            flag = 0;
153.        else
154.        {   t = ~t + 1; flag = 1; }
155.        t = t * (6.25);                     //温度值扩大 100 倍, 精确到 2 位小数
156.        return(t);
157. }
158. //*********************************************
159. void T_display()                          //温度值显示
160. {   uchar flagdat;
161.        disdata[0] = t/10000 + 0x30;        //百位数
162.        disdata[1] = t%10000/1000 + 0x30;   //十位数
163.        disdata[2] = t%1000/100 + 0x30;     //个位数
164.        disdata[3] = t%100/10 + 0x30;       //小数位
165.        disdata[4] = t%10 + 0x30;           //小数位
166.        if(flag = = 0)      flagdat = 0x20; //正温度不显示符号
167.        else      flagdat = 0x2D;           //负温度显示负号: -
168.        if(disdata[0] = = 0x30)
169.        {   disdata[0] = 0x20;              //如果百位为 0, 不显示
170.            if(disdata[1] = = 0x30)
171.                disdata[1] = 0x20; }        //如果百位为 0, 十位为 0 也不显示
172.        }
173.        WRDcomm(0xC5);                      //设置显示符号的位置
174.        WRData(flagdat);                    //显示符号位
175.        WRDcomm(0xC6);                      //设置显示百位的位置
176.        WRData(disdata[0]);                 //显示百位
177.        WRDcomm(0xC7);                      //设置显示十位的位置
178.        WRData(disdata[1]);                 //显示十位
179.        WRDcomm(0xC8);                      //设置显示个位的位置
180.        WRData(disdata[2]);                 //显示个位
181.        WRDcomm(0xC9);                      //设置显示小数点的位置
182.        WRData(0x2E);                       //显示小数点
183.        WRDcomm(0xCA);                      //设置显示小数位 1 的位置
184.        WRData(disdata[3]);                 //显示小数位 1
185.        WRDcomm(0xCB);                      //设置显示小数位 2 的位置
186.        WRData(disdata[4]);                 //显示小数位 2
187.        WRDcomm(0xCC);                      //设置显示角上的点的位置
```

```
188.        WRData(0xDF);                    //显示温度的 C 在角上的点
189.        WRDcomm(0xCD);                   //设置显示"C"的位置
190.        WRData('C');                     //显示"C"
191. }
192. // * * * * * * * * * * * * * * * * * * * * * * * * * * * * * * * * * * * * * *
193. void main()                            //主程序
194. {   Display_init();                    //LCD 初始化
195.     Disp_code();                       //ROM 编码显示
196.     delayMS(15);
197.     while(1)
198.     {   RD_temp();                     //读取温度
199.         T_display();                   //显示温度
200.     }
201. }
```

第三步，调试、仿真、修改程序。

在 Proteus 软件中仿真。把 HEX 文件下载到单片机之中，单击仿真按钮，可以在 LCD 屏第一行看到该器件的 ROM 编码，第二行可以看到对应 18B20 的温度显示。读者可以调节 DS18B20 仿真器件上的"↑""↓"按钮进行调节，对应在 LCD 屏上显示的温度值也会随之变化。

在仿真编辑窗口，修改 DS18B20 器件的 ROM 值。操作方法：右击 DS18B20 器件，选中【Edit Properties】菜单，弹出如图 4 - 2 - 3 所示的对话框，修改【ROM Serial Number】栏的

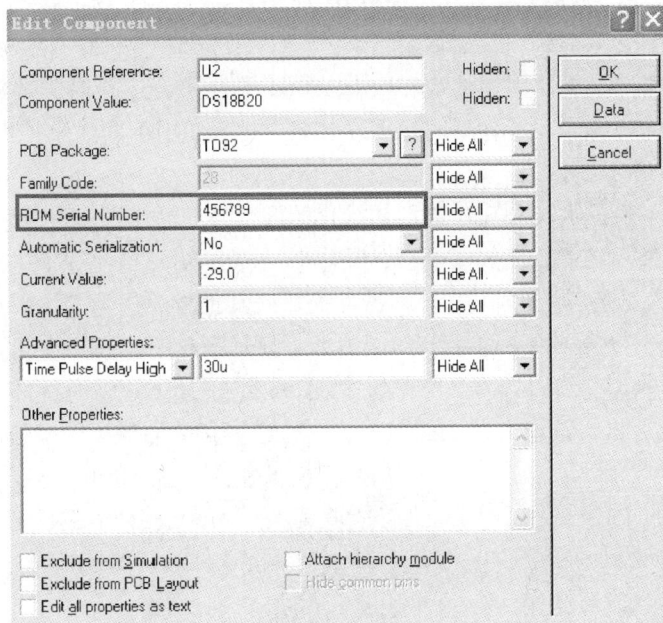

图 4 - 2 - 3　DS18B20 器件属性对话框

值，再点击【OK】按键，即可完成对器件的 ROM 值修改。再仿真时，LCD 第一行显示的
ROM 编码会随之而变。效果如图 4 - 2 - 4 所示。

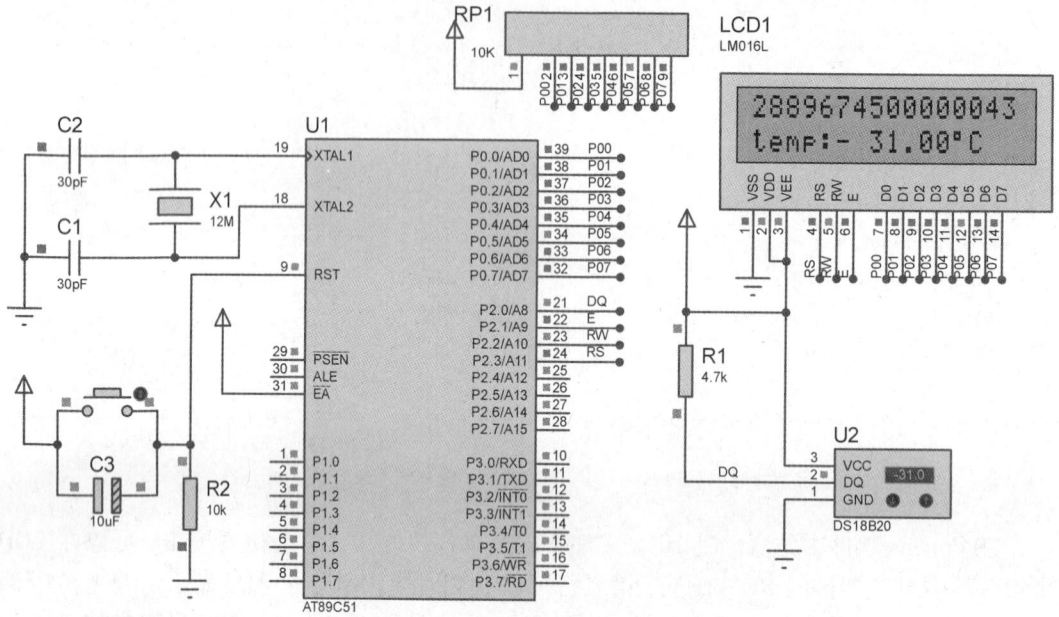

图 4 - 2 - 4　DS18B20 仿真效果图

第四步，程序分析。

（1）第 79 ~ 82 行为延时函数体，在外接 12MHz 晶振时，延时大约为 4μs。如果在
Proteus 仿真时，对 12 个时钟/机器周期的单片机如 AT89S51，第 80 行 i = i * 4 这条语句应
去掉；如果在 1 个时钟/机器周期的 STC12C5A60S2 单片机上运行时，第 80 行应保留。切
记：DS18B20 的复位、读、写操作对时序要求比较严格，使用不同的单片机时，要适当修改
延时函数。

（2）第 84 ~ 92 行是对 DS18B20 进行初始化的函数体，单片机先将总线置为低电平，并
保持最少 480μs，然后拉高，变成高电平，保持 15 ~ 60μs 后，等待从件端（DS18B20）把总
线重新拉成低电平，则初始化成功；否则器件损坏或其他故障。

（3）第 94 ~ 108 行为读取一个字节的函数体，该时序包括读"0"和"1"；单片机先将总
线置为低电平最少 1μs，然后置为高电平最少 1μs，等待 15μs，以便从件 DS18B20 能将数
据送到总线上，单片机再读取总线上的数据，并延时 45μs，完成读的操作。

（4）第 110 ~ 119 行为写入一个字节的函数体，该时序包括写"0"和"1"；单片机先将总
线置为低电平延时（写"0"要 15μs 以上，写"1"为 1 ~ 15μs），然后将要写的"0"或"1"以串
行方式一位一位地送到总线，并保持 15 ~ 45μs，等待从件端（DS18B20）采样，最后单片机
置总线为高电平，完成写操作。

（5）第 121 ~ 136 行为读取 DS18B20 器件 ROM 编码的函数体，每个器件对应的编码不
同。对应的时序请读者查阅 18B20 的英文或中文数据手册。

（6）第 138~157 行为读取温度函数体，第 173~190 行程序在 LCD 屏的第二行上显示温度值。

第五步，在实训板上实现温度在 LCD 上显示。

（1）在实训板上找到 DS18B20 接口 J30，用杜邦线连至单片机 P2.0 脚。

（2）单片机 P0 口与 LCD 的连线已在 PCB 板上布好线，故不需再用杜邦线相连。

需要注意的是，若采用 STC12C5A60S2 单片机，则第 80 行 i = i * 4 这条语句要保留。如正常，则显示效果和仿真是一样的：第一行显示 ROM 编码，第二行显示温度。

任务 2　多点温度传感系统设计与制作

任务描述： 在 Proteus 软件和单片机实训板上，采用 2 个温度传感器 DS18B20，实现多点环境温度测量，并在 LCD 上显示。

第一步，得到两个 DS18B20 的 ROM 编码。

在任务 1 仿真图的基础上，增加 1 个 DS18B20 器件。

（1）先将第 1 个 DS18B20 的第 2 脚接到单片机的 P2.0 引脚上，修改其 ROM 编码为 "B8C531"；再利用任务 1 的程序，读出第 1 个 DS18B20 的全部 ROM 编码，并记录下来。

（2）断开第 1 个 DS18B20，把第 2 个 DS18B20 的第 2 脚接到单片机的 P2.0 引脚上，修改其 ROM 编码为 "B8C532"；再利用任务 1 的程序，读出第 2 个 DS18B20 的全部 ROM 编码，并记录下来。

（3）将两个 DS18B20 的第 2 脚并联，接到单片机的 P2.0 引脚上，组成两点单总线系统，如图 4-2-5 所示。

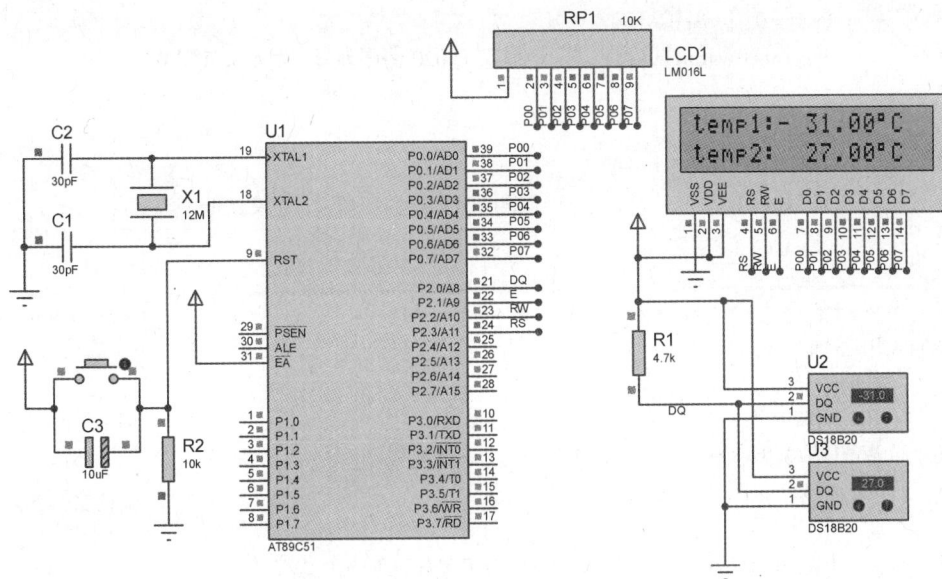

图 4-2-5　两个 DS18B20 显示效果图

第二步，编写程序。

```
1. #include < reg51. h >
2. #define uchar unsigned char
3. #define uint unsigned int
4. sbit DQ = P2^0;                    //DS18B20 与单片机连接口
5. sbit RS = P2^3;
6. sbit RW = P2^2;
7. sbit E = P2^1;
8. unsigned char code str1[ ] = {"temp1:           "};
9. unsigned char code str2[ ] = {"temp2:           "};
10. uchar code string1[ ] = {0x28, 0x31, 0xc5, 0xb8, 0x00, 0x00, 0x00, 0xb9}; //第 1 个 18B20 的
ROM 值
11. uchar code string2[ ] = {0x28, 0x32, 0xc5, 0xb8, 0x00, 0x00, 0x00, 0xe0}; //第 2 个 18B20 的
ROM 值
12. uchar data disdata[6];
13. uchar fCode[8];
14. uint t;                          //温度值
15. uchar flag;                      //温度正负标志
16. //……插入任务 1 中的 LCD 有关的函数，包括延时、LCD 判忙、LCD 写指令、写数据、写字符串
17. //……插入任务 1 中的 18B20 有关的函数，包括延时、复位、读数据、写数据
18. // * * * * * * * * * * * * * * * * * * * * * * * * * * * * * * * * * * * * * * * * * * * *
19. void b20_Matchrom( uchar a)       //匹配 ROM
20. {   char j;
21.     Wr_18b20(0x55);               //发送匹配 ROM 命令
22.     if(a = =1)
23.     {   for(j =0; j <8; j + +)
24.         Wr_18b20( string1[j]);    //发送 18B20 的序列号，先发送低字节
25.     }
26.     if(a = =2)
27.     {   for(j =0; j <8; j + +)
28.         Wr_18b20( string2[j]);    //发送 18B20 的序列号，先发送低字节
29.     }
30. }
31. // * * * * * * * * * * * * * * * * * * * * * * * * * * * * * * * * * * * * * * * * * * * *
32. uint RD_temp( uchar z)            //读取温度值并转换
33. {   uchar a, b;
34.     Rst_18B20();
35.     Wr_18b20(0xcc);               //跳过读序列号
36.     Rst_18B20();
37.     if(z = =1)
38.     {   b20_Matchrom(1); }        //匹配 ROM1
39.     if(z = =2)
40.     {   b20_Matchrom(2); }        //匹配 ROM2
```

```
41.      Wr_18b20(0x44);                      //启动温度转换
42.      delay_18B20(10);
43.      Rst_18B20();
44.      Wr_18b20(0xcc);                       //跳过读序列号
45.      Rst_18B20();
46.      if(z==1)
47.        {   b20_Matchrom(1);}               //匹配 ROM1
48.      if(z==2)
49.        {   b20_Matchrom(2);}               //匹配 ROM2
50.      Wr_18b20(0xbe);                       //读取温度
51.      a=Rd_18b20();
52.      b=Rd_18b20();
53.      t=b;
54.      t<<=8;
55.      t=t|a;
56.      if(t<0x0FFF)
57.          flag=0;
58.      else
59.        {   t=~t+1;flag=1;}
60.      t=t*(6.25);                           //温度值扩大100倍,精确到2位小数
61.      return(t);
62. }
63. // ***************************************************
64. void T_display(uchar z)                    //温度值显示
65. {   uchar flagdat;
66.      disdata[0]=t/10000+0x30;              //百位数
67.      disdata[1]=t%10000/1000+0x30;         //十位数
68.      disdata[2]=t%1000/100+0x30;           //个位数
69.      disdata[3]=t%100/10+0x30;             //小数位
70.      disdata[4]=t%10+0x30;                 //小数位
71.      if(flag==0)
72.          flagdat=0x20;                     //正温度不显示符号
73.      else
74.          flagdat=0x2d;                     //负温度显示负号: -
75.      if(disdata[0]==0x30)
76.        {   disdata[0]=0x20;                //如果百位为0,不显示
77.            if(disdata[1]==0x30)
78.                disdata[1]=0x20;            //如果百位为0,十位为0也不显示
79.        }
80.      if(z==1)
81.        {   WRDcomm(0x86);
82.            WRData(flagdat);                 //显示符号位
83.            WRDcomm(0x87);
84.            WRData(disdata[0]);              //显示百位
85.            WRDcomm(0x88);
```

```
86.            WRData(disdata[1]);          //显示十位
87.            WRDcomm(0x89);
88.            WRData(disdata[2]);          //显示个位
89.            WRDcomm(0x8a);
90.            WRData(0x2e);                //显示小数点
91.            WRDcomm(0x8b);
92.            WRData(disdata[3]);          //显示小数位 1
93.            WRDcomm(0x8c);
94.            WRData(disdata[4]);          //显示小数位 2
95.            WRDcomm(0x8d);
96.            WRData(0xdf);                //显示温度的 C 在角上的点
97.            delay_18B20(10);
98.            WRDcomm(0x8e);
99.            WRData('C');                 //显示"C"
100.        }
101.    if(z = =2)
102.        {   WRDcomm(0xc6);
103.            WRData(flagdat);            //显示符号位
104.            WRDcomm(0xc7);
105.            WRData(disdata[0]);          //显示百位
106.            WRDcomm(0xc8);
107.            WRData(disdata[1]);          //显示十位
108.            WRDcomm(0xc9);
109.            WRData(disdata[2]);          //显示个位
110.            WRDcomm(0xca);
111.            WRData(0x2e);                //显示小数点
112.            WRDcomm(0xcb);
113.            WRData(disdata[3]);          //显示小数位 1
114.            WRDcomm(0xcc);
115.            WRData(disdata[4]);          //显示小数位 2
116.            WRDcomm(0xcd);
117.            WRData(0xdf);                //显示温度的 C 在角上的点
118.            delay_18B20(10);
119.            WRDcomm(0xce);
120.            WRData('C');                 //显示"C"
121.        }
122.    }
123.// ************************************************
124. void main()                            //主程序
125. {   Display_init();                     //初始化显示
126.     delay(15);
127.     while(1)
128.     {   RD_temp(1);                     //读取温度
129.         T_display(1);                   //显示
130.         RD_temp(2);                     //读取温度
```

```
131.            T_display(2);                     //显示
132.        }
133. }
```

第三步，配置工程，编译程序，调试、仿真程序。

在 Proteus 软件中仿真程序。把 HEX 文件下载到单片机之中，单击仿真按钮，可以在 LCD 屏第一行看到第一个器件对应的温度，第二行看到第二个器件对应的温度，效果如图 4-2-5 所示。

第四步，程序分析。

(1)第 10 行和第 11 行的字符串为两个 DS18B20 的 ROM 编码，这两个编码是通过任务 1 中的程序读出来。因为每个器件的 ROM 编码不一样，所以在做多点测温的时候，需要把每个器件的编码一个一个地读出来，并记录下来。

(2)第 16 行处省略了 LCD 有关的函数；同样第 17 行省略了 18B20 有关的函数。

(3)第 19 至第 30 行为匹配器件 ROM 函数，用于选中已知的器件，其他与任务 1 相类似。

第五步，在实训板的 LCD 屏上实现两点的温度显示。

(1)第 10 行和第 11 行 ROM 编码要和实训板上器件匹配，方法是利用本项目的任务 1 程序读出两个 DS18B20 的 ROM 编码；然后把这两个 ROM 编码填入到第 10 行和 11 行的数组中。

(2)若采用 STC12C5A60S2 单片机，则 delay_18B20 函数中 i = i * 4 这条语句要保留；若采用 AT89S51 单片机，则这条语句要去掉。

(3)按照图 4-2-5 所示的连接方式接好线，下载程序到单片机中。如正常，LCD 显示和仿真是一样的。

四、思考与分析

(1)DS18B20 初始化包括哪几个环节？对时序有什么要求？如何对它进行初始化？

(2)当检测到某个温度值时，实训板要实现报警功能，程序和硬件该如何改？

(3)采用多文件的编程方式，修改任务 2 的程序。

五、知识链接

4.2　DS18B20 数字传感器

DS18B20 是 DALLAS 公司生产的单总线式数字温度传感器，具有 3 引脚 TO-92 小体积封装形式；温度测量范围为 -55 ~ +125℃，可编程为 9 ~ 12 位 A/D 转换精度，测温分辨率可达 0.0625℃，被测温度用符号扩展的 16 位数字量方式串行输出；其工作电源既可在远端引入，也可采用寄生电源方式产生；多个 DS18B20 可以并联在一起，CPU 只需一根端口线就能与诸多 DS18B20 通信，占用微处理器的端口较少，可节省大量的引线和逻辑电路。以上特点使 DS18B20 非常适用于远距离多点温度检测系统。

DS18B20 的引脚排列见图 4 - 2 - 6，其引脚功能如下：

◆GND：地信号。

◆DQ：数字输入/输出引脚，开漏单总线接口引脚，当使用寄生电源时，可向 DS18B20 提供电源。

◆VDD：可选择的 VDD 引脚，当工作于寄生电源时，该引脚必须接地。

图 4 - 2 - 6 DS18B20 引脚图

4.2.1 DS18B20 测温原理

DS18B20 的核心功能是全数字温度转换及输出。温度传感器的精度为用户可编程的 9 ~ 12 位，分别以 0.5℃，0.25℃，0.125℃ 和 0.0625℃ 增量递增。在上电状态下默认的精度为 12 位。DS18B20 启动后保持低功耗等待状态，当需要执行温度测量和 A/D 转换时，总线控制器必须发出[44h]命令；之后，测量的温度数据以两个字节的形式被存储到高速暂存器的温度寄存器中。

现以 12 位精度转化为例进行分析。当接收到温度转换命令时，开始转换，转换后的温度值用 16 位符号扩展的二进制补码读数形式存放，以 0.0625℃/LSB 形式表达，DS18B20 温度值存放在 2 个字节 RAM 中，如表 4 - 2 - 2 所示。二进制中的高 5 位(bit12 ~ bit15)是符号位，用 S 表示，如果测得温度大于 0，则 S 位为 0，此时只要将测到的数值(bit0 ~ bit10)乘以 0.0625 即可得到实际温度值；如果测得温度小于 0，这 5 个 S 位为 1，测到的数值需要取反加 1 再乘以 0.0625 才可得到实际温度。部分温度对照表如表 4 - 2 - 3 所示。

表 4 - 2 - 2 温度寄存器格式存放表

LS Byte	bit7	bit6	bit5	bit4	bit3	bit2	bit1	bit0
	2^3	2^2	2^1	2^0	2^{-1}	2^{-2}	2^{-3}	2^{-4}
MS Byte	bit15	bit14	bit13	bit12	bit11	bit10	bit9	bit8
	S	S	S	S	S	2^6	2^5	2^4

表 4 - 2 - 3 温度/数据关系表

温度/℃	数据输出(二进制)	数据输出(十六进制)
+ 125	0000 0111 1101 0000	07D0H
+ 85	0000 0101 0101 0000	0550H
+ 25.0625	0000 0001 1001 0001	0191H
+ 10.125	0000 0000 1010 0010	00A2H
+ 0.5	0000 0000 0000 1000	0008H

续表 4 – 2 – 3

温度/℃	数据输出(二进制)	数据输出(十六进制)
0	0000 0000 0000 0000	0000H
– 0.5	1111 1111 1111 1000	FFF8H
– 10.125	1111 1111 0101 1110	FF5EH
– 25.0625	1111 1110 0110 1111	FE6EH
– 55	1111 1100 1001 0000	FC90H

4.2.2 DS18B20 的控制命令

根据 DS18B20 的通信协议,单片机控制 DS18B20 完成温度转换必须经过以下四个步骤:①初始化 DS18B20(发送复位脉冲);②传送 ROM 指令;③传送存储器操作指令;④交换数据。表 4 – 2 – 4 列出了常用的控制指令。

表 4 – 2 – 4 DS18B20 的控制指令

指令	协议	功　　能
读 ROM	33H	当挂接在总线上的 1 – Wire 总线器件接收到此命令时,会在主机读操作的配合下将自身的 ROM 编码按由低位到高位的顺序依次发送给主机。总线上挂接有多个 DS18B20 时,此命令会使所有器件同时向主机传送自身的 ROM 编码,这将导致数据的冲突
匹配 ROM	55H	主机在发送完此命令后,必须紧接着发送一个 64bit 的 ROM 编码,与此 ROM 编码匹配的从器件会响应主机的后续命令,而其他从器件则处于等待状态。该命令主要用于选择总线上的特定器件进行访问
查找 ROM	F0H	当主机不知道总线上器件的 ROM 编码时,可以使用此命令并配合特定的算法查找出总线上从器件的数量和各个从器件的 ROM 编码
跳过 ROM	CCH	发送此命令后,主机不必提供 ROM 编码即可对从器件进行访问。与读 ROM 命令类似,该命令同样只适用于单节点的 1 – Wire 总线系统,当总线上有多个器件挂接时会引起数据的冲突
报警查找	ECH	此命令用于查找总线上满足报警条件的 DS18B20,通过报警查找命令并配合特定的查找算法,可以查找出总线上满足报警条件的器件数目和各个器件的 ROM 编码
启动温度转换	44H	启动 DS18B20 进行温度转换,转换时间最长为 500ms(典型为 200ms),结果写入内部 9 字节 RAM 中
读暂存器	BEH	读内部 RAM 中 9 字节的内容
写暂存器	4EH	发出向内部 RAM 的第 3、4 字节写上、下温度数据命令,紧跟该温度命令之后,传送两字节的数据
复制暂存器	48H	将 RAM 中第 3、4 字节内容复制到 E^2PROM 中
重调 E^2PROM	B8H	将 E^2PROM 中内容恢复到 RAM 中的第 3、4 字节
读供电方式	B4H	读 DS18B20 的供电模式,寄生供电时 DS18B20 发送"0",外部供电时 DS18B20 发送"1"

4.2.3　单总线操作

DS18B20 是采用 1 – Wire Bus（单总线）协议进行数据转输的，协议规定所有的时序都是以主机作为主设备，单总线上的器件作为从设备，每一次命令和数据的传输都是由主机启动写时序。如果要求从设备回送数据给主机，那么主机发送写命令后，应启动读时序，读取从设备中的数据。数据和命令都是以低位在前、高位在后的串行方式进行传输的。

DS18B20 的操作时序主要有：初始化、写数据字节和读数据字节。必须严格遵守器件的操作时序，即保证高低电平持续的时间等于或非常接近于规定的时序。需要特别注意的是：采用不同的晶振或单片机，上述延时程序需要按照 DS18B20 的时序进行调整。下面分析主要的操作时序，更详细的说明可以查阅 DS18B20 的数据手册。

1. 初始化操作

DS18B20 初始化时序如图 4 – 2 – 7 所示，单片机先将总线置为低电平，并保持最少 480 μs，然后拉高，变成高电平，保持 15~60 μs 后，等待从件端（DS18B20）把总线重新拉成低电平，则完成初始化操作；否则器件损坏或其他故障。

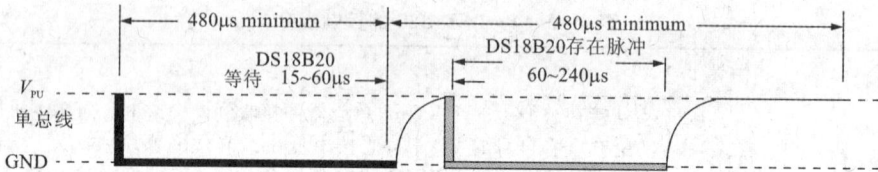

图 4 – 2 – 7　DS18B20 初始化时序

2. 写操作

DS18B20 写数据字节时序如图 4 – 2 – 8 所示。该时序包括写"0"和"1"；单片机先将总线置为低电平，并延时（写"0"要 15 μs 以上，写"1"为 1~15 μs），然后将要写的"0"或"1"以串行方式送一位至总线，并保持 15~45 μs 的电平状态，等待从件端（DS18B20）采样，最后单片机置总线为高电平，完成写操作。注意写完一位后，再写下位之前最少要保持 1 μs 的恢复时间。

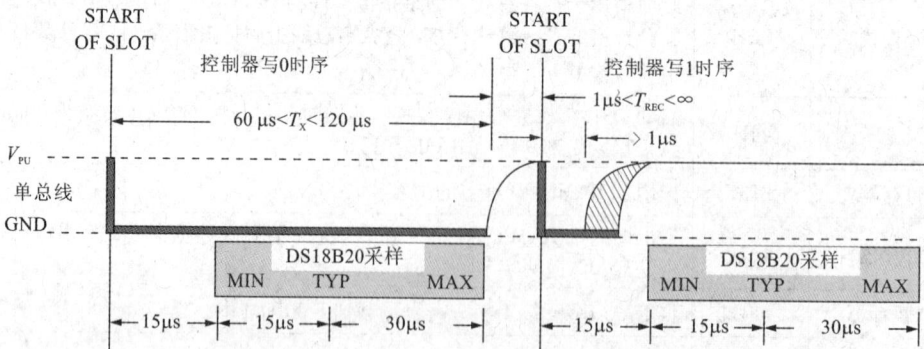

图 4 – 2 – 8　DS18B20 写时序

3. 读操作

DS18B20 读数据字节时序如图 4-2-9 所示。该时序包括读"0"和"1"；单片机先将总线置为低电平最少 1 μs，然后置为高电平最少 1 μs，接着等待 15 μs，以便从件（DS18B20）能将数据送到总线上，单片机再读取总线上的数据，并延时 45 μs，完成读操作。同样，要保持 1 μs 的恢复时间后，才能读取下一个数据。

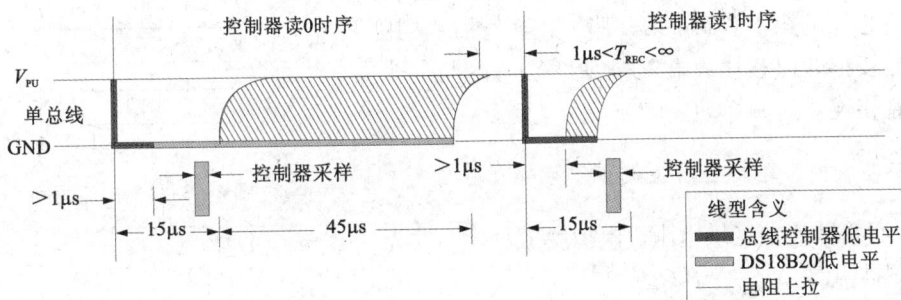

图 4-2-9　DS18B20 读时序

【训练项目 4-3】　光热敏传感系统设计与制作

一、项目要求

在单片机实训板上，采用光敏电阻、热敏电阻、数码管、PCF8591 等器件组成光热敏传感系统，根据环境的亮度，模拟路灯控制系统；并对环境温度进行检测，在数码管上显示环境的温度值。

二、项目实训仪器、设备及实训材料

表 4-3-1　主要实训仪器和实训材料一览表

工具、设备和耗材	数量	工具、设备和耗材	数量	工具、设备和耗材	数量
电脑	1 台	51 单片机下载线/USB 线	1 根	杜邦导线	若干
Keil μVision4	1 套	晶振 12M	1 只	AT89S51/STC12C5A60S2	1 片
Proteus 7.5 软件	1 套	单片机实训板	1 块	稳压电源	1 台

三、项目实施过程及其步骤

任务 1　模拟路灯控制系统

任务描述：在单片机实训板上，采用光敏电阻（阻值为 10 kΩ）、非门、发光二极管等器件，模拟路灯控制系统，当环境较暗时（用物体遮挡光敏电阻），发光二极管亮；当环境较亮时（用灯光照射光敏电阻），发光二极管灭。

第一步，在实训板上连接对应模块电路。

在单片机实训板上，用一根杜邦导线把 J19 的第 1 脚与非门芯片的第 1 脚（J8 第 6 脚）相连，然后再用一根杜邦导线把非门芯片的第 2 脚（J9 第 1 脚）与一个发光二极管相连。

第二步，模拟路灯自动控制。

（1）用物体遮挡光敏电阻，模拟晚上环境，发光二极管立刻被点亮。

（2）用灯光照射光敏电阻，模拟白天环境，发光二极管立刻熄灭。

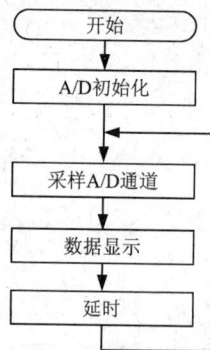

图 4 - 3 - 1　主流程图

任务 2　热敏传感系统设计与制作

任务描述： 在单片机实训板上，利用热敏电阻（阻值为 10 kΩ）对外界环境温度进行采集，并通过带 I^2C 接口 PCF8591 芯片将采集的模拟量转换为数字量，经单片机处理之后，在数码管上显示环境温度的变化情况。

第一步，在实训板上连接对应模块电路。

（1）在实训板上，用杜邦导线将单片机 P0 口连至数码管数据口 J3。

（2）P2.0 和 P2.1 分别接 J33 的 1 脚和 2 脚。

（3）P2.2、P2.3 和 P2.4 分别接 J1 的 1、2 和 3 脚。

（4）J19 的 2 脚接 J32 的 2 脚。

第二步，根据图 4 - 3 - 2 所示程序流程图，编写程序。

```
1.  #include  < reg51. h >
2.  #include  < intrins. h >
3.  bit ack;                                           //应答标志位
4.  sbit SDA = P2^1;
5.  sbit SCL = P2^0;
6.  sbit P2_2 = P2^2;
7.  sbit P2_3 = P2^3;
8.  sbit P2_4 = P2^4;
9.  unsigned char code led_code[ ] = {0xC0,0xF9,0xA4,0xB0,0x99,0x92,0x82,0xD8,0x80,0x90};
10.  unsigned char led_reg[3] = {0,0,0};
11.  unsigned int code vt_table[ ] =                   //A/D 转换的电压与温度对照表
     {  4107,4074,4039,4003,3967,3929,3890,            // -10℃到50℃对应的电压值
```

```
        3851,3810,3768,3726,3682,3637,3592,
        3545,3498,3450,3401,3351,3301,3250,
        3199,3147,3094,3041,2988,2934,2880,
        2825,2771,2716,2662,2607,2553,2498,
        2444,2391,2338,2286,2234,2183,2131,
        2081,2031,1981,1932,1884,1836,1789,
        1743,1698,1653,1609,1566,1523,1482,
        1441,1401,1362,1324,1287
```

12. };
13. unsigned char ReadADC(unsigned char Chl);
14. //**
15. void I2c_Start( )   //启动总线
16. {　　SDA = 1;   //发送起始条件的数据信号
17. 　　_nop_( );
18. 　　SCL = 1;
19. 　　_nop_( ); _nop_( ); _nop_( ); _nop_( ); _nop_( );   //起始条件建立时间大于4.7μs，延时
20. 　　SDA = 0;   //发送起始信号
21. 　　_nop_( ); _nop_( ); _nop_( ); _nop_( ); _nop_( );   //起始条件锁定时间大于4μs
22. 　　SCL = 0;   //钳住 I^2C 总线，准备发送或接收数据
23. 　　_nop_( ); _nop_( );
24. }
25. //**
26. void I2c_Stop( )   //结束总线
27. {　　SDA = 0;   //发送结束条件的数据信号
28. 　　_nop_( );   //发送结束条件的时钟信号
29. 　　SCL = 1;   //结束条件建立时间大于4μs
30. 　　_nop_( ); _nop_( ); _nop_( ); _nop_( ); _nop_( );
31. 　　SDA = 1;   //发送 I^2C 总线结束信号
32. 　　_nop_( ); _nop_( ); _nop_( ); _nop_( );
33. }
34. //**
35. void WriteByte(unsigned char c)   //数据传送函数
36. {　　unsigned char a;
37. 　　for(a = 0; a < 8; a + +)   //要传送的数据长度为8位
38. 　　{　　if((c < < a)&0x80)SDA = 1;   //判断发送位
39. 　　　　else SDA = 0;
40. 　　　　_nop_( );
41. 　　　　SCL = 1;   //置时钟线为高，通知被控器开始接收数据位
42. 　　　　_nop_( ); _nop_( ); _nop_( ); _nop_( ); _nop_( );   //保证时钟高电平周期大于4μs
43. 　　　　SCL = 0;
44. 　　}
45. 　　_nop_( ); _nop_( );
46. 　　SDA = 1;   //8位发送完后释放数据线，准备接收应答位
```
```

```
47.     _nop_( ); _nop_( );
48.     SCL = 1;
49.     _nop_( ); _nop_( );
50.     _nop_( );
51.     if(SDA = = 1)ack = 0;
52.     else ack = 1;                                          //判断是否接收到应答信号
53.     SCL = 0;
54.     _nop_( ); _nop_( );
55. }
56. // * * * * * * * * * * * * * * * * * * * * * * * * * * * * * * * * * * * * * * * * * *
57. unsigned char ReadByte( )                                 //数据接收函数
58. {   unsigned char retc;
59.     unsigned char a;
60.     retc = 0;
61.     SDA = 1;                                               //置数据线为输入方式
62.     for(a = 0; a < 8; a + + )
63.     {   _nop_( );
64.         SCL = 0;                                           //置时钟线为低，准备接收数据位
65.         _nop_( ); _nop_( ); _nop_( ); _nop_( ); _nop_( );  //时钟低电平周期大于 4.7μs
66.         SCL = 1;                                           //置时钟线为高使数据线上数据有效
67.         _nop_( ); _nop_( );
68.         retc = retc < < 1;
69.         if(SDA = = 1)retc = retc + 1;                      //读数据位，接收的数据位放入 retc 中
70.         _nop_( ); _nop_( );
71.     }
72.     SCL = 0;
73.     _nop_( ); _nop_( );
74.     return(retc);
75. }
76. // * * * * * * * * * * * * * * * * * * * * * * * * * * * * * * * * * * * * * * * * * *
77. void NoAck(void)                                          //非应答子函数
78. {   SDA = 1;
79.     _nop_( ); _nop_( ); _nop_( );
80.     SCL = 1;
81.     _nop_( ); _nop_( ); _nop_( ); _nop_( ); _nop_( ); _nop_( );
                                                              //保证时钟高电平周期大于 4μs
82.     SCL = 0;
83.     _nop_( ); _nop_( );
84. }
85. // * * * * * * * * * * * * * * * * * * * * * * * * * * * * * * * * * * * * * * * * * *
86. void led_show( )
87. {   static unsigned char led_shift = 0x00;                //定义静态变量
88.     P2 = 0xFF;                                             //关闭数码管控制端口
```

```
89.      P0 = led_reg[led_shift];                    //把字符代码送到 P0 端口
90.      switch(led_shift)                           //选择数码管控制位
91.      {   case 0: P2_2 = 0; break;                //控制左 1 数码管
92.          case 1: P2_3 = 0; break;                //控制左 2 数码管
93.          case 2: P2_4 = 0; break;                //控制左 3 数码管
94.          default: break;
95.      }
96.      led_shift ++;                               //数码管控制变量自加
97.      if(led_shift == 0x03)                       //判断是否扫描完一轮
98.          led_shift = 0x00;                       //归零进行下一轮扫描
99.  }
100. // * * * * * * * * * * * * * * * * * * * * * * * * * * * * * * * * * * * * * * * * * * *
101. void Init_Timer0(void)                          //定时器初始化函数
102. {   TMOD |= 0x01;
103.     EA = 1;                                      //总中断打开
104.     ET0 = 1;                                     //定时器中断打开
105.     TR0 = 1;                                     //定时器开关打开
106. }
107. // * * * * * * * * * * * * * * * * * * * * * * * * * * * * * * * * * * * * * * * * * * *
108. void Timer0 (void) interrupt 1                  //定时器中断函数
109. {   TH0 = (65536 - 2000)/256;                    //重新赋值 2ms
110.     TL0 = (65536 - 2000)%256;
111.     led_show();
112. }
113. // * * * * * * * * * * * * * * * * * * * * * * * * * * * * * * * * * * * * * * * * * * *
114. main()                                          //主程序
115. {   unsigned int b, num = 0;
116.     unsigned char i, temp;
117.     Init_Timer0();
118.     while (1)                                    //主循环
119.     {   num = ReadADC(3);                        //调用读取数字量函数
120.         num = num * 19;
121.         for(i = 0; i < 61; i ++)
122.         {   if(num >= vt_table[i])
123.             {   temp = i;
124.                 if(i < 10)
125.                 {   temp = 10 - temp;            //如果 i = 0, 表示 - 10
126.                     led_reg[0] = 0xBF;           //'-'号
127.                 }
128.                 else
129.                 {   temp - = 10;                 //如果大于或等于 10 表明正温度
130.                     led_reg[0] = 0xFF;           //符号位显示空
131.                 }
```

```
132.              break；                        //检测到即跳出循环，否则继续循环
133.          }
134.       }
135.     led_reg[1] = led_code[temp/10]；        //显示 2 位数温度值
136.     led_reg[2] = led_code[temp%10]；
137.     for(b = 0; b < 3000; b + +)；          //延时防止采集频率过快
138.     }
139. }
140. // * * * * * * * * * * * * * * * * * * * * * * * * * * * * * * * * * * * * * * * * * * *
141. unsigned char ReadADC(unsigned char Chl)   //读取 PCF8591 转换后的数字量
142. {   unsigned char Val；
143.     I2c_Start()；                          //启动总线
144.     WriteByte(0x90)；                       //发送器件地址
145.     if(ack = =0) return(0)；
146.     WriteByte(0x40|Chl)；                   //发送控制字节
147.     if(ack = =0) return(0)；
148.     I2c_Start()；
149.     WriteByte(0x91)；
150.     if(ack = =0) return(0)；
151.     Val = ReadByte()；
152.     NoAck()；                               //发送非应位
153.     I2c_Stop()；                            //结束总线
154.     return(Val)；
155. }
```

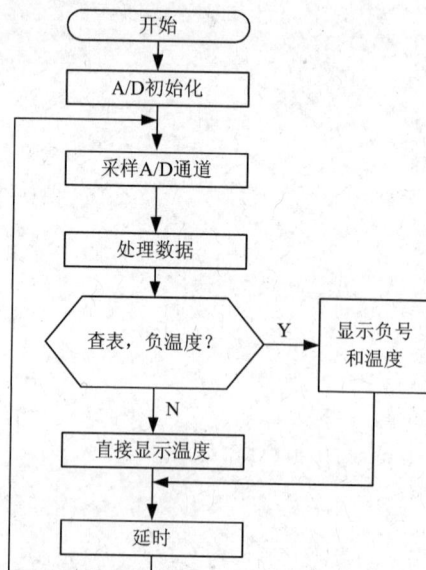

图 4 - 3 - 2 主程序流程图

第三步，在单片机实训板上调试程序。

下载程序之后，数码管上会显示环境的温度值，当温度变化时，对应的数值也会随之变化。

第四步，程序分析。

（1）第 119 行为调用读取 PCF8591 转换后的数字量函数，num 为 0 至 255 的数。

（2）第 11 行数组 vt_table[ ]内的数为负 10℃至正 50℃对应的电压值，电压单位为毫伏。如果要测量更大范围温度，可参考 10 kΩ 热敏电阻温度与阻值对应表，计算出温度与热敏电阻两端电压值对应关系，存入该数组内。

（3）第 120 行乘以 19 是因为 A/D 转换器为 8 位，参考电压为 5V，变量 num 每一个刻度代表 19mV（5V/28 = 0.019V）。

（4）第 122 至第 134 行为转换之后电压值 num 与数组内的值进行比较，判断温度的正负，以及计算对应的温度值。

（5）第 142 至第 154 行为读取存于 PCF8591 内 A/D 转换之后的值。其格式可参考表 4 - 3 - 3，先发送器件地址（第 144 行），接着（第 146 行）发送第二个字节，也就是控制字节（可参考表 4 - 3 - 5），再（第 149 行）发送第三个字节进行读操作，最后（第 151 行）读出一个字节数据。

四、思考与分析

（1）在最亮和最暗时，测量出光敏电阻两端的电压值分别是多少？并分析阻值随着亮度的变化规律。

（2）采用单片机实训板上的 PCF8591 模数转换电路，实现对电位器 W4 的直流电压采集，并在数码管上显示。

五、知识链接

4.3　光热敏传感器

4.3.1　光敏电阻工作原理

光敏电阻是利用半导体的光电效应制成的一种电阻，其值随着入射光的强弱而改变，当入射光强时，电阻减小；当入射光弱时，电阻增大。其结构如图 4 - 3 - 3 所示，有 10 kΩ、20 kΩ 等不同大小的阻值。

光敏电阻属半导体光敏器件，除具灵敏度高、反应速度快、光谱特性及 r 值一致性好等特点外，在高温、多湿的恶劣环境下，还能保持高度的稳定性和可靠性。因此，可广泛应用于照相机、光声控开关、路灯自动开关等控制领域。

【例 4 - 1】　采用光敏电阻和集成运放 LM324，设计一个光照强度可调的传感器。

如图 4 - 3 - 4 所示，当光照强度变化的时候光敏电阻的阻值也跟着变化，从而使 LM324 的第 3 脚输入电压变化。当 LM324 的第 3 脚电压大于第 2 脚电压时，LM324 的第 1 脚输出高电平；当 LM324 的第 3 脚电压小于第 2 脚电压时，LM324 的第 1 脚输出低电平。

由于 LM324 的第 2 脚电压可以通过 R_2 电阻进行调节，所以该电路可以根据项目需要调整光照强度的动作阀值。

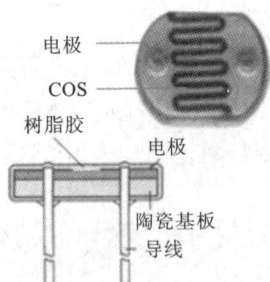

图 4-3-3　光敏电阻的结构

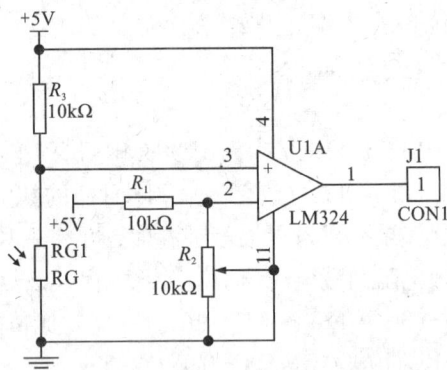

图 4-3-4　光照强度可调的传感器电路

4.3.2　热敏电阻工作原理

热敏电阻器的特点是对温度敏感，不同的温度下表现出不同的电阻值。按照温度系数不同分为正温度系数热敏电阻器（PTC）和负温度系数热敏电阻器（NTC），正温度系数热敏电阻器（PTC）在温度越高时电阻值越大，负温度系数热敏电阻器（NTC）在温度越高时电阻值越低，它们同属于半导体器件。单片机实训板中采用负温度系数热敏电阻器（NTC）。

热敏电阻有 5 kΩ、10 kΩ、20 kΩ、50 kΩ、100 kΩ 等不同大小的阻值，有树脂黑头、玻璃等不同封装形式，实物如图 4-3-5 所示。

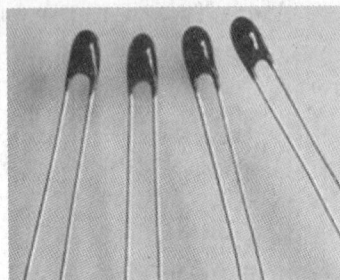

（a）树脂黑头封装的热敏电阻　　　　　　　（b）玻璃封装的热敏电阻

图 4-3-5　热敏电阻实物图

由于热敏电阻的阻值与温度的关系是非线性的，所以一般采用查表法计算温度值，程序的第 11 行定义了 vt_table[ ] 数组，用于存放 AD 转换的电压值与温度对照表。

4.4　PCF8591 介绍

PCF8591 是 8 位的 A/D 和 D/A 转换器，具有 4 个模拟输入、1 个模拟输出和 1 个串行 I²C 总线接口。PCF8591 的 3 个地址引脚 A0、A1 和 A2 可用于硬件地址编程，允许在同个 I²C 总线上接入 8 个 PCF8591 器件，其引脚图如图 4-3-6 所示。

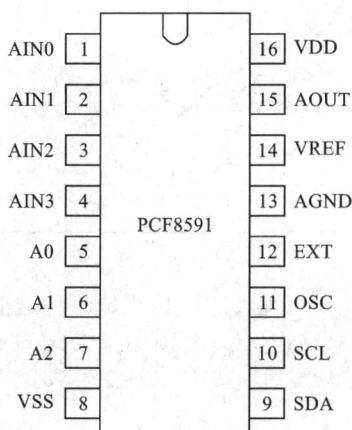

图 4 - 3 - 6　PCF8591 引脚图

◆ANI0 ~ ANI3：模拟信号输入端，不用的输入端应接地。

◆A0 ~ A2：地址输入端。

◆VSS、VDD：地和电源端（ +5V）。

◆SDA：为 I^2C 数据输入与输出端。

◆SCL：为 I^2C 时钟输入端。

◆EXT：内外部时钟选择端，使用内部时钟时接地，使用外部时钟时接 +5V。

◆OSC：外部时钟输入、内部时钟输出端，不用时应悬空。

◆AGND：模拟信号地。

◆VREF：基准电压输入端。

◆AOUT：D/A 转换后的电压输出端。

4.4.1　通信格式与功能

PCF8591 是基于 I^2C 总线通信的器件，向 PCF8591 写入数据的通信格式如表 4 - 3 - 2 所示，从 PCF8591 读数据通信格式如表 4 - 3 - 3 所示。

表 4 - 3 - 2　向 PCF8591 写入数据通信格式

第一字节	第二字节	第三字节
写入器件地址（90H）	写入控制字节	要写入的数据
向 PCF8591 写入格式（高位在前）		

表 4 - 3 - 3　从 PCF8591 读数据通信格式

第一字节	第二字节	第三字节	第四字节
写入器件地址（90H 写）	写入控制字节	写入器件地址（91H 读）	读出一字节数据
从 PCF8591 读数据格式（高位在前）			

在表 4 - 3 - 2 和表 4 - 3 - 3 中的第一字节为地址字节，其格式如表 4 - 3 - 4 所示。第二个字节为控制字节，其格式如表 4 - 3 - 5。

表 4 - 3 - 4　地址字节

D7	D6	D5	D4	D3	D2	D1	D0
1	0	0	1	A2	A1	A0	R/$\overline{\text{W}}$

地址字节：由器件地址、引脚地址、方向位组成，它是主机发给器件的第一字节数据。R/$\overline{\text{W}}$ =1 表示读操作，R/$\overline{\text{W}}$ =0 表示写操作。本项目将 A0 ~ A2 接地，则读地址为 91H；写地址为 90H。

表 4 - 3 - 5　控制字节

D7	D6	D5	D4	D3	D2	D1	D0
未用（写0）	D/A 输出允许位；0 为禁止，1 为允许	A/D 输入方式选择位；00：4 路单端输入；01：3 路差分输入；10：单端与差分；11：2 路差分输入		未用（写0）	自动增益选择位；0 为禁用，1 为启用	AD 通道选择位 00：选择通道 0　01：选择通道 1　10：选择通道 2　11：选择通道 3	

更详细的关于 PCF8591 的说明，可以参考该器件的英文或中文数据手册。

4.4.2　A/D 转换

PCF8591 带有 8 位的 A/D 转换器，属于逐次逼近式 A/D 转换器，允许 4 个模拟量输入，选择通道可通过如表 4 - 3 - 5 所示的 D0 和 D1 位进行设定。A/D 转换的功能是把模拟量电压转换为 N 位数字量，在这里 N 为 8，如采用其他 A/D 转换器件，N 的取值也随之变化，模拟量与数字量的关系如式(4 - 1)，设 D 为 N 位二进制数字量，U_A 为电压模拟量，U_{REF} 为参考电压，无论 A/D 或 D/A，其转换关系为：

$$U_A = D \times U_{REF}/2^N \tag{4 - 1}$$

（其中：$D = D_0 \times 2^0 + D^1 \times 2^1 + \cdots + D_{N-1} \times 2^{N-1}$）

如任务 2 中，D 的量就存放于变量 num 中，U_{REF} 为 5V，N 等于 8，U_A 是如图 4 - 3 - 4 所示中热敏电阻在串联电路中的分压，分辨率为 $U_{REF}/2^N$ 即 5V/256 等于 0.0195V。在不同温度情况下，热敏电阻的阻值是不一样的，所以对应的分压也不一样，根据温度与分压的关系，也就有了数组 vt_table[ ] 中 A/D 转换后的电压值。

4.4.3　D/A 转换

PCF8591 不仅带有 8 位的 A/D 转换器，而且还带有 8 位的 D/A 转换器，可以把数字量转换成模拟量。单片机把要转换的数字量通过 I^2C 总线写进该器件的 DAC 数据寄存器中，并使 D/A 转换器工作，从而器件的 15 脚 AOUT 输出对应的模拟电压值。数字量与模拟量的关系如式(4 - 1)所示。

【例 4 - 2】　采用 PCF8591 的 D/A 功能，使其 AOUT 引脚输出锯齿波。

将单片机与 PCF8591 器件 I^2C 线连接好,然后编写程序。因篇幅有限,有关 I^2C 的函数这里不再给出,请读者参考本节任务 2 中的有关函数,本例中只给出主函数。

```
1. #include <reg51.h>
2. unsigned char code tab1[] = {
0,10,20,30,40,50,60,70,80,90,100,110,120,130,140,150,160,170,180,190,200,210,220,230,
240,250
};
3. bit WriteDAC(unsigned char dat,unsigned char num);
    //此处可补上缺少的有关 I²C 的函数
4. void main()                              //主函数
5. {    unsigned char i;
6.      while(1)                            //主循环
7.      {    for(i=0;i<26;i++)
8.              WriteDAC(tab1[i],1);
9.      }
10. }
11. bit WriteDAC(unsigned char dat,unsigned char num)  //写入 D/A 转换数值,可参考表 4-3-2 格式
12. {    unsigned char i;
13.      I2c_Start();                       //启动总线
14.      WriteByte(0x90);                   //发送器件地址
15.      if(ack==0)return(0);
16.      WriteByte(0x40);                   //发送控制字节
17.      if(ack==0)return(0);
18.      for(i=0;i<num;i++)
19.      {    WriteByte(dat);               //发送数据
20.          if(ack==0)return(0);
21.      }
22.      I2c_Stop();
23. }
```

知识梳理与小结

本章由 3 个训练项目组成,以任务驱动为切入点,介绍了红外、温度等传感器系统的设计与制作方法。

本章重点内容:

(1)掌握红外、温度等常用传感器的使用方法。

(2)掌握单片机 I/O 接口、中断和定时器等内部资源的使用方法。

(3)掌握单片机与红外、温度等传感器的通信方式。

(4)掌握典型 A/D、D/A 转换器的使用方法。

习题四

一、选择题

1. 常用的 A/D 转换器从原理上分有_____。

A. 计数式 A/D 转换器　　　　　　　　　B. 双积分式 A/D 转换器

C. 逐次逼近式 A/D 转换器　　　　　　　D. 并行式 A/D 转换器

2. PCF8591 芯片是 m 路模拟输入的 n 位 A/D 转换器，m 和 n 是_____。

A. 4、8　　　　　　　B. 8、8　　　　　　C. 8、4　　　　　　D. 8、16

3. PCF8591A/D 转换器是_____转换器。

A. 计数式 A/D 转换器　　　　　　　　　B. 双积分式 A/D 转换器

C. 逐次逼近式 A/D 转换器　　　　　　　D. 并行式 A/D 转换器

4. 1 个 8 位的 D/A 转换器的分辨率是_____。

A. 1%　　　　　　　B. 2%　　　　　　　C. 3%　　　　　　　D. 4%

5. 额定输出电压为 10V，实际输出电压为 9.99 ~ 10.01V，则该 D/A 转换器的转换精度为_____。

A. ±10mV　　　　　B. ±5mV　　　　　C. ±10V　　　　　D. ±5V

6. PCF8591D/A 转换器输出电压为 1.25V 时（参考电压为 5V），则需要输入的数值为_____。

A. 32　　　　　　　B. 64　　　　　　　C. 128　　　　　　D. 16

二、问答题与设计题

1. 红外线跟调制的红外信号有什么区别？

2. 红外调制信号是怎样调制发射的？

3. 单片机接收红外信号后，如何解调？

4. 数字温度传感器 DS18B20 有什么特点？

5. DS18B20 是怎么测量温度的？单片机如何读取其中的温度？

6. 单总线有什么特点？与单片机是如何进行通信的？

7. 如果在单总线上挂多个 DS18B20，单片机要对这些器件进行控制，程序该如何编写？

8. 光敏和热敏电阻在硬件上如何和单片机相连？

10. A/D 转换器按转换原理可分为哪几种？各有什么特点和优劣？

11. D/A 转换的基本原理是怎样的？

12. 单片机如何与 PCF8591 进行通信？

13. 如要利用 D/A 转换器件输出正弦波，程序该如何编写？

学习情境五　电子时钟设计与制作

　　本章将前面四个学习情境中的训练项目进行了有机组合，构成了本书两个功能逐渐增强的综合贯穿项目——"简易万年历设计与制作"和"带远程监控的万年历设计与制作"。读者还可以根据功能需求或爱好，采用"搭积木"的方法，在该综合项目中增加诸如红外遥控、多点温度采集、点阵型 LCD12864 液晶显示等模块，使得该项目的功能更加强大。通过该学习情境的学习，读者既能巩固前面四个学习情境的学习，又能理解结构体、共用体等 C 语言知识和掌握 DS1302 工作原理，并能加以应用，以及学会多任务分时调度、多文件程序结构的综合系统设计方法。

教学目标

知识 目标	1. 掌握单片机 DS1302 寄存器、指令、读写操作时序；
	2. 掌握 C 语言中的结构体、共用体、枚举、typedef 用法等内容；
	3. 理解定时器中断的多任务分时调度原理；
	4. 理解源文件和头文件之间的关系，以及外部函数、变量声明作用；
	5. 掌握多文件、模块化编程方法
能力 目标	1. 能熟练应用多任务调度、多文件编程的方法；
	2. 能熟练使用单片机实训板、程序下载、软硬件仿真等；
	3. 能熟练使用 DS1302，进行日历、时间设置；
	4. 能分析多任务调度、多文件的程序；
	5. 能绘制综合项目的程序流程图

【训练项目 5 – 1】　简易万年历设计与制作

一、项目要求

在 Proteus 仿真软件和单片机实训板上，采用 DS1302 时钟芯片、DS18B20 温度传感器、LCD1602、单片机等元器件构成一个带温度测量的简易万年历，要求能在液晶屏上显示年月日、星期、时间和温度，并能通过键盘实现时间调整、闹钟设置。

二、项目实训仪器、设备及实训材料

表 5 – 1 – 1　主要实训仪器和实训材料一览表

工具、设备和耗材	数量	工具、设备和耗材	数量	工具、设备和耗材	数量
电脑	1 台	51 单片机下载线/USB 线	1 根	杜邦导线	若干
Keil μVision4	1 套	晶振 12M	1 只	AT89S51/STC12C5A60S2	1 片
Proteus 7.5 软件	1 套	LCD1602	1 片	DS18B20 温度传感器	1 个
DS1302 时钟芯片	1 个	单片机实训板	1 块	稳压电源	1 台

三、项目实施过程及其步骤

第一步，在 Proteus 仿真软件上，绘制简易万年历仿真电路，如图 5 – 1 – 1 所示。

第二步，采用多文件方式编程思路，程序组织结构如图 5 – 1 – 2 所示，绘制如图 5 – 1 – 3 所示的程序流程图，编写程序。

1. 简易万年历. c

```
1. #include < reg51. h >          //该头文件包含特殊功能寄存器的定义
2. #include "ds1302. h"           //调用自定义的时钟芯片头文件
3. #include "main. h"             //调用自定义的主程序头文件
4. bit readtime_f;                //定义读时间标志
5. bit key_f = 0;
6. bit readtemp_f = 0; key_fun_f = 0;
7. sbit  ADJTIME  = P1^3;         //校准时间
8. sbit  SETALARM = P1^4;         //设置闹钟
9. unsigned char key_value, key_select, key_fun = 0;
10. unsigned int key_count = 0;
11. SYSTEMTIME timer, timer1;    //定义两个结构体变量, timer 为存当前时间、timer1 为存闹钟设置时间
12. //********************************************************************
```

```
13. void timer0_init( )                //T0 初始化函数
14. {    TMOD = 0x01;                   //使用模式 1,16 位定时器
15.      TH0 = 0x3C;                    //赋初值,50ms 溢出
16.      TL0 = 0xB0;
17.      EA = 1;                        //总中断打开
18.      ET0 = 1;                       //定时器中断打开
19.      TR0 = 1;                       //定时器开关打开
20. }
21. //* * * * * * * * * * * * * * * * * * * * * * * * * * * * * * * * * * * * * * * * * * * * *
22. void timer0_isr( ) interrupt 1      //定时器 T0 中断服务函数
23. {    static unsigned char counter = 0, counter1 = 0;
24.      TH0 = 0x3C;                    //重新赋值 50ms
25.      TL0 = 0xB0;
26.      counter + + ;
27.      key_f = 1;                     //键盘标志位置 1
28.      if( counter = = 10)            //500ms
29.      {    counter = 0;
30.           readtime_f = 1;           //读时间标志位置 1
31.           counter1 + + ;
32.           if( counter1 = = 2)       //5s 读一次温度值
33.           {    counter1 = 0;
34.                readtemp_f = 1;      //读温度标志位置 1
35.           }
36.      }
37. }
38. //* * * * * * * * * * * * * * * * * * * * * * * * * * * * * * * * * * * * * * * * * * * * *
39. void main ( )
40. {    unsigned char readtemp;
41.      lcd_initial( );
42.      timer0_init( );
43.      ds1302_init( );
44.      while (1)                      //主循环
45.      {    if( readtemp_f&&! key_fun_f) //读取温度,但调整时间时,不读取温度值
46.           {    readtemp_f = 0;
47.                readtemp = read_temperature( );
48.                LCD_Write_Char( 13,1, readtemp/10 + '0');    //显示温度值
49.                LCD_Write_Char( 14,1, readtemp%10 + '0');
50.           }
51.           if( readtime_f&&! key_fun_f)              //读时间,但调整时间时不读取
52.           {    readtime_f = 0;                      //读时间标志位清零
53.                Ds1302_Read_Time( &timer);
54.                timer_alarm( &timer, &timer1);       //调用闹钟查询函数
55.                LCD_Write_Char( 3,1, timer. Hour/10 + '0');       //显示时
```

```
56.          LCD_Write_Char(4, 1, timer. Hour%10 + '0');
57.          LCD_Write_Char(6, 1, timer. Minute/10 + '0');        //显示分
58.          LCD_Write_Char(7, 1, timer. Minute%10 + '0');
59.          LCD_Write_Char(9, 1, timer. Second/10 + '0');        //显示秒
60.          LCD_Write_Char(10, 1, timer. Second%10 + '0');
61.          LCD_Write_Char(3, 0, timer. Year/10  + '0');         //显示年
62.          LCD_Write_Char(4, 0, timer. Year%10 + '0');
63.          LCD_Write_Char(6, 0, timer. Month/10 + '0');         //显示月
64.          LCD_Write_Char(7, 0, timer. Month%10 + '0');
65.          LCD_Write_Char(9, 0, timer. Day /10 + '0');          //显示日
66.          LCD_Write_Char(10, 0, timer. Day %10 + '0');
67.          LCD_Write_Char(14, 0, timer. Week %10 + '0');        //显示周
68.      }
69.      if(key_f)                        //键盘任务有效
70.      {  key_f = 0;
71.          key_value = key();           //进行键盘扫描,读取键值
72.          if(key_value == 0x01)        //KEY1用于修改年、月、日、星期、时、分、秒
73.          {  if(key_select == 0x01)    //修改年
74.             {  timer. Year + +;
75.                if(timer. Year > 99)   timer. Year = 0;
76.                LCD_Write_Char(4, 0, timer. Year%10 + '0');
77.                LCD_Write_Char(3, 0, timer. Year/10 + '0');
78.             }
79.             else if(key_select == 0x02)          //修改月
80.             {  timer. Month + +;
81.                if(timer. Month > 12)timer. Month = 0;
82.                LCD_Write_Char(7, 0, timer. Month%10 + '0');
83.                LCD_Write_Char(6, 0, timer. Month/10 + '0');
84.             }
85.             else if(key_select == 0x03)          //修改日
86.             {  timer. Day + +;
87.                if(timer. Day > 31)timer. Day = 0;
88.                LCD_Write_Char(10, 0, timer. Day %10 + '0');
89.                LCD_Write_Char(9, 0, timer. Day /10 + '0');
90.             }
91.             else if(key_select == 0x04)          //修改星期
92.             {  timer. Week + +;
93.                if(timer. Week > 7)timer. Week = 0;
94.                LCD_Write_Char(14, 0, timer. Week %10 + '0');
95.                LCD_Write_Char(13, 0, ': ');
96.             }
97.             else if(key_select == 0x05)          //修改时
98.             {  timer. Hour + +;
```

```
99.                   if( timer. Hour > 23 ) timer. Hour = 0;
100.                  LCD_Write_Char( 4, 1, timer. Hour%10 + '0' );
101.                  LCD_Write_Char( 3, 1, timer. Hour/10 + '0' );
102.              }
103.              else if( key_select = = 0x06 )          //修改分
104.              {   timer. Minute + + ;
105.                  if( timer. Minute > 59 ) timer. Minute = 0;
106.                  LCD_Write_Char( 7, 1, timer. Minute%10 + '0' );
107.                  LCD_Write_Char( 6, 1, timer. Minute/10 + '0' );
108.              }
109.              else if( key_select = = 0x07 )          //修改秒
110.              {   timer. Second + + ;
111.                  if( timer. Second > 59 ) timer. Second = 0;
112.                  LCD_Write_Char( 10, 1, timer. Second%10 + '0' );
113.                  LCD_Write_Char( 9, 1, timer. Second/10 + '0' );
114.              }
115.          }
116.          else if( key_value = = 0x02 )              //KEY2 用于选择要修改的位
117.          {   key_select + + ;
118.              if( key_select > 0x07 )
119.              {   key_select = 0x00;
120.                  WRDcomm( 0x0C );                   //关闭数字闪烁
121.              }
122.              else
123.              {   WRDcomm( 0x0d );                   //被修改的数字位闪烁
124.                  switch( key_select )     //年、月、日、星期、时、分、秒处数字闪烁
125.                  {   case 0x01: LCD_Write_Char( 3, 0, timer. Year/10 + '0' ); break;
126.                      case 0x02: LCD_Write_Char( 6, 0, timer. Month/10 + '0' ); break;
127.                      case 0x03: LCD_Write_Char( 9, 0, timer. Day /10 + '0' ); break;
128.                      case 0x04: LCD_Write_Char( 13, 0, ': ' ); break;
129.                      case 0x05: LCD_Write_Char( 3, 1, timer. Hour/10 + '0' ); break;
130.                      case 0x06: LCD_Write_Char( 6, 1, timer. Minute/10 + '0' ); break;
131.                      case 0x07: LCD_Write_Char( 9, 1, timer. Second/10 + '0' ); break;
132.                      default: break;
133.                  }
134.              }
135.          }
136.          else if( key_value = = 0x04 );             //KEY3 作用未设置
137.          else if( key_value = = 0x08 )      //KEY4 作为菜单, 修改模式和运行时间两种模式
138.          {   key_fun + + ;
139.              if( key_fun = = 0x01 )
140.              {   ADJTIME = 0;                       //校准时间, 校准时间指示灯亮
141.                  key_fun_f = 1;                     //键盘功能标志位有效
```

```
142.              }
143.                      else if( key_fun = = 0x02 )        //修改时间有效
144.                  {   ADJTIME = 1;                       //关闭校准时间指示灯
145.                      key_fun_f = 0;                     //清键盘功能标志位
146.                      WRDcomm( 0x0C );                   //关闭数字闪烁
147.                      key_select = 0x00;                 //选择位变量清零
148.                      Ds1302_Write_Time( ds1302_sec_add, timer. Second );        //读秒
149.                      Ds1302_Write_Time( ds1302_min_add, timer. Minute );        //读分
150.                      Ds1302_Write_Time( ds1302_hr_add, timer. Hour );           //读时
151.                      Ds1302_Write_Time( ds1302_day_add, timer. Week );          //读星期
152.                      Ds1302_Write_Time( ds1302_date_add, timer. Day );          //读日
153.                      Ds1302_Write_Time( ds1302_month_add, timer. Month );       //读月
154.                      Ds1302_Write_Time( ds1302_year_add, timer. Year );         //读年
155.                  }
156.                      else if( key_fun = = 0x03 )
157.                  {   SETALARM = 0;                      //设置闹钟指示灯亮
158.                      key_fun_f = 1;                     //键盘功能标志位有效
159.                  }
160.                      else if( key_fun = = 0x04 )
161.                  {   SETALARM = 1;                      //关闭设置闹钟指示灯
162.                      key_fun_f = 0;                     //清键盘功能标志位
163.                      key_fun = 0x00;
164.                      WRDcomm( 0x0C );                   //关闭数字闪烁
165.                      timer1. Second = timer. Second;    //保存设置的闹钟时间
166.                      timer1. Minute = timer. Minute;
167.                      timer1. Hour = timer. Hour;
168.                      timer1. Week = timer. Week;
169.                      timer1. Day = timer. Day;
170.                      timer1. Month = timer. Month;
171.                      timer1. Year = timer. Year;
172.                  }
173.              }
174.          }
175.      }
176. }
```

2. main. h（对主程序"简易万年历. c"文件中用到的外部函数进行声明）

```
1. #ifndef __main_H__          //只包括一次，防止重复包含
2. #define __main_H__
3. extern   void LCD_Write_Char( unsigned char x, unsigned char y, unsigned char Data );
4. extern void lcd_initial( );
5. extern void ds1302_init( );
```

6. extern　void Ds1302_Read_Time(SYSTEMTIME ∗);

7. extern unsigned char key();

8. extern void WRDcomm(unsigned char);

9. extern void Ds1302_Write_Time(unsigned char , unsigned char);

10. extern unsigned int read_temperature();

11. extern void timer_alarm(SYSTEMTIME ∗ , SYSTEMTIME ∗);

12. #endif

3. DS1302.h（对"DS1302.c"文件中函数变量进行定义，以及对外部函数进行声明）

1. #ifndef __ds1302_H__　　　　　　//只包括一次，防止重复包含

2. #define __ds1302_H__

3. #include "reg51.h"

4. sbit　DS1302_CLK = P1^5;　　　//实时时钟时钟线引脚

5. sbit　DS1302_IO　= P1^6;　　　//实时时钟数据线引脚

6. sbit　DS1302_RST = P1^7;　　　//实时时钟复位线引脚

7. typedef struct　SYSTEM_TIME

8. {　unsigned char Second;

9. 　　　unsigned char Minute;

10. 　　　unsigned char Hour;

11. 　　　unsigned char Week;

12. 　　　unsigned char Day;

13. 　　　unsigned char Month;

14. 　　　unsigned char Year;

15. }SYSTEMTIME;　　　　　　　//定义的时间类型

16. #define　　　ds1302_sec_add0x80　　//秒数据地址

17. #define　　　ds1302_min_add0x82　　//分数据地址

18. #define　　　ds1302_hr_add0x84　　//时数据地址

19. #define　　　ds1302_date_add0x86　　//日数据地址

20. #define　　　ds1302_month_add0x88　　//月数据地址

21. #define　　　ds1302_day_add0x8a　　//星期数据地址

22. #define　　　ds1302_year_add0x8c　　//年数据地址

23. #define　　　ds1302_control_add0x8e　　//控制数据地址

24. #define　　　ds1302_charger_add0x90

25. #define　　　ds1302_clkburst_add0xbe

26. void ds1302_init();

27. void Ds1302_Read_Time(SYSTEMTIME ∗);

28. void LCD_Write_Char(unsigned char x, unsigned char y, unsigned char Data);

29. void lcd_initial();

30. #endif

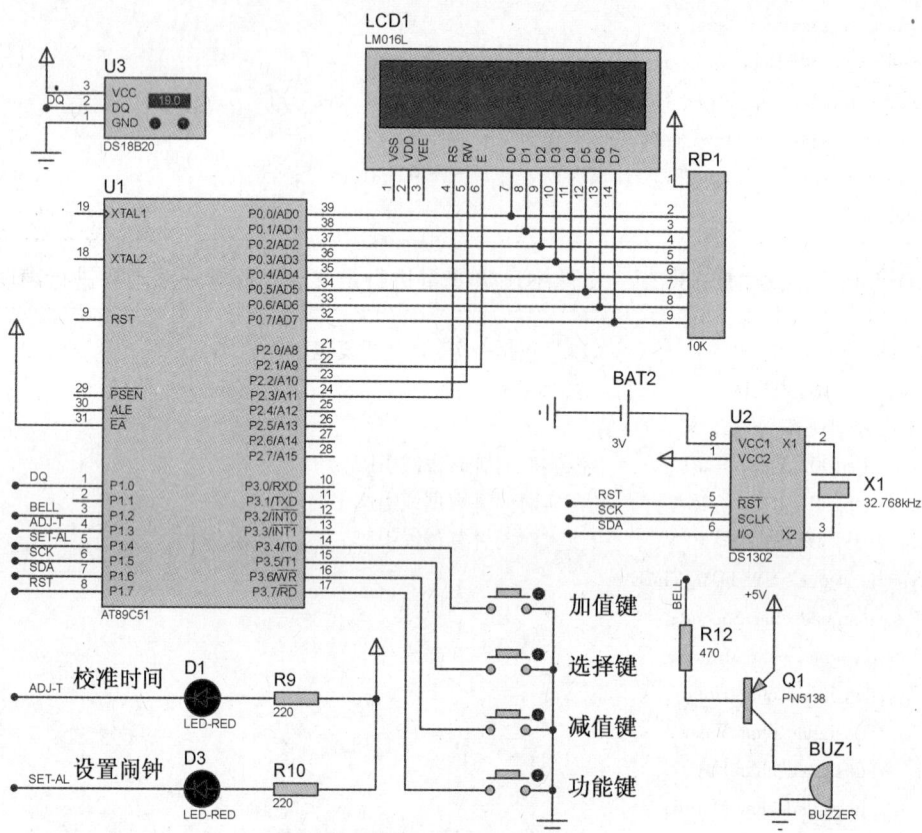

图 5 - 1 - 1　简易万年历仿真电路

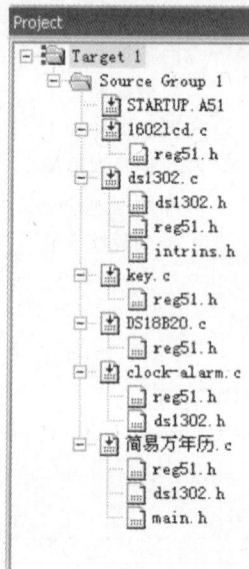

图 5 - 1 - 2　程序组织结构

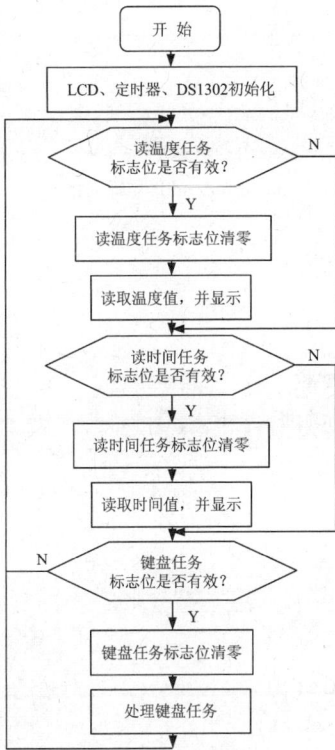

（a）简易万年历主程序流程图

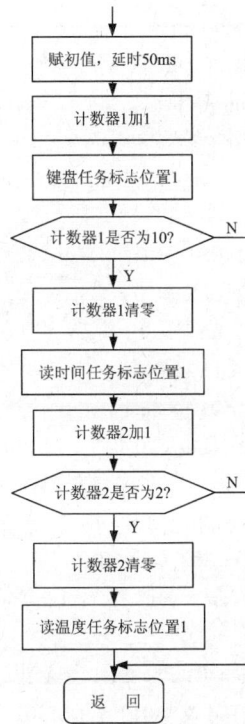

（b）简易万年历中断程序流程图

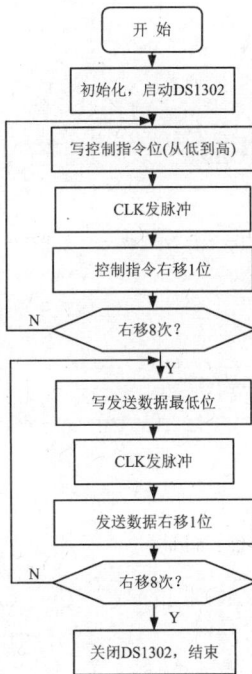

（c）DS1302写操作流程图

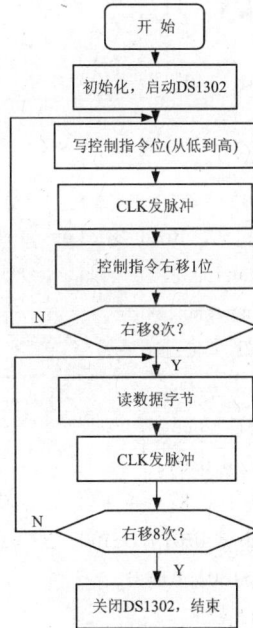

（d）DS1302读操作流程图

图 5 - 1 - 3　程序流程图

4. DS1302. c

```
1. #include "ds1302. h"
2. #include < intrins. h >
3. //********************向 DS1302 写入一字节数据*****************
4. void Ds1302_Write_Byte( unsigned char addr, unsigned char d) //add 为写入的地址, d 为写入的数据
5. {    unsigned char i;
6.      DS1302_RST = 0;
7.      DS1302_CLK = 0;
8.      DS1302_RST = 1;
9.      addr = addr & 0xFE;            //最低位置零
10.     for ( i = 0; i < 8; i + + )        //写入目标地址: addr
11.     {   if ( addr & 0x01)   DS1302_IO = 1;
12.         else   DS1302_IO = 0;
13.         DS1302_CLK = 1;
14.         DS1302_CLK = 0;
15.         addr = addr > > 1;
16.     }
17.     for ( i = 0; i < 8; i + + )        //写入数据: d
18.     {   if ( d & 0x01)   DS1302_IO = 1;
19.         else   DS1302_IO = 0;
20.         DS1302_CLK = 1;
21.         DS1302_CLK = 0;
22.         d = d > > 1;
23.     }
24.     DS1302_CLK = 1;
25.     DS1302_RST = 0;                //停止 DS1302 总线
26. }
27. //******************从 DS1302 读出一字节数据*****************
28. unsigned char Ds1302_Read_Byte( unsigned char addr)
29. {   unsigned char i;
30.     unsigned char temp;
31.     DS1302_RST = 0;
32.     DS1302_CLK = 0;
33.     DS1302_RST = 1;
34.     addr = addr | 0x01;            //最低位置高
35.     for ( i = 0; i < 8; i + + )        //写入目标地址: addr
36.     {   if ( addr & 0x01) DS1302_IO = 1;
37.         else DS1302_IO = 0;
38.         DS1302_CLK = 1;
39.         DS1302_CLK = 0;
40.         addr = addr > > 1;
41.     }
```

```
42.     for (i = 0; i < 8; i + +)          //输出数据：temp
43.     {   temp = temp > > 1;
44.         if (DS1302_IO) temp | = 0x80;
45.         else temp & = 0x7F;
46.         DS1302_CLK = 1;
47.         DS1302_CLK = 0;
48.     }
49.     DS1302_CLK = 1;
50.     DS1302_RST = 0;                    //停止 DS1302 总线
51.     return temp;
52. }
53. // * * * * * * * * * * * * * * * * * * * *写保护操作 * * * * * * * * * * * * * * * * * * * * * * * *
54. void DS1302_SetProtect(bit flag)           //是否写保护
55. {   if(flag) Ds1302_Write_Byte(0x8E, 0x10);       //写保护
56.     else Ds1302_Write_Byte(0x8E, 0x00);           //关闭写保护
57. }
58. // * * * * * * * * * * * * * * * * * * *向 DS1302 写入时钟数据 * * * * * * * * * * * * * * * * * * * *
59. void Ds1302_Write_Time(unsigned char Address, unsigned char Value)     // 设置时间函数
60. {   DS1302_SetProtect(0);
61.     Ds1302_Write_Byte(Address, ((Value/10) < <4 | (Value%10))); //将十进制数转换为 BCD 码
62. } //在 DS1302 中与日历、时钟相关的寄存器存放的数据必须为 BCD 码形式
63. // * * * * * * * * * * * * * * * * * * *从 DS1302 读出时钟数据 * * * * * * * * * * * * * * * * * * *
64. void Ds1302_Read_Time(SYSTEMTIME *Time)   //读出时钟数据，BCD 码转换为十进制数
65. {   unsigned char ReadValue;
66.     ReadValue = (Ds1302_Read_Byte(ds1302_sec_add))&0x7F;   //读取"秒"
67.     Time - >Second = ((ReadValue&0x70) > >4) * 10 + (ReadValue&0x0F);
68.     ReadValue = Ds1302_Read_Byte(ds1302_min_add);            //读取"分"
69.     Time - >Minute = ((ReadValue&0x70) > >4) * 10 + (ReadValue&0x0F);
70.     ReadValue = Ds1302_Read_Byte(ds1302_hr_add);             //读取"时"
71.     Time - >Hour = ((ReadValue&0x70) > >4) * 10 + (ReadValue&0x0F);
72.     ReadValue = Ds1302_Read_Byte(ds1302_day_add);            //读取"周"
73.     Time - >Week = ((ReadValue&0x70) > >4) * 10 + (ReadValue&0x0F);
74.     ReadValue = Ds1302_Read_Byte(ds1302_date_add);           //读取"日"
75.     Time - >Day = ((ReadValue&0x70) > >4) * 10 + (ReadValue&0x0F);
76.     ReadValue = Ds1302_Read_Byte(ds1302_month_add);          //读取"月"
77.     Time - >Month = ((ReadValue&0x70) > >4) * 10 + (ReadValue&0x0F);
78.     ReadValue = Ds1302_Read_Byte(ds1302_year_add);           //读取"年"
79.     Time - >Year = ((ReadValue&0x70) > >4) * 10 + (ReadValue&0x0F);
80. }
81. // * * * * * * * * * * * * * * * * * * * * * * *DS1302 初始化 * * * * * * * * * * * * * * * * * * * * * *
82. void ds1302_init()
83. {   DS1302_RST = 0;                          //RST 脚置低
84.     DS1302_CLK = 0;                          //CLK 脚置低
```

```
85.//   Ds1302_Write_Time(ds1302_sec_add,0);        //启动时钟
86.}
```

5.1602LCD.c

```
1. #include <reg51.h>
2. sbitRS = P2^3;                                    //控制端口定义
3. sbitRW = P2^2;
4. sbitE  = P2^1;
5. #define DATAPORTP0                                //数据端口
6. unsigned char   string1[] = {" D:12-06-14 w:"};  //液晶屏第一行显示字符
7. unsigned char   string2[] = {" T:23:16:12"};     //液晶屏第二行显示字符
8.// ***********************************************************
9. void delayMS(unsigned int b)                      //延时大约 b ms
10.{   unsigned char a = 200;
11.    for(;b>0;b--)
12.    {   while(--a);
13.        a = 200;
14.    }
15.}
16.// ***********************************************************
17. void LCDSTA()                                     //判断液晶屏是否忙
18.{   unsigned char flag;
19. while(1)
20.    {   RS = 0;      // RS RW 为 01 表示读 Busy Flag(DB7)及地址计数器 AC(DB0~DB6)
21.        RW = 1;
22.        delayMS(5);                                //延时
23.        E = 1;                                     //E 控制端产生一个脉冲
24.        delayMS(10);
25.        flag = DATAPORT;                           //读数据端口状态
26.        E = 0;
27.        flag = flag&0x80;                          //读取液晶屏忙碌标志位 BF,即 DB7
28.        if(flag = = 0x00)break;   //为真表示液晶屏忙完,可以对其进行其他操作,否则需等待
29.    }
30.}
31.// ***********************************************************
32. void WRDcomm(unsigned char com)     //向 LCD 发送操作命令
33.{   LCDSTA();                        //判断液晶屏是否忙,如果通不过,采用延时替换
34.// delayMS(20);
35.    DATAPORT = com;                  //送命令
36.    RS = 0;                          //RS RW 为 00 表示写入指令寄存器
37.    RW = 0;
38.    E = 1;                           //E 控制端产生一个脉冲
```

```
39.      E = 0;
40.      delayMS(10);                    //等待执行完
41. }
42. // * * * * * * * * * * * * * * * * * * * * * * * * * * * * * * * * * * * * * * * * * * *
43. void WRData(unsigned char indata)    //向 LCD 发送操作数据
44. {    LCDSTA();                        //判断液晶屏是否忙
45. //   delayMS(20);
46.      DATAPORT = indata;
47.      RS = 1;                          //RS RW 为 10 表示写入数据寄存器
48.      RW = 0;
49.      E = 1;                           //E 控制端产生一个脉冲
50.      E = 0;
51.      delayMS(10);                     //等待执行完
52. }
53. / * * * * * * * * * * * * * * * * * * * * * * * * * * * * * * * * * * * * * * * * * * * *
54.      写入字符串函数,x 表示地址的偏移量,y 表示显示行, * point 表示显示字符串指针
55. * * * * * * * * * * * * * * * * * * * * * * * * * * * * * * * * * * * * * * * * * * * */
56. void LCD_Write_String(unsigned char x, unsigned char y, unsigned char * point)
57. {    if(y = = 0)       WRDcomm(0x80 + x);  //第一行显示
58.      else             WRDcomm(0xC0 + x);  //第二行显示
59.      while( * point! = '\0')            //显示内容
60.      {    WRData( * point);
61.           point + +;
62.      }
63. }
64. / * * * * * * * * * * * * * * * * * * * * * * * * * * * * * * * * * * * * * * * * * * * *
65.      写入字符函数,x 表示地址的偏移量,y 表示显示行,Data 表示显示字符
66. * * * * * * * * * * * * * * * * * * * * * * * * * * * * * * * * * * * * * * * * * * * */
67. void LCD_Write_Char(unsigned char x, unsigned char y, unsigned char Data)
68. {    if(y = = 0)WRDcomm(0x80 + x);
69.      else WRDcomm(0xC0 + x);
70.      WRData(Data);
71. }
72. // * * * * * * * * * * * * * * * * * * * * * * * * * * * * * * * * * * * * * * * * * * *
73. void lcd_initial()                     //液晶屏初始化子程序
74. {    WRDcomm(0x01);                    //写入命令,清屏并光标复位
75.      WRDcomm(0x38);                    //写入命令,设置显示模式:8 位 2 行 5×7 点阵
76.      WRDcomm(0x0C);                    //写入命令,开显示,禁光标显示,光标所在位置的字
                                           符不闪烁
77.      WRDcomm(0x06);                    //写入命令,移动光标
78.      LCD_Write_String(0, 0, string1); //显示第一行,从起始位开始显示
79.      LCD_Write_String(0, 1, string2); //显示第二行,从起始位开始显示
80.      LCD_Write_Char(15, 1, 0xdf);     //显示温度单位
```

```
81. }
82. //**********************************************
83. void clear_lcd ( )                    //清屏函数
84. {    WRDcomm(0x01);                    //清屏指令
85. }
```

---

6. key. c

```
1. #include  < reg51. h >
2. unsigned char inputkey;
3. //**********************************************
4. unsigned char key( )
5. {    static unsigned int key_count = 0;
6.      inputkey = P3;                        //读取 P3 端口的值
7.      inputkey | = 0x0F;                    //屏蔽 P3 端口未用到的低四位值
8.      inputkey = ~ inputkey;                //按位取反，若无键按下，取反之后为 0；反之为非 0 值
9.      if( inputkey)                         //表达式为"真"说明有键盘按下
10.     {    key_count + + ;
11.          if( key_count > 2)               //延时，去抖动
12.          {    key_count = 0x00;
13.               inputkey = P3;              //再次读取 P3 端口的值
14.               inputkey | = 0x0F;          //屏蔽 P3 端口未用到的低四位值
15.               inputkey = ~ inputkey;      //按位取反，若无键按下，取反之后为 0；反之为非 0 值
16.               if( inputkey)
17.               {    inputkey = ( inputkey > > 4) + ( inputkey < < 4);
                                              //inputkey 的高 4 位与低 4 位互换
18.                    return( inputkey);      //表达式为"真"，说明已确定有键盘按下
19.               }
20.          }
21.     }
22.     return (0);
23. }
```

---

7. DS18B20. c

```
1. #include" reg51. h"
2. sbit DQ = P1^0;
3. extern   void LCD_Write_Char( unsigned char x, unsigned char y, unsigned char Data);
4. //**********************************************
5. void ds18_delay( unsigned int i)          // 12M 晶振，STC 单片机，延时约 4μs
6. {    i = i * 4;
7.      while( i - - );
8. }
9. //**********************************************
```

```
10. unsigned char ds18b20_init( )
11. {     unsigned char x = 0;
12.     DQ = 1;
13.     ds18_delay(8);
14.     DQ = 0;
15.     ds18_delay(120);                //低电平 480~960μs
16.     DQ = 1;
17.     ds18_delay(20);                 //等待 50~100μs
18.     x = DQ;                         //读取复位状态
19.     ds18_delay(20);
20.     return x;
21. }
22. //******************************************************
23. unsigned char read_char( )
24. {     unsigned char i = 0, dat = 0;
25.     for(i = 8; i > 0; i - -)
26.     {     DQ = 0;                   //启动信号至少延时 15μs
27.         dat > > = 1;
28.         DQ = 1;
29.         if(DQ)dat| = 0x80;
30.         ds18_delay(12);             //读完需要 45μs 的等待
31.     }
32.     return(dat);
33. }
34. //******************************************************
35. void write_char(unsigned char dat)
36. {     unsigned char i = 0;
37.     for(i = 8; i > 0; i - -)
38.     {     DQ = 0;
39.         DQ = dat&0x01;              //向总线写位数据
40.         ds18_delay(12);            //延时 50μs 等待写完成
41.         DQ = 1;                     //恢复高电平,至少保持 1μs
42.         dat > > = 1;                //为下次写操作准备
43.     }
44.     ds18_delay(8);                  //延时 30μs
45. }
46. //******************************************************
47. unsigned int read_temperature( )
48. {     unsigned char tempL = 0, tempH = 0;
49.     int t;
50.     ds18b20_init( );
51.     write_char(0xcc);               //跳过 ROM 匹配,跳过读序列号的操作,可节省时间
52.     write_char(0x44);               //启动 DS18B20,进行温度转换
```

```
53.        ds18_delay(125);
54.        ds18b20_init();                //开始操作前需要复位
55.        write_char(0xCC);
56.        write_char(0xBE);              //写读暂存器中温度值命令
57.        tempL = read_char();           //分别读取温度的低、高字节
58.        tempH = read_char();
59.        t = (tempH * 256) + tempL;     //温度转换
60.        if(t < 0)
61.        {    t = -(t - 1);             //取反 +1
62.             LCD_Write_Char(12, 1, '-');//负温度符号'-'显示
63.        }
64.        else
65.             LCD_Write_Char(12, 1, '+');//正温度符号'+'显示
66.//     t = t > >4;
67.        t = t * 0.0625;
68.        return(t);
69. }
```

---

8. clock − alarm. c

```
1. #include < reg51. h >
2. #include " ds1302. h"
3. sbit   BELL = P1^2;                    //蜂鸣器控制位
4. unsigned char alarm_num = 0x00;
5. void timer_alarm(SYSTEMTIME * time, SYSTEMTIME * time1)
6. {    if(time1 − > Hour = = time − > Hour)
7.      {    if(time1 − > Minute = = time − > Minute)
8.           {    if(time1 − > Second = = time − > Second)
9.                {    alarm_num + +;
10.               }
11.          }
12.     }
13.     if(alarm_num > 0&&alarm_num < 20)
14.     {    alarm_num + +;
15.          BELL = ! BELL;
16.     }
17.     else
18.     {    alarm_num = 0x00;
19.          BELL = 1;
20.     }
21. }
```

第三步，编译、仿真与调试程序。

（1）在 Proteus 软件中仿真程序。仿真效果如图 5－1－4 所示。

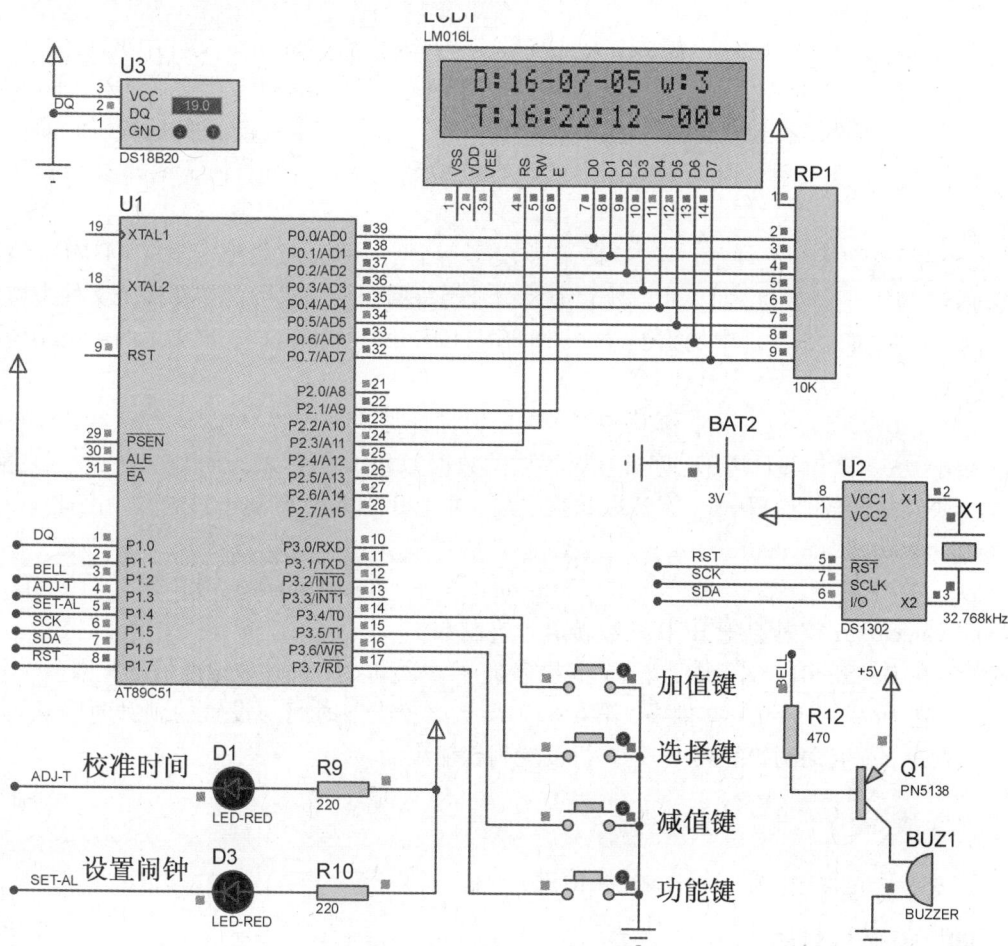

图 5－1－4　简易万年历仿真效果

①调整 DS18B20 的温度值。通过调节 DS18B20 芯片上的增键和减键，LCD 中的温度值会随着变化。

②校准时间。单击【功能键】，使校准时间指示灯亮；单击【选择键】，年月日、星期、时分秒的数字会闪烁，并通过【加值键】对闪烁的数字进行修改（只要修改时分秒的值），修改之后再单击【功能键】即可把校准的时间写入 DS1302 芯片之中，同时校准时间指示灯灭。

③设置闹钟。单击【功能键】，使设置闹钟指示灯亮；单击【选择键】，年月日、星期、时分秒的数字会闪烁，并通过【加值键】对闪烁的数字进行修改（只要修改时分秒的值），修改之后再单击【功能键】即可把设置的闹钟时间保存在结构体变量 timer1 中，同时设置闹钟指示灯灭。当闹钟时间到时，蜂鸣器会发出蜂鸣声。

（2）在单片机实训板中调试程序。按照仿真图，用杜邦线连接好单片机与数码管、按键。下载程序到单片机之中，实现上述仿真功能。

第四步，分析程序。

（1）在 main. h 文件中，声明多个外部函数，这些函数都在 main. c 文件中被调用了。

（2）在 DS1302. h 文件中，第 1、2 和 30 行作用是：在被包含过一次之后，宏＿ ds1302＿H 已经有了，下次再碰到就会略过从#define ＿ ds1302_H 开始到#endif 之间的代码。即多个源文件包含了该头文件，但该头文件中的内容仅编译一次，从而节约了编译时间和存储资源。

（3）在 DS1302. h 文件中，第 7 ~ 15 行定义了一个结构体数据类型 SYSTEMTIME，该类型包括年、月、日、星期、时、分和秒七个无符号字符型变量。这种类型在多个文件中被使用，例如，在 main. c 文件中的第 11 行"SYSTEMTIME timer, timer1"，定义了两个结构体数据类型变量。

（4）在 DS1302. c 文件中，读写操作函数的时序详见 5.1.2 节 DS1302 寄存器和读写操作。由于 DS1302 相关日历、时间寄存器存放的数据为 BCD 码形式，所以在写入数据之前，要把十进制数转成 BCD 码数；在读取数据之后，要把 BCD 码数转成十进制数。因此，在第 61 行中，表达式"（Value/10）＜＜4 ｜（Value% 10）"就是把十进制数转成 BCD 码数；在第 67、69、71 等行中，表达式"Time － ＞ Second ＝ （（ReadValue&0x70）＞＞4）＊10 ＋（ReadValue&0x0F）"就是把 BCD 码数转成十进制数。

（5）在 DS18B20. c 文件中，第 66 行和第 67 行是等价的，都是取温度值的整数。

（6）在 clock － alarm. c 文件中，第 6 ~ 12 行是比较当前时间与设置的闹钟时间是否相等，若相等，就启动闹铃。第 13 ~ 16 行设置闹铃输出。

第五步，修改程序，提高编程水平。

进一步优化程序，完善程序的【减值键】功能。

四、思考与分析

（1）设置上、下限温度报警功能。
（2）以红外遥控器作为键盘，实现时间调整和闹钟设置。

五、知识链接

5.1　DS1302 芯片工作原理及应用

DS1302 是美国 Dallas 公司生产的一种高性能、低功耗、带 RAM 的实时时钟芯片。该芯片采用 3 线串行接口方式，可提供年月日、星期、时分秒等时间信息，并可根据月份和闰年的情况自动调整月份的结束日期，同时可以根据用户需要决定是采用 24 小时或 12 小时格式。DS1302 内部带有 31 个字节 RAM，用于存放临时性数据，同时具有可编程涓细电流充电能力，从而使外围硬件电路设计得到了大大简化。

5.1.1　DS1302 芯片引脚

该芯片有 8 个引脚，如图 5 － 1 － 5 所示。

① X1 和 X2 为 32.768kHz 晶振接入端。

② GND 为地。

③ $\overline{RST}$ 为复位端,高电平时允许 I/O 端进行数据传输,低电平则禁止数据传送且使 I/O 端呈高阻状态。

④ I/O 为串行数据输入、输出端,所有输入和输出数据的传送顺序均以最低位 LSB 开始,最高位 MSB 结束。

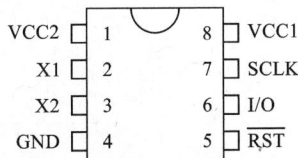

```
        ┌─────⌒─────┐
 VCC2 ─┤ 1       8 ├─ VCC1
   X1 ─┤ 2       7 ├─ SCLK
   X2 ─┤ 3       6 ├─ I/O
  GND ─┤ 4       5 ├─ RST
        └───────────┘
```

图 5 - 1 - 5 DS1302 引脚图

⑤ SCLK 为同步时钟脉冲端,其上升沿将 I/O 端数据按位写入 DS1302,下降沿使 DS1302 按位输出数据至 I/O 端。

⑥ VCC2、VCC1 为主电源和备份电源,当主源 VCC2 大于备用电源 VCC1 + 0.2V 时,由 VCC2 对芯片供电;否则,由 VCC1 对芯片供电。工作电压范围为 2.5 ~ 5.5V,当工作电压为 2.5V 时,DS1302 芯片正常工作所需的电流不超过 300nA。另外,如果选择了涓流充电功能,在正常情况下,主电源还可对备用电源进行慢速充电,有效延长了备用电源的使用寿命,保证了系统时间的连续可靠工作。

5.1.2 DS1302 寄存器和读写操作

1. DS1302 寄存器与指令

DS1302 相关日历、时间的寄存器如表 5 - 1 - 2 所示,其中年、月、日、星期、时、分和秒 7 个寄存器存放的数据为 BCD 码形式。

(1)秒寄存器。0x81 为读地址,0x80 为写地址,在 DS1302. c 文件中,写函数的第 9 行"addr = addr & 0xFE"语句就是为了得到写地址,同理读函数的第 34 行"addr = addr | 0x01"语句就是为了得到读地址。读写为不同的地址,但是读写寄存器的格式一样,分、时等寄存器与它相类似。寄存器的第 7 位 CH 表示时钟暂停标志,当 CH = 1 时,时钟振荡器停止,DS1302 处于低功耗状态;当 CH = 0 时,时钟开始运行。

(2)时寄存器。寄存器的第 7 位定义 DS1302 运行于 12 小时制还是 24 小时制模式。当该位为 1 时,选择 12 小时制;当该位为 0 时,选择 24 小时制。若在 12 小时制模式下,第 5 位为 1 时表示 PM、为 0 时表示 AM,用于区分上、下午。若在 24 小时制模式下,第 5 位为 10 小时位,用于小时的十位数。

(3)写保护寄存器。寄存器的第 7 位 WP 表示写保护标志位,当 WP = 1 时,禁止对任一寄存器进行写操作;当 WP = 0 时,允许对寄存器进行写操作。

(4)静态 RAM 寄存器。DS1302 附加 31 个静态 RAM,可以供用户存放数据。

(5)突发指令。所谓突发模式是指一次传送多个字节的时钟信号和 RAM 数据。若在突发方式下的 RAM,可一次性读写 31 个字节的 RAM,命令控制字为 0xFE(写)、0xFF(读);时钟数据与此类似。

表 5 - 1 - 2　DS1302 相关日历、时间的寄存器

寄存器名称	读地址	写地址	D7	D6	D5	D4	D3	D2	D1	D0	范围
秒寄存器	0x81	0x80	CH	10 秒			秒				00 ~ 59
分寄存器	0x83	0x82		10 分			分				00 ~ 59
时寄存器	0x85	0x84	12/24	0	10 时 / P/A	时					1 ~ 12 / 0 ~ 23
日寄存器	0x87	0x86	0	0	10 日		日				1 ~ 28/29 / 1 ~ 30/31
月寄存器	0x89	0x88	0	0	0	10 月	月				1 ~ 12
星期寄存器	0x8B	0x8A	0	0	0	0	0	周			1 ~ 7
年寄存器	0x8D	0x8C	10 年				年				00 ~ 99
写保护寄存器	0x8F	0x8E	WP	0	0	0	0	0	0	0	——
31 个静态 RAM 寄存器	0xC1 0xC3 …… 0xFD	0xC0 0xC2 …… 0xFC									00 ~ FF
时钟突发指令	0xBF	0xBE	1	0	1	1	1	1	1	1	读操作
			1	0	1	1	1	1	1	0	写操作
RAM 突发指令	0xFF	0xFE	1	1	1	1	1	1	1	1	读操作
			1	1	1	1	1	1	1	0	写操作

2. DS1302 读写操作

DS1302 是 SPI 总线驱动方式,按照表 5 - 1 - 3 所示控制字格式进行通信,完成读写操作。

表 5 - 1 - 3　DS1302 读写控制字格式

D7	D6	D5	D4	D3	D2	D1	D0
1	RAM / $\overline{CK}$	A4	A3	A2	A1	A0	RD / $\overline{WR}$

(1)D7 位。控制字的最高位 D7 必须为 1;若它为 0,则不能把数据写入 DS1302 中。

(2)D6 位。若为 0,表示存取日历时钟数据;若为 1,表示存取 RAM 数据。

（3）D5～D1 位。表示操作单元的地址。

（4）D0 位。若为 0，表示进行写操作；若为 1，表示进行读操作。

DS1302 读/写操作时序如图 5 – 1 – 6 所示。控制字输出顺序是从低到高，即先从最低位（D0）开始输出。SCLK 为 0 时，向 I/O 引脚输入控制字指令位，当 SCLK 为上升沿时，数据被写入 DS1302。输出 8 位控制字之后，紧跟着是 8 位数据，也是按从低到高顺序读写的，对于读操作是下降沿有效，对于写操作是上升沿有效。具体读写操作程序详见 DS1302. c 文件。

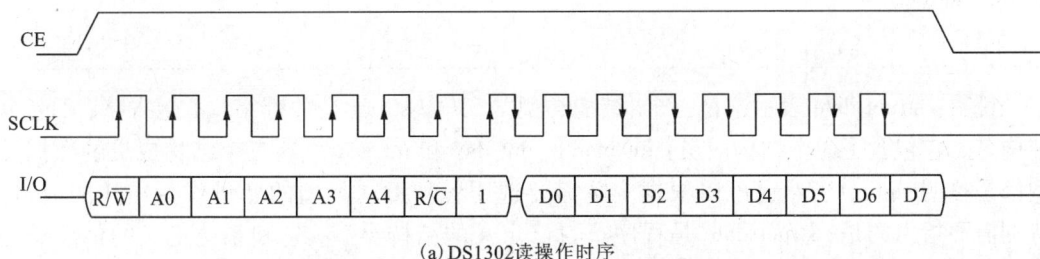

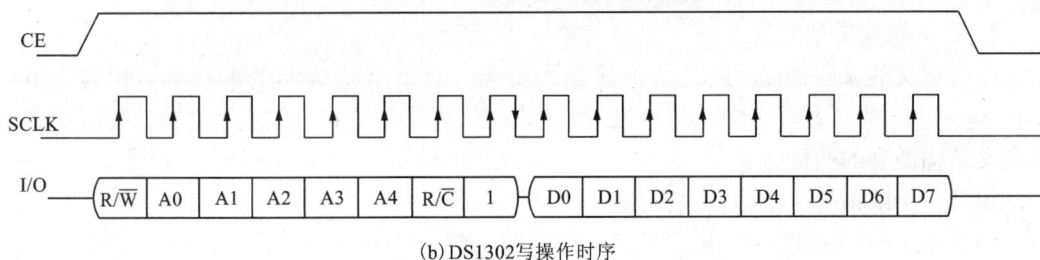

(a) DS1302读操作时序

(b) DS1302写操作时序

图 5 – 1 – 6　DS1302 读/写操作时序

5.2　结构

C 语言重要的特点之一，是具有构造数据类型的能力。它可以在字符型（char）、整型（int）和浮点型（float）等简单数据类型的基础上，按层次产生各种构造数据类型，如数据组、指针、结构和共用体等。前面已经讨论了数组和指针两种构造数据类型，但是仅有这些是不够的，有时还需将不同类型的数据组成一个有机的整体。这些组合在一起的数据是互相关联的，这种按固定模式将信息的不同成分聚集在一起而构成的数据就是结构。

所谓结构变量就是把多个相同或不同类型的变量结合在一起形成一个组合变量，简称结构。这些构成一个结构的各个变量称为结构元素（或成员）。它们的定义规则与变量名相同。

5.2.1　结构的定义和引用

结构的定义和引用主要有以下 3 个步骤。

1. 定义结构的类型

定义一个结构类型的一般形式为

struct 结构名{

结构成员说明

　　};

结构成员说明的格式为

类型标识符　成员名；

注意：在同一结构中不同分量不可同名。例如，定义一个名为 date 的结构类型：

```
1. struct date{
2.     int month;
3.     int day;
4.     int year;
5. };
```

　　说明：struct date 表示这是一个"结构类型"。其中 struct 是关键字，不能省略；date 为结构名。它包含了 3 个结构成员：int month、int day 和 int year。这三个结构成员的数据类型都是整型（int），当然也可以根据实际需要选用各种不同类型的变量作为结构的成员。特别需要指出的是：struct date 是程序员自己定义的结构类型，它和系统定义的标准类型（如 int、char 和 float 等）一样可以用来定义变量。

　　2. 定义结构类型变量

　　前面定义的 struct date 只是结构体的类型名，而不是结构体的变量名，相当于 int、char、float 等。为了在程序中正常地执行结构操作，除了定义结构的类型之外，还需要进一步定义结构类型的变量名。

　　定义一个结构的变量的方法有如下 3 种。

　　（1）先定义结构的类型，再定义该结构的变量名。

```
1. struct date{
2.     int month;
3.     int day;
4.     int year;
5. };
6. date date1, date2;        /*定义结构的变量名*/
```

　　说明：在定义了结构的类型 struct date 之后，使用"date date1, date2；"来定义 date1、date2 为 date 类型的结构变量，即定义 date1、date2 为具有 struct date 类型的结构变量。

　　（2）在定义结构类型的同时定义该结构的变量。

```
1. struct date{
2.     int month;
3.     int day;
4.     int year;
5. } date1, date2;            /*定义结构的变量名*/
```

　　这种定义方法的一般形式为

struct 结构名{

结构成员说明

}变量名 1, 变量名 2, …, 变量名 n;

（3）直接定义结构的类型变量

不需要结构名，其一般形式为

struct {

结构成员说明

}变量名 1, 变量名 2, …, 变量名 n;

下面对结构作几点说明：

①结构体类型和结构体变量是两个不同的概念，不能混淆。对于一个结构变量来说，在定义时一般先定义一个结构类型，然后再定义该结构为这种结构体类型。

②结构体的成员也可以是一个结构变量。例如：

```
1. struct date{
2.    int month;
3.    int day;
4.    int year;
5. };
6. struct clerk{
7.    int num;
8.    char name[20];
9.    char sex;
10.    int age;
11.    struct date birthday; /* birthday 是结构类型 date 的变量 */
12.    float wages;
13. }clerk1, clerk2;
```

上面程序中先定义了一个 struct date。它代表"日期"，包括"年"、"月"、"日"3 个成员。然后，将结构 birthday 定义为 struct date 类型，并作为结构成员加入到 struct clerk 结构中。

③结构的成员可以与程序中的其他变量名相同，但两者代表不同的对象。如在程序中可以另行定义一个 name 变量，但它与 struct clerk 中的成员 name 不是一回事，互不相干。

④如果在程序中所用到的结构数目多、规模大，可以将它们集中定义在一个头文件（以".h"为后缀）中，然后用宏指令#include 将该头文件包含在需要它们的源文件中。这样做，便于管理、修改和使用。

3. 结构类型变量的引用

前面已经指出：结构体类型与结构体类型变量是两个不同的概念。结构类型变量在定义时，一般先定义一个结构类型，然后再定义某一个结构类型变量作为该结构类型。

就结构而言，可操作的对象是结构类型变量，而不是结构类型。也就是说，当对结构进行引用时，只能对结构类型变量进行赋值、存取和运算，而不能对结构类型进行赋值、存取和运算。这是因为在编译时，C 编译器不对抽象的结构类型分配内存空间，只对具体的结构类型变量分配内存空间。

对结构类型变量的引用应当遵守如下规则。

①结构不能作为一个整体参加赋值、存取和运算；也不能整体地作为函数的参数，或函数的返回值。

对结构所执行的操作，只能用 & 运算符取结构的地址，或对结构变量的成员分别加以引用。引用的方式为：

结构变量名. 成员名；

例如：date1. year = 2012；

"."是成员运算符。它在所有的运算符中优先级最高，date. year 表示引用结构体变量 date 中的 year 成员。上面的赋值语句作用是将 2012 赋给 struct date 类型的结构变量 date1 的成员 year。

②如果结构类型变量的成员本身又属于一个结构类型变量，则要用若干个成员运算符"."一级一级地找到最低一级的成员，只有最低一级的成员才能参加赋值、存取和运算。" – >"符号和"."符号等同。一般情况下，多级引用时，最后一级用"."符号，高的级别用" – >"符号。例如：

clerk1. birthday. year = 2011；

注意：不能用 clerk1. birthday 来访问 clerk1 变量的成员 birthday，因为 birthday 本身也是一个结构类型变量。

③结构类型变量的成员可以像普通变量一样进行各种运算，例如：

float sum = clerk1. wages + clerk2. wages；

5.2.2　结构数组

可以将具有同样结构类型的若干个结构变量定义成结构数组，这样就可以使用循环语句对它们进行引用，从而大大提高效率。

结构数组的定义：若数组中的每个元素都是具有相同结构类型的结构变量，则称该数组为结构数组。

结构数组与变量数组的不同之处，就在于结构数组的每一个元素，都是具有同一个结构类型的结构变量。它们都具有同一个结构类型，都含有相同的成员项。

结构数组与结构变量的定义方法相似，只需将结构变量改成结构数组即可。

【例 5 – 1】　定义一个有 10 个元素的结构数组 date1［10］。

```
1. struct date{
2.    int month;
3.    int day;
4.    int year;
5. };
6. struct date date1[10];    /* 定义结构数组变量 */
```

也可以这样定义：

```
1. struct date{
2.    int month;
3.    int day;
```

```
4.  int year;
5. } date1[10]; /* 定义结构数组变量 */
```

或

```
1. struct {
2.   int month;
3.   int day;
4.   int year;
5. } date1[10]; /* 定义结构数组变量 */
```

例如：

```
1. struct stateform {
2.   unsigned long s;
3.   unsigned int t;
4.   unsigned char done;
5. };
6. struct stateform state[20];
7. state[11].s = 0x04000000;
```

若把 unsigned long s 改为 unsigned char s[4]，则程序可简单地变为：state[1].s[0] = 0x04;

5.2.3　指向结构类型数据的指针

一个指向结构类型数据的指针，就是该数据在内存中的首地址。也可以设一个指针变量，把它指向一个结构数组，此时该指针变量的值就是该结构数组的起始地址。

1. 指向结构变量的指针变量

指向结构变量的指针变量的一般形式为

struct 结构类型名 * 指针变量名;

或

struct {

　　结构成员说明

} * 指针变量名;

指向结构变量的指针变量的一个实际应用例子是对信息进行传送，一个任务使用"传送一条信息"的方法与另一任务进行通信。传送操作包括传送信息结构变量的指针变量。这个指针变量是指向接收任务传递的信息或指针。

例如：

```
1. struct msg1 {
2.   unsigned int lnk;
3.   unsigned char len, flg, nod, sdt, cmd, stuff;
4. };
```

```
5. struct msg1  * msg;
6. void rqsendmessage( struct msg1  * m);        / *  "传递信息"函数 * /
7. main( )
8. {    uchar stuff;
9.      msg - > len = 8;
10.     msg - > flg = 0;
11.     msg - > nod = 0;
12.     msg - > sdt = 0x12;
13.     msg - cmd = 0;
14.     msg - > stuff = stuff;
15.     rqsendmessage( msg);
16. }
```

在程序中，函数 rqsendmessage( ) 就是用于在两任务之间进行结构变量指针传送的专用函数，而 struct msg1 * msg 正是所要传递的结构变量的指针变量。在主程序中，首先对信息结构赋值，然后调用 rqsendmessage( ) 函数将指针变量 msg 发送出去。试着分析以下程序：

```
1. void Ds1302_Read_Time( SYSTEMTIME  * Time)
2. {    unsigned char ReadValue;
3.      ReadValue = ( Ds1302_Read_Byte( ds1302_sec_add) )&0x7F;    //读取"秒"
4.      Time - > Second = ( ( ReadValue&0x70) > >4) * 10 + ( ReadValue&0x0F);
                                                            //BCD 码转换为十进制数
5.      ReadValue = Ds1302_Read_Byte( ds1302_min_add);    //读取"分"
6.      Time - > Minute = ( ( ReadValue&0x70) > >4) * 10 + ( ReadValue&0x0F);
                                                            //BCD 码转换为十进制数
7.      ReadValue = Ds1302_Read_Byte( ds1302_hr_add);     //读取"时"
8.      Time - > Hour = ( ( ReadValue&0x70) > >4) * 10 + ( ReadValue&0x0F);
                                                            //BCD 码转换为十进制数
9.      ReadValue = Ds1302_Read_Byte( ds1302_day_add);    //读取"周"
10.     Time - > Week = ( ( ReadValue&0x70) > >4) * 10 + ( ReadValue&0x0F);
                                                            //BCD 码转换为十进制数
11.     ReadValue = Ds1302_Read_Byte( ds1302_date_add);   //读取"日"
12.     Time - > Day = ( ( ReadValue&0x70) > >4) * 10 + ( ReadValue&0x0F);
                                                            //BCD 码转换为十进制数
13.     ReadValue = Ds1302_Read_Byte( ds1302_month_add);  //读取"月"
14.     Time - > Month = ( ( ReadValue&0x70) > >4) * 10 + ( ReadValue&0x0F);
                                                            //BCD 码转换为十进制数
15.     ReadValue = Ds1302_Read_Byte( ds1302_year_add);   //读取"年"
16.     Time - > Year = ( ( ReadValue&0x70) > >4) * 10 + ( ReadValue&0x0F);
                                                            //BCD 码转换为十进制数
17. }
```

2. 指向结构数组的指针变量

指向结构数组的指针变量的一般形式为

struct 结构数组名 ＊结构数组指针变量名；

或

struct｛

　　结构成员说明

｝＊结构数组指针变量名[ ]；

可以将前面关于指向结构变量的指针变量的例程做适当修改，使 rqsendmessage( ) 函数传送一个指向结构数组的指针变量，例如：

```
1. struct｛
2.    unsigned int lnk；
3.    unsigned char len，flg，nod，sdt，cmd，stuff；
4. ｝msg1[4]；
5. struct msg1 ＊p；
6. void rqsendmessage( struct msg1 ＊m)；      ／＊ "传递信息" 函数 ＊／
7. main( )
8. ｛ unsigned char stuff；
9.    struct msg1 ＊p；
10.    for( p＝msg1；p＞msg1＋4；p＋＋)
11.    ｛  p－＞len＝8；
12.        p－＞flg＝0；
13.        p－＞nod＝0；
14.        p－＞sdt＝0x12；
15.        p－＞cmd＝0；
16.        p－＞stuff＝stuff；
17.        rqsendmessage( p)；／＊ 传递结构数组指针变量 ＊／
18.    ｝
19. ｝
```

在本程序中，定义了一个具有 4 个元素的结构数组 struct msg1[4]，并定义了一个指向该结构数组的指针变量 p(struct msg1 ＊p)。在主程序 main( ) 中，使用 for 循环语句和 p 指针对结构数组 msg1[4] 的所有元素的每个成员进行初始化赋值，并且每初始化一个 msg1 结构数组的成员，就将其指针变量用 rqsendmessage(p) 函数进行传递，供接收任务进行相应的操作处理。在 for 循环中，p＝msg1 意味着结构数组指针 p 的初值指向结构数组 msg1[0] 的首地址。在第一次循环中，rqsendmessage( ) 输出的是结构数组元素 msg1[0] 的首址，然后 p＋＋使指针 p 自加 1，p＋1 意味着 p 所增加的地址值为结构数组 msg1[1] 的首址。在第二次循环中，rqsendmessage(p) 传送的是 msg1[1] 的首址……当 p＋＋使 p 值变为 p＋4 时，根据循环判断条件 p＜p＋4，循环终止。

最后对 p 指针的运算作几点说明。

如果指针 p 指向结构数组 msg1[0] 的首址，则：

（1）(∗ p). flg 与 p － > flg 和 msg[0]. flg 三者完全等价，即(∗ p). 成员名与 p － > 成员名和结构数组元素成员名这 3 种形式是等价的。

（2）p + 1 使用指针 p 指向结构数组 msg1[0]的下一个元素 msg1[1]的首址。

（3）由于指向运算符 － > 的优先级高于自运算符 + + ，则(+ + p) － > flg 先使 p 自加 1 指向 msg1[1]的首址，然后得到它指向的 msg1[1]. flg 成员值。

（p + +) － > flg：先得到 msg1[0]. flg 的值，然后 p 自加 1 指向 msg1[1]的首址。

p － > flg + + ：先得到 msg1[0]. flg 的成员值，使用完后使 msg1[0]. flg 的值加 1。

+ + p － > flg：先将 msg1[0]. flg 成员值加 1，再使用。

5.3　共用体

无论任何变量，在使用前必须定义其数据类型。只有这样，在编译时，C 编译器才会根据其数据类型，在内存中分配相应的内存单元。不同类型的数据占据各自拥有的内存空间，彼此互不"侵犯"。那么是否存在某种数据类型，使 C 编译器在编译时为其指定一块内存空间，并允许各种类型的数据共同使用呢？回答是肯定的。这种数据类型就是共用体或称联合(union)。

共用体是 C 语言的构造数据类型数据结构之一。它与数组、结构等一样，也是一种比较复杂的构造数据类型。

共用体与结构类似，也可以包含多个不同数据类型的元素，但其变量所占有的内存空间并不是各成员所需存储空间的总和，而是在任何时候，其变量至多只能存放该类型所包含的一个成员，即它所包含的各个成员只能分时共享同一存储空间。这是共用体与结构的区别所在。

定义共用体类型的一般格式为

union 共用体类型名｛

类型说明符 变量名；

｝；

说明共用体变量的一般格式为

union 共用体类型名 共用体变量名表；

下面程序定义了一个名为 int_or_char 的共用体类型。该类型包含两个不同类型的元素：一个 int 类型，另一个是 char 类型。

```
1. union int_or_char｛
2.    int i；
3.    char c；
4.｝；
5. union int_or_char cnvt；
```

定义一个 int_or_char 类型的共用体 cnvt 变量，它能使一个整型变量 cnvt. i 和一个字符变量 cnvt. c 分时共享同一存储空间。

与结构变量一样，也可以在定义共用体类型的同时，定义共用体变量。例如：

```
1. union int_or_char｛
```

```
2.   int i;
3.   char c;
4. }cnvt;   /* 定义共用体变量 */
```

或

```
1. union {
2.   int i;
3.   char c;
4. }cnvt;   /* 定义共用体变量 */
```

对于共用体变量,系统只按照共用体成员中所需空间最大的成员长度分配内存空间。如 cnvt 共用体变量,共有两个元素:一个为 int 类型,需要 2 个字节内存空间;另一个是 char 类型,只需要 1 个字节内存空间,所以 C 编译器只给共用体变量 cnvt 分配 2 个字节的内存空间。这样在共用体中,每时每刻,只能保存共用体类型中的一个成员,而且此时也只能访问该成员。由此可知,共用体变量可以在不同时间内保存不同类型和长度的数据,从而提供了在同一存储单元中可以分时操作不同类型数据的功能,但注意不能同时保存两个成员数据。

例如:

```
1. #include <reg51.h>
2. union u{
3.   uint word;
4. struct{
5.   unsigned char hi;
6.   unsigned char lo;
7.     } bytes;
8.     };
9. union u newcount;
10. uint oldcount;
11. newcount.bytes.hi = TH1;
12. newcount.bytes.lo = TL1;
13. oldcount = newcount.word;
```

这样,定时器的计数值既可以按字节使用,也可以按字使用。切记:同一时刻只能采用其中的一种。

5.4 枚举

在 C 语言中,用做标志的变量通常只能被赋予下述两个值的一个:True(1)或 Flase(0)。但由于疏忽,有时会将作为标志使用的变量,赋予除 True(1)或 Flase(0)以外的值。另外,这些变量通常被定义成 int 数据类型,从而使它们在程序中的作用模糊不清。如果先定义标志类型的数据变量,然后指定这种被说明的数据变量只能赋值为 True 或 Flase,不能赋予其他值,就可以避免上述情况的发生。枚举(enum)数据类型正是因为这种需要而产生的。

1. 枚举的定义和说明

枚举数据类型是一个有名字的某些整数型常量的集合。这些整数型常量是该类型变量可取的所有合法值。枚举定义应当列出该类型变量的可取值。

一个完整的枚举定义说明语句的一般格式为

enum 枚举名{枚举值列表}变量列表;

枚举的定义和说明也可以分成两句完成，即

enum 枚举名　{枚举值列表};

enum 枚举名　变量列表;

例如:

enum day{Sun, Mon, Tue, Wed, Thu, Fri, Sat}d1, d2;

或

enum day{Sun, Mon, Tue, Wed, Thu, Fri, Sat};

enum day d1, d2;

只有在建立了枚举类型的原型 enum day, 将枚举名与枚举值列表联系起来，并进一步说明该原型的具体变量"enum day d1, d2; "之后, C 编译系统才会给 d1、d2 分配存储空间, 这些变量才可以具有与所定义的相应的枚举列表中的值。

2. 枚举变量的取值

枚举列表中, 每项符号代表一个整数值。在默认情况下, 第一项取值为 0, 第二项取值为 1, 第三项取值为 2, …, 依此类推。此外, 也可以通过初始化, 指定某些项的符号值。某项符号值初始化后, 该项后续各项符号值随之依次递增, 例如:

enum　direct{up, down, left = 10, right};

则 C 编译器将 up 赋值为 0, 将 down 赋值为 1。由于 left 被初始化为 10, 则 right 的值为 11。

5.5　typedef 的用法

typedef 类型声明, 是为现有类型创建一个新的名字, 或称为类型别名, 例如:

typedef　long　Blockno, * Blockptr;

typedef　struct {double r, theta; } Complex;

声明之后, 下述形式

Blockno　b;

extern　Blockptr　bp;

Complex　z, * zp;

都是合法的声明。b 的类型为 long, bp 的类型为"指向 long 类型的指针", z 的类型为指定的结构类型, zp 的类型为指向该结构的指针。

typedef 类型定义并没有引入新的类型, 它只是定义了数据类型的同义词, 这样, 就可以通过另一种方式进行类型声明。在本例中, b 与其他任何 long 类型对象的类型相同。

在 DS1302.h 文件中, 有如下一段代码:

1. typedef struct　SYSTEM_TIME

```
2.{    unsigned char Second;
3.     unsigned char Minute;
4.     unsigned char Hour;
5.     unsigned char Week;
6.     unsigned char Day;
7.     unsigned char Month;
8.     unsigned char Year;
9.}SYSTEMTIME;                        //定义的时间类型
```

将这段程序进行分解：

```
1. struct   SYSTEM_TIME
2.{    unsigned char Second;
3.     ……
4.     unsigned char Year;
5.}
6. typedef struct SYSTEM_TIME SYSTEMTIME;
```

说明：第 1～5 行定义一个新的结构类型；第 6 行用 typedef 为这个新的结构起了一个名字，叫做 SYSTEMTIME。

因此，SYSTEMTIME 实际上相当于 struct SYSTEM_TIME，可以使用 SYSTEMTIME 来定义变量。例如：在 DS1302.c 文件中，void Ds1302_Read_Time(SYSTEMTIME ∗Time)函数的形参就是用 SYSTEMTIME 来定义的。

【训练项目 5-2】　带远程监控的万年历设计与制作

一、项目要求

在 Proteus 仿真软件和单片机实训板上，采用 DS1302 时钟芯片、DS18B20 温度传感器、LCD1602、MAX232、单片机等元器件构成一个带远程监控的万年历，要求不仅能在液晶屏上显示年月日、星期、时间和温度，并能通过键盘实现时间调整、闹钟设置；而且能通过上位机软件调整时间、设置闹钟、采集温度。

二、项目实训仪器、设备及实训材料

表 5-2-1　主要实训仪器和实训材料一览表

工具、设备和耗材	数量	工具、设备和耗材	数量	工具、设备和耗材	数量
电脑	1 台	51 单片机下载线/USB 线	1 根	杜邦导线	若干
Keil μVision4	1 套	晶振 12M	1 只	AT89S51/STC12C5A60S2	1 片
Proteus 7.5 软件	1 套	LCD1602	1 片	DS18B20 温度传感器	1 个
DS1302、MAX232	各 1 个	单片机实训板	1 块	稳压电源	1 台

三、项目实施过程及其步骤

第一步，在 Proteus 仿真软件上绘制带远程监控的万年历仿真电路，如图 5 - 2 - 1 所示。

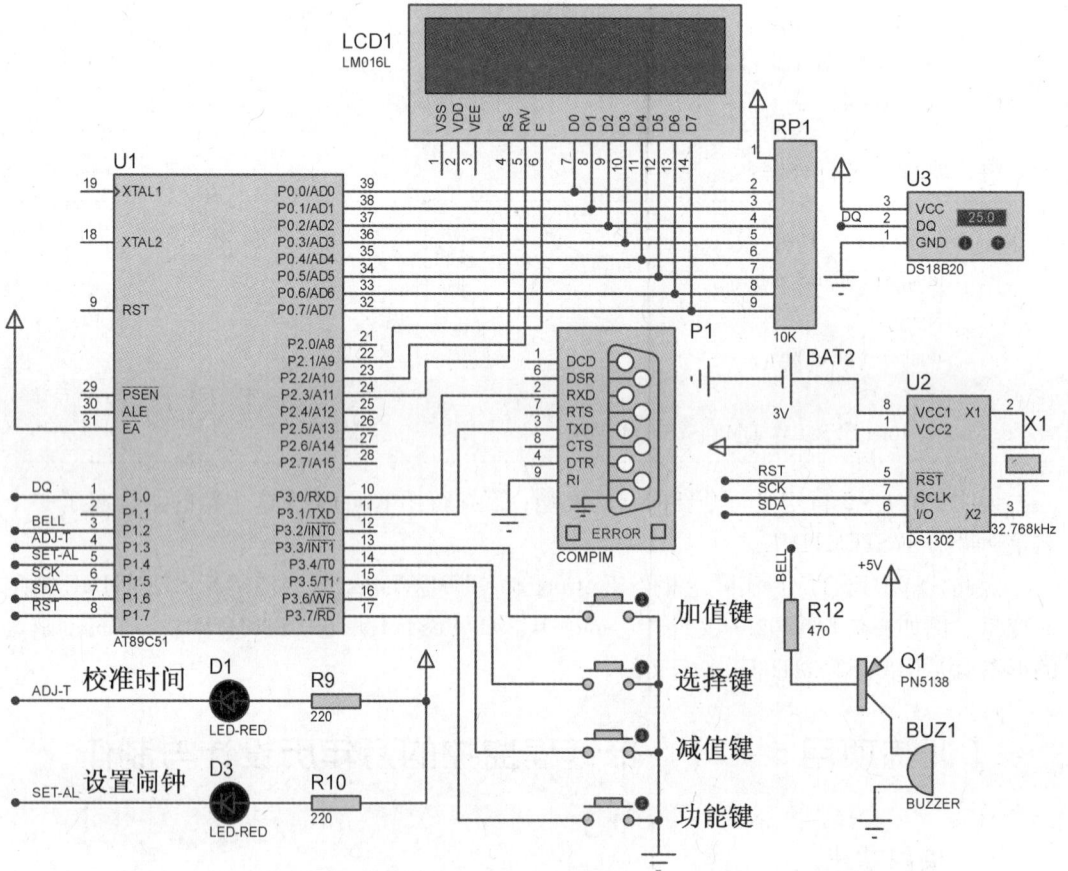

图 5 - 2 - 1　带远程监控的万年历仿真电路

第二步，在训练项目 5 - 1 的基础上，修改程序。

在"简易万年历. c"文件中，添加串口通信程序，增加上位机软件调整时间、设置闹钟、采集温度功能，程序修改部分如下：

---

1. unsigned char buf[7];　　　　//串口接收数据缓冲区，PC 机每次发送 7 个数据，其中 buf[0]存储 PC 机

2. 　　　　　　　　　　　　　//请求类型约定'T'表示请求发送温度，'S'表示发送时间，'B'表示发送闹钟

3. 　　　　　　　　　　　　　//buf[1]~buf[6]存储时、分、秒字符数据

4. unsigned char count = 0;　　//接收数据个数

5. bit flag = 0;　　　　　　　　//接收到 7 个数据标志位

6. // *

```
7.  void timer0_init( )              //T0、T1、串口初始化函数
8.  {   TMOD = 0x21;                 //T0使用模式1, 16位定时器; T1使用模式2, 8位自动装载
9.      TH0 = 0x3C;                  //赋初值, 50ms溢出
10.     TL0 = 0xB0;
11.     TH1 = 0xFD;                  //装载定时器初值, 晶振频率为11.059MHz, 波特率为9600bps
12.     TL1 = 0xFD;
13.     SCON = 0x50;                 //串行口工作于方式1, 允许接收
14.     ET0 = 1;                     //定时器中断打开
15.     TR0 = 1;                     //启动定时器T0
16.     TR1 = 1;                     //启动定时器T1
17.     ES = 1;                      //串行中断允许
18.     EA = 1;                      //总中断打开
19. }
20. // * * * * * * * * * * * * * * * * * * * * * * * * * * * * * * * * * * * * * * * * *
21. void serial( ) interrupt 4       //串行口中断类型号是4
22. {   EA = 0;                      //关闭中断
23.     if( RI )
24.     {   RI = 0;
25.         buf[count] = SBUF;       //读接收寄存器数据, 存入缓冲区
26.         count = count +1;        //变量加1
27.         if( count = = 7 )        //判断缓冲区数据是否达7个
28.         {  flag = 1; count = 0; }   //置PC机请求标志位flag为1
29.     }
30.     EA = 1;                      //打开中断
31. }
32. // * * * * * * * * * * * * * * * * * * * * * * * * * * * * * * * * * * * * * * * * *
33. void Send_temp( )                //发送温度数据
34. {   unsigned char temp;          //定义临时变量
35.     EA = 0;                      //暂时关闭中断
36.     temp = read_temperature( );  //读温度值
37.     SBUF = temp/10 + '0';        //发送十位, 发送的是字符数据
38.     while( TI = = 0 );           //等待发送完毕
39.     TI = 0;
40.     SBUF = temp%10 + '0';        //发送个位, 发送的是字符数据
41.     while( TI = = 0 );
42.     TI = 0;
43.     EA = 1;                      //重新开启中断
44. }
45. // * * * * * * * * * * * * * * * * * * * * * * * * * * * * * * * * * * * * * * * * *
46. void main ( )
47. {   timer0_init( );
48.     while (1)                    //主循环
49.     {   if( flag )               //PC机发出请求
```

```
50.        {   flag = 0;
51.            switch( buf[0] )                        //根据缓冲区第一个数据来判断 PC 机的请求
52.            {   case 't': Send_temp( ); break;       //请求发送温度值
53.                case 's':                            //请求设置时间
54.                    timer. Hour = ( buf[1] - '0') * 10 + ( buf[2] - '0') ;   //时
55.                    timer. Minute = ( buf[3] - '0') * 10 + ( buf[4] - '0') ;  //分
56.                    timer. Second = ( buf[5] - '0') * 10 + ( buf[6] - '0') ;  //秒
57.                    Ds1302_Write_Time( ds1302_sec_add, timer. Second) ;   //时写入 DS1302
58.                    Ds1302_Write_Time( ds1302_min_add, timer. Minute) ;   //分写入 DS1302
59.                    Ds1302_Write_Time( ds1302_hr_add, timer. Hour) ;      //秒写入 DS1302
60.                    break;
61.                case 'b':                            //请求设置闹钟
62.                    timer1. Hour = ( buf[1] - '0') * 10 + ( buf[2] - '0') ;   //时
63.                    timer1. Minute = ( buf[3] - '0') * 10 + ( buf[4] - '0') ;  //分
64.                    timer1. Second = ( buf[5] - '0') * 10 + ( buf[6] - '0') ;  //秒
65.                    break;
66.            }
67.        }
68.    }
69.}
```

第三步,编译、仿真与调试程序。

(1)在 Proteus 软件中仿真程序。注意:要在 PC 上安装"虚拟串口"软件、打开"上位机软件",仿真效果如图 5 - 2 - 2 所示。

在"上位机软件"中进行如下操作:

①调整时间。在"上位机软件"的【设置时钟】栏内输入时、分、秒的值;再单击【确定】按钮,LCD 中的时钟数值同步变化。

②设置闹钟。在"上位机软件"的【设置闹钟】栏内输入闹钟时间,再单击【确定】按钮。当设置的闹钟时间与当前时钟相等时,蜂鸣器立刻发出报警声。

③采集温度。在"上位机软件"上,单击【读取温度值】按钮,【温度值】栏内显示当前的温度值,与仿真图中的温度值一样。

(2)在单片机实训板中调试程序。按照仿真图,用杜邦线连接好单片机与数码管、按键,并用串口线连接单片机实训板与 PC 机的串口,下载程序到单片机之中,实现上述仿真功能。

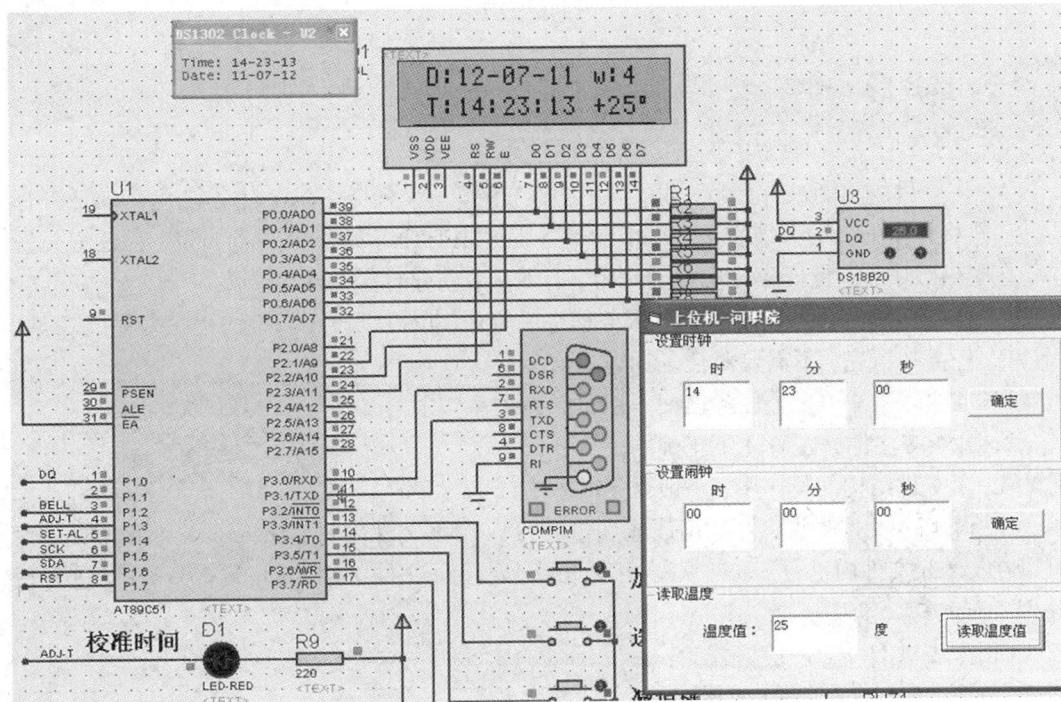

图 5 – 2 – 2　带远程监控的万年历仿真效果

四、思考与分析

(1)绘制本项目的程序流程图。

(2)采用 AT24C02 保存设置的闹钟时间,如何修改程序?

知识梳理与小结

　　本章由 2 个复杂的综合训练项目组成,将前面四个学习情境中的训练项目进行了有机综合,构成了一个庞大的训练项目——电子时钟设计与制作,并将 C 语言中的结构体等重点知识渗透到训练项目之中,帮助读者更好地理解这些难点内容,并加以应用。

　　本章重点内容:

(1)综合系统设计方法,采用多任务分时调度的程序结构。

(2)多文件编程方法。

(3)DS1302 工作原理。

(4)结构体、共用体、枚举、typedef 用法等内容。

习题五

一、选择题

1. 关于多任务分时调用表述不正确的是_____。

A. 将项目的功能进行分解，每个功能可以当作一个任务，每个任务设置一个任务标志位；然后根据任务的急缓程度，在中断服务程序中对任务标志位进行置位，急任务先置位；在主函数中，进行任务标志位的判断，有效后，立即对任务标志位清零

B. 任务标志位既可以放在中断服务程序中置位，也可以放在特定的程序中置位

C. 任务执行完，不需要对任务标志位清零

D. 在主函数中，多个任务之间一般是并列关系

2. 关于多文件编程表述不正确的是_____。

A. 多文件结构的程序中，一般全是.c 文件或.c 和.h 文件

B. 对于.c 文件来说，外部函数或变量既可以在该文件内进行 extern 关键字声明，也可以在 xxx.h 文件内进行 extern 关键字声明，但要在.c 文件中用#include < xxx.h >进行预处理

C. 在.h 文件中，一般格式为：

---

1. #ifndef _ABCDE_H
2. #define _ABCDE_H
3. / *
4. 代码部分
5. * /
6. #endif

第 1、2 和 6 行的作用是：在被包含过一次之后，宏_ABCDE_H 已经有了，下次再碰到就会略过从#define _ABCDE_H 开始到#endif 之间的代码

D. 主函数源文件中的函数不能被其他源文件调用

3. struct stu {
      int a ; float b ;
   } stutype ;

则以下叙述中不正确的是____。

A. struct 是结构体类型的关键字

B. struct stu 是用户定义的结构体类型

C. stutype 是用户定义的结构体类型名

D. a 和 b 都是结构体成员名

4. 设有以下语句：

struct st
{ int n ;
    struct st * next;

｝；

static　struct　st a[3]=｛5，&a[1]，7，&a[2]，9，'\0'｝，*p；

p=&a[0]；

则以下表达式的值为6的是_____。

A. p++－>n　　　B. p－>n++　　　C. (*p).n++　　　D. ++p－>n

5. 当说明一个结构体变量时系统分配给它的内存是_____。

A. 各成员所需内存的总和　　　　　　B. 结构中第一个成员所需内存量

C. 成员中占内存量最大者所需的容量　　D. 结构中最后一个成员所需内存量

6. C 语言共用体类型变量在程序运行期间_____。

A. 所有成员一直驻留在内存中　　　　B. 只有一个成员驻留在内存中

C. 部分成员驻留在内存中　　　　　　D. 没有成员驻留在内存中

7. 若有以下定义：

union data

｛　int i；

　　char ch；

　　double f；｝b；

则共用体变量 b 占用内存的字节数是_____。

A. 1　　　　　　B. 2　　　　　　C. 8　　　　　　D. 11

8. 设有以下语句，则下面不正确的叙述是_____。

union data

｛　int i；char c；float f；｝un；

A. un 所占的内存长度等于成员 f 的长度

B. un 的地址和它的各成员地址都是同一地址

C. un 可以作为函数参数

D. un 所占的内存长度等于成员 i、c、f 之和的长度

9. 下面关于枚举类型的说法正确的是_____。

A. 可以为枚举元素赋值　　　　　　　B. 枚举元素可以进行比较

C. 枚举元素的值可以在类型定义时指定　D. 枚举元素可以作为常量使用

10. 下面对 typedef 的叙述中不正确的是_____。

A. 用 typedef 可以定义各种类型名，但不能用来定义变量

B. 用 typedef 可以增加新类型

C. 用 typedef 只是将已存在的类型用一个新的标识符来代表

D. 使用 typedef 有利用程序的通用移植

二、问答题与设计题

1. 结构的数据特征是什么？在什么场合下使用结构处理数据？

2. 在训练项目 5－1 中，采用点阵型 LCD12864 液晶屏替换字符型 LCD1602 液晶屏。

3. 在训练项目 5－2 中，增加红外遥控、多点温度采集、点阵型 LCD12864 液晶屏显示功能。

附录　单片机实训板原理图

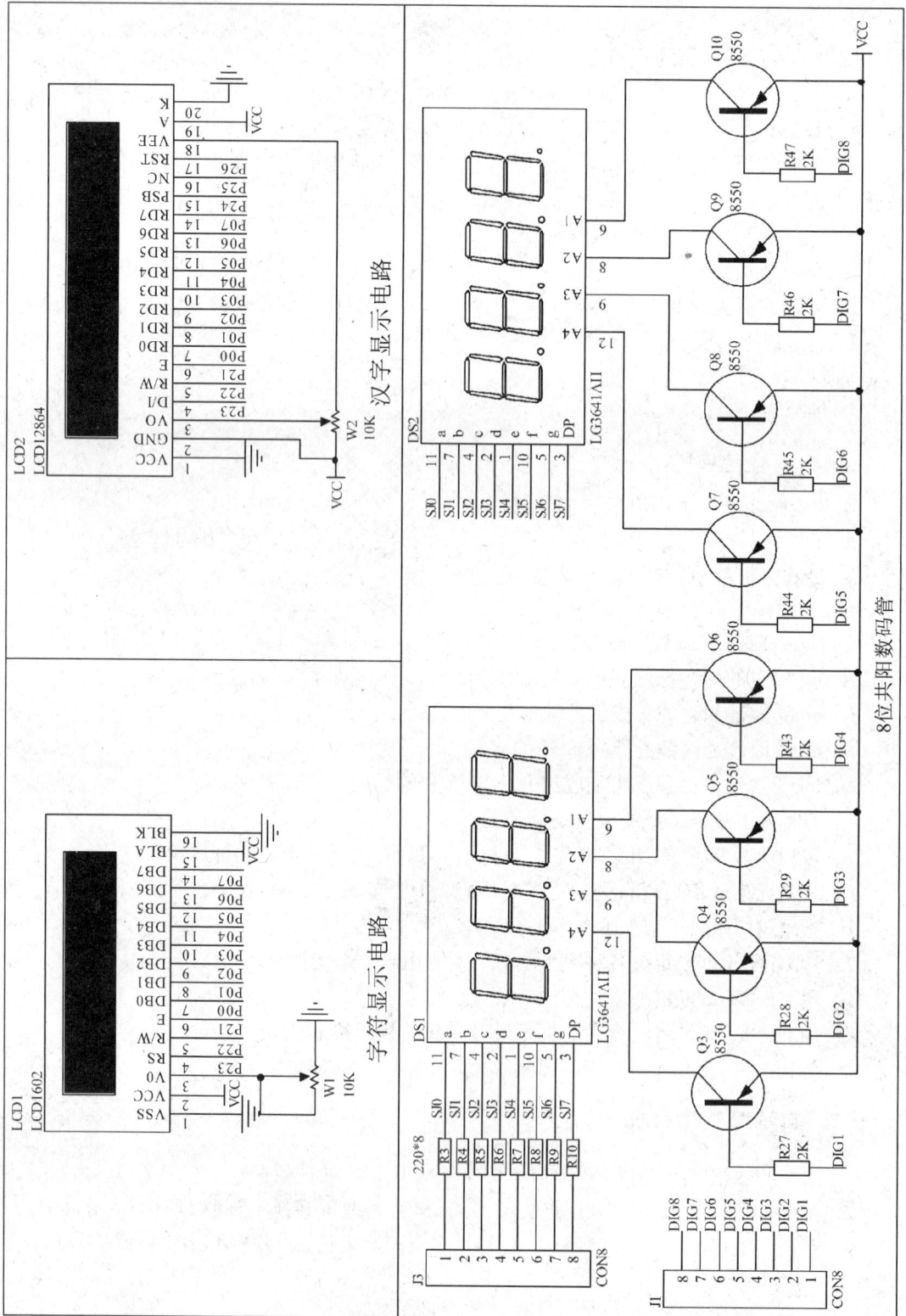

共阳数码管

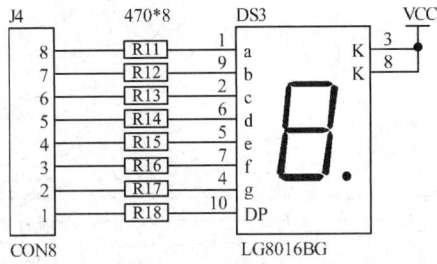

非门电路

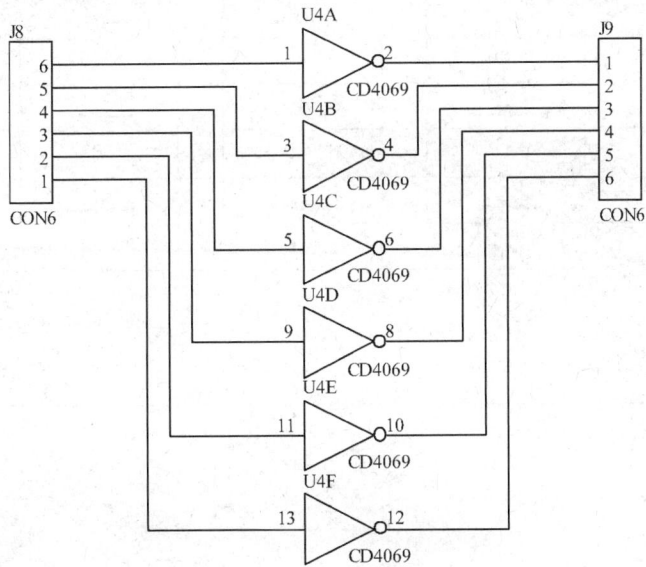

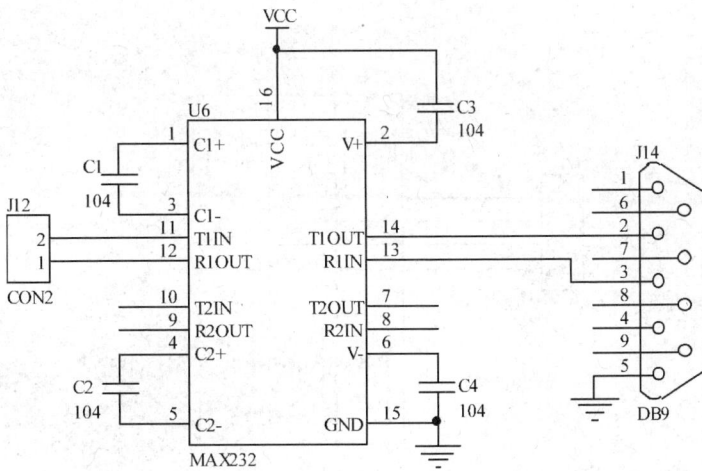

MAX232串口通讯模块

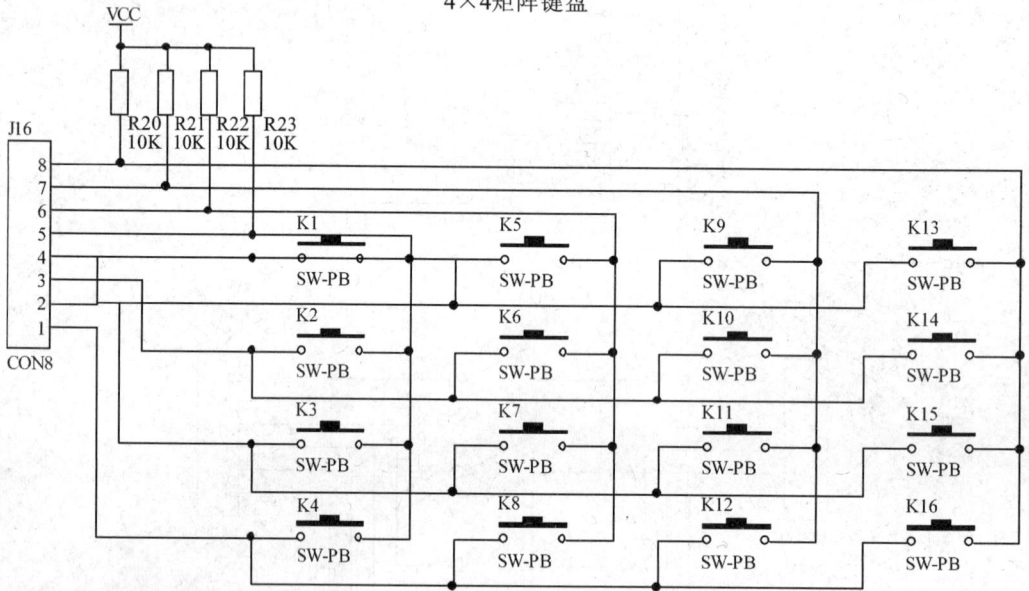

4×4矩阵键盘

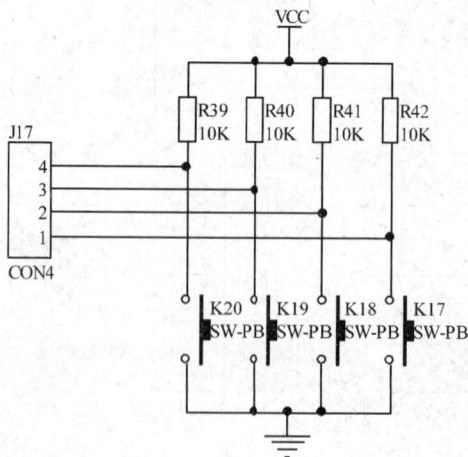

独立按键

双色点阵电路

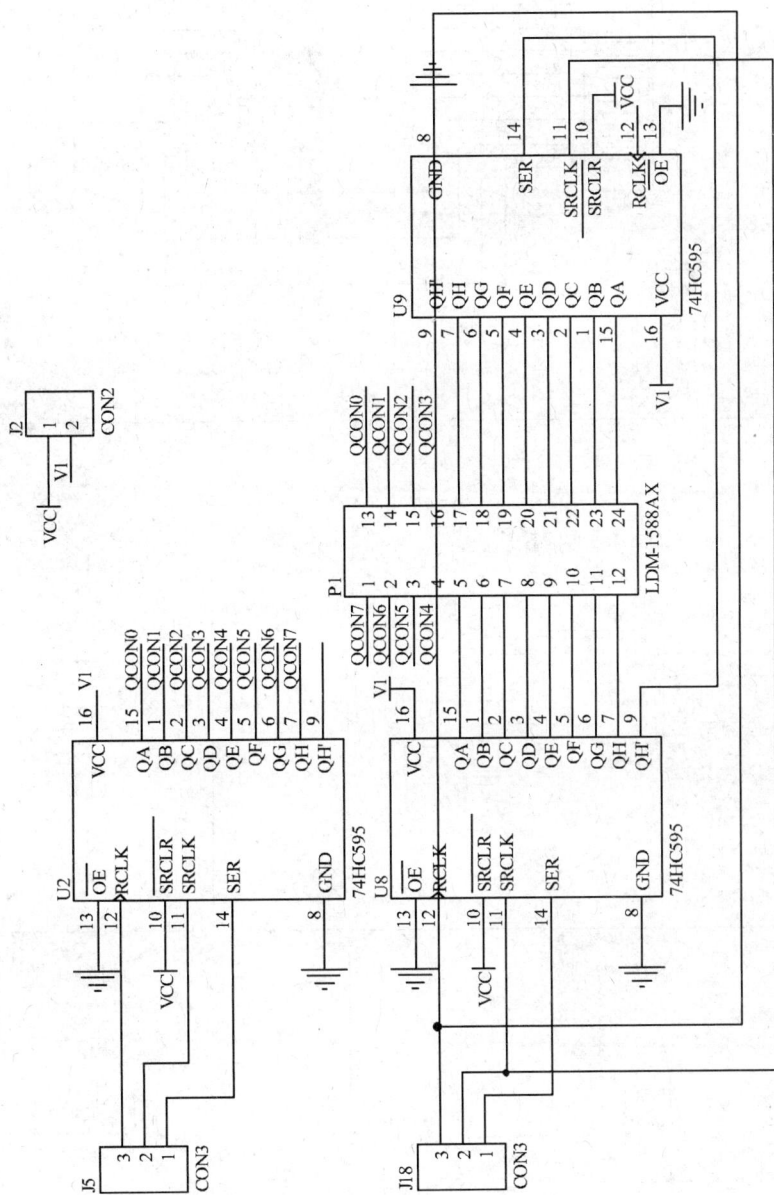

LED电路

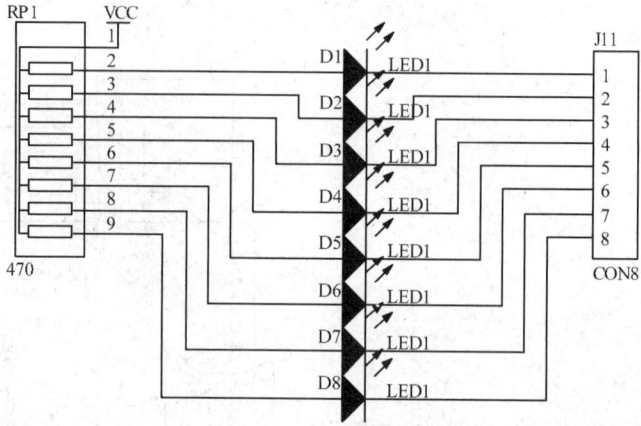

485通信模块

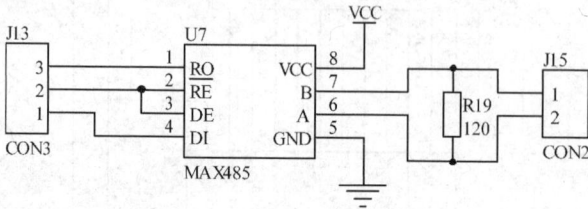

红外一体化接收

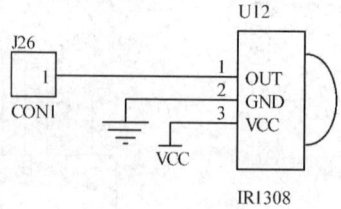

温度传感器

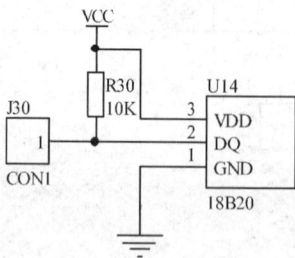

时钟电路

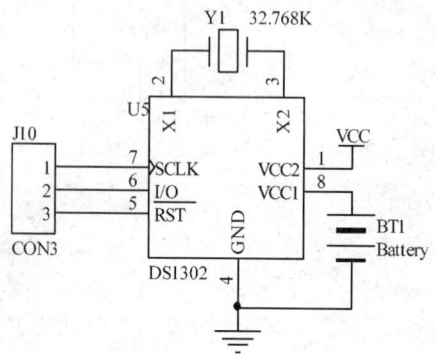

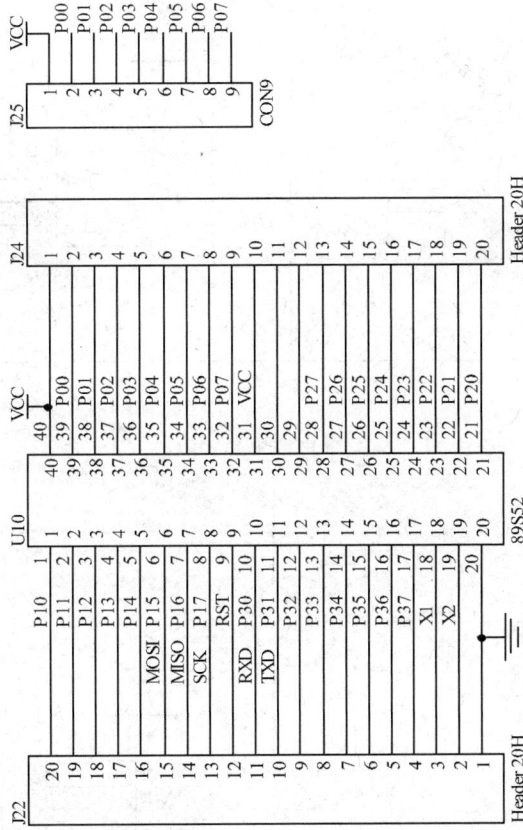

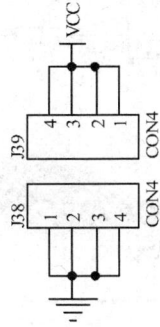

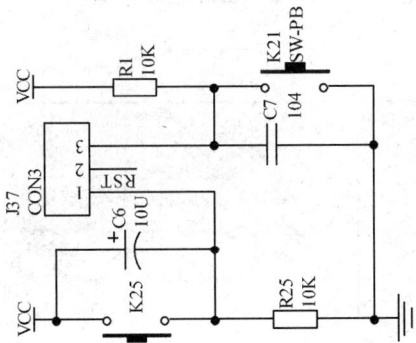

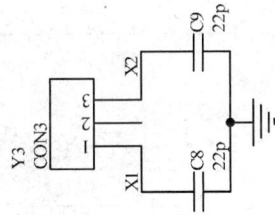

蜂鸣器电路

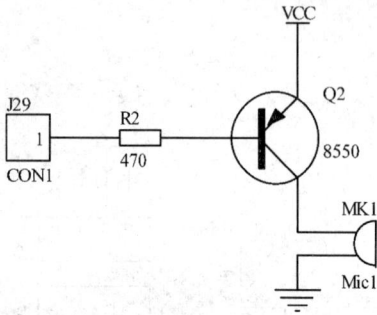

EEPROM存储器

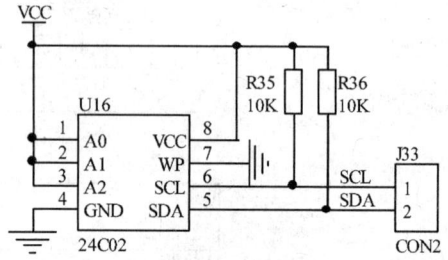

继电器电路

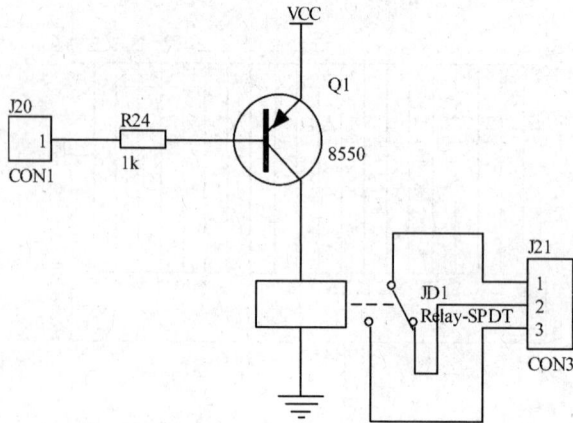

PS2插口

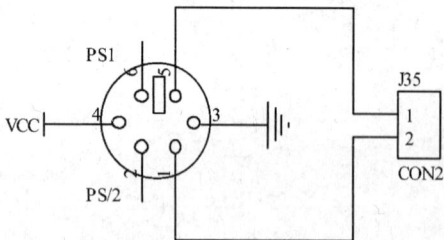

光敏和热敏电阻

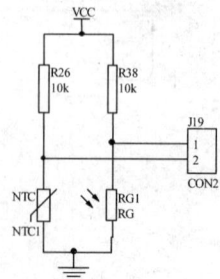

步进/电流电机驱动电路

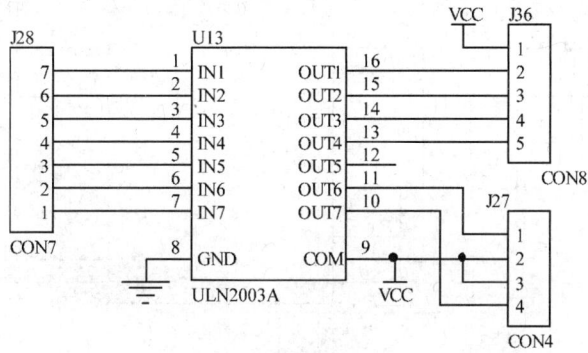

AT模块下载接口

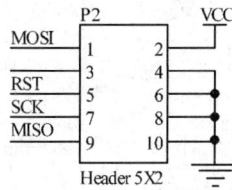

电源电路

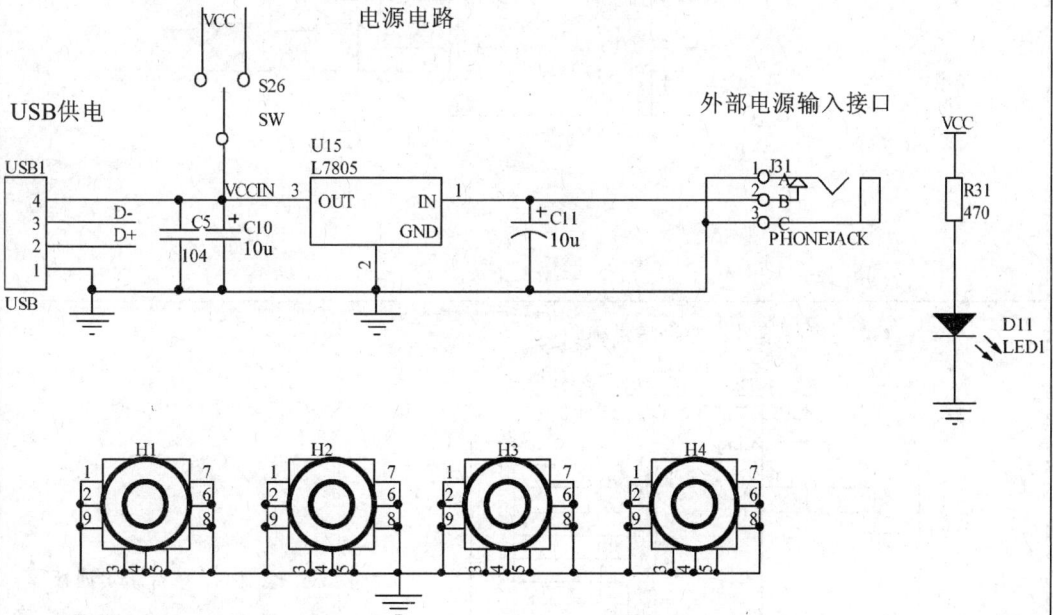

模数转换电路

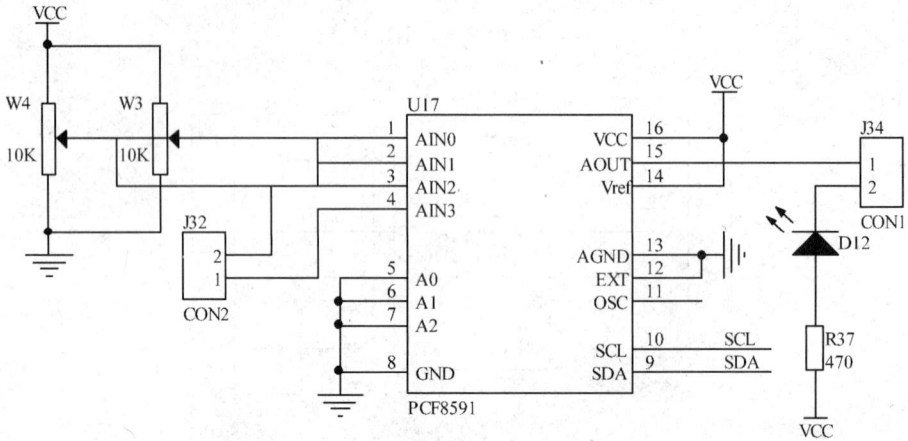

VCC

W4 10K
W3 10K

U17

1	AIN0	VCC	16
2	AIN1	AOUT	15
3	AIN2	Vref	14
4	AIN3		
		AGND	13
5	A0	EXT	12
6	A1	OSC	11
7	A2		
		SCL	10
8	GND	SDA	9

PCF8591

J32
2
1
CON2

VCC

J34
1
2
CON1

D12
R37 470
VCC

SCL
SDA

集成USB转串口电路

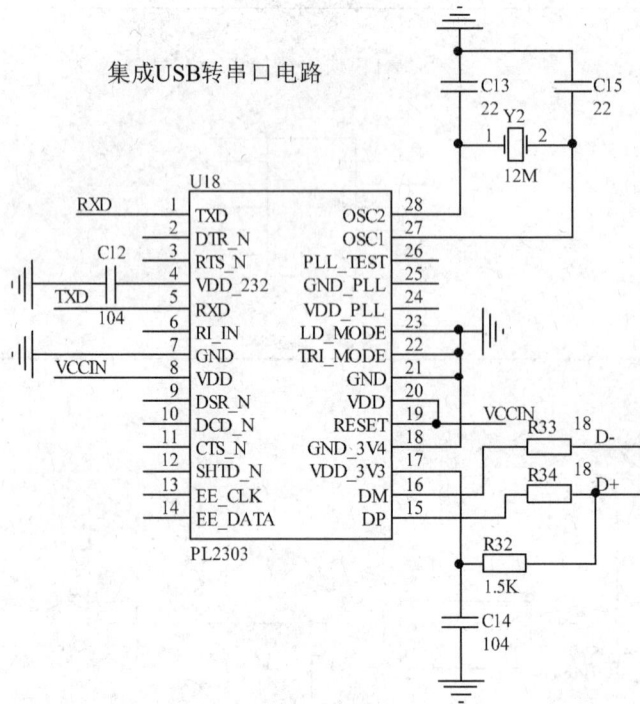

C13 22　Y2 12M　C15 22

U18

RXD	1	TXD	OSC2	28
	2	DTR_N	OSC1	27
	3	RTS_N	PLL_TEST	26
C12	4	VDD_232	GND_PLL	25
TXD	5	RXD	VDD_PLL	24
104	6	RI_IN	LD_MODE	23
	7	GND	TRI_MODE	22
VCCIN	8	VDD	GND	21
	9	DSR_N	VDD	20
	10	DCD_N	RESET	19
	11	CTS_N	GND_3V4	18
	12	SHTD_N	VDD_3V3	17
	13	EE_CLK	DM	16
	14	EE_DATA	DP	15

PL2303

VCCIN

R33 18　D-
R34 18　D+
R32 1.5K
C14 104

串行信号转并行信号模块

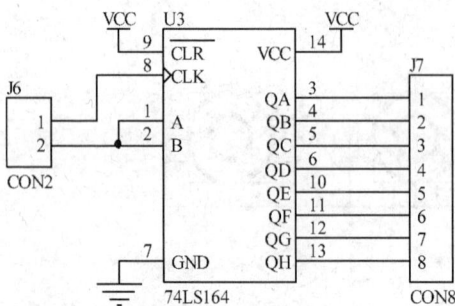

VCC　U3　VCC

	9	CLR	VCC	14
	8	CLK		
	1	A	QA	3
	2	B	QB	4
			QC	5
			QD	6
			QE	10
			QF	11
			QG	12
	7	GND	QH	13

74LS164

J6
1
2
CON2

J7

| 1 |
| 2 |
| 3 |
| 4 |
| 5 |
| 6 |
| 7 |
| 8 |

CON8

名　称：单片机实训板
型　号：　HY-MCU02

参考文献

1. 王静霞. 单片机应用技术(C 语言版). 北京：电子工业出版社, 2009
2. 张靖武. 单片机原理、应用与 PROTEUS 仿真. 北京：电子工业出版社, 2009
3. 马忠梅. 单片机的 C 语言应用程序设计. 北京：北京航空航天大学出版社, 2007
4. 谭立新. 单片机应用技术. 长沙：中南大学出版社, 2009
5. 洪　洲. 计算机高级语言程序设计 C++. 北京：冶金工业出版社, 2007

图书在版编目(CIP)数据

基于 C 语言的单片机应用技术与 Proteus 仿真/杨黎,葛建新主编.
—长沙:中南大学出版社,2016.8
ISBN 978 - 7 - 5487 - 2436 - 0

Ⅰ.基... Ⅱ.①杨...②葛... Ⅲ.单片微型计算机 - C 语言 - 程序
设计②单片微型计算机 - 系统仿真 - 应用软件
Ⅳ.①TP312.8②TP368.1

中国版本图书馆 CIP 数据核字(2016)第 189803 号

基于 C 语言的单片机应用技术与 Proteus 仿真
JIYU C YUYAN DE DANPIANJI YINGYONG JISHU YU Proteus FANGZHEN

杨　黎　葛建新　主编

□责任编辑	胡小锋
□责任印制	易建国
□出版发行	中南大学出版社
	社址:长沙市麓山南路　　　　邮编:410083
	发行科电话:0731-88876770　　传真:0731-88710482
□印　　装	湖南地图制印有限责任公司

□开　本	787×1092　1/16	□印张 20	□字数 493 千字	□插页
□版　次	2016 年 8 月第 1 版		□印次　2016 年 8 月第 1 次印刷	
□书　号	ISBN 978 - 7 - 5487 - 2436 - 0			
□定　价	38.00 元			

图书出现印装问题,请与经销商调换